"十三五"普通高等教育本科规划教材

（上册）

U0393408

高等数学

主　编　李香玲　孙宏凯
副主编　武小云　张　新　张建梅
参　编　李彦红　景海斌　李彩娟　刘丽莉　孙志田
主　审　赵春兰

中国电力出版社
CHINA ELECTRIC POWER PRESS

内 容 提 要

本书为"十三五"普通高等教育本科规划教材。

全书分上、下两册，上册内容包括极限与连续、导数与微分、微分中值定理与导数应用、不定积分、定积分及其应用、微分方程。本书注重知识点的引入方法，对部分内容进行了调整，体系结构严谨，讲解透彻，内容难度适宜，语言通俗易懂，例题、习题具有丰富性与层次性，拓展阅读使读者学习知识的同时拓宽了视野，欣赏到数学之美。

本书可作为普通高等院校理工类（非数学专业）及经管类相关专业教材，可供成教学院或专升本的专科院校学生选用，也可供相关专业人员和广大教师参考。

图书在版编目（CIP）数据

高等数学．上册 / 李香玲，孙宏凯主编．—北京：中国电力出版社，2018.5（2019.8 重印）
"十三五"普通高等教育本科规划教材
ISBN 978-7-5198-0836-5

Ⅰ．①高…　Ⅱ．①李…　②孙…　Ⅲ．①高等数学－高等学校－教材　Ⅳ．①O13

中国版本图书馆 CIP 数据核字（2018）第 030352 号

出版发行：中国电力出版社
地　　址：北京市东城区北京站西街 19 号（邮政编码 100005）
网　　址：http://www.cepp.sgcc.com.cn
责任编辑：孙　静（010-63412542）曹　慧
责任校对：李　楠
装帧设计：张　娟
责任印制：吴　迪

印　　刷：北京天宇星印刷厂
版　　次：2018 年 5 月第一版
印　　次：2019 年 8 月北京第四次印刷
开　　本：787 毫米×1092 毫米　16 开本
印　　张：18
字　　数：434 千字
定　　价：45.00 元

前　言

　　高等数学的主要内容为微积分，微积分是有关运动和变化的数学，它是人类最伟大的成就之一。它对解决数学、物理学、工程科学、经济学、管理学、社会学和生物学等各领域问题具有强大威力。高等数学已经成为全世界理工类本科各专业普遍开设的一门公共基础必修课程，在培养具有良好数学素质及其应用型人才方面起着特别重要的作用。随着科学技术的发展对高等数学课程产生了新的需求，也由于教育部提出在全国提倡精品课建设、大力推动高等教育教学质量的提高，适应我国高等教育从"精英型教育"向"大众化教育"的转变，为满足一些高等院校新的教学形势，针对当前学生知识结构和习惯特点，根据我们多年的教学经验，在多次研讨和反复实践的基础上，编写了这部高等数学课程的教材。

　　本书认真贯彻落实教育部"高等教育面向 21 世纪教学内容和课程体系改革计划"的精神，并严格执行教育部"数学与统计学教学指导委员会"最新提出的"工科类本科数学基础课程教学基本要求"，参考近几年国内出版的一些优秀教材，结合编者多年的教学实践经验，本着以学生为中心、为学生服务的思想编写。全书以严谨的知识体系，通俗易懂的语言，丰富的例题、习题，深入浅出地讲解高等数学的知识，培养学生分析问题解决问题的能力。

　　全书分上、下两册。上册内容包括极限与连续、导数与微分、微分中值定理与导数应用、不定积分、定积分及其应用、微分方程。下册内容包括向量代数与空间解析几何、多元函数微分学、重积分、曲线积分与曲面积分、无穷级数。书内各节后均配有相应的习题，同时每章还配有综合练习，书末附有习题的参考答案及附录。

　　本书有以下几个主要特色：

　　（1）目标明确。高等数学课程的根本目的是帮助学生为进入工程各领域从事实际工作做准备，所以在满足教学基本要求的前提下，淡化理论推导过程，加强训练，强化应用，力求满足物理学、力学及各专业后继课程的数学需要。在第一章中没有介绍映射的内容，直接通过实例给出函数的定义，同时在有些章节中还淡化了定理证明的推导过程，既简明易懂，又解决了课时少内容多的矛盾。同时，本书经过精心设计与编选，配备了相当丰富的例题、习题，目的是使学生理解基本概念和基本定理的实质，掌握重要的解题方法和应用技巧。

　　（2）注重与新课标下的中学教材衔接。中学教材中三角函数内容的弱化为高等数学的教学带来不便，本书在第一章第一节对以上内容重点做了补充。平面极坐标与参数方程是积分中经常用到的重要内容，因此，在第一章中比较详细地介绍了平面极坐标与直角坐标的关系，附录一给出了一些常用曲线的极坐标和参数方程，为后面的学习奠定了一定的基础。

　　（3）每章增加了本章导读，为学生自学时了解本章概况有一定的意义。每章后附有拓展阅读，可以开阔学生视野，让学生欣赏数学之美。

　　（4）注重理论联系实际，增加了数学在工程技术上应用的例子，培养学生解决实际问题的能力，注重渗透数学建模思想。

　　（5）注重渗透现代化教学思想及手段，将部分习题答案做成二维码扫描，让学生借助网络可以参考。

（6）带"*"号的章节可供不同学时、不同专业选用。

（7）本书编写了配套的辅导书《高等数学同步学习指导》，拓宽学生知识的广度与深度，对考研和参加数学竞赛的学生会有一定的帮助。

本书上册由李香玲、孙宏凯担任主编，武小云、张新、张建梅担任副主编。参加编写的还有李彦红、景海斌、李彩娟、刘丽莉、孙志田。具体分工如下：第一章由李彦红、景海斌编写；第二章由李彩娟编写；第三章由武小云编写；第四章由李香玲编写；第五章由张新、刘丽莉编写；第六章由孙志田、张建梅编写。附录一由孙宏凯编写，附录二由武小云、张新编写。

本书下册由孙宏凯、李香玲担任主编，冀凯、王玉兰、麻振华担任副主编。参加编写的还有闫常丽、赵书银、张洪亮。具体分工如下：第七章由孙宏凯、闫常丽编写；第八章由麻振华编写；第九章、第十章主体内容由王玉兰编写，第九章拓展阅读及第九章、第十章习题简答由赵书银编写，第十章拓展阅读由张洪亮编写；第十一章由冀凯编写；附录由孙宏凯、闫常丽编写。全书由张家口学院教授赵春兰主审。

本书在编写过程中得到了河北建筑工程学院数理系的领导、老师的大力支持，在此表示诚挚的谢意！参考了书后所列的参考文献，对参考文献的作者在此一并表示感谢！

虽然编者力求本书通俗易懂，简明流畅，便于教学，但由于水平与学识有限，虽再三审校，书中疏漏与错误之处在所难免，敬请读者多提宝贵意见并不吝赐教，我们将万分感激。本书将不断改进与完善，突出自己的特色，更好地服务于教学。

编　者

2018 年 5 月

目　　录

第一章 极限与连续

 [本章导读]

　　集合在数学领域具有无可比拟的特殊重要性．集合论的基础是由德国数学家康托尔（Cantor，1845—1918）在 19 世纪 70 年代奠定的．经过一大批卓越的数学家半个世纪的努力，到 20 世纪 20 年代，已确立了集合论在现代数学理论体系中的基础地位．可以说，当今数学各个分支的几乎所有结果都构筑在严格的集合理论上．所以，学习现代数学，应该从集合入手．

　　自然界中没有绝对静止或绝对孤立的事物，函数能准确地刻画出各事物或各因素之间的相依关系，它提供了进行数量研究的方法．公元 1837 年，德国数学家狄利克雷（Dirichlet，1805—1859）提出了现今通用的函数定义，使函数关系更加明确．函数是现代数学的基本概念之一．

　　极限是微积分理论中的一个最基本、最重要的概念．19 世纪以前，人们用朴素的极限思想计算了圆的面积．19 世纪之后，柯西（Cauchy，1789—1857）以物体运动为背景，结合几何直观，引入了极限概念．后来，魏尔斯特拉斯（Weierstrass，1815—1897）给出了形式化的数学语言描述．极限概念奠定了微积分学的基础．极限方法是微积分的基本分析方法，它是研究函数性质的有力工具，以后的微积分概念都将借助于极限来描述．连续是函数的一个重要性态，连续函数是微积分研究的主要对象．

　　本章首先通过回顾集合、一元函数、基本初等函数的概念和性质，引入邻域、复合函数、分段函数及初等函数的概念；其次给出数列极限与函数极限的概念、性质及运算法则；接着讨论无穷小量与无穷大量的概念、无穷小量的比较，以及极限存在准则和两个重要极限；最后介绍连续函数的概念及其性质．函数、极限与函数连续性是本章的主要内容，将为后面内容的学习打下必要的基础．

第一节 预 备 知 识

一、集合、区间和邻域

1. 集合的概念

　　集合是数学中最基本的一个概念，我们把具有某种特定性质的事物的全体称为集合（set），集合中的事物称为该集合的元素（element）．设 A 是一个集合，如果 a 是 A 的元素，则称 a 属于 A，记作 $a \in A$；如果 a 不是 A 的元素，则称 a 不属于 A，记作 $a \notin A$．一个集合，如果其元素的个数是有限的，则称为有限集，否则就称为无限集．不包含任何元素的集合称为空集，记作 $\varnothing$．

　　习惯上用 **N** 表示自然数的集合，$\mathbf{N}^+$ 表示全体正整数的集合，**Z** 表示全体整数的集合，**Q**

表示全体有理数的集合，**R** 表示全体实数的集合，**C** 表示全体复数的集合．显然，$\mathbf{N}^+ \subset \mathbf{N} \subset \mathbf{Z} \subset \mathbf{Q} \subset \mathbf{R} \subset \mathbf{C}$．

设 A、B 是两个集合，如果 $A \subset B$ 且 $B \subset A$，则称集合 A 与集合 B 相等，记作 $A = B$．此时 A 与 B 的元素完全相同，实际上是同一个集合．

2．集合的运算

集合的基本运算有并、交、差三种．

设 A、B 是两个集合，由 A 与 B 的全部元素构成的集合，称为 A 与 B 的并集（简称并）（union），记作 $A \cup B$；由 A 与 B 的所有公共元素构成的集合，称为 A 与 B 的交集（简称交）（intersection），记作 $A \cap B$；由属于 A 但不属于 B 的一切元素构成的集合，称为 A 与 B 的差集（简称差）（difference set），记作 $A \setminus B$．通常在讨论一个问题时，所涉及的集合总是某个最大集合 I 的子集，此时称 I 为全集（universal set）．

如果 $A \subset I$，则称集合

$$I \setminus A = \left\{ x \mid x \in I \text{且} x \notin A \right\}$$

为集合 A 关于全集 I 的余集或补集（complement），记作 A_I^c．在不会发生混淆的前提下，通常也简称为 A 的余集或补集，记作 A^c．关于集合的并、交、余及其联合运算，有下列规律：

（1）交换律：$A \cup B = B \cup A$，$A \cap B = B \cap A$；

（2）结合律：$(A \cup B) \cup C = A \cup (B \cup C)$，$(A \cap B) \cap C = A \cap (B \cap C)$；

（3）分配律：$A \cap (B \cup C) = (A \cap B) \cup (A \cap C)$，$A \cup (B \cap C) = (A \cup B) \cap (A \cup C)$；

（4）对偶律（De Morgan 公式）：$(A \cup B)^c = A^c \cap B^c$，$(A \cap B)^c = A^c \cup B^c$．

3．区间和邻域

在高等数学中，经常用到的实数集 **R** 的子集有区间和邻域两种类型．

设 a 和 b 都是实数且 $a < b$，称数集 $\{x \mid a < x < b\}$ 为开区间（open interval），记作 (a, b)，即

$$(a, b) = \{x \mid a < x < b\}.$$

类似地有 $[a, b] = \{x \mid a \leqslant x \leqslant b\}$ 称为闭区间（closed interval），$[a, b) = \{x \mid a \leqslant x < b\}$、$(a, b] = \{x \mid a < x \leqslant b\}$] 称为半开半闭区间．其中，a 和 b 称为区间 (a, b)、$[a, b]$、$[a, b)$、$(a, b]$ 的端点，$b - a$ 称为区间的长度．

以上这几类区间的长度是有限的，称为有限区间．此外还有无限区间：

$$[a, +\infty) = \{x \mid x \geqslant a\}, \quad (a, +\infty) = \{x \mid x > a\},$$

$$(-\infty, b) = \{x \mid x < b\}, \quad (-\infty, b] = \{x \mid x \leqslant b\},$$

$$(-\infty, +\infty) = \{x \mid x \in \mathbf{R}\}.$$

上述这几类区间都称为无限区间．有限区间和无限区间统称为区间（interval）．

数的图像是数轴上的点；反过来，数轴上的点的坐标又是数．这样，实数集 **R** 与数轴上的点就建立了一一对应关系，所以数与点以后不加区别．

邻域（neighborhood）是一种常用的集合．设 $a \in \mathbf{R}$，$\delta > 0$，则称开区间 $(a - \delta, a + \delta)$ 为点 a 的 δ 邻域，记作 $U(a, \delta)$，即

$$U(a, \delta) = \{x \mid a - \delta < x < a + \delta\} = \{x \mid |x - a| < \delta\}.$$

其中，点 a 称为邻域的中心，δ 称为邻域的半径（见图 1-1）．当不需要注明邻域半径时，也

简记作 $U(a)$.

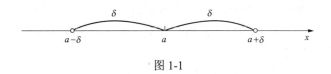

图 1-1

如果把邻域的中心去掉,所得的集合称为点 a 的 δ 去心邻域,记作 $\overset{\circ}{U}(a,\delta)$:

$$\overset{\circ}{U}(a,\delta) = \{x \mid 0 < |x-a| < \delta\} .$$

为了方便,把开区间 $(a-\delta,a)$ 称为 a 的左 δ 去心邻域,把开区间 $(a,a+\delta)$ 称为 a 的右 δ 去心邻域.

二、一元函数

（一）概念

定义 设非空数集 $D \subset \mathbf{R}$,若存在某种对应法则 f,使得对于数集 D 中的任意实数 x,按照法则 f 都有唯一确定的实数 y 与之对应,则称 f 是定义在集合 D 上的<u>函数</u>（function）,记作

$$f : D \to \mathbf{R} ,$$

$$f : x \mapsto y = f(x), x \in D .$$

当 $x_0 \in D$ 时,与 x_0 对应的数值 y_0 称为函数 f 在点 $x = x_0$ 处的函数值,记作 $y_0 = f(x_0)$ 或 $y_0 = y\big|_{x=x_0}$. 其中,x 称为<u>自变量</u>（independent variable）,y 称为<u>因变量</u>（dependent variable）,数集 D 称为函数 f 的<u>定义域</u>（definition domain）,记作 D_f . 全体函数值的集合 $\{y \mid y = f(x), x \in D\}$ 称为函数 f 的<u>值域</u>（range）,记作 $f(D)$,即

$$f(D) = \big\{y \mid y = f(x), x \in D\big\} \subset \mathbf{R} .$$

关于函数定义的几点说明:

（1）记号 f 和 $f(x)$ 的含义是有区别的,前者表示自变量 x 和因变量 y 之间的对应法则,而后者表示与自变量 x 对应的函数值. 但为了叙述方便,习惯上常用记号" $f(x)$, $x \in D$ "或" $y = f(x)$, $x \in D$ "来表示定义在 D 上的函数,这时应理解为由它所确定的函数 f .

（2）函数的定义域通常按以下两种情形来确定:一种是有实际背景的函数,根据实际背景中变量的实际意义确定;另一种是抽象地用算式表达的函数,通常约定这种函数的定义域是使得算式有意义的一切实数组成的集合,这种定义域称为函数的自然定义域.

（3）函数定义包含两个要素:对应法则和定义域. 如果两个函数的定义域相同,对应法则也相同,那么这两个函数就是相同的,否则就是不同的. 如 $y = 2x$ 与 $s = 2t$ 表示相同的函数,与所用字母符号无关.

（4）在函数定义中,并没有表明对应法则非得用公式来表达不可. 也就是说,变量间有没有函数关系,在于有没有对应法则,而不在于有没有公式. 所以,具体表示一个函数时,可以用解析法（或称公式法）、图示法、表格法,甚至用语言描述等.

设函数 $y = f(x), x \in D$,则坐标平面上的点集

$$G(f) = \{(x,y) \mid y = f(x), x \in D\}$$

称为函数 f 的图像（graph）.

函数的图像能将函数的几何性态表现得十分明显. 显然，坐标平面上一个点集 G 是某个函数的图像的充分必要条件是：平行于 y 轴的每条直线与点集 G 至多有一个交点.

下面举几个函数的例子.

例 1 绝对值函数 $y=|x|=\begin{cases} x, & x \geqslant 0 \\ -x, & x < 0 \end{cases}$. 其定义域为 $(-\infty, +\infty)$，值域为 $[0, +\infty)$.

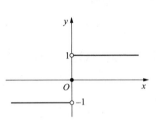

例 2 符号函数 $y=\operatorname{sgn} x=\begin{cases} 1, & x > 0 \\ 0, & x = 0 \\ -1, & x < 0 \end{cases}$. 其定义域为 $(-\infty, +\infty)$，

值域为 $\{-1, 0, 1\}$. 它的图形如图 1-2 所示. 对任何 $x \in \mathbf{R}$，有 $x = \operatorname{sgn} x \cdot |x|$.

例 3 取整函数.

图 1-2

设 x 为任意实数，不超过 x 的最大整数称为 x 的整数部分，记作 $[x]$. 函数 $y = [x]$ 称为取整函数，其定义域为 $(-\infty, +\infty)$，值域为

$\mathbf{Z}$. 例如，$\left[\dfrac{5}{7}\right] = 0$，$[\sqrt{2}] = 1$，$[\pi] = 3$，$[-1] = -1$，$[-3.5] = -4$. 取整函数的图像如图 1-3 所示.

例 4 定义在 $[0,1]$ 上的黎曼（Riemann）函数

$$R(x) = \begin{cases} \dfrac{1}{q}, & \text{当} x = \dfrac{p}{q}\left(p, q \in \mathbf{N}^+, \dfrac{p}{q} \text{为既约真分数}\right) \text{时}, \\ 0, & \text{当} x = 0,1 \text{和} (0,1) \text{内的无理数时}. \end{cases}$$

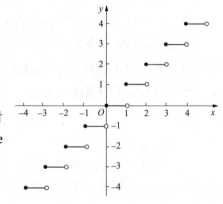

如以上示例所示，有些函数在定义域的不同部分，对应法则由不同的算式表示的函数称为**分段函数**（**piecewise defined function**）. 注意：分段表示的函数是一个函数，而不是两个函数.

图 1-3

（二）函数的几种特性

1. 函数的有界性

设函数 $f(x)$ 的定义域为 D，数集 $X \subset D$. 如果存在正数 M（或 L），使对任一 $x \in X$，有 $f(x) \leqslant M$（或 $f(x) \geqslant L$），则称 $f(x)$ 为数集 X 上的有上（下）界函数，亦称函数 $f(x)$ 在数集 X 上有上（下）界，M（或 L）是它的一个上（下）界；否则，称 $f(x)$ 为数集 X 上的无上（下）界函数.

显然，如果函数 $f(x)$ 在数集 D 上有上（下）界，则它必有无限多个上（下）界.

由定义可得，$f(x)$ 为 X 上的无上（下）界函数，即对于任意 M（或 L），存在 $x_0 \in X$，有 $f(x_0) > M$（或 $f(x_0) < L$）.

设函数 $f(x)$ 的定义域为 D，数集 $X \subset D$. 如果存在正数 M，使对任一 $x \in X$，有 $|f(x)| \leqslant M$，则称函数 $f(x)$ 在 X 上有界（bounded）；如果这样的 M 不存在，则称函数 $f(x)$ 在 X 上无界（unbounded）. 函数 $f(x)$ 无界，就是说对任何正数 M，总存在 $x_0 \in X$，使 $|f(x_0)| > M$.

如果 $f(x)$ 在区间 $[a, b]$ 上有界,通常可记作 $f(x) \in B[a, b]$.

定理 1 函数 $f(x)$ 在数集 D 上有界的充分必要条件是 $f(x)$ 在 D 上既有上界又有下界.

例如,因为当 $x \in (-\infty, +\infty)$ 时,恒有 $|\sin x| \leqslant 1$,故函数 $f(x) = \sin x$ 在 $(-\infty, +\infty)$ 上是有界的. 又如函数 $f(x) = \tan x$ 在开区间 $\left(-\dfrac{\pi}{2}, \dfrac{\pi}{2}\right)$ 是无界的,但它在 $\left[-\dfrac{\pi}{3}, \dfrac{\pi}{3}\right]$ 上是有界的. 由此例可以看出,函数 $f(x)$ 在数集 X 上的有界性,不仅与函数 $f(x)$ 本身有关,而且与所给的数集 X 有关.

2. 函数的单调性

设函数 $f(x)$ 的定义域为 D,区间 $I \subset D$. 如果对于区间 I 上任意两点 x_1 及 x_2,当 $x_1 < x_2$ 时,恒有

$$f(x_1) < f(x_2) \, (\text{或} f(x_1) > f(x_2)),$$

则称函数 $f(x)$ 在区间 I 上是单调增加(减少)的.

单调增加和单调减少的函数统称为单调函数(monotonic function).

由定义可以看出,函数 $f(x)$ 在区间 I 上的单调性不仅与函数 $f(x)$ 本身有关,而且与所给的区间 I 有关. 例如,函数 $y = x^2$ 在区间 $[0, +\infty)$ 上是单调增加的,在区间 $(-\infty, 0]$ 上是单调减少的,在 $(-\infty, +\infty)$ 上不是单调的.

3. 函数的奇偶性

设函数 $f(x)$ 的定义域 D 关于原点对称(即若 $x \in D$,则 $-x \in D$). 如果对于任一 $x \in D$,有 $f(-x) = f(x)$,则称 $f(x)$ 为偶函数(even function);如果有 $f(-x) = -f(x)$,则称 $f(x)$ 为奇函数(odd function). 不是偶函数也不是奇函数的函数,称为非奇非偶函数. 从几何上看,偶函数的图像关于 y 轴对称,奇函数的图像关于坐标原点对称.

例如,$y = x^2$、$y = \cos x$ 都是偶函数,$y = x^3$、$y = \sin x$ 都是奇函数,而 $y = \sin x + \cos x$ 是非奇非偶函数.

例如,函数 $y = x^n (n \in \mathbf{N}^+)$,当 n 为奇数时为奇函数,当 n 为偶数时为偶函数,这正是奇函数与偶函数名称的由来.

4. 函数的周期性

设函数 $f(x)$ 的定义域为 D. 如果存在一个正数 T,使得对于任一 $x \in D$ 有 $(x \pm T) \in D$,且 $f(x + T) = f(x)$,则称 $f(x)$ 为周期函数(periodic function),T 称为 $f(x)$ 的周期.

从几何上看,周期函数的值每隔一个周期都是相同的. 所以,描绘周期函数的图像时,只要作出一个周期的图像,然后将此图像一个周期一个周期向左、右平移,即得整个函数的图像.

周期函数有无穷多个周期. 若在周期函数 $f(x)$ 的无穷多个周期中,存在最小的正周期 T,通常将这个最小正周期 T 称为函数 $f(x)$ 的基本周期,简称为周期.

例如,"非负小数部分"函数 $y = (x) = x - [x]$,$x \in \mathbf{R}$ 是周期为 1 的周期函数(见图 1-4).

注意,并不是每一个周期函数都有基本周期.

例如,狄利克雷(Dirichlet)函数

$$D(x) = \begin{cases} 1, & x \text{为有理数}, \\ 0, & x \text{为无理数}. \end{cases}$$

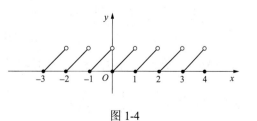

图 1-4

任何正有理数 r 都是 $D(x)$ 的周期，但它没有基本周期.

事实上，因为有理数之和为有理数，无理数与有理数之和为无理数，所以 $D(x\pm r)=D(x)$. 注意到有理数的稠密性，即知 $D(x)$ 没有基本周期.

（三）反函数与复合函数

1. 反函数（inverse function）

设函数 $f(x)$ 的定义域为 D，值域为 $A=f(D)$. 若对于每个 $y\in A$，有唯一的 $x\in D$，使得 $f(x)=y$，这样由对应法则 f 确定了从 A 到 D 的一种新的对应法则 f^{-1}，称 f^{-1} 为函数 f 的反函数，记作 $x=f^{-1}(y)$，$y\in A$. 其定义域为 A，值域为 D .

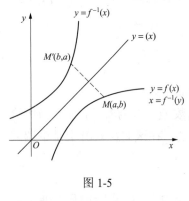

图 1-5

由于人们习惯于用 x 表示自变量，用 y 表示因变量. 一般地，我们用 $y=f^{-1}(x)$ 表示 $y=f(x)$ 的反函数.

从几何上看，在同一坐标平面上，函数 $y=f(x)$ 与其反函数 $x=f^{-1}(y)$ 的图像是相同的. 所不同的仅仅是 $y=f(x)$ 的自变量是 x，而 $x=f^{-1}(y)$ 的自变量是 y，这样观察反函数的曲线时，就要沿着 y 轴去看. 若将函数 $y=f(x)$ 的反函数记作 $y=f^{-1}(x)$，这时 $y=f(x)$ 与 $y=f^{-1}(x)$ 的图像关于直线 $y=x$ 对称（见图1-5）.

定理 2 若函数 $y=f(x)$ 在数集 D 上单调增加（单调减少），则函数 $y=f(x)$ 存在反函数，且反函数 $x=f^{-1}(y)$ 在 $f(D)$ 上也单调增加（单调减少）.

定理2的条件是充分的，但不必要. 例如，设函数（见图1-6）

$$y=f(x)=\begin{cases} x, & 0\leqslant x<1 \\ 3-x, & 1\leqslant x\leqslant 2 \end{cases}.$$

显然，$f(x)$ 在 $[0,2]$ 上是一一对应的，存在反函数

$$x=f^{-1}(y)=\begin{cases} y, & 0\leqslant y<1 \\ 3-y, & 1\leqslant y\leqslant 2 \end{cases}.$$

但 $y=f(x)$ 在 $[0,2]$ 上不是单调函数.

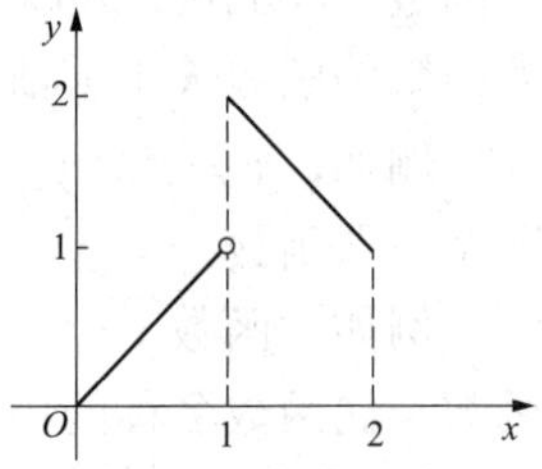

图 1-6

2. 复合函数（composite function）

设函数 $y=f(u)$ 的定义域为 D_1，函数 $u=g(x)$ 在 D_2 上有定义且 $g(D_2)\subset D_1$，则由下式确定的函数

$$y=f[g(x)], x\in D_2$$

称为由函数 $y=f(u)$ 和函数 $u=g(x)$ 构成的复合函数，它的定义域为 D_2，变量 u 称为中间变量. 用 $f\circ g$ 来记这个复合函数，即对每个 $x\in D_2$，有 $(f\circ g)(x)=f[g(x)]$.

例如，$y=f(u)=u^2$ 的定义域为 $D_1=(-\infty,+\infty)$，$u=g(x)=\sin x$ 的定义域为 $D_2=(-\infty,+\infty)$，且 $g(D_2)=[-1,1]\subset D_1$，则 $f(u)$ 与 $g(x)$ 可构成复合函数

$$y=f[g(x)]=\sin^2 x, x\in(-\infty,+\infty) .$$

复合函数也可以由两个以上的函数经过复合构成. 例如，$y=u^2$，$u=\sin v$，$v=\dfrac{x}{2}$，则得复合函数 $y=\sin^2\dfrac{x}{2}$，这里 u、v 都是中间变量.

要注意的是,两个函数复合时,常遇到 $u = g(x)$ 的值域 $g(D_2)$ 并不完全包含在函数 $y = f(u)$ 的定义域 D_1 内的情况. 这时,只要复合函数 $f \circ g$ 的定义域 $D = \{x \mid x \in D_2, g(x) \in D_1\} \neq \varnothing$,即 $g(D_2) \bigcap D_1 \neq \varnothing$,则 $y = f[g(x)], x \in D$ 仍可确定一个函数;否则,若 $g(D_2) \bigcap D_1 = \varnothing$,则 $f \circ g$ 无意义. 如 $y = \sqrt{u}$ 与 $u = -x^2 - 1$ 则不能构成复合函数 $y = \sqrt{-x^2 - 1}$.

（四）函数的运算

给定两个函数 f,$x \in D_1$ 和 g,$x \in D_2$,若 $D_1 \bigcap D_2 \neq \varnothing$,则函数 f 与 g 的和 $f + g$、差 $f - g$、积 $f \cdot g$ 分别定义为

$$(f + g)(x) = f(x) + g(x),\quad x \in D_1 \bigcap D_2,$$
$$(f - g)(x) = f(x) - g(x),\quad x \in D_1 \bigcap D_2,$$
$$(f \cdot g)(x) = f(x) \cdot g(x),\quad x \in D_1 \bigcap D_2.$$

若 $(D_1 \bigcap D_2) \backslash \{x \mid g(x) = 0\} \neq \varnothing$,则函数 f 与 g 的商 $\dfrac{f}{g}$ 定义为

$$\left(\frac{f}{g} \right)(x) = \frac{f(x)}{g(x)},\quad x \in (D_1 \bigcap D_2) \backslash \{x \mid g(x) = 0\}.$$

若 $D_1 \bigcap D_2 = \varnothing$,则函数 f 与 g 的四则运算无意义.

函数的四则运算是产生新函数的一种方法.

（五）基本初等函数

在中学数学中,曾经学习过以下五类函数.

1. 幂函数（power function）: $y = x^\mu$ （$\mu \in \mathbf{R}$,μ 为常数）

幂函数的定义域和值域依 μ 的取值不同而不同,但是无论 μ 取何值,幂函数在 $x \in (0, +\infty)$ 内总有定义. 常见的幂函数的图像如图 1-7 所示.

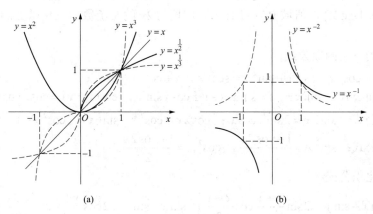

图 1-7

(a) $\mu > 0$; (b) $\mu < 0$

2. 指数函数（exponential function）: $y = a^x$ （$a > 0$ 且 $a \neq 1$）

指数函数的定义域为 $(-\infty, +\infty)$,值域为 $(0, +\infty)$,图像如图 1-8 所示. 常用公式: $a^{\alpha + \beta} = a^\alpha \cdot a^\beta$,$a^{\alpha\beta} = (a^\alpha)^\beta = (a^\beta)^\alpha$.

3．对数函数（logarithmic function）：$y = \log_a x \left(a > 0,\ a \neq 1 \right)$

对数函数的定义域为 $(0, +\infty)$，值域为 $(-\infty, +\infty)$．对数函数 $y = \log_a x$ 是指数函数 $y = a^x$ 的反函数，其图像见图 1-9．在工程中，常以无理数 $e = 2.718\,281\,828\cdots$ 作为指数函数和对数函数的底，并且记作 $e^x = \exp(x)$，$\log_e x = \ln x$，而后者称为自然对数函数．常用公式：$\log_a x_1 + \log_a x_2 = \log_a (x_1 x_2)$，$\log_a x_1 - \log_a x_2 = \log_a \dfrac{x_1}{x_2}$，$\log_a x^n = n \log_a x$，$\log_a x = \dfrac{\ln x}{\ln a}$．

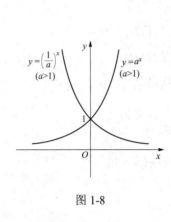

图 1-8

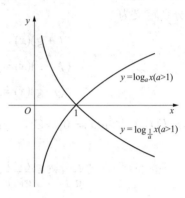

图 1-9

4．三角函数（trigonometric function）

三角函数有正弦函数 $y = \sin x$、余弦函数 $y = \cos x$、正切函数 $y = \tan x$、余切函数 $y = \cot x$、正割函数 $y = \sec x = \dfrac{1}{\cos x}$ 和余割函数 $y = \csc x = \dfrac{1}{\sin x}$．其中，正割函数 $y = \sec x$ 的定义域为 $\mathbf{R} \setminus \left\{ \left(n + \dfrac{1}{2} \right) \pi \mid n \in \mathbf{Z} \right\}$，值域 $\mathbf{R} \setminus (-1, 1)$，是周期为 2π 的偶函数．余割函数 $y = \csc x$ 的定义域为 $\mathbf{R} \setminus \{ n\pi \mid n \in \mathbf{Z} \}$，值域 $\mathbf{R} \setminus (-1, 1)$，是周期为 2π 的奇函数．三角函数的图像如图 1-10 所示．

经常用到的三角函数公式：

（1）$\sin^2 x + \cos^2 x = 1$，$1 + \tan^2 x = \sec^2 x$，$1 + \cot^2 x = \csc^2 x$．

（2）两角和公式：$\sin(x \pm y) = \sin x \cos y \pm \cos x \sin y$；$\cos(x \pm y) = \cos x \cos y \mp \sin x \sin y$．

（3）倍角公式：$\sin 2x = 2 \sin x \cos x$；$\cos 2x = \cos^2 x - \sin^2 x = 2 \cos^2 x - 1 = 1 - 2 \sin^2 x$．

（4）半角公式：$\sin^2 x = \dfrac{1 - \cos 2x}{2}$，$\cos^2 x = \dfrac{1 + \cos 2x}{2}$．

（5）和差化积公式：

$$\sin x + \sin y = 2 \sin \frac{x+y}{2} \cos \frac{x-y}{2}；\quad \sin x - \sin y = 2 \cos \frac{x+y}{2} \sin \frac{x-y}{2}；$$

$$\cos x + \cos y = 2 \cos \frac{x+y}{2} \cos \frac{x-y}{2}；\quad \cos x - \cos y = -2 \sin \frac{x+y}{2} \sin \frac{x-y}{2}．$$

（6）积化和差公式：

$$2 \sin x \cos y = \sin(x+y) + \sin(x-y)；\quad 2 \cos x \sin y = \sin(x+y) - \sin(x-y)；$$

$$2 \cos x \cos y = \cos(x+y) + \cos(x-y)；\quad -2 \sin x \sin y = \cos(x+y) - \cos(x-y)．$$

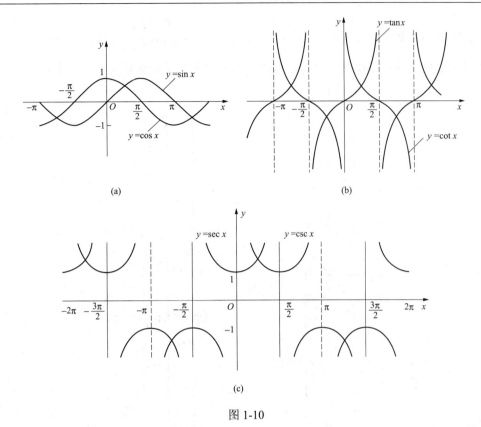

图 1-10

（a）正弦函数与余弦函数；（b）正切函数与余切函数；（c）正割函数与余割函数

5. 反三角函数（inverse trigonometric function）

因为三角函数是周期函数，不是一一对应的，故不存在反函数．但若将三角函数的定义域限制在该函数保持单调的某个单调区间，这时函数就存在反函数．反三角函数主要包括反正弦函数 $y = \arcsin x$、反余弦函数 $y = \arccos x$、反正切函数 $y = \arctan x$ 和反余切函数 $y = \operatorname{arccot} x$ 等．反正弦函数和反正切函数在定义域内单调增加且是奇函数，而反余弦函数和反余切函数在定义域内单调减少．它们的定义域、值域及图像如图 1-11 所示．

反正弦函数：$y = \arcsin x$，$x \in [-1,1]$，$y \in \left[-\dfrac{\pi}{2}, \dfrac{\pi}{2}\right]$；

反余弦函数：$y = \arccos x$，$x \in [-1,1]$，$y \in [0, \pi]$；

反正切函数：$y = \arctan x$，$x \in (-\infty, +\infty)$，$y \in \left(-\dfrac{\pi}{2}, \dfrac{\pi}{2}\right)$；

反余切函数：$y = \operatorname{arccot} x$，$x \in (-\infty, +\infty)$，$y \in (0, \pi)$．

两个常用公式：$\arcsin x + \arccos x = \dfrac{\pi}{2}$，$\arctan x + \operatorname{arccot} x = \dfrac{\pi}{2}$．

以上列举的幂函数、指数函数、对数函数、三角函数和反三角函数统称为 **基本初等函数**（basic elementary function）．

（六）初等函数（elementary function）

由常数和基本初等函数经过有限次四则运算和有限次复合所构成并可用一个式子表示的

函数，称为**初等函数**. 例如 $y = \sqrt{1-x^2}$ ， $y = \sin^2 x$ ， $y = \sqrt{\cot\dfrac{x}{2}}$ 等都是初等函数. 不是初等函数的函数，称为非初等函数. 例如，取整函数和狄利克雷函数都是非初等函数.

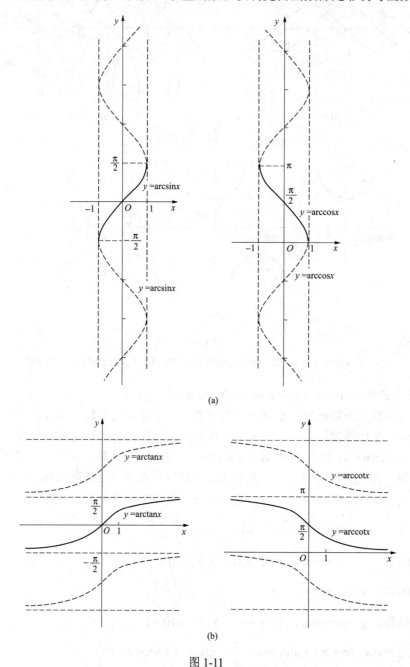

(a)

(b)

图 1-11

（a）反正弦函数和反余弦函数；（b）反正切函数和反余切函数

　　工程上，经常用到一类称为双曲函数（hyperbolic function）的初等函数. 它们是由常数函数和指数函数 $y = \mathrm{e}^x$ 与 $y = \mathrm{e}^{-x}$ 复合所构成的初等函数. 它们的定义如下：

双曲正弦：$\sinh x = \dfrac{e^x - e^{-x}}{2}$；双曲余弦：$\cosh x = \dfrac{e^x + e^{-x}}{2}$；

双曲正切：$\tanh x = \dfrac{\operatorname{sh}x}{\operatorname{ch}x} = \dfrac{e^x - e^{-x}}{e^x + e^{-x}}$；双曲余切：$\coth x = \dfrac{\operatorname{ch}x}{\operatorname{sh}x} = \dfrac{e^x + e^{-x}}{e^x - e^{-x}}$.

双曲正弦、双曲余弦、双曲正切的图像如图 1-12 所示.

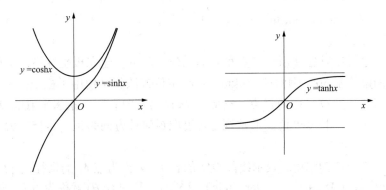

图 1-12

双曲正弦、双曲余弦和双曲正切的定义域都是实数集 $\mathbf{R}$，双曲余切的定义域是 $\mathbf{R} \backslash \{0\}$. 双曲函数的性质如下：

$$\sinh(x \pm y) = \sinh x \cosh y \pm \cosh x \sinh y；\quad \cosh(x \pm y) = \cosh x \cosh y \pm \sinh x \sinh y；$$

$$\cosh^2 x - \sinh^2 x = 1；\quad \sinh 2x = 2 \sinh x \cosh x；\quad \cosh 2x = \sinh^2 x + \cosh^2 x .$$

以上关于双曲函数的公式与三角函数的相关公式非常相似.

双曲函数的反函数称为<u>反双曲函数</u>，其图像如图 1-13 所示，它们的表达式如下：

反双曲正弦：$y = \operatorname{arcsin}hx = \ln(x + \sqrt{x^2 + 1})$；反双曲余弦：$y = \operatorname{arccos}hx = \ln(x + \sqrt{x^2 - 1})$；

反双曲正切：$y = \operatorname{arctan}hx = \dfrac{1}{2}\ln\dfrac{1+x}{1-x}$.

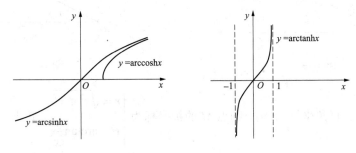

图 1-13

三、参数方程与极坐标系

（一）参数方程（parametric equation）

在平面直角坐标系中，把点的坐标 x 和 y 表示成某个变量 t 的函数，

$$\begin{cases} x = \varphi(t) \\ y = \psi(t) \end{cases}, \quad \alpha \leqslant t \leqslant \beta .$$

如果由 t 的取值范围内的任一值所决定的点 (x,y) 都在一条曲线 C 上，反过来曲线 C 上每一点 (x,y) 都可以由 t 的取值范围内的某个值通过方程得到，则此方程为曲线 C 的参数方程，t 叫做参数．一般地，若参数方程确定了 y 是 x 的函数，则称此函数为由参数方程所确定的函数，如椭圆的参数方程 $\begin{cases} x = a\cos t \\ y = b\sin t \end{cases}$，$0 \leqslant t \leqslant 2\pi$．

（二）极坐标系（polar coordinate system）

1．极坐标系的定义

在平面上，除了可以建立笛卡尔直角坐标系外，还可以建立极坐标系．例如，海上船只的定位，某岛屿南偏东 30°，距岛屿 10km，这种定位方法就是使用了极坐标．

在平面上取定一点 O，称为极点（pole）；从 O 出发向右引一条水平射线 Ox，称为极轴（polar axis），取定一个长度单位，通常规定角度取逆时针方向为正．这样，就建立了一个极坐标系．

对于平面上任一点 M，用 r 表示线段 OM 的长度，r 称为点 M 的极径；用 θ 表示从 Ox 到 OM 的角度，θ 称为点 M 的极角（polar angle），这样有序数对 (r,θ) 就称为点 M 的极坐标（polar coordinates），记作 $M(r,\theta)$，如图 1-14 所示．

当限制 $r \geqslant 0$，$0 \leqslant \theta \leqslant 2\pi$ 时，平面上除极点 O 以外，其他每一点都有唯一的一个极坐标．极点的极径为零，极角任意．

2．直角坐标系与极坐标系的转换

当直角坐标系与极坐标系重合，坐标原点与极点重合，极轴取 x 轴正半轴时，如图 1-15 所示，若给出点 M 的极坐标 (r,θ)，则 M 的直角坐标为 $\begin{cases} x = r\cos\theta \\ y = r\sin\theta \end{cases}$．

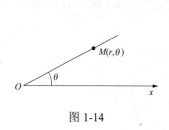

图 1-14

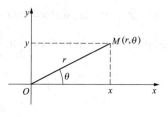

图 1-15

若已知点 M 的直角坐标 (x,y)，则点 M 的极坐标为 $\begin{cases} r = \sqrt{x^2 + y^2} \\ \theta = \arctan\dfrac{y}{x} \end{cases}$，其中 $x \neq 0$．在 $x = 0$ 的

情况下，若 $y > 0$，则 $\theta = \dfrac{\pi}{2}$；若 $y < 0$，则 $\theta = \dfrac{3\pi}{2}$．

3．极坐标方程

用极坐标系描述的曲线方程称为极坐标方程，通常表示为 r 是 θ 的函数，记作 $r = r(\theta)$．平面上有些曲线，采用极坐标表示时，方程比较简单．例如，常见的圆的曲线方程为：

（1）以极点为中心、a 为半径的圆的极坐标方程为 $r = a$ $(0 \leqslant \theta \leqslant 2\pi)$．

（2）以直角坐标 $(a,0)$ 为中心、 a 为半径的圆的极坐标方程为 $r=2a\cos\theta\left(-\dfrac{\pi}{2}\leqslant\theta\leqslant\dfrac{\pi}{2}\right)$.

（3）以直角坐标 $(0,a)$ 为中心、 a 为半径的圆的极坐标方程为 $r=2a\sin\theta(0\leqslant\theta\leqslant\pi)$.

其他曲线的极坐标方程见附录一.

习　题　1-1

1．设 $A=(-2,5]$， $B=\{-2,5\}$，写出 $A\bigcup B$， $A\bigcap B$， $A\backslash B$ 及 $B\backslash A$ 的表达式.

2．求下列函数的定义域：

（1） $f(x)=\arcsin(x-3)$；

（2） $f(x)=\ln(\ln x)$；

（3） $f(x)=(1+x)^0-\dfrac{\sqrt{1+x}}{x}$；

（4） $f(x)=\begin{cases}-x, & -1\leqslant x\leqslant 0\\ \sqrt{3-x}, & 0<x<2\end{cases}$.

3．（1）设 $f\left(\sin\dfrac{x}{2}\right)=1+\cos x$，求 $f(\cos x)$.

（2）设 $f(x-2)=x^2-2x+3$，求 $f(x+2)$.

4．某地出租车收费标准为起价费 5 元,并且每行驶 1km 收费 1.6 元.写出出租车行驶 x km 的收费 c 的表达式.

5．下列函数 f 与 g 是否相等，为什么？

（1） $f(x)=\dfrac{x^2-9}{x+3}$， $g(x)=x-3$；

（2） $f(x)=\lg(3-x)-\lg(x-2)$， $g(x)=\lg\dfrac{3-x}{x-2}$；

（3） $f(x)=x$， $g(x)=2^{\log_2 x}$；

（4） $f(x)=\sin^2 x+\cos^2 x$， $g(x)=1$.

6．设函数

$$f(x)=\begin{cases}x^2, & x\geqslant 0\\ 2x-1, & x<0\end{cases}, \quad g(x)=\begin{cases}-x^2, & x\leqslant 1\\ \ln(1+x), & x>1\end{cases}.$$

求函数 $f(x)+g(x)$， $f(x)g(x)$.

7．下列各函数中哪些是周期函数？对于周期函数，指出其周期.

（1） $f(x)=\cos(x-2)$；

（2） $f(x)=\cos 4x$；

（3） $f(x)=1+\sin\pi x$；

（4） $f(x)=\sin^2 x$.

8．判断下列函数的奇偶性：

（1） $f(x)=\sin x-\cos x+1$；

（2） $f(x)=x\sin\dfrac{1}{x}$；

（3） $f(x)=\dfrac{1}{1+e^x}-\dfrac{1}{2}$；

（4） $f(x)=\ln(x+\sqrt{1+x^2})$.

9．证明：

（1）两个偶函数的和是偶函数，两个奇函数的和是奇函数；

（2）两个奇（偶）函数的积是偶函数，奇函数与偶函数的积是奇函数.

10．设 $f(x)$ 是周期为 T 的周期函数，证明 $f(-x)$ 也是周期为 T 的周期函数.

11．求下列函数的反函数：

（1）$y = f(x) = \sqrt{3-x}$；

（2）$y = f(x) = \begin{cases} x, & -\infty < x < 1 \\ x^2, & 1 \leqslant x \leqslant 4 \\ 2^x, & 4 < x < +\infty \end{cases}$.

12．设函数

$$f(x) = \begin{cases} x+1, & x > 1 \\ x^2, & x \leqslant 1 \end{cases}, \quad g(x) = 5x + 3.$$

求复合函数 $f \circ g$ 与 $g \circ f$.

13．指出下列函数是由哪些基本初等函数复合而成的：

（1）$y = \sqrt[3]{\arcsin a^x}$；

（2）$y = 2^{\sin^2 x}$；

（3）$y = \log_a^3(x^2 - 1)$；

（4）$y = \tan^3(\ln x)$.

第二节　极　限　的　概　念

高等数学以运动的观点来研究和刻画现实世界的数量关系，应用无限逼近的方法来研究问题，这种方法称为极限方法．极限理论是微积分中最基本、最重要的内容，它突出地表现了高等数学不同于初等数学的特点．微积分中很多重要概念和方法，如连续性、导数、微分、积分以及级数等，都是以极限理论为基础．在实际问题中，极限概念和方法也占有重要地位．

极限概念是由求某些实际问题的精确解而产生的．例如，我国古代数学家刘徽（公元3世纪）利用圆内接正多边形来推算圆面积的方法——割圆术，就是极限思想在几何学上的应用．

设有一圆，首先作内接正六边形，把它的面积记作 A_1；接着作内接正十二边形，其面积记作 A_2；再作内接正二十四边形，其面积记作 A_3；循此下去，每次边数加倍，一般地把内接正 $6 \times 2^{n-1}$ 边形的面积记作 $A_n(n \in \mathbf{N})$，如图 1-16 所示.

这样，就得到一系列内接正多边形的面积：A_1，A_2，A_3，$\cdots$，A_n，$\cdots$它们构成一列有次序的数．n 越大，内接正多边形与圆的差别就越小，从而以 A_n 作为圆面积的近似值也越精确．但是无论 n 取得如何大，只要 n 取定了，A_n 终究只是多边形的面积，而还不是圆的面积．因此，设想 n 无限增大（记作 $n \to \infty$，读作 n 趋于无穷大），即内接正多边形的边数无限增加，在这个过程中，内接正多边形无限接近于圆，同时 A_n 也无限接近于某一确定的数值，这个确定的数值就理解为圆的面积．这个确定的数值在数学上称为上面这列有次序的数（所谓数列）A_1，A_2，A_3，$\cdots$，

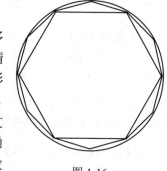

图 1-16

A_n，$\cdots$当 $n \to \infty$ 时的极限．在圆面积问题中我们看到，正是这个数列的极限才精确地表达了圆的面积．

在解决实际问题过程中逐渐形成的这种极限方法，已成为高等数学中的一种基本方法，因此有必要作进一步的阐明．下面先研究数列的极限，然后再研究函数的极限．

一、数列的极限

（一）数列及其性态

按照某一法则依次排列的无穷多个数 $x_1, x_2, x_3, \cdots, x_n, \cdots$ 称为一个无穷数列，简称数

列．数列中的每个数叫做数列的项，第 n 项 x_n 叫做数列的**一般项**（或**通项**）．数列可以简记为 $\{x_n\}$．

数列 $\{x_n\}$ 的各项 x_n 可以看成下标 n 的函数，$x_n = f(n)(n = 1, 2, \cdots)$ 称为整标函数．所以数列也是函数，其定义域 $D_f = \{n \mid n = 1, 2, \cdots\}$．严格地讲，有

定义 1 设函数 f 定义在正整数集合 $\mathbf{N}^+$ 上．即按照法则 f，每个 $n\,(n \in \mathbf{N}^+)$ 对应一个确定的实数 x_n，这样函数值 $f(n) = x_n$ 就是按下标从小到大依次排成的一列数：

$$x_1, x_2, x_3, \cdots, x_n, \cdots$$

称为**数列**（sequence），记作 $\{x_n\}$．数列的第 n 个数称为数列的第 n 项，也称**一般项**或**通项**．

由于数列是整标函数，因此其简单性态可用函数的简单性态稍加修改来定义．

我们用符号"∃"表示"存在"，"∀"表示"对任意给定的"或"对每一个"，于是有：

单调数列：对于数列 $\{x_n\}$，若 $\forall n$，都有 $x_n < x_{n+1}$（或 $x_n > x_{n+1}$），则称 $\{x_n\}$ 为**单调增加**（**单调减少**）数列；若 $\forall n$，都有 $x_n \leqslant x_{n+1}$（或 $x_n \geqslant x_{n+1}$），则称 $\{x_n\}$ 为**单调不减**（或**单调不增**）数列．

有界数列：对于数列 $\{x_n\}$，若 $\exists M > 0$，使 $\forall n$，均有 $|x_n| \leqslant M$，则称 $\{x_n\}$ 为**有界数列**，否则，称 $\{x_n\}$ 为**无界数列**，即 $\forall M > 0$，总 $\exists n_0$，使得 $|x_{n_0}| > M$．

（二）数列极限的概念

数列 $\{x_n\}$ 的极限就是描述这一串数的变化趋势．先看一些简单的数列，考查其变化趋势．

1. $x_n = \dfrac{2n-1}{5n}$

当 $n = 1, 2, 3, 4, 5, \cdots$ 时，数列 $\left\{\dfrac{2n-1}{5n}\right\}$ 的各项依次为 $\dfrac{1}{5}$，$\dfrac{3}{10}$，$\dfrac{5}{15}$，$\dfrac{7}{20}$，$\dfrac{9}{25}$，$\cdots$，由此可知，当 n 无限增大时，x_n 无限接近于 $\dfrac{2}{5}$．

2. $x_n = q^n (|q| < 1)$

由于 $|q^n| = |q|^n$，显然 $|q|^{n+1} < |q|^n < 1$，即数列是单调递减的．可以看出，当 $n \to \infty$ 时，$x_n = q^n$ 的值与 0 无限接近．

3. $\{2^n\}$： $2, 4, 8, \cdots, 2^n, \cdots$

显然，数列是单调递增的，当 n 无限增大时，与任何确定的常数不会无限接近．

4. $\{(-1)^{n-1}\}$： $1, -1, 1, \cdots, (-1)^{n-1}, \cdots$

该数列的值在 1 和 –1 之间来回跳动，同样，当 n 无限增大时，与任何确定的常数不会无限接近．

对于数列来说，我们感兴趣的是在变化过程中无限接近于某一常数的那种逐渐趋于稳定状态的无穷数列，例如数列 $\left\{\dfrac{2n-1}{5n}\right\}$、$\{q^n\}(|q| < 1)$ 就具有这样的特点．

一般地，若数列 $\{x_n\}$，当 n 无限增大时，x_n 的值无限接近某一常数 a，则 a 叫做数列的**极限**．这时，我们说数列 $\{x_n\}$ 的极限存在，或者说数列 $\{x_n\}$ **收敛**．

这种概念只是一类形象的描述，不能满足严谨论证的需要．因此，我们要寻求用精确的、定量化的数学语言来定义数列极限．

下面以数列 $\left\{\dfrac{(-1)^n}{n}\right\}$：$-1,\dfrac{1}{2},-\dfrac{1}{3},\cdots,\dfrac{(-1)^n}{n},\cdots$ 为例来进行分析．显然，当 n 无限增大时，$\dfrac{(-1)^n}{n}$ 无限趋近于常数 0，即该数列的极限为 0．那么，"无限增大"和"无限接近"应该怎样确切地刻画，x_n 与常数 0 之间又存在着怎样的数量关系呢？

我们知道，两个数 a 与 b 之间的接近程度可以用这两个数之差的绝对值 $|b-a|$ 来度量，$|b-a|$ 越小，a 与 b 越接近．

由于 $|x_n-0|=\left|\dfrac{(-1)^n}{n}-0\right|=\dfrac{1}{n}$，因此随着 n 的不断增大，$|x_n-0|$ 可以无限地变小，从而 x_n 可以无限地接近于 0．换句话说，当 n 充分大时，$x_n=\dfrac{(-1)^n}{n}$ 与 0 的距离能任意小，要多小就能多小．也就是说，只要 n 充分大，就能使 $|x_n-0|$ 小于预先给定的正数 ε，即总有不等式 $|x_n-0|<\varepsilon$ 成立．

例如，如果 $\varepsilon=10^{-2}$，那么只要 $n>100$，即从第 101 项起以后的一切项都能满足 $|x_n-0|<\varepsilon$；再比如 $\varepsilon=10^{-4}$，那么只要 $n>10000$，即从第 10001 项起以后的一切项都能满足这个不等式．一般地，对任意给定的 ε，只要取正整数 $N=\left[\dfrac{1}{\varepsilon}\right]$，则从数列的第 N 项以后的所有 x_n 项满足这个不等式 $|x_n-0|<\varepsilon$．在这里要注意到，ε 是任意给的，是可以改变的，因而 N 将会随着 ε 的变化而变化．ε 越小，则 N 越大，即 x_N 越靠后．也就是说：对于任意给定的小正数 ε，总能找到数列的一个 x_N 项，使得排在 x_N 项以后的所有 x_n 项，总有不等式 $|x_n-0|=\dfrac{1}{n}<\varepsilon$ 成立．

综上分析，数 0 是数列 $\left\{\dfrac{(-1)^n}{n}\right\}$ 的极限的定量描述应为：对于任意给定的 $\varepsilon>0$，总存在正整数 $N=\left[\dfrac{1}{\varepsilon}\right]$，当 $n>N$ 时，有 $\left|\dfrac{(-1)^n}{n}-0\right|<\varepsilon$．

一般地，对于给定的数列 $\{x_n\}$，我们给出如下定义：

定义 2　如果存在常数 a，使得对于任意给定的正数 ε（不管它多么小），总存在一个正整数 N，只要 $n>N$ 时，不等式

$$|x_n-a|<\varepsilon$$

都成立，则称常数 a 为数列 $\{x_n\}$ 的极限（limit），或者称数列 $\{x_n\}$ 收敛于 a，记作

$$\lim_{n\to\infty}x_n=a \ \text{或} \ x_n\to a \ （n\to\infty）.$$

如果不存在这样的常数 a，则说数列 $\{x_n\}$ 没有极限，或者说数列 $\{x_n\}$ 发散（divergence）．

数列 $\{x_n\}$ 的极限为 a 的"$\varepsilon-N$ 定义"用逻辑符号可表示为：

$$\lim_{n\to\infty}x_n=a\Leftrightarrow\forall\varepsilon>0,\ \exists N\in\mathbf{N}^+,\ \text{当}\ n>N\ \text{时，有}\ |x_n-a|<\varepsilon.$$

几何意义：如果数列 $\{x_n\}$ 以 a 为极限，则任意给定正数 ε，总存在正整数 N，对于当 $n>N$ 时的一切 x_n，有 $|x_n-a|<\varepsilon$，即 $a-\varepsilon<x_n<a+\varepsilon$ 或 $x_n\in(a-\varepsilon,a+\varepsilon)$．也就是对于 $n>N$ 的一切项 x_n，其值都落在 a 的 ε 邻域 $U(a,\varepsilon)$ 内，而在 $U(a,\varepsilon)$ 的外边至多有有限的 N 项，如图 1-17 所示．

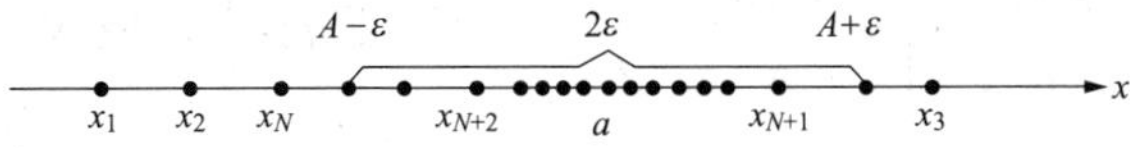

图 1-17

关于数列极限的 $\varepsilon - N$ 定义的几点说明：

（1）关于 ε 的二重性：任意给定的正数 ε 具有任意性和给定性．具体地说，一方面，ε 具有绝对任意性．正数 ε 必须可以任意变小，距离 $|x_n - a|$ 都能做到小于 ε，这样才能体现 $\{x_n\}$ 无限趋近于 a．另一方面，正数 ε 又具有相对的固定性．一旦给出，它就是暂时固定的．这样就可以从 $|x_n - a| < \varepsilon$ 确定出满足要求的 N，即 ε 的绝对任意性是通过无限多个相对固定性的 ε 表现出来，并以此体现数列 $\{x_n\}$ 无限趋近于 a 的渐近过程的不同阶段．显然，N 与 ε 有关．

（2）关于 N 的存在性：在定义中只要求存在 N，且当 $n > N$ 时，有 $|x_n - a| < \varepsilon$，至于找到的 N 是不是最小的无关紧要．显然，$\forall \varepsilon > 0$，如果 N 满足要求，那么比 N 大的任意一个正整数也满足要求．也就是说，N 如果存在，就有无穷多个．

（3）收敛数列的性态：从定义可以看出，数列是否有极限，只与它从某一项以后的取值状态有关，而与它前面的有限项无关．因此，在讨论数列的极限时，添加、去掉或改变它的有限个项的数值，对数列的收敛性和极限都不会产生影响．

根据数列极限的定义，要证明 $\lim\limits_{n \to \infty} x_n = a$ 成立，只需证明 $\forall \varepsilon > 0$，确实存在 $N \in \mathbf{N}^+$，且当 $n > N$ 时，有 $|x_n - a| < \varepsilon$ 成立．因此，找 N 是证明数列极限的关键．那么怎样去找出某个符合要求的 N 呢？一般地，可以从解不等式 $|x_n - a| < \varepsilon$ 进行考虑．

例 1 证明：$\lim\limits_{n \to \infty} \dfrac{1}{2^{n-1}} = 0$．

证 $\forall \varepsilon > 0$（不妨设 $\varepsilon < 1$），要使 $\left| \dfrac{1}{2^{n-1}} - 0 \right| = \dfrac{1}{2^{n-1}} < \varepsilon$，只要 $n > \log_2 \dfrac{1}{\varepsilon} + 1$，于是可取 $N = \left[\log_2 \dfrac{1}{\varepsilon} \right] + 1$．所以，$\forall \varepsilon > 0$，$\exists N = \left[\log_2 \dfrac{1}{\varepsilon} \right] + 1 \in \mathbf{N}^+$，当 $n > N$ 时，均有 $\left| \dfrac{1}{2^{n-1}} - 0 \right| < \varepsilon$，从而有 $\lim\limits_{n \to \infty} \dfrac{1}{2^{n-1}} = 0$．

这个例子说明 N 依赖于 ε，ε 越小，则 N 越大．

例 2 证明：$\lim\limits_{n \to \infty} \dfrac{3n+2}{2n+3} = \dfrac{3}{2}$．

证 $\forall \varepsilon > 0$，要使 $\left| \dfrac{3n+2}{2n+3} - \dfrac{3}{2} \right| = \dfrac{5}{2(2n+3)} < \dfrac{5}{4n} < \varepsilon$，只要 $n > \dfrac{5}{4\varepsilon}$，取 $N = \left[\dfrac{5}{4\varepsilon} \right]$．于是，$\forall \varepsilon > 0$，$\exists N = \left[\dfrac{5}{4\varepsilon} \right] \in \mathbf{N}^+$，当 $n > N$ 时，有 $\left| \dfrac{3n+2}{2n+3} - \dfrac{3}{2} \right| < \varepsilon$，故 $\lim\limits_{n \to \infty} \dfrac{3n+2}{2n+3} = \dfrac{3}{2}$．

由于在极限定义中，关心的是 N 的存在性，而不是 N 的具体值，因此可以用适当放大法来找 N．

例 3 证明：$\lim\limits_{n \to \infty} \dfrac{\sin n}{n} = 0$．

证　$\forall \varepsilon > 0$，要使 $\left| \dfrac{\sin n}{n} - 0 \right| = \dfrac{|\sin n|}{n} \leqslant \dfrac{1}{n} < \varepsilon$，只要 $n > \dfrac{1}{\varepsilon}$，取 $N = \left[\dfrac{1}{\varepsilon} \right]$.

于是，$\forall \varepsilon > 0$，$\exists N = \left[\dfrac{1}{\varepsilon} \right] \in \mathbf{N}^+$，当 $n > N$ 时，有 $\left| \dfrac{\sin n}{n} - 0 \right| < \varepsilon$，故 $\lim\limits_{n \to \infty} \dfrac{\sin n}{n} = 0$.

二、当自变量趋于无穷大时函数的极限

数列 $f(n) = x_n$ 可以看成自变量为正整数 n 的函数，数列的极限就是函数极限的一种特殊情形，即当自变量 n 取正整数（离散地）无限增大时，整标函数 $f(n) = x_n$ 的变化趋势. 现在讨论一般函数 $f(x)(x \in D_f \subset R)$，当自变量 x 以任意方式趋于无穷大时，$f(x)$ 的变化趋势. 这就是函数的极限问题.

先研究当 x 沿数轴的正方向无限变大（$x \to +\infty$）的情况.

在数列极限中，$\lim\limits_{n \to \infty} x_n = \lim\limits_{n \to \infty} f(n) = a$，自变量 n 的变化过程是"$n \to \infty$"，实际上是"$n \to +\infty$". 所以，当 $x \to +\infty$ 时，函数 $f(x)$ 的极限与当 $n \to \infty$ 时数列 $f(n)$ 的极限十分类似. 所不同的是，当自变量"$x \to +\infty$"时，x 不是像数列 $f(n)$ 中的 n"离散地"变化，而是"连续地"沿数轴的正方向无限变大.

因此，描述"当 x 沿数轴正方向无限变大时，函数 $f(x)$ 的极限为 A"，只需将数列极限定义中的 N 改成 X、n 改成 x、x_n 改成 $f(x)$ 即可.

定义 3　设函数 $f(x)$ 在区间 $(a, +\infty)$ 上有定义，A 为常数. 若 $\forall \varepsilon > 0$，$\exists X > 0$（$X \in (a, +\infty)$），当 $x > X$ 时，有 $|f(x) - A| < \varepsilon$，则称当 $x \to +\infty$ 时函数 $f(x)$ 存在极限，且极限是 A，记作

$$\lim_{x \to +\infty} f(x) = A \text{ 或 } f(x) \to A \ (x \to +\infty).$$

定义 3 的几何意义如图 1-18 所示.

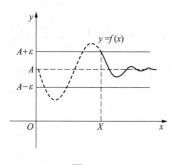

对任意给定的以直线 $y = A$ 为对称轴，以两直线 $y = A + \varepsilon$、$y = A - \varepsilon$ 为边界的带形区域，在 x 轴上总存在一点 X，当点 x 位于点 X 的右侧时，相应的函数 $f(x)$ 的图像落入这个带形区域之内.

类似地，可以定义当自变量 x 沿 x 轴的负向绝对值无限变大（$x \to -\infty$）时，函数 $f(x)$ 的极限.

定义 4　设函数 $f(x)$ 在区间 $(-\infty, a)$ 上有定义，A 为常数. 若 $\forall \varepsilon > 0$，$\exists X > 0$，当 $x < -X$ 时，有 $|f(x) - A| < \varepsilon$，则称当 $x \to -\infty$ 时函数 $f(x)$ 存在极限，且极限是 A，记作

图 1-18

$$\lim_{x \to -\infty} f(x) = A \text{ 或 } f(x) \to A (x \to -\infty).$$

如果不管自变量沿 x 轴的正向或者负向趋于无穷大，只要 $|x|$ 无限变大，即当 $|x| \to +\infty$（记为 $x \to \infty$）时，函数的极限有如下定义：

定义 5　设函数 $f(x)$ 在区间 $(-\infty, -a) \bigcup (a, +\infty)$ 上有定义，A 为常数. 若 $\forall \varepsilon > 0$，$\exists X > 0$，当 $|x| > X$ 时，有 $|f(x) - A| < \varepsilon$，则称当 $x \to \infty$ 时函数 $f(x)$ 存在极限，且极限是 A，记作

$$\lim_{x \to \infty} f(x) = A \text{ 或 } f(x) \to A \ (x \to \infty).$$

显然，由定义可知 $\lim\limits_{x \to \infty} f(x) = A$ 的充分必要条件是

$$\lim_{x \to \infty} f(x) = \lim_{x \to -\infty} f(x) = A.$$

例 4 证明：$\lim\limits_{x \to +\infty} \dfrac{1}{x+3} = 0$.

证 $\forall \varepsilon > 0$，要使 $\left| \dfrac{1}{x+3} - 0 \right| = \dfrac{1}{x+3} < \dfrac{1}{x} < \varepsilon$（不妨设 $x > 0$），只要 $x > \dfrac{1}{\varepsilon}$，可取 $X = \dfrac{1}{\varepsilon}$. 于是，$\forall \varepsilon > 0$，$\exists X = \dfrac{1}{\varepsilon} > 0$，当 $x > X$ 时，有 $\left| \dfrac{1}{x+3} - 0 \right| < \varepsilon$，故 $\lim\limits_{x \to +\infty} \dfrac{1}{x+3} = 0$.

一般说来，X 依赖于 ε，常记作 $X = X(\varepsilon)$. 由于在极限定义中，关心的是 X 的存在性，而不是 X 的具体值，因此可以用适当放大法来找 X.

下面给出曲线的斜渐近线的概念如下：

定义 6 若曲线 $y = f(x)$ 上的点 $(x, f(x))$ 到直线 $y = kx + b$ 的距离在 $x \to -\infty$ 或 $x \to +\infty$ 时趋于 0，则称直线 $y = kx + b$ 是曲线 $y = f(x)$ 的一条**渐近线**（asymptote）. 当 $k = 0$ 时，称为**水平渐近线**（horizontal asymptote），否则称为**斜渐近线**（slanting asymtote）.

定理 1 设曲线 $y = f(x)$，如果 $\lim\limits_{x \to +\infty} \dfrac{f(x)}{x} = k$，$\lim\limits_{x \to +\infty} [f(x) - kx] = b$，则直线 $y = kx + b$ 就为曲线 $y = f(x)$ 的斜渐近线.

定理 1 对于 $x \to -\infty$ 或 $x \to \infty$ 的情形，也有相应的结果.

特别地，如果 $\lim\limits_{x \to +\infty} f(x) = A$ 或者 $\lim\limits_{x \to -\infty} f(x) = A$，则直线 $y = A$ 是曲线 $y = f(x)$ 的水平渐近线.

在例 4 中，直线 $y = 0$ 是曲线 $y = \dfrac{1}{x+2}$ 的水平渐近线.

例 5 证明：$\lim\limits_{x \to +\infty} \arctan x = \dfrac{\pi}{2}$.

证 这里 $|f(x) - A| = \left| \arctan x - \dfrac{\pi}{2} \right| = \dfrac{\pi}{2} - \arctan x$，要使 $|f(x) - A| < \varepsilon$，只要 $\dfrac{\pi}{2} - \arctan x < \varepsilon$，即 $\arctan x > \dfrac{\pi}{2} - \varepsilon$，也就是 $x > \tan\left(\dfrac{\pi}{2} - \varepsilon \right)$. 因此 $\forall \varepsilon > 0$（设 $\varepsilon < \dfrac{\pi}{2}$），取 $X = \tan\left(\dfrac{\pi}{2} - \varepsilon \right)$，则当 $x > X$ 时，就有 $\left| \arctan x - \dfrac{\pi}{2} \right| < \varepsilon$，故 $\lim\limits_{x \to +\infty} \arctan x = \dfrac{\pi}{2}$.

直线 $y = \dfrac{\pi}{2}$ 是函数 $y = \arctan x$ 的图形的水平渐近线.

三、当自变量趋于有限值时函数的极限

如果自变量 x 无限接近于 x_0（在 x_0 的左侧或右侧，但不等于 x_0）时，其对应的函数值 $f(x)$ 可以无限接近于某一个常数 A，那么称 A 为 $f(x)$ 当 x 趋近于 x_0 时的极限，记为 $\lim\limits_{x \to x_0} f(x) = A$.

先看下面几个例子：

（1）$f(x) = \dfrac{x^2-1}{x-1}$；　　（2）$g(x) = \begin{cases} \dfrac{x^2-1}{x-1}, & x \neq 1 \\ 1, & x = 1 \end{cases}$；　　（3）$h(x) = x+1$.

对于函数 $f(x)$、$g(x)$、$h(x)$，它们有共同之处，就是当自变量 x 从 1 的左、右侧无限接近于 1 时，函数值都无限接近于 2，所以 $\lim\limits_{x \to 1} f(x) = \lim\limits_{x \to 1} g(x) = \lim\limits_{x \to 1} h(x) = 2$.

三种情况的区别在于，函数 $f(x)$ 在 $x=1$ 处没有定义；函数 $g(x)$ 在 $x=1$ 处虽有定义，但其极限不等于函数值，即 $\lim\limits_{x \to 1} g(x) = 2 \neq g(1) = 1$；而函数 $h(x)$ 在 $x=1$ 处既有定义，而且其极限值等于函数值，即 $\lim\limits_{x \to 1} h(x) = 2 = h(1)$.

上面三种情况说明，函数当 $x \to 1$ 时的极限是否存在，与函数在 $x=1$ 处是否有定义，有定义时取什么值没有关系.

下面分析如何给出当 $x \to x_0$ 时函数极限的精确定义.

我们仍从上面三个函数来分析. 当 x 在 1 的去心邻域（$x \neq 1$）内时，三个函数所对应的函数值是相等的. 容易观察到，当 x 无限接近于 1（无论左侧或右侧）时，所对应的函数值可以任意接近于 2. 其意思是，当 x 到 1 的距离 $|x-1|$ 充分小时，其函数值与 2 之差的绝对值 $|f(x)-2| = |x-1|$ 可以任意小，即要多小有多小；也就是说，要使 $|f(x)-2|$ 小于预先给定的无论怎么小的正数 ε，只要 $|x-1|$ 充分小，小于某一正数 δ 即可. 注意到 $|f(x)-2| = |x-1|$，故取 $\delta = \varepsilon$ 即可.

比如，若给定 $\varepsilon = 0.001$，则存在 $\delta = 0.001$，使得对于 $x=1$ 的去心 δ 邻域内的所有点 x，即对于满足不等式 $0 < |x-1| < \delta$ 的所有 x，对应的函数值满足不等式 $|f(x)-2| < \varepsilon$.

一般来说，对于任意给定一个正数 ε，总存在正数 δ，使得对于 $x=1$ 的去心 δ 邻域内的所有点 x，即对于满足不等式 $0 < |x-1| < \delta$ 的所有 x，对应的函数值满足不等式 $|f(x)-2| < \varepsilon$.

综上所述，当 x 无限接近于 x_0 时，其对应的函数值 $f(x)$ 〔这里需要假设 $f(x)$ 在 x_0 的某个去心邻域内有定义〕无限接近于某一个常数 A. 可以这样来描述：对于任意给定的一个正数 ε，不论它多么小，总存在正数 δ，使得对于 x_0 的去心 δ 邻域内的所有点 x，即对于满足不等式 $0 < |x-x_0| < \delta$ 的所有 x，对应的函数值满足不等式 $|f(x)-A| < \varepsilon$.

依此，给出当自变量趋于有限值时函数极限的定义.

定义 7 设函数 $f(x)$ 在点 x_0 的某个去心邻域 $\mathring{U}(x_0)$ 内有定义，A 为常数. 若 $\forall \varepsilon > 0$，$\exists \delta > 0$，当 $0 < |x-x_0| < \delta$ 时，有 $|f(x)-A| < \varepsilon$，则称当 $x \to x_0$ 时函数 $f(x)$ 存在极限，且极限是 A，或称 A 是函数 $f(x)$ 在点 x_0 的极限，记作

$$\lim_{x \to x_0} f(x) = A \text{ 或 } f(x) \to A \ (x \to x_0).$$

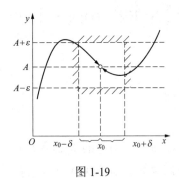

图 1-19

定义中要求 $0 < |x-x_0| < \delta$，这是因为函数的极限是考虑当 $x \to x_0$ 时 $f(x)$ 的变化趋势，此变化趋势与 $f(x)$ 在点 x_0 是否有定义或取什么值无关.

定义 7 的几何意义如图 1-19 所示.

对任意给定的以直线 $y = A$ 为对称轴，以两直线 $y = A + \varepsilon$、$y = A - \varepsilon$ 为边界的带形区域，在 x 轴上总存在一个以 x_0 为中心、以 δ 为半径的去心邻域 $\mathring{U}(x_0, \delta)$，当点 x 位于这个去心邻域内时，相应的函数 $f(x)$ 的图像就位于以直线 $y = A$ 为中心线、宽为 2ε 的这个带形区域之内.

与数列极限的"$\varepsilon - N$"定义一样，需要强调的是，ε 是预先给定的可以任意小的正数，用以衡量 $f(x)$ 与 A 的接近程度. ε 不是固定的常量，它具有任意性，但一经给出，就应暂时看

作固定不变的，以便根据它求 δ，δ 依赖于 ε. 一般来说，δ 随 ε 的变小而变小，因此也可记为 $\delta(\varepsilon)$，但这并不意味着 δ 是由 ε 唯一确定的. 因为对于给定的 ε，若 δ 能满足要求，则小于 δ 的任何正数都能满足要求. 事实上，δ 等于多少关系不大，关键是它的存在性（不唯一），当 $0 < |x - x_0| < \delta$ 时，这里 δ 与 ε 一样，就暂时不变了，只要落入 x_0 的 δ 去心邻域中的所有 x，都满足 $f(x)$ 与 A 的距离小于 ε，δ 是当 x 无限接近于 x_0 时，$f(x)$ 与 A 距离变化过程的分界线.

用 "$\varepsilon - \delta$" 定义证明 $\lim\limits_{x \to x_0} f(x) = A$，关键是对任意给定的正数 ε，要能够找到定义中所要求的正数 δ，通常是由 $|f(x) - A| < \varepsilon$ 中解出 $|x - x_0| < \varphi(\varepsilon)$，再取 $\delta = \varphi(\varepsilon)$ 即可. 为说明此方法，下面举例说明用定义验证函数极限的方法.

例 6 用定义证明：

（1）$\lim\limits_{x \to x_0} C = C$，其中 C 为常数；　　　　（2）$\lim\limits_{x \to x_0} x = x_0$.

证 （1）这里 $|f(x) - A| = |C - C| = 0$. 因而，$\forall \varepsilon > 0$，可任取一正数 δ，则当 $0 < |x - x_0| < \delta$ 时，总有 $|f(x) - A| = 0 < \varepsilon$. 故 $\lim\limits_{x \to x_0} C = C$.

本例说明，常数的极限等于它本身.

（2）由于 $|f(x) - A| = |x - x_0|$，要使 $|f(x) - A| < \varepsilon$，只要 $|x - x_0| < \delta$，因此可取 $\delta = \varepsilon$. 于是，$\forall \varepsilon > 0$，取 $\delta = \varepsilon$，则当 $0 < |x - x_0| < \delta$ 时，总有 $|f(x) - A| = |x - x_0| < \varepsilon$. 故 $\lim\limits_{x \to x_0} x = x_0$.

例 7 证明：$\lim\limits_{x \to 2}(5x + 2) = 12$.

证 $|f(x) - A| = |(5x + 2) - 12| = 5|x - 2|$. $\forall \varepsilon > 0$，要使 $|f(x) - A| < \varepsilon$，只要 $|x - 2| < \dfrac{\varepsilon}{5}$，从而可取 $\delta = \dfrac{\varepsilon}{5}$. 于是，$\forall \varepsilon > 0$，$\exists \delta = \dfrac{\varepsilon}{5} > 0$，当 $0 < |x - 2| < \delta$ 时，有 $|(5x + 2) - 12| < \varepsilon$. 故 $\lim\limits_{x \to 2}(5x + 2) = 12$.

例 8 证明：$\lim\limits_{x \to 0} x \sin\dfrac{1}{x} = 0$.

证 $|f(x) - A| = \left| x \sin\dfrac{1}{x} - 0 \right| = \left| x \sin\dfrac{1}{x} \right| \leqslant |x|$. $\forall \varepsilon > 0$，要使 $|f(x) - A| < \varepsilon$，只要 $|x - 0| < \varepsilon$，从而可取 $\delta = \varepsilon > 0$. 于是，$\forall \varepsilon > 0$，$\exists \delta = \varepsilon > 0$，当 $0 < |x - 0| < \delta$ 时，有 $\left| x \sin\dfrac{1}{x} - 0 \right| < \varepsilon$. 故 $\lim\limits_{x \to 0} x \sin\dfrac{1}{x} = 0$.

例 9 证明：$\lim\limits_{x \to 0} a^x = 1$（$a > 1$）.

证 $\forall \varepsilon > 0$（不妨设 $\varepsilon < 1$），要使 $|a^x - 1| < \varepsilon$，即 $1 - \varepsilon < a^x < 1 + \varepsilon$，只要 $\log_a(1 - \varepsilon) < x < \log_a(1 + \varepsilon)$，取 $\delta = \min\{|\log_a(1 - \varepsilon)|, \log_a(1 + \varepsilon)\} > 0$. 于是，$\forall \varepsilon > 0$，$\exists \delta = \min\{|\log_a(1 - \varepsilon)|, \log_a(1 + \varepsilon)\} > 0$，当 $0 < |x - 0| < \delta$ 时，有 $|a^x - 1| < \varepsilon$. 故 $\lim\limits_{x \to 0} a^x = 1$.

例 10 证明：$\lim\limits_{x \to 4} \sqrt{x} = 2$.

证 $|f(x) - A| = |\sqrt{x} - 2| = \left| \dfrac{x - 4}{\sqrt{x} + 2} \right| \leqslant \dfrac{1}{2}|x - 4|$（$x \geqslant 0$）. $\forall \varepsilon > 0$，要使 $|f(x) - A| < \varepsilon$，只要 $|x - 4| < 2\varepsilon$，考虑到还要使 x 不能取负值，不妨设 $|x - 4| < 4$，故取 $\delta = \min\{4, 2\varepsilon\}$. 所以，

$\forall \varepsilon > 0$，$\exists \delta = \min\{4, 2\varepsilon\} > 0$，当 $0 < |x - 4| < \delta$ 时，有 $\left|\sqrt{x} - 2\right| < \varepsilon$．故 $\lim\limits_{x \to 4} \sqrt{x} = 2$．

同理可证 $\lim\limits_{x \to x_0} \sqrt{x} = \sqrt{x_0}$（$x_0 > 0$）．

重要结论：幂函数、指数函数、对数函数、三角函数及反三角函数等基本初等函数，在其定义域内的每点处的极限存在，并且等于函数在该点处的值．

在以上讨论中，自变量 x 可以从点 x_0 的两侧无限趋近于 x_0．然而，对一些函数（如单调函数、分段函数），要想更好地考察它们的变化趋势，就需要讨论自变量 x 从点 x_0 的左侧或右侧趋近于 x_0 的情形，即所谓的单侧极限．

于是，有必要把上述当 $x \to x_0$ 时函数的极限定义稍加修改，给出从单侧方向趋近于 x_0 时，函数 $f(x)$ 以 A 为极限的定义．

定义 8 设函数 $f(x)$ 在点 x_0 的去心左邻域（或去心右邻域）有定义，A 为常数．若 $\forall \varepsilon > 0$，$\exists \delta > 0$，当 $x_0 - \delta < x < x_0$（或 $x_0 < x < x_0 + \delta$），有

$$\left|f(x) - A\right| < \varepsilon，$$

则称 A 为函数 $f(x)$ 在点 x_0 的<u>左极限（右极限）</u>（left limit or right limit），记作

$$\lim\limits_{x \to x_0^-} f(x) = A，\quad f(x) \to A \ (x \to x_0^-) \ 或 \ f(x_0^-) = A，$$

$$\left[\lim\limits_{x \to x_0^+} f(x) = A，\quad f(x) \to A \ (x \to x_0^+) \ 或 \ f(x_0^+) = A\right]．$$

左极限和右极限统称为函数的<u>单侧极限</u>（unilateral limit）．容易证明：

定理 2 $\lim\limits_{x \to x_0} f(x) = A \Leftrightarrow \lim\limits_{x \to x_0^-} f(x) = \lim\limits_{x \to x_0^+} f(x) = A$．

事实上，$\lim\limits_{x \to +\infty} f(x) = A$ $\left[\text{或} \lim\limits_{x \to -\infty} f(x) = A\right]$ 也称 A 为函数 $f(x)$ 在 $x \to +\infty$（或 $x \to -\infty$）的单侧极限．利用单侧极限与极限的关系，可以判断某些函数在给定点 x_0 或 ∞ 处的极限不存在．

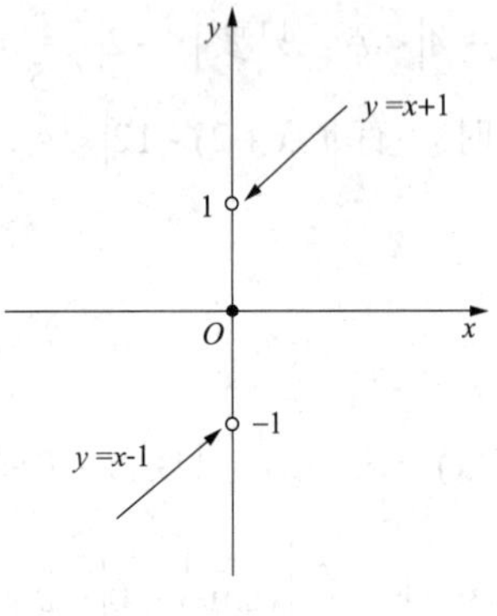

图 1-20

例 11 讨论函数 $f(x) = \begin{cases} x - 1, & x < 0 \\ 0, & x = 0 \\ x + 1, & x > 0 \end{cases}$ 当 $x \to 0$ 时的极限．

解 作函数 $f(x)$ 的图像，如图 1-20 所示．

由图 1-20 可知，函数 $f(x)$ 当 $x \to 0$ 时，左极限为：$\lim\limits_{x \to 0^-} f(x) = \lim\limits_{x \to 0^-} (x - 1) = -1$，右极限为：$\lim\limits_{x \to 0^+} f(x) = \lim\limits_{x \to 0^+} (x + 1) = 1$，因为 $\lim\limits_{x \to 0^-} f(x) \neq \lim\limits_{x \to 0^+} f(x)$，所以 $\lim\limits_{x \to 0} f(x)$ 不存在．

习 题 1-2

1. 观察下列数列的变化趋势，判别哪些数列有极限；如有极限，写出它们的极限．

(1) $x_n = n^2$；

(2) $x_n = \dfrac{1}{n + 1}$；

(3) $x_n = \dfrac{n - 1}{n + 1}$；

(4) $x_n = \dfrac{1}{a^n}$（$a > 0$）；

(5) $x_n = (-1)^{n+1} \dfrac{1}{n}$；

(6) $x_n = (-1)^n - \dfrac{1}{n}$．

2．用 $\varepsilon-N$ 定义证明下列极限：

（1） $\lim\limits_{n\to\infty}\dfrac{n}{n+3}=1$ ；   （2） $\lim\limits_{n\to\infty}q^n=0$ ， $|q|<1$ ；   （3） $\lim\limits_{n\to\infty}\sqrt[n]{a}=1$ ， $a>0$.

3．证明：若 $\lim\limits_{n\to\infty}x_n=a$ ，则 $\lim\limits_{n\to\infty}|x_n|=|a|$. 当 a 为何值时，逆命题也成立？

4．观察下列函数在自变量的给定变化趋势下是否有极限；如有极限，写出它们的极限：

（1） $y=x^2+2\,(x\to0)$ ；   （2） $y=\sin x+2(x\to+\infty)$ ；

（3） $y=\mathrm{e}^x(x\to+\infty)$ ；   （4） $y=\mathrm{e}^x(x\to-\infty)$ ；

（5） $y=\arctan x(x\to+\infty)$ ；   （6） $y=\ln x(x\to0)$.

5．求函数 $f(x)=\dfrac{x}{x},\varphi(x)=\dfrac{|x|}{x}$ 当 $x\to0$ 时的左、右极限，并说明它们在 $x\to0$ 时的极限是否存在.

6．若 $f(x)$ 在 $x=a$ 处的极限不存在，则 $|f(x)|$ 在 $x=a$ 处的极限也不存在，对吗？举例说明.

7．用函数极限的定义证明下列极限：

（1） $\lim\limits_{x\to1}(2x+3)=5$ ；   （2） $\lim\limits_{x\to-\infty}2^x=0$.

8．讨论下列函数的极限：

（1）设 $f(x)=\begin{cases}\mathrm{e}^{\frac{1}{x}}, & x\neq0\\ 1, & x=0\end{cases}$ ，讨论 $\lim\limits_{x\to0}f(x)$ ；

（2）设 $g(x)=\begin{cases}x^2+2, & x<0\\ 3, & x=0\\ 2^x, & x>0\end{cases}$ ，讨论 $\lim\limits_{x\to0}g(x)$ ；

（3） $\lim\limits_{x\to\infty}\arctan x$.

9．设 $f(x)\begin{cases}2^{\frac{1}{x}},x<0\\ \sqrt[3]{ax+b},x>0\end{cases}$ ，若 $\lim\limits_{x\to0}f(x)$ 存在，确定 a 与 b 的值.

10．已知 $\lim\limits_{x\to\infty}\left(\dfrac{x^2}{1+x}+ax-b\right)=-1$ ，确定 a 与 b 的值.

第三节 无穷小量 无穷大量

在讨论函数的极限时，自变量 x 的变化趋势可以有 $x\to+\infty$ 、 $x\to-\infty$ 、 $x\to\infty$ 、 $x\to x_0$ 、 $x\to x_0^+$ 、 $x\to x_0^-$ 等不同的形式，但为方便起见，以下只对 $x\to x_0$ 的情况加以讨论，所得的结果同样适用于 x 的其他变化趋势.

一、无穷小量与无穷大量的概念

在讨论数列和函数的极限时，经常遇到以零为极限的变量. 例如，变量 $\dfrac{1}{n}$ ，当 $n\to\infty$ 时，其极限为 0；函数 $\dfrac{1}{x^2}$，当 $x \to \infty$ 时，其极限为 0；函数 $x-1$，当 $x \to 1$ 时，其极限为 0，等等. 这些在自变量某一变化过程中以零为极限的变量统称为无穷小量.

定义 1　如果 $\lim\limits_{x \to x_0} f(x) = 0$，那么函数 $f(x)$ 叫做 $x \to x_0$ 时的无穷小量（infinitesimal），简称无穷小.

注意：①无穷小量是一个以 0 为极限（无限趋近于 0）的变量，而不是一个很小的常数；②无穷小量不仅与函数本身有关，而且与极限过程有关；③零是一个无穷小量.

例如，设 $f(x) = x^3$，$\lim\limits_{x \to 0} f(x) = 0$，则 $f(x)$ $(x \to 0)$ 是无穷小量. 而 $\lim\limits_{x \to 1} f(x) = 1$，即 $f(x)$ $(x \to 1)$ 不是无穷小量.

由函数在一点极限的 "$\varepsilon - \delta$" 定义可得，函数 $f(x)$ $(x \to x_0)$ 是无穷小量的 "$\varepsilon - \delta$" 语言叙述为：$\forall \varepsilon > 0$，$\exists \delta > 0$，当 $0 < |x - x_0| < \delta$ 时，有 $|f(x)| < \varepsilon$.

如果当 $x \to x_0$ 时，函数 $f(x)$ 的绝对值可以无限变大，即可以大于预先给定的无论多么大的正数 M，则称函数 $f(x)$ 当 $x \to x_0$ 时为无穷大量.

定义 2　设函数 $f(x)$ 在点 x_0 的某个去心邻域 $\overset{\circ}{U}(x_0)$ 有定义. 若 $\forall M > 0$，$\exists \delta > 0$，当 $0 < |x - x_0| < \delta$ 时，有 $|f(x)| > M$，则称函数 $f(x)$ 为 $x \to x_0$ 时的无穷大量（infinite），简称无穷大，记作

$$\lim\limits_{x \to x_0} f(x) = \infty \text{ 或 } f(x) \to \infty \ (x \to x_0).$$

例如，设 $f(x) = \dfrac{1}{x}$，则 $f(x) = \dfrac{1}{x}$ $(x \to 0)$ 是无穷大量.

注意：这里 $\lim\limits_{x \to x_0} f(x) = \infty$ 只是借用了极限的符号，并不是说函数 $f(x)$ 存在极限，因为无穷大 (∞) 不是数，不可与绝对值很大的常数混淆. 无穷大是绝对值可以任意大的变量.

类似地，可以定义正、负无穷大量.

定义 3　设函数 $f(x)$ 在点 x_0 的某个去心邻域 $\overset{\circ}{U}(x_0)$ 有定义. 若 $\forall M > 0$，$\exists \delta > 0$，当 $0 < |x - x_0| < \delta$ 时，有 $f(x) > M$（或 $f(x) < -M$），则称函数 $f(x)$ 为 $x \to x_0$ 时的正（或负）无穷大量，记作

$$\lim\limits_{x \to x_0} f(x) = +\infty \text{ 或 } \lim\limits_{x \to x_0} f(x) = -\infty.$$

同样地，不能简单地说 $f(x)$ 是无穷大量，必须指明自变量的确定变化趋向（$x \to +\infty$、$x \to x_0$、$x \to x_0^-$ 等），才能确切地说 $f(x)$ 是否为无穷大. 例如 $y = \tan x$，我们不能笼统地说它是无穷大，而只有在 $x \to k\pi + \dfrac{\pi}{2}$ 时才能说 $f(x)$ 是无穷大.

下面给出曲线 $y = f(x)$ 的铅直渐近线的定义：

定义 4　如果函数 $f(x)$ 满足 $\lim\limits_{x \to x_0} f(x) = \infty$ ［或 $\lim\limits_{x \to x_0^-} f(x) = \infty$，$\lim\limits_{x \to x_0^+} f(x) = \infty$］，则曲线 $y = f(x)$ 有垂直于 x 轴的渐近线 $x = x_0$，称为铅直渐近线（vertical asymptote）.

例如，$y = \tan x$ 以 $x = \dfrac{\pi}{2}$ 为铅直渐近线.

注意：无界函数和无穷大量是有区别的. 无穷大量一定是无界函数，但无界函数未必是无穷大量. 例如，$f(x) = x \sin x$ 在区间 $(0, +\infty)$ 上是无界函数，但当 $x \to +\infty$ 时，$f(x)$ 不是无

穷大.

事实上，$\forall M > 0$，在 $(0, +\infty)$ 上总可找到一点 $x = k\pi + \dfrac{\pi}{2} (k \in \mathbf{N}^+)$，使得

$$\left| f\left(k\pi + \frac{\pi}{2}\right) \right| = \left| \left(k\pi + \frac{\pi}{2}\right) \sin\left(k\pi + \frac{\pi}{2}\right) \right| = \left| k\pi + \frac{\pi}{2} \right| > M,$$

因此，$f(x) = x\sin x$ 在区间 $(0, +\infty)$ 上是无界函数. 又当 $x \to +\infty$ 时，取 $x_n = n\pi (n \in \mathbf{N}^+)$，当 $n \to \infty$ 时，$x_n \to +\infty$. 但 $|f(x_n)| = |n\pi \sin(n\pi)| = 0$. 故当 $x \to +\infty$ 时，$f(x) = x\sin x$ 不是无穷大，如图 1-21 所示.

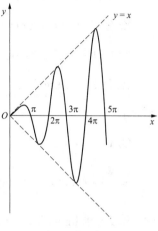

图 1-21

二、无穷小量与无穷大量的关系

定理 1 若函数 $f(x) (x \to x_0)$ 是无穷小量（无穷大量），且 $\forall x \in \mathring{U}(x_0)$，有 $f(x) \neq 0$，则函数 $\dfrac{1}{f(x)} (x \to x_0)$ 是无穷大量（无穷小量）.

证 仅证函数 $f(x)(x \to x_0)$ 是无穷小量的情形.

由 $\lim\limits_{x \to x_0} f(x) = 0$，则 $\forall M > 0$，对 $\varepsilon = \dfrac{1}{M} > 0$，$\exists \delta > 0$，当 $0 < |x - x_0| < \delta$ 时，有 $|f(x)| < \dfrac{1}{M}$，从而 $\dfrac{1}{|f(x)|} > M$，即 $\lim\limits_{x \to x_0} \dfrac{1}{f(x)} = \infty$.

例如，$\lim\limits_{x \to 1}(x-1)^2 = 0$，$\lim\limits_{x \to 1} \dfrac{1}{(x-1)^2} = \infty$.

由于当 $f(x) \neq 0$ 时，无穷小和无穷大（在自变量的同一变化趋向下）互为倒数关系，因此，关于无穷大的研究可以参照无穷小进行.

三、无穷小量的运算性质

定理 2 若 $\lim\limits_{x \to x_0} \alpha(x) = 0$，$\lim\limits_{x \to x_0} \beta(x) = 0$，则 $\lim\limits_{x \to x_0} [\alpha(x) \pm \beta(x)] = 0$.

证 由于 $\lim\limits_{x \to x_0} \alpha(x) = 0$，则 $\forall \varepsilon > 0$，$\exists \delta_1 > 0$，当 $0 < |x - x_0| < \delta_1$ 时，有 $|\alpha(x)| < \dfrac{\varepsilon}{2}$.

又因 $\lim\limits_{x \to x_0} \beta(x) = 0$，对上述的 $\varepsilon > 0$，$\exists \delta_2 > 0$，当 $0 < |x - x_0| < \delta_2$ 时，有 $|\beta(x)| < \dfrac{\varepsilon}{2}$.

取 $\delta = \min\{\delta_1, \delta_2\}$，则当 $0 < |x - x_0| < \delta$ 时，有 $|\alpha(x) \pm \beta(x)| \leqslant |\alpha(x)| + |\beta(x)| < \dfrac{\varepsilon}{2} + \dfrac{\varepsilon}{2} = \varepsilon$，故 $\lim\limits_{x \to x_0} [\alpha(x) \pm \beta(x)] = 0$.

定理 2 说明：两个无穷小之和（或差）仍为无穷小. 这一结论可以推广到有限多个无穷小的情形.

定理 3 若 $\lim\limits_{x \to x_0} \alpha(x) = 0$，$f(x)$ 在 x_0 的某去心邻域内有界，则

$$\lim\limits_{x \to x_0} \alpha(x) f(x) = 0.$$

证 由 $f(x)$ 在 x_0 的某去心邻域内有界知，$\exists M > 0$，$\exists \delta_1 > 0$，当 $0 < |x - x_0| < \delta_1$ 时，有 $|f(x)| \leqslant M$.

又由 $\lim\limits_{x\to x_0}\alpha(x)=0$，则 $\forall\varepsilon>0$，$\exists\delta_2>0$，当 $0<|x-x_0|<\delta_2$ 时，有 $|\alpha(x)|<\dfrac{\varepsilon}{M}$.

取 $\delta=\min\{\delta_1,\delta_2\}$，则当 $0<|x-x_0|<\delta$ 时，有

$$|\alpha(x)f(x)|=|\alpha(x)|\cdot|f(x)|<\frac{\varepsilon}{M}\cdot M=\varepsilon,$$

所以 $\lim\limits_{x\to x_0}\alpha(x)f(x)=0$.

定理 3 说明：无穷小与有界变量之积为无穷小.

推论 1　设 $\lim\limits_{x\to x_0}\alpha_i(x)=0$，$C_i$ 为常数（$i=1,2,\cdots,n$），则 $\lim\limits_{x\to x_0}\sum\limits_{i=1}^{n}C_i\alpha_i(x)=0$，即有限个无穷小的线性组合也是无穷小.

推论 2　设 $\lim\limits_{x\to x_0}\alpha_i(x)=0$（$i=1,2,\cdots,n$），则 $\lim\limits_{x\to x_0}\prod\limits_{i=1}^{n}\alpha_i(x)=0$，即有限个无穷小之积也是无穷小.

例 1　求 $\lim\limits_{x\to 0}x^2\sin\dfrac{1}{x}$.

解　因为 $\lim\limits_{x\to 0}x^2=0$，而 $\left|\sin\dfrac{1}{x}\right|\leqslant 1$，所以由定理 3 得 $\lim\limits_{x\to 0}x^2\sin\dfrac{1}{x}=0$.

例 2　求 $\lim\limits_{x\to\infty}\dfrac{3x}{\sqrt{1+x^2}}\arctan\dfrac{1}{x}$.

解　因为 $\lim\limits_{x\to\infty}\arctan\dfrac{1}{x}=0$，而 $\left|\dfrac{3x}{\sqrt{1+x^2}}\right|\leqslant\left|\dfrac{3x}{x}\right|=3$，所以 $\lim\limits_{x\to\infty}\dfrac{3x}{\sqrt{1+x^2}}\arctan\dfrac{1}{x}=0$.

四、函数极限与无穷小之间的关系

定理 4　$\lim\limits_{x\to x_0}f(x)=A$ 的充分必要条件是 $f(x)=A+\alpha(x)$，其中 A 为常数，$\lim\limits_{x\to x_0}\alpha(x)=0$.

证　[必要性]若 $\lim\limits_{x\to x_0}f(x)=A$，则 $\forall\varepsilon>0$，$\exists\delta>0$，当 $0<|x-x_0|<\delta$ 时，有 $|f(x)-A|<\varepsilon$. 记 $\alpha(x)=f(x)-A$，则有 $f(x)=A+\alpha(x)$，且 $|\alpha(x)|<\varepsilon$，即 $\lim\limits_{x\to x_0}\alpha(x)=0$.

[充分性] 设 $f(x)=A+\alpha(x)$，$\alpha(x)$ 是 $x\to x_0$ 时的无穷小，则 $\forall\varepsilon>0$，$\exists\delta>0$，当 $0<|x-x_0|<\delta$ 时，有 $|\alpha(x)|<\varepsilon$. 再由 $\alpha(x)=f(x)-A$，所以 $|f(x)-A|<\varepsilon$，即 $\lim\limits_{x\to x_0}f(x)=A$.

该性质指出，任何形式的函数极限总可将这个函数表示为它的极限与无穷小量的和. 这种表示形式在证明问题时经常用到.

习　题　1-3

1. 下列函数在定义域内是否有界？在什么范围内有界？如果有界，试任找出一个界.

（1）$y=\dfrac{2}{x^2+1}$；　　　　　　　　　　（2）$y=\mathrm{e}^{-x}\sin x$.

2. 求下列极限：

（1）$\lim\limits_{x\to\infty}\dfrac{x^2}{2x+1}$；　　　（2）$\lim\limits_{x\to\infty}\dfrac{\arctan x}{x}$；　　　（3）$\lim\limits_{x\to\infty}\dfrac{1+\sin x}{x}$.

3. 当 $x\to\infty$ 时，将下列函数表示成一个常数与无穷小之和：

（1） $y = \dfrac{2x^2 + 9}{x^2 - 3}$ ； （2） $y = \dfrac{2x - 1}{3x + 2}$ ．

4．证明：函数 $y = \dfrac{1}{x}\sin\dfrac{1}{x}$ 在区间 $(0, 1]$ 上无界，但当 $x \to 0^+$ 时，该函数不是无穷大．

第四节　极限的性质及运算法则

数列极限可以看成函数极限的特殊情况，有时函数极限又可以归结为数列极限来处理，两者有紧密的联系，可以互相转化．下面先看两类极限的关系．

一、数列极限与函数极限的关系

定理 1（海涅定理 **Heine theorem**）　$\lim\limits_{x \to x_0} f(x) = A \Leftrightarrow$ 对于在 $f(x)$ 的定义域中的任意数列 $\{x_n\}$，$x_n \neq x_0 (n = 1, 2, \cdots)$，且 $\lim\limits_{n \to \infty} x_n = x_0$，有 $\lim\limits_{n \to \infty} f(x_n) = A$．

海涅定理反映了函数极限与数列极限之间的关系，它使得对函数极限的研究可以转化为对数列极限的研究．

应用海涅定理可以简便地证明某些函数极限不存在．其方法是：任意找一个收敛于 x_0 的数列 $\{x_n\}$，但 $\{f(x_n)\}$ 的极限不存在；或者找出两个收敛于 x_0 的数列 $\{x_n'\}$ 与 $\{x_n''\}$，如果 $\{f(x_n')\}$ 与 $\{f(x_n'')\}$ 收敛于不同的极限，那么就可以得出函数 $f(x)$ 当 $x \to x_0$ 时的极限不存在．

例 1　证明极限 $\lim\limits_{x \to 0}\sin\dfrac{1}{x}$ 不存在．

证　取 $x_n' = \dfrac{1}{2n\pi}$，$x_n'' = \dfrac{1}{2n\pi + \dfrac{\pi}{2}}$，$(n = 1, 2, \cdots)$，显然 $x_n' \neq 0$，$x_n'' \neq 0 (n = 1, 2, \cdots)$，

$\lim\limits_{n \to \infty} x_n' = \lim\limits_{n \to \infty} x_n'' = 0$．而 $\lim\limits_{n \to \infty}\sin\dfrac{1}{x_n'} = \lim\limits_{n \to \infty}\sin 2n\pi = 0$，$\lim\limits_{n \to \infty}\sin\dfrac{1}{x_n''} = \lim\limits_{n \to \infty}\sin\left(2n\pi + \dfrac{\pi}{2}\right) = 1$，所以，极限 $\lim\limits_{x \to 0}\sin\dfrac{1}{x}$ 不存在．

下面介绍子数列的概念．

设 $\{x_n\}$ 为一数列，如果从中选取无限多项，按下标从小到大排成一列，记作

$$x_{n_1}, x_{n_2}, \cdots, x_{n_k}, \cdots$$

那么就把此数列 $\{x_{n_k}\}$ 称为数列 $\{x_n\}$ 的一个子数列．

子数列的一般项 x_{n_k} 的下标 n_k 表示该项为原数列的第 n_k 项，而 k 则表示该项为子数列的第 k 项．显然 $n_k \geqslant k$，且当 $k \to \infty$ 时，n_k 也趋于 ∞．

推论 1　数列 $\{x_n\}$ 的极限存在 $\Leftrightarrow$ $\{x_n\}$ 的任何子数列 $\{x_{n_k}\}$ 的极限都存在且相等，即 $\lim\limits_{k \to \infty} x_{n_k} = \lim\limits_{n \to \infty} x_n$．

例 2　讨论数列 $x_n = (-1)^n$ 的收敛性．

解　当 $n = 2k - 1$，即取奇次项时，有 $\{x_{2k-1}\}$：$-1, -1, \cdots, -1, \cdots$ 故 $\lim\limits_{k \to \infty} x_{2k-1} = -1$．

当 $n = 2k$，即取偶次项时，有 $\{x_{2k}\}$：$1, 1, \cdots, 1, \cdots$ 故 $\lim\limits_{k \to \infty} x_{2k} = 1$．

因两个子数列的极限不等，故 $\{(-1)^n\}$ 的极限不存在.

对于 $\lim\limits_{x\to+\infty} f(x) = A$ 的情况，定理 1 可以表述为：

推论 2　设 $f(x)$ 在 $(a,+\infty)$ 内有定义，则 $\lim\limits_{x\to+\infty} f(x) = A \Leftrightarrow$ 对任何在 $f(x)$ 的定义域中趋于正无穷大的数列 $\{x_n\}$，都有 $\lim\limits_{n\to\infty} f(x_n) = A$.

特别地，若将数列 $\{x_n\}$ 取为自然数列，则有以下结论：

$$\lim_{x\to+\infty} f(x) = A \Rightarrow \lim_{n\to\infty} f(n) = A.$$

这一结论使我们能够利用求函数极限来求数列极限.

二、极限的性质

定理 2（唯一性）　如果函数 $f(x)$ 在 $x\to x_0$（或 $x\to\infty$）时存在极限，则其极限唯一.

对于数列的情形有：**如果数列 $\{x_n\}$ 收敛，则其极限唯一.**

我们仅对数列的情形给出证明：

证　用反证法. 假设 $\{x_n\}$ 同时收敛于两个不同的极限，即 $\lim\limits_{n\to\infty} x_n = a$，并且 $\lim\limits_{n\to\infty} x_n = b$，而 $a \neq b$. 由数列收敛的定义，对于 $\varepsilon = \dfrac{|b-a|}{2} > 0$，

因 $\lim\limits_{n\to\infty} x_n = a$，故 $\exists N_1 \in \mathbf{N}^+$，当 $n > N_1$ 时，有 $|x_n - a| < \dfrac{|b-a|}{2}$；

因 $\lim\limits_{n\to\infty} x_n = b$，故 $\exists N_2 \in \mathbf{N}^+$，当 $n > N_2$ 时，有 $|x_n - b| < \dfrac{|b-a|}{2}$；

取 $N = \max\{N_1, N_2\}$，则 $n > N$ 时，上述两个不等式同时成立，于是有

$$|b-a| = |(x_n - a) - (x_n - b)| \leqslant |x_n - a| + |x_n - b| < \frac{|b-a|}{2} + \frac{|b-a|}{2} = |b-a|.$$

这是矛盾的. 因而只能有 $a = b$，即极限是唯一的.

定理 3（有界性）　如果极限 $\lim\limits_{x\to x_0} f(x)$ 存在，则在点 x_0 的某个去心邻域内，函数 $f(x)$ 有界.

证　设 $\lim\limits_{x\to x_0} f(x) = A$，则对取定的 $\varepsilon = 1 > 0$，$\exists \delta > 0$，当 $0 < |x - x_0| < \delta$ 时，有

$$|f(x) - A| < 1.$$

从而，$|f(x)| = |f(x) - A + A| \leqslant |f(x) - A| + |A| < 1 + |A|.$

这就是说，在 $\mathring{U}(x_0, \delta)$ 内 $f(x)$ 有界.

定理 3 指出，函数 $f(x)$ 只是在点 x_0 的充分小的去心邻域内有界，而在整个定义域上不一定有界，所以称为局部有界.

类似地可证明：如果极限 $\lim\limits_{x\to\infty} f(x)$ 存在，则必存在 $X > 0$，使得 $f(x)$ 在区间 $(X, +\infty)$ 和 $(-\infty, -X)$ 内均是有界的.

对于数列的情形有：如果数列 $\{x_n\}$ 收敛，则该数列有界，即存在常数 M，使得所有的 x_n 均满足 $|x_n| \leqslant M (n = 1, 2, \cdots)$.

定理 4（保号性）　如果 $\lim\limits_{x\to x_0} f(x) = A$，且 $A > 0$（或 $A < 0$），则在点 x_0 的某个去心邻域内，有 $f(x) > 0$［或 $f(x) < 0$］.

证　设 $A > 0$，则对 $\varepsilon = \dfrac{A}{2} > 0$，$\exists \delta > 0$，当 $0 < |x - x_0| < \delta$ 时，有

$$|f(x) - A| < \frac{A}{2} \Rightarrow f(x) > A - \frac{A}{2} = \frac{A}{2} > 0.$$

若 $A < 0$，则对 $\varepsilon = \frac{|A|}{2} > 0$，同样 $\exists \delta > 0$，当 $0 < |x - x_0| < \delta$ 时，有

$$|f(x) - A| < \frac{|A|}{2} \Rightarrow f(x) < A + \frac{|A|}{2} = A - \frac{A}{2} = \frac{A}{2} < 0.$$

再次指出，保号性仍然为函数的局部性质.

推论 3 如果 $\lim\limits_{x \to x_0} f(x) = A$，且在 x_0 的某去心邻域内，有 $f(x) \geqslant 0$ [或 $f(x) \leqslant 0$]，则 $A \geqslant 0$（或 $A \leqslant 0$）.

类似地可证明：如果 $\lim\limits_{x \to \infty} f(x) = A$，且 $A > 0$（或 $A < 0$），则必存在 $X > 0$，使得在区间 $(X, +\infty)$ 和 $(-\infty, -X)$ 内，有 $f(x) > 0$ [或 $f(x) < 0$].

对于数列的情形有：如果 $\lim\limits_{n \to \infty} x_n = a$，且 $a > 0$（或 $a < 0$），那么存在常数 $N > 0$，当 $n > N$ 时，都有 $x_n > 0$（或 $x_n < 0$）.

三、极限的运算法则

定理 5（四则运算法则） 如果 $\lim\limits_{x \to x_0} f(x) = A$，$\lim\limits_{x \to x_0} g(x) = B$，那么

（1） $\lim\limits_{x \to x_0} [f(x) \pm g(x)] = A \pm B = \lim\limits_{x \to x_0} f(x) \pm \lim\limits_{x \to x_0} g(x)$；

（2） $\lim\limits_{x \to x_0} [f(x) \cdot g(x)] = AB = \lim\limits_{x \to x_0} f(x) \cdot \lim\limits_{x \to x_0} g(x)$；

（3）若 $B \neq 0$，则 $\lim\limits_{x \to x_0} \dfrac{f(x)}{g(x)} = \dfrac{A}{B} = \dfrac{\lim\limits_{x \to x_0} f(x)}{\lim\limits_{x \to x_0} g(x)}$.

证 下面仅证（2），其他情况可类似证明.

因为 $\lim\limits_{x \to x_0} f(x) = A$，$\lim\limits_{x \to x_0} g(x) = B$，由上一节定理 4，得 $f(x) = A + \alpha(x)$，$g(x) = B + \beta(x)$，其中 $x \to x_0$ 时，$\alpha(x)$、$\beta(x)$ 均为无穷小. 于是

$$f(x) \cdot g(x) = [A + \alpha(x)] \cdot [B + \beta(x)] = AB + [A\beta(x) + B\alpha(x) + \alpha(x)\beta(x)].$$

当 $x \to x_0$ 时，$A\beta(x)$、$B\alpha(x)$、$\alpha(x)\beta(x)$ 都是无穷小，故

$$\lim\limits_{x \to x_0} [f(x) \cdot g(x)] = AB = \lim\limits_{x \to x_0} f(x) \cdot \lim\limits_{x \to x_0} g(x).$$

注意：定理的（1）和（2）可以推广到有限个函数的情形. 特别地，有

$$\lim\limits_{x \to x_0} \sum_{i=1}^{n} C_i f_i(x) = \sum_{i=1}^{n} \left[C_i \lim\limits_{x \to x_0} f_i(x) \right],$$

称为极限的线性运算法则.

若 $\lim\limits_{x \to x_0} f(x) = A$，则 $\lim\limits_{x \to x_0} [f(x)]^n = A^n$（$n \in N$）.

由该定理知，若两个函数在点 x_0 的极限都存在，则可以先对各函数进行极限运算再进行四则运算. 这两种不同的运算交换次序可给计算极限带来很大的方便.

利用极限的四则运算法则及定理 4 的推论 1 可以得到以下推论：

推论 设 $\lim\limits_{x \to x_0} f(x) = A$，$\lim\limits_{x \to x_0} g(x) = B$，且 $\forall x \in \overset{o}{U}(x_0, \delta)$ 有 $f(x) \geqslant g(x)$，则 $A \geqslant B$.

例 3 设 $P(x) = a_0 x^n + a_1 x^{n-1} + \cdots + a_{n-1} x + a_n$，求极限 $\lim\limits_{x \to x_0} P(x)$.

解 $\lim\limits_{x \to x_0} P(x) = \lim\limits_{x \to x_0}(a_0 x^n + a_1 x^{n-1} + \cdots + a_{n-1}x + a_n)$

$$= a_0 \lim\limits_{x \to x_0} x^n + a_1 \lim\limits_{x \to x_0} x^{n-1} + \cdots + a_{n-1}\lim\limits_{x \to x_0} x + a_n$$

$$= a_0 x_0^n + a_1 x_0^{n-1} + \cdots + a_{n-1}x_0 + a_n = P(x_0).$$

这说明任意多项式在某一点处的极限值就等于这个多项式在该点的函数值.

例 4 求极限 $\lim\limits_{x \to 2} \dfrac{x^3 - 1}{x^2 - 5x + 3}$.

解 $\lim\limits_{x \to 2} \dfrac{x^3 - 1}{x^2 - 5x + 3} = \dfrac{\lim\limits_{x \to 2}(x^3 - 1)}{\lim\limits_{x \to 2}(x^2 - 5x + 3)} = \dfrac{2^3 - 1}{2^2 - 5 \times 2 + 3} = -\dfrac{7}{3}$.

对于有理分式函数

$$F(x) = \frac{P(x)}{Q(x)} ,$$

其中 $P(x)$、$Q(x)$ 都是多项式, 于是有

$$\lim\limits_{x \to x_0} P(x) = P(x_0) , \quad \lim\limits_{x \to x_0} Q(x) = Q(x_0) .$$

因此, 当 $Q(x_0) \neq 0$ 时

$$\lim\limits_{x \to x_0} F(x) = \lim\limits_{x \to x_0} \frac{P(x)}{Q(x)} = \frac{\lim\limits_{x \to x_0} P(x)}{\lim\limits_{x \to x_0} Q(x)} = \frac{P(x_0)}{Q(x_0)} = F(x_0) .$$

例 5 求极限 $\lim\limits_{x \to 3} \dfrac{x - 3}{x^2 - 9}$.

解 $\lim\limits_{x \to 3} \dfrac{x - 3}{x^2 - 9} = \lim\limits_{x \to 3} \dfrac{x - 3}{(x - 3)(x + 3)} = \lim\limits_{x \to 3} \dfrac{1}{x + 3} = \dfrac{1}{6}$.

例 6 求极限 $\lim\limits_{x \to \infty} \dfrac{3x^3 + 4x^2 + 2}{7x^3 + 5x^2 - 3}$.

解 先用 x^3 去除分子及分母, 然后取极限, 得

$$\lim\limits_{x \to \infty} \frac{3x^3 + 4x^2 + 2}{7x^3 + 5x^2 - 3} = \lim\limits_{x \to \infty} \frac{3 + \dfrac{4}{x} + \dfrac{2}{x^3}}{7 + \dfrac{5}{x} - \dfrac{3}{x^3}} = \frac{3}{7} .$$

一般情况为

$$\lim\limits_{x \to \infty} \frac{a_0 x^m + a_1 x^{m-1} + \cdots + a_{m-1}x + a_m}{b_0 x^n + b_1 x^{n-1} + \cdots + b_{n-1}x + b_n} = \begin{cases} a_0 / b_0 , & \text{当 } n = m \\ 0 , & \text{当 } n > m \, (a_0 \neq 0, b_0 \neq 0). \\ \infty, & \text{当 } n < m \end{cases}$$

例 7 求极限 $\lim\limits_{x \to -1}\left(\dfrac{1}{x + 1} - \dfrac{3}{x^3 + 1} \right)$.

解 由于当 $x \to -1$ 时, $\dfrac{1}{x + 1}$ 与 $\dfrac{3}{x^3 + 1}$ 极限都不存在, 所以不能直接运用极限的四则运算法则进行计算. 但当 $x \neq -1$ 时

$$\frac{1}{x + 1} - \frac{3}{x^3 + 1} = \frac{x^2 - x - 2}{x^3 + 1} = \frac{x - 2}{x^2 - x + 1} ,$$

故原式 $= \lim\limits_{x \to 1} \dfrac{x-2}{x^2 - x + 1} = -1$.

定理 6（复合运算法则） 设 $\lim\limits_{u \to u_0} f(u) = A$，$\lim\limits_{x \to x_0} u(x) = u_0$，但在点 x_0 的某去心邻域内 $u(x) \neq u_0$，则复合函数 $y = f[u(x)]$ 当 $x \to x_0$ 时极限存在，且

$$\lim\limits_{x \to x_0} f[u(x)] = \lim\limits_{u \to u_0} f(u) = A.$$

证 因为 $\lim\limits_{u \to u_0} f(u) = A$，则 $\forall \varepsilon > 0$，$\exists \eta > 0$，当 $0 < |u - u_0| < \eta$ 时，有

$$|f(u) - A| < \varepsilon.$$

又由于 $\lim\limits_{x \to x_0} u(x) = u_0$，则对上述 $\eta > 0$，$\exists \delta_1 > 0$，当 $0 < |x - x_0| < \delta_1$ 时，有

$$|u(x) - u_0| < \eta.$$

根据条件，设在 $x \in \overset{\circ}{U}(x_0, \delta_2)$ 内 $u(x) \neq u_0$，取 $\delta = \min\{\delta_1, \delta_2\} > 0$，则当 $0 < |x - x_0| < \delta$ 时，有

$$0 < |u(x) - u_0| = |u - u_0| < \eta,$$

从而有 $|f[u(x)] - A| = |f(u) - A| < \varepsilon$，即 $\lim\limits_{x \to x_0} f[u(x)] = A$.

在定理 6 中，若把 $\lim\limits_{u \to u_0} f(u) = A$ 换成 $\lim\limits_{u \to \infty} f(u) = A$，而相应地把 $\lim\limits_{x \to x_0} u(x) = u_0$ 换成 $\lim\limits_{x \to x_0} u(x) = \infty$，可得类似的定理. 也就是说，如果 $f(u)$ 和 $u(x)$ 满足定理的条件，那么就可以把求 $\lim\limits_{x \to x_0} f[u(x)]$ 转化为求 $\lim\limits_{u \to \infty} f(u)$.

例 8 求极限 $\lim\limits_{x \to 3} \sqrt{\dfrac{x^2 - 9}{x - 3}}$.

解 $y = \sqrt{\dfrac{x^2 - 9}{x - 3}}$ 是由 $y = \sqrt{u}$ 与 $u = \dfrac{x^2 - 9}{x - 3}$ 复合而成的. 因为 $\lim\limits_{x \to 3} \dfrac{x^2 - 9}{x - 3} = 6$，所以

$$\lim\limits_{x \to 3} \sqrt{\dfrac{x^2 - 9}{x - 3}} = \lim\limits_{u \to 6} \sqrt{u} = \sqrt{6}.$$

习 题 1-4

1. 若 $\lim\limits_{x \to x_0} f(x)$ 存在，$\lim\limits_{x \to x_0} g(x)$ 不存在，试问：

（1）$\lim\limits_{x \to x_0} [f(x) + g(x)]$ 是否存在？为什么？

（2）$\lim\limits_{x \to x_0} [f(x) g(x)]$ 是否一定不存在？举例说明.

2. 若 $\lim\limits_{x \to x_0} f(x)$、$\lim\limits_{x \to x_0} g(x)$ 都不存在，试问 $\lim\limits_{x \to x_0} [f(x) + g(x)]$ 是否一定不存在？举例说明.

3. 求下列极限：

（1）$\lim\limits_{n \to \infty} \dfrac{4n^2 - 5n - 1}{-8n^2 + 2n + 7}$；

（2）$\lim\limits_{n \to \infty} \dfrac{1 + 2 + 3 + \cdots + (n-1)}{n^2}$；

（3）$\lim\limits_{n \to \infty} \left(\dfrac{1}{1 \cdot 2} + \dfrac{1}{2 \cdot 3} + \cdots + \dfrac{1}{n(n+1)} \right)$；

（4）$\lim\limits_{n \to \infty} (\sqrt{n^2 + n} - n)$.

4．求下列极限：

（1）$\lim\limits_{x\to 1}\dfrac{x^2+5}{x-3}$；

（2）$\lim\limits_{x\to 1}\dfrac{x^2-2x+1}{x^2-1}$；

（3）$\lim\limits_{x\to\infty}\dfrac{3x^4-2x^2-1}{x^5-x}$；

（4）$\lim\limits_{x\to 4}\dfrac{\sqrt{1+2x}-3}{\sqrt{x}-2}$；

（5）$\lim\limits_{x\to 1}\left(\dfrac{1}{x-1}-\dfrac{3}{x^3-1}\right)$；

（6）$\lim\limits_{x\to 1}\dfrac{\sqrt[m]{x}-1}{\sqrt[n]{x}-1}(m,n\in\mathbf{N}^+)$；

（7）$\lim\limits_{x\to 0}(1+\sin x)^{\tan x}$；

（8）$\lim\limits_{x\to +\infty}(\sqrt{x^2+x}-\sqrt{x^2-x})$．

5．证明：若$\lim\limits_{x\to x_0}f(x)=A$，$\lim\limits_{x\to x_0}g(x)=B$，且$\forall x\in\mathring{U}(x_0,\delta)$，有$f(x)\geqslant g(x)$，则$A\geqslant B$．

6．若$\lim\limits_{x\to x_0}[f(x)+g(x)]=2$，$\lim\limits_{x\to x_0}[f(x)-g(x)]=1$，求$\lim\limits_{x\to x_0}[f(x)\cdot g(x)]$．

7．对于数列$\{x_n\}$，若$x_{2k-1}\to a(k\to\infty)$，$x_{2k}\to a(k\to\infty)$，证明：$x_n\to a(n\to\infty)$．

第五节　极限存在准则　两个重要极限

本节介绍极限存在的两个准则以及由这些准则推出的两个重要极限．

一、夹逼准则

定理1（夹逼准则）　设函数$f(x),g(x),h(x)$满足

（1）当$x\in\mathring{U}(x_0,r)$时，有$g(x)\leqslant f(x)\leqslant h(x)$；

（2）$\lim\limits_{x\to x_0}g(x)=A$，$\lim\limits_{x\to x_0}h(x)=A$．

则$\lim\limits_{x\to x_0}f(x)$存在，且$\lim\limits_{x\to x_0}f(x)=A$．

证　$\forall\varepsilon>0$，由$\lim\limits_{x\to x_0}g(x)=A$，知$\exists\delta_1>0$，当$x\in\mathring{U}(x_0,\delta_1)$时，有$|g(x)-A|<\varepsilon$，于是有$-\varepsilon<g(x)-A$．

又$\lim\limits_{x\to x_0}h(x)=A$，知$\exists\delta_2>0$，当$x\in\mathring{U}(x_0,\delta_2)$时，有$|h(x)-A|<\varepsilon$，于是有$h(x)-A<\varepsilon$．

取$\delta=\min\{\delta_1,\delta_2,r\}$，则当$x\in\mathring{U}(x_0,\delta)$时，不等式$-\varepsilon<g(x)-A$与$h(x)-A<\varepsilon$同时成立，并注意到条件$g(x)\leqslant f(x)\leqslant h(x)$，可得

$$-\varepsilon<g(x)-A\leqslant f(x)-A\leqslant h(x)-A<\varepsilon，$$

即$|f(x)-A|<\varepsilon$，于是$\lim\limits_{x\to x_0}f(x)=A$．

需要说明的是，其他情形的函数极限也有类似相应的夹逼准则．作为特殊的情形，对于数列有下面的结论：

设有三个数列$\{x_n\}$、$\{y_n\}$与$\{z_n\}$．若$\exists N_0\in\mathbf{N}^+$，当$n>N_0$时，有$y_n\leqslant x_n\leqslant z_n$，且$\lim\limits_{n\to\infty}y_n=a$，$\lim\limits_{n\to\infty}z_n=a$，则数列$\{x_n\}$的极限存在，且$\lim\limits_{n\to\infty}x_n=a$．

例1　求极限$\lim\limits_{n\to\infty}n\left(\dfrac{1}{n^2+\pi}+\dfrac{1}{n^2+2\pi}+\cdots+\dfrac{1}{n^2+n\pi}\right)$．

解　$\forall n\in\mathbf{N}^+$，有

$$n \cdot \frac{n}{n^2+n\pi} \leqslant n\left(\frac{1}{n^2+\pi}+\frac{1}{n^2+2\pi}+\cdots+\frac{1}{n^2+n\pi}\right) \leqslant n \cdot \frac{n}{n^2+\pi},$$

又 $\lim\limits_{n\to\infty}\dfrac{n^2}{n^2+n\pi}=\lim\limits_{n\to\infty}\dfrac{n^2}{n^2+\pi}=1$. 由夹逼准则知

$$\lim_{n\to\infty} n\left(\frac{1}{n^2+\pi}+\frac{1}{n^2+2\pi}+\cdots+\frac{1}{n^2+n\pi}\right)=1.$$

例 2 证明 $\lim\limits_{n\to\infty}\sqrt[n]{n}=1$.

证 因为当 $n>1$ 时，$\sqrt[n]{n}>1$，可令 $\sqrt[n]{n}=1+a_n(a_n>0)$，于是 $n=(1+a_n)^n$. 按牛顿二项式定理公式 $n=(1+a_n)^n=1+na_n+\dfrac{n(n-1)}{2}a_n^2+\cdots+a_n^n>\dfrac{n(n-1)}{2}a_n^2$，可见 $a_n^2<\dfrac{2n}{n(n-1)}=\dfrac{2}{n-1}$，即

$0<a_n<\sqrt{\dfrac{2}{n-1}}$. 由于 $\lim\limits_{n\to\infty}0=0$，$\lim\limits_{n\to\infty}\sqrt{\dfrac{2}{n-1}}=0$，根据夹逼准则得 $\lim\limits_{n\to\infty}a_n=0$. 所以，$\lim\limits_{n\to\infty}\sqrt[n]{n}=\lim\limits_{n\to\infty}(1+a_n)=1$.

例 3 求极限 $\lim\limits_{x\to0}x\left[\dfrac{1}{x}\right]$.

解 由 $\dfrac{1}{x}-1<\left[\dfrac{1}{x}\right]\leqslant\dfrac{1}{x}(x\neq0)$ 可知，当 $x>0$ 时，有 $1-x<x\left[\dfrac{1}{x}\right]\leqslant1$；当 $x<0$ 时，有 $1\leqslant x\left[\dfrac{1}{x}\right]<1-x$. 又 $\lim\limits_{x\to0}(1-x)=\lim\limits_{x\to0}1=1$，由夹逼准则知，$\lim\limits_{x\to0}x\left[\dfrac{1}{x}\right]=1$.

由夹逼准则，可以证明下列重要极限

$$\boxed{\lim_{x\to0}\frac{\sin x}{x}=1} \tag{1}$$

先给出一个基本不等式

$$\sin x<x<\tan x,\quad x\in\left(0,\frac{\pi}{2}\right). \tag{2}$$

如图 1-22 所示，作单位圆（以点 O 为圆心、半径为 1 的圆弧），过点 A 作圆弧的切线与 OB 的延长线交于点 D，连接 AB. 设 $\angle AOB=x$（以弧度为单位），且 $0<x<\dfrac{\pi}{2}$，并且易知：$\triangle AOB$ 的面积<圆扇形 AOB 的面积<$\triangle AOD$ 的

面积. 所以 $\dfrac{1}{2}\sin x<\dfrac{1}{2}x<\dfrac{1}{2}\tan x$，即 $\sin x<x<\tan x$.

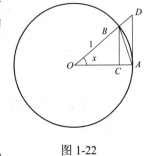

图 1-22

下面证明重要极限：

在 $0<x<\dfrac{\pi}{2}$ 内，由不等式（2）得：$1<\dfrac{x}{\sin x}<\dfrac{1}{\cos x}$，或

$$\cos x<\frac{\sin x}{x}<1 \tag{3}$$

因为 $\dfrac{\sin x}{x}$、$\cos x$、1 均为偶函数，故在 $\left(-\dfrac{\pi}{2},0\right)$ 内，不等式（3）也成立.

由于 $\lim\limits_{x\to 0}\cos x=1$，$\lim\limits_{x\to 0}1=1$，由不等式（3）及夹逼准则，得 $\lim\limits_{x\to 0}\dfrac{\sin x}{x}=1$．

容易得到，重要极限的另一种形式为

$$\lim_{x\to\infty}x\sin\frac{1}{x}=1 .$$

例 4 求极限 $\lim\limits_{x\to 0}\dfrac{\tan x}{x}$．

解 $\lim\limits_{x\to 0}\dfrac{\tan x}{x}=\lim\limits_{x\to 0}\dfrac{\sin x}{x}\cdot\dfrac{1}{\cos x}=\lim\limits_{x\to 0}\dfrac{\sin x}{x}\cdot\lim\limits_{x\to 0}\dfrac{1}{\cos x}=1\cdot 1=1$．

例 5 求极限 $\lim\limits_{x\to 0}\dfrac{1-\cos x}{x^2}$．

解 $\lim\limits_{x\to 0}\dfrac{1-\cos x}{x^2}=\lim\limits_{x\to 0}\dfrac{2\sin^2\dfrac{x}{2}}{x^2}=\dfrac{1}{2}\lim\limits_{x\to 0}\dfrac{\sin^2\dfrac{x}{2}}{\left(\dfrac{x}{2}\right)^2}=\dfrac{1}{2}\lim\limits_{x\to 0}\left(\dfrac{\sin\dfrac{x}{2}}{\dfrac{x}{2}}\right)^2=\dfrac{1}{2}\cdot 1^2=\dfrac{1}{2}$．

例 6 求极限 $\lim\limits_{x\to 0}\dfrac{\arctan x}{x}$．

解 令 $\arctan x=t$，则 $x=\tan t$，当 $x\to 0$ 时，有 $t\to 0$，于是

$$\lim_{x\to 0}\frac{\arctan x}{x}=\lim_{t\to 0}\frac{t}{\tan t}=\lim_{t\to 0}\frac{1}{\dfrac{\tan t}{t}}=1 .$$

例 7 求 $\lim\limits_{x\to 0}\dfrac{\sin\alpha x}{\sin\beta x}(\alpha\neq 0,\beta\neq 0)$．

解 $\lim\limits_{x\to 0}\dfrac{\sin\alpha x}{\sin\beta x}=\lim\limits_{x\to 0}\dfrac{\alpha\cdot\dfrac{\sin\alpha x}{\alpha x}}{\beta\cdot\dfrac{\sin\beta x}{\beta x}}=\dfrac{\alpha\lim\limits_{x\to 0}\dfrac{\sin\alpha x}{\alpha x}}{\beta\lim\limits_{x\to 0}\dfrac{\sin\beta x}{\beta x}}=\dfrac{\alpha}{\beta}$．

例 8 求极限 $\lim\limits_{x\to\infty}a^{x\sin\frac{1}{x}}$．

解 $\lim\limits_{x\to\infty}a^{x\sin\frac{1}{x}}=a^{\lim\limits_{x\to\infty}x\sin\frac{1}{x}}=a$．

例 9 求极限 $\lim\limits_{x\to 0}\dfrac{\arcsin x}{x}$．

解 设 $\arcsin x=u$，则 $x=\sin u$．当 $x\to 0$ 时，有 $u\to 0$．于是

$$\lim_{x\to 0}\frac{\arcsin x}{x}=\lim_{u\to 0}\frac{u}{\sin u}=1 .$$

二、单调有界准则

定理 2（单调有界收敛准则） 单调有界数列必有极限．

该定理的证明超出本书的范围，这里从略．

定理中条件为单调有界数列，显然包括两类数列：①单调增加且有上界；②单调减少且有下界．由于数列的前有限项对其收敛性没有影响，因此定理 2 对于那种从某一项开始才变成单调的数列也有效．

例 10 证明：若 $x_1 = \sqrt{2}$，$x_{n+1} = \sqrt{2 + x_n}$，$n = 1, 2, 3, \cdots$，则数列 $\{x_n\}$ 收敛，并求其极限.

证 显然，$x_2 = \sqrt{2 + x_1} = \sqrt{2 + \sqrt{2}} > x_1$. 设 $x_k < x_{k+1}$，则

$$2 + x_k < 2 + x_{k+1} \Rightarrow \sqrt{2 + x_k} < \sqrt{2 + x_{k+1}}，即有 x_{k+1} < x_{k+2}.$$

由数学归纳法知，$\forall n \in \mathbf{N}^+$，有 $x_n < x_{n+1}$，即 $\{x_n\}$ 单调增加.

当 $k = 1$ 时，$x_1 = \sqrt{2} < 2$. 设 $x_k < 2$，则 $x_{k+1} = \sqrt{2 + x_k} < \sqrt{2 + 2} = 2$.

由数学归纳法知，$\forall n \in \mathbf{N}^+$，有 $x_n < 2$，即 $\{x_n\}$ 有上界 2. 根据定理 2，数列收敛.

设 $\lim\limits_{n \to \infty} x_n = a$，由 $x_{n+1} = \sqrt{2 + x_n}$ 得 $x_{n+1}^2 = 2 + x_n$，两边同时取极限，有 $a^2 = 2 + a$，解得 $a = 2$，$a = -1$. 由极限保号性，$a = -1$ 是不可能的，所以 $\lim\limits_{n \to \infty} x_n = 2$.

由上例可知，当确知数列极限存在后，可应用极限的运算来求出极限值：对递推公式取极限，得到极限值满足的方程，而后从所得到的方程解出极限值.

现在我们讨论另一个重要极限

$$\lim_{x \to +\infty} \left(1 + \frac{1}{x}\right)^x = \mathrm{e}.$$

这是一个很重要的极限，它具有广泛的应用.

设 $x_n = \left(1 + \dfrac{1}{n}\right)^n$，我们先来证明 $\{x_n\}$ 是单调增加的有界数列. 按牛顿二项式定理公式，

$$x_n = \left(1 + \frac{1}{n}\right)^n = 1 + n \cdot \frac{1}{n} + \frac{n(n-1)}{2!} \cdot \frac{1}{n^2} + \frac{n(n-1)(n-2)}{3!} \cdot \frac{1}{n^3} + \cdots + \frac{n(n-1)\cdots(n-n+1)}{n!} \cdot \frac{1}{n^n}$$

$$= 1 + 1 + \frac{1}{2!}\left(1 - \frac{1}{n}\right) + \frac{1}{3!}\left(1 - \frac{1}{n}\right)\left(1 - \frac{2}{n}\right) + \cdots + \frac{1}{n!}\left(1 - \frac{1}{n}\right)\left(1 - \frac{2}{n}\right)\cdots\left(1 - \frac{n-1}{n}\right).$$

同样地，

$$x_{n+1} = 1 + 1 + \frac{1}{2!}\left(1 - \frac{1}{n+1}\right) + \frac{1}{3!}\left(1 - \frac{1}{n+1}\right)\left(1 - \frac{2}{n+1}\right) + \cdots +$$

$$\frac{1}{(n+1)!}\left(1 - \frac{1}{n+1}\right)\left(1 - \frac{2}{n+1}\right)\cdots\left(1 - \frac{n}{n+1}\right).$$

可见，除了前两项外，x_n 的每一项都小于 x_{n+1} 的对应项，而且还多了最后的一个正项，因此 $x_n < x_{n+1} (n = 1, 2, \cdots)$，这说明数列 $\{x_n\}$ 是单调增加的. 其次，注意到 x_n 展开式的一般项 $\dfrac{1}{k!}\left(1 - \dfrac{1}{n}\right)\left(1 - \dfrac{2}{n}\right)\cdots\left(1 - \dfrac{k-1}{n}\right) < \dfrac{1}{k!} (2 \leqslant k \leqslant n)$，又 $\dfrac{1}{2!} = \dfrac{1}{2}, \dfrac{1}{k!} = \dfrac{1}{2 \cdot 3 \cdot 4 \cdots k} < \dfrac{1}{2^{k-1}} (3 \leqslant k \leqslant n)$，于是 $x_n < 1 + 1 + \dfrac{1}{2!} + \dfrac{1}{3!} + \cdots + \dfrac{1}{n!} < 1 + 1 + \dfrac{1}{2} + \dfrac{1}{2^2} + \cdots + \dfrac{1}{2^{n-1}} = 3 - \dfrac{1}{2^{n-1}} < 3$，这说明数列 $\{x_n\}$ 是有上界的. 根据单调有界收敛准则知，极限 $\lim\limits_{n \to +\infty}\left(1 + \dfrac{1}{n}\right)^n$ 存在，通常用字母 e 来表示这个极限，即

$$\boxed{\lim_{n \to \infty}\left(1 + \frac{1}{n}\right)^n = \mathrm{e}} \tag{4}$$

下面再来证明 $\lim\limits_{x\to+\infty}\left(1+\dfrac{1}{x}\right)^x=\mathrm{e}$.

$\forall x>1$，总有自然数 n，使得 $n\leqslant x<n+1$，于是

$$\frac{1}{n+1}<\frac{1}{x}\leqslant\frac{1}{n},\quad 1+\frac{1}{n+1}<1+\frac{1}{x}\leqslant 1+\frac{1}{n}$$

故 $$\left(1+\frac{1}{n+1}\right)^n<\left(1+\frac{1}{x}\right)^n\leqslant\left(1+\frac{1}{x}\right)^x\leqslant\left(1+\frac{1}{n}\right)^x<\left(1+\frac{1}{n}\right)^{n+1}.$$

当 $x\to+\infty$ 时，必有 $n\to\infty$，而

$$\lim_{n\to\infty}\left(1+\frac{1}{n+1}\right)^n=\lim_{n\to\infty}\left(1+\frac{1}{n+1}\right)^{n+1}\bigg/\lim_{n\to\infty}\left(1+\frac{1}{n+1}\right)=\frac{\mathrm{e}}{1}=\mathrm{e},$$

$$\lim_{n\to\infty}\left(1+\frac{1}{n}\right)^{n+1}=\lim_{n\to\infty}\left(1+\frac{1}{n}\right)^n\cdot\lim_{n\to\infty}\left(1+\frac{1}{n}\right)=\mathrm{e}\cdot 1=\mathrm{e}.$$

由夹逼定理得 $\lim\limits_{x\to+\infty}\left(1+\dfrac{1}{x}\right)^x=\mathrm{e}$.

最后来证明 $\lim\limits_{x\to-\infty}\left(1+\dfrac{1}{x}\right)^x=\mathrm{e}$.

令 $x=-t$，则当 $x\to-\infty$ 时，必有 $t\to+\infty$，于是

$$\lim_{x\to-\infty}\left(1+\frac{1}{x}\right)^x=\lim_{t\to+\infty}\left(1+\frac{1}{-t}\right)^{-t}=\lim_{t\to+\infty}\left(\frac{t-1}{t}\right)^{-t}=\lim_{t\to+\infty}\left(\frac{t}{t-1}\right)^t$$

$$=\lim_{t\to+\infty}\left[\left(1+\frac{1}{t-1}\right)^{t-1}\left(1+\frac{1}{t-1}\right)\right]=\mathrm{e}\cdot 1=\mathrm{e}.$$

综上所述，得

$$\boxed{\lim_{x\to\infty}\left(1+\frac{1}{x}\right)^x=\mathrm{e}}\tag{5}$$

容易得到上述极限的另一种形式

$$\boxed{\lim_{x\to 0}(1+x)^{\frac{1}{x}}=\mathrm{e}}\tag{6}$$

例 11 求极限 $\lim\limits_{x\to\infty}\left(1-\dfrac{1}{x}\right)^x$.

解 令 $t=-x$，则 $x\to\infty$ 时，$t\to\infty$. 于是

$$\lim_{x\to\infty}\left(1-\frac{1}{x}\right)^x=\lim_{t\to\infty}\left(1+\frac{1}{t}\right)^{-t}=\lim_{t\to\infty}\frac{1}{\left(1+\dfrac{1}{t}\right)^t}=\frac{1}{\mathrm{e}}.$$

或 $$\lim_{x\to\infty}\left(1-\frac{1}{x}\right)^x=\lim_{x\to\infty}\left(1+\frac{1}{-x}\right)^{-x\cdot(-1)}=\left[\lim_{x\to\infty}\left(1+\frac{1}{-x}\right)^{-x}\right]^{-1}=\mathrm{e}^{-1}.$$

在求函数极限时，常遇到形如 $[f(x)]^{g(x)}$（$f(x)$ 不恒等于 1）的函数（通常称为幂指函数）

的极限. 如果 $\lim\limits_{x \to x_0} f(x) = A > 0$, $\lim\limits_{x \to x_0} g(x) = B$, 那么如果令 $u(x) = g(x) \ln f(x)$, 则有 $\lim\limits_{x \to x_0} u(x) =$ $\lim\limits_{x \to x_0} g(x) \ln f(x) = B \ln A$, 于是

$$\lim_{x \to x_0} [f(x)]^{g(x)} = \lim_{x \to x_0} e^{g(x) \ln f(x)} = \lim_{u \to B \ln A} e^u = e^{B \ln A} = A^B, \quad \text{即有}$$

$$\boxed{\lim_{x \to x_0} [f(x)]^{g(x)} = A^B} \tag{7}$$

例 12　求极限 $\lim\limits_{x \to 0} (1 + x)^{\frac{2}{\sin x}}$.

解　由于 $(1 + x)^{\frac{2}{\sin x}} = [(1 + x)^{\frac{1}{x}}]^{\frac{2x}{\sin x}}$, 于是有 $\lim\limits_{x \to 0} (1 + x)^{\frac{2}{\sin x}} = \lim\limits_{x \to 0} \left[(1 + x)^{\frac{1}{x}} \right]^{\frac{2x}{\sin x}}$, 由于当 $x \to 0$ 时,

底数 $(1 + x)^{\frac{1}{x}} \to e$, 指数 $\dfrac{2x}{\sin x} \to 2$, 故所求极限等于 e^2.

例 13　求极限 $\lim\limits_{x \to \infty} \left(\dfrac{2x - 1}{2x + 1} \right)^{x + \frac{3}{2}}$.

解　方法一：$\lim\limits_{x \to \infty} \left(\dfrac{2x - 1}{2x + 1} \right)^{x + \frac{3}{2}} = \lim\limits_{x \to \infty} \left(\dfrac{2x + 1 - 2}{2x + 1} \right)^{x + \frac{3}{2}} = \lim\limits_{x \to \infty} \left(1 - \dfrac{2}{2x + 1} \right)^{x + \frac{3}{2}}$.

令 $t = -\dfrac{2}{2x + 1}$, 则 $x = -\dfrac{1}{2} - \dfrac{1}{t}$, 由于当 $x \to \infty$ 时, $t \to 0$, 因此

$$\lim_{x \to \infty} \left(\frac{2x - 1}{2x + 1} \right)^{x + \frac{3}{2}} = \lim_{t \to 0} (1 + t)^{1 - \frac{1}{t}} = \lim_{t \to 0} (1 + t) \cdot \left[\lim_{t \to 0} (1 + t)^{\frac{1}{t}} \right]^{-1} = 1 \cdot e^{-1} = \frac{1}{e}.$$

方法二：$\lim\limits_{x \to \infty} \left(\dfrac{2x - 1}{2x + 1} \right)^{x + \frac{3}{2}} = \lim\limits_{x \to \infty} \left(\dfrac{2x + 1 - 2}{2x + 1} \right)^{x + \frac{1}{2} + 1} = \lim\limits_{x \to \infty} \left(1 - \dfrac{2}{2x + 1} \right)^{x + \frac{1}{2} + 1}$

$$= \lim_{x \to \infty} \left(1 - \frac{1}{x + \dfrac{1}{2}} \right)^{x + \frac{1}{2}} \left(1 - \frac{1}{x + \dfrac{1}{2}} \right) = \frac{1}{e}.$$

例 14　设某人以本金 p 元进行一项投资, 投资的年利率为 r. 如果以年为单位计算复利（即每年计息一次, 并把利息加入下年的本金, 重复计算）, 那么 t 年后, 资金总额将变为 $p(1 + r)^t$（元）; 而若以月为单位计算复利（即每月计息一次, 并把利息加入下月的本金, 重复计算）, 那么 t 年后, 资金总额将变为 $p \left(1 + \dfrac{r}{12} \right)^{12t}$（元）; 这样类推, 若以天为单位计算复利, 那么 t 年后, 资金总额将变为 $p \left(1 + \dfrac{r}{365} \right)^{365t}$（元）; 一般地, 若以 $\dfrac{1}{n}$ 年为单位计算复利, 那么 t 年后, 资金总额将变为 $p \left(1 + \dfrac{r}{n} \right)^{nt}$（元）; 现在让 $n \to \infty$, 即每时每刻计算复利（称为

连续复利）, 那么 t 年后的资金总额将变为：$\lim\limits_{n \to \infty} p \left(1 + \dfrac{r}{n} \right)^{nt} = \lim\limits_{n \to \infty} p \left[\left(1 + \dfrac{r}{n} \right)^{\frac{n}{r}} \right]^{rt} = p e^{rt}$（元）.

本例说明了常数 e 在经济学中的一个应用.

习　题　1-5

1．利用夹逼准则计算下列极限：

（1）$\lim\limits_{n\to\infty}\left(\dfrac{1}{\sqrt{n^2+1}}+\dfrac{1}{\sqrt{n^2+2}}+\cdots+\dfrac{1}{\sqrt{n^2+n}}\right)$；

（2）$\lim\limits_{n\to\infty}\left[\dfrac{1}{n^2}+\dfrac{1}{(n+1)^2}+\cdots+\dfrac{1}{(2n)^2}\right]$.

2．证明：设数列 $\{x_n\}$ 满足 $0<x_1<1$，$x_{n+1}=x_n(2-x_n)$，$n=1,2,3,\cdots$，则数列 $\{x_n\}$ 收敛，并求其极限.

3．求下列极限：

（1）$\lim\limits_{x\to0}\dfrac{\sin x}{3x}$；

（2）$\lim\limits_{x\to0}\dfrac{\sin x^3}{\sin^2 x}$；

（3）$\lim\limits_{x\to\infty}x\sin\dfrac{3}{x}$；

（4）$\lim\limits_{x\to0}\dfrac{\sin 4x}{\sqrt{x+1}-1}$；

（5）$\lim\limits_{x\to a}\dfrac{\sin^2 x-\sin^2 a}{x-a}$；

（6）$\lim\limits_{x\to\infty}\left(1+\dfrac{1}{x}\right)^{\frac{x}{2}}$；

（7）$\lim\limits_{x\to\frac{\pi}{2}}(1+\cot x)^{\tan x}$；

（8）$\lim\limits_{x\to0}\left(\dfrac{1+x}{1-x}\right)^{\frac{1}{x}}$.

第六节　无穷小的比较

有限个无穷小的和、差、积都是无穷小．由于两个无穷小的商不遵循极限的除法法则，因此无穷小的商的情况要复杂得多，如

$$\lim\limits_{x\to0}\dfrac{x^2}{x}=0，\quad \lim\limits_{x\to0}\dfrac{\sin x}{x}=1，\quad \lim\limits_{x\to0}\dfrac{x}{x^2}=\infty.$$

两个无穷小的商的极限的不同情形，反映了各无穷小逼近零时"快慢"的差异．$x\to0$ 时，x^2 逼近零比 x 逼近零要快，反过来 x 逼近零比 x^2 逼近零要慢，而 $\sin x$ 与 x 逼近零的快慢相当．关于无穷小量的比较的讨论，对误差估计及近似计算的研究均是很重要的．下面通过两个无穷小的比的极限说明无穷小的比较．

一、无穷小的比较

由于常数 0（它是无穷小）在无穷小的比较中意义不大，因此，通常所说的无穷小比较均指非零无穷小.

设 α 与 β 是在同一自变量的同一变化过程中的两个无穷小，$\lim\dfrac{\beta}{\alpha}$ 表示这个变化过程中的极限.

（1）若 $\lim\dfrac{\beta}{\alpha}=0$，则称 β 是比 α <u>高阶的无穷小</u>（infinitesimal of higher order），记作

$\beta = o(\alpha)$，或者说 α 是比 β 低阶的无穷小.

例如，$\sin^2 x = o(x)\ (x \to 0)$；$1 - \cos x = o(x)(x \to 0)$；$\dfrac{x+2}{x^4+3} = o\left(\dfrac{1}{x^2}\right)(x \to \infty)$.

（2）若 $\lim \dfrac{\beta}{\alpha} = c \neq 0$，则称 β 是与 α 同阶的无穷小（infinitesimal of same order）.

例如，当 $x \to 0$ 时，$1 - \cos x$ 与 x^2 是同阶无穷小；当 $x \to \infty$ 时，$\sin \dfrac{2}{x}$ 与 $\dfrac{1}{x}$ 是同阶无穷小.

（3）特别地，若 $\lim \dfrac{\beta}{\alpha} = 1$，则称 β 与 α 是等价无穷小（equivalent infinitesimal），记作 $\beta \sim \alpha$.

例如，$\sin x \sim x\ (x \to 0)$；$\arctan x \sim x\ (x \to 0)$.

显然，等价无穷小是同阶无穷小的特殊情形，即 $c = 1$ 的情形.

对于两个无穷小 α 与 β，如果 $\alpha \sim \beta$，则 $\lim \dfrac{\alpha - \beta}{\beta} = \lim \left(\dfrac{\alpha}{\beta} - 1\right) = \lim \dfrac{\alpha}{\beta} - 1 = 0$，说明 $\alpha - \beta$ 是比 β 高阶的无穷小，即 $\alpha - \beta = o(\beta)$，因而 α 可表示成 $\alpha = \beta + o(\beta)$.

反过来，如果 $\alpha = \beta + o(\beta)$，则 $\lim \dfrac{\alpha}{\beta} = \lim \dfrac{\beta + o(\beta)}{\beta} = \lim \left(1 + \dfrac{o(\beta)}{\beta}\right) = 1$，说明 $\alpha \sim \beta$.

于是我们有这样的结论：

定理 1 设 α 与 β 是两个无穷小，则 $\alpha \sim \beta \Leftrightarrow \alpha = \beta + o(\beta)$ ［或 $\beta = \alpha + o(\alpha)$ ］.

上面关于无穷小的比较，是限于两个无穷小相对比较其阶的高低. 倘若对若干个无穷小作比较，就显得十分不方便，为此引进无穷小量的阶的概念.

定义 如果 $\lim \dfrac{|\alpha|}{|\beta|^k} = c \neq 0$（$k > 0$），则称 α 是关于 β 的 k 阶无穷小.

特别地，若 α 是当 $x \to 0$ 时的无穷小，取 $\beta = x$，且 $\lim\limits_{x \to 0} \dfrac{|\alpha|}{|x|^k} = c \neq 0$（$k > 0$），则称 α 是当 $x \to 0$ 时 x 的 k 阶无穷小.

例如，$\lim\limits_{x \to 0} \dfrac{1 - \cos x}{x^2} = \dfrac{1}{2}$，$1 - \cos x$ 为 $x \to 0$ 时 x 的 2 阶无穷小.

例 1 求 $\lim\limits_{x \to 0} \dfrac{\tan x - \sin x}{x^3}$.

解 由于 $\dfrac{\tan x - \sin x}{x^3} = \dfrac{1}{\cos x} \cdot \dfrac{\sin x}{x} \cdot \dfrac{1 - \cos x}{x^2}$，故

$$\lim_{x \to 0} \frac{\tan x - \sin x}{x^3} = \lim_{x \to 0} \frac{1}{\cos x} \cdot \lim_{x \to 0} \frac{\sin x}{x} \cdot \lim_{x \to 0} \frac{1 - \cos x}{x^2} = 1 \times 1 \times \frac{1}{2} = \frac{1}{2}.$$

可见，$x \to 0$ 时，$\tan x - \sin x$ 为 x 的 3 阶无穷小.

二、等价无穷小

定理 2 设 α、α_1、β、β_1 是无穷小，且 $\alpha \sim \alpha_1$，$\beta \sim \beta_1$. 如果 $\lim \dfrac{\beta_1}{\alpha_1}$ 存在，则

$$\lim \frac{\beta}{\alpha} = \lim \frac{\beta_1}{\alpha_1}.$$

证 $\lim \dfrac{\beta}{\alpha} = \lim \left(\dfrac{\beta}{\beta_1} \cdot \dfrac{\beta_1}{\alpha_1} \cdot \dfrac{\alpha_1}{\alpha}\right) = \lim \dfrac{\beta}{\beta_1} \cdot \lim \dfrac{\beta_1}{\alpha_1} \cdot \lim \dfrac{\alpha_1}{\alpha} = 1 \cdot \lim \dfrac{\beta_1}{\alpha_1} \cdot 1 = \lim \dfrac{\beta_1}{\alpha_1}.$

　　这个定理通常称为**无穷小等价代换定理**. 由定理可知，在求极限的乘除运算中，无穷小量因子可以换为相应的等价无穷小进行计算，使求极限变得更简单.

例 2 求 $\lim\limits_{x \to 0} \dfrac{\sin 5x}{\tan 2x}$.

解 当 $x \to 0$ 时，$\sin 5x \sim 5x$，$\tan 2x \sim 2x$，故

$$\lim_{x \to 0} \frac{\sin 5x}{\tan 2x} = \lim_{x \to 0} \frac{5x}{2x} = \frac{5}{2}.$$

例 3 求极限 $\lim\limits_{x \to 0^+} \dfrac{\arctan x}{1 - \cos \sqrt{x}}$.

解 因为当 $x \to 0^+$ 时，$\arctan x \sim x$，$1 - \cos \sqrt{x} \sim \dfrac{x}{2}$，所以

$$\lim_{x \to 0^+} \frac{\arctan x}{1 - \cos \sqrt{x}} = \lim_{x \to 0^+} \frac{x}{\dfrac{1}{2}x} = 2.$$

例 4 求 $\lim\limits_{x \to 0} \dfrac{\ln(1 + x)}{x}$

解 $\lim\limits_{x \to 0} \dfrac{\ln(1 + x)}{x} = \lim\limits_{x \to 0} \ln(1 + x)^{\frac{1}{x}} = \ln\left[\lim\limits_{x \to 0}(1 + x)^{\frac{1}{x}}\right] = 1.$

例 5 求 $\lim\limits_{x \to 0} \dfrac{\mathrm{e}^x - 1}{x}$.

解 令 $\mathrm{e}^x - 1 = u$，即 $x = \ln(1 + u)$，则 $x \to 0$ 时，有 $u \to 0$，于是

$$\lim_{x \to 0} \frac{\mathrm{e}^x - 1}{x} = \lim_{u \to 0} \frac{u}{\ln(1 + u)} = 1.$$

　　切记：在利用等价无穷小量代换求极限时，应注意所求极限式中相乘或相除的因式可用等价无穷小量来替代，但极限式中的相加或相减部分则不能随意替代.

　　如例 1 的结果 $\lim\limits_{x \to 0} \dfrac{\tan x - \sin x}{x^3} = \dfrac{1}{2}$，若用 $\tan x \sim x(x \to 0)$，$\sin x \sim x(x \to 0)$ 将分子逐项进行代换，就会得到 $\lim\limits_{x \to 0} \dfrac{\tan x - \sin x}{x^3} = \lim\limits_{x \to 0} \dfrac{x - x}{x^3} = 0$ 的错误结果.

　　要想利用等价无穷小量代换求极限，就需要知道一些等价无穷小量. 下面是几个常见的等价无穷小量：

当 $x \to 0$ 时，
$x \sim \sin x \sim \tan x \sim \arcsin x \sim \arctan x \sim \ln(1 + x) \sim \mathrm{e}^x - 1$;
$1 - \cos x \sim \dfrac{x^2}{2}$; $(1 + x)^{\alpha} - 1 \sim \alpha x(\alpha \neq 0)$; $a^x - 1 \sim x \ln a(a > 0, a \neq 1)$

例 6 求极限 $\lim\limits_{x \to 0} \dfrac{\ln(1 + x^2)}{(\mathrm{e}^{2x} - 1)(\sqrt[4]{1 + x} - 1)}$.

解 因为当 $x \to 0$ 时，$\ln(1 + x^2) \sim x^2$，$\mathrm{e}^{2x} - 1 \sim 2x$，$\sqrt[4]{1 + x} - 1 \sim \dfrac{1}{4}x$，所以

$$\lim_{x \to 0} \frac{\ln(1+x^2)}{(e^{2x}-1)(\sqrt[4]{1+x}-1)} = \lim_{x \to 0} \frac{x^2}{2x \cdot \frac{1}{4}x} = 2 \ .$$

例 7 求极限 $\lim_{x \to 1} \dfrac{1+\cos \pi x}{(x-1)^2}$.

解 令 $x-1=t$ ，当 $x \to 1$ 时， $t \to 0$ ，因此

$$\lim_{x \to 1} \frac{1+\cos \pi x}{(x-1)^2} = \lim_{t \to 0} \frac{1-\cos \pi t}{t^2} = \lim_{t \to 0} \frac{\frac{1}{2}\pi^2 t^2}{t^2} = \frac{\pi^2}{2} \ .$$

例 8 求极限 $\lim_{x \to 0} \dfrac{\sqrt[3]{1+x^2}-1}{x^2+2x^3}$.

解 $\lim_{x \to 0} \dfrac{\sqrt[3]{1+x^2}-1}{x^2+2x^3} = \lim_{x \to 0} \dfrac{\frac{1}{3}x^2}{x^2(1+2x)} = \lim_{x \to 0} \dfrac{\frac{1}{3}x^2}{x^2} = \dfrac{1}{3}$.

习 题   1-6

1．证明下列各式：

（1） $x\sin x^2 = o(e^{x^2}-1)(x \to 0)$ ；

（2）当 $x \to 0$ 时， 2^x+3^x-2 与 x 是同阶无穷小量；

（3） $\sqrt{1+x}-\sqrt{1-x} \sim x(x \to 0)$.

2．利用等价无穷小量的性质，求下列极限：

（1） $\lim_{x \to 0} \dfrac{\sqrt[3]{1+x^2}-1}{\cos x-1}$ ；   （2） $\lim_{x \to 0} \dfrac{e^x-\sqrt{x+1}}{x}$ ；

（3） $\lim_{x \to 0} \dfrac{\ln(1+x^2)}{(e^x-1)\tan x}$ ；   （4） $\lim_{x \to \infty} x[\ln(1+x)-\ln x]$ ；

（5） $\lim_{x \to 0} \dfrac{\ln(1+x^n)}{\ln^m(1+x)}(n,m \in \mathbf{N}^+)$ ；   （6） $\lim_{x \to 2} \dfrac{\ln x-\ln 2}{x-2}$.

3．下列函数均是 $x \to 0$ 时的无穷小，按从低阶到高阶的次序将这些函数排列起来：

（1） $e^{\sqrt{x}}-1$ ；   （2） $x+x^2$ ；   （3） $1-\cos x^2$ ；

（4） $\ln\left(1+x^{\frac{3}{2}}\right)$ ；   （5） $\sin(\tan^2 x)$.

4．设 $m,n \in \mathbf{Z}^+$ ，证明：当 $x \to 0$ 时，

（1） $o(x^m)+o(x^n) = o(x^l)$ ， $l = \min\{m,n\}$ ；

（2） $o(x^m) \cdot o(x^n) = o(x^{m+n})$ ；

（3）若 α 是 $x \to 0$ 时的无穷小，则 $\alpha x^m = o(x^m)$ ；

（4） $o(kx^n) = o(x^n)(k \neq 0)$.

5．证明等价无穷小具有下列性质：

（1） $\alpha \sim \alpha$ （自反性）；

（2）若 $\alpha \sim \beta$ ，则 $\beta \sim \alpha$ （对称性）；

（3）若 $\alpha \sim \beta$ ， $\beta \sim \gamma$ ，则 $\alpha \sim \gamma$ （传递性）.

第七节　函数的连续性

连续性是函数性态中的一个重要特征，许多自然现象都具有这一特征．例如，物体受热后体积膨胀，体积随温度的升高而连续变化；气温随时间连续变化；物体运动的位移随时间连续变化等，都呈现出这种"连续"变化的特征，这就是函数的连续性．

下面首先介绍连续性的概念以及它与极限的关系，再利用连续性的定义判断一些函数的连续性，最后讨论闭区间上连续函数的重要性质．

一、连续函数的概念

从几何上看，函数 $y = f(x)$ 在 $x = x_0$ 点连续，是指曲线 $y = f(x)$ 在点 $(x_0, f(x_0))$ 不能断开．用极限来描述，即有如下定义：

定义 1　设函数 $f(x)$ 在点 x_0 的某邻域 $U(x_0)$ 内有定义，若 $\lim\limits_{x \to x_0} f(x) = f(x_0)$，则称函数 $f(x)$ 在点 x_0 连续（continuity），或者称 x_0 是函数 $f(x)$ 的连续点．

由函数在一点极限的"$\varepsilon - \delta$"定义，上述定义可用"$\varepsilon - \delta$"语言叙述为：

定义 2　设函数 $f(x)$ 在点 x_0 的某邻域 $U(x_0)$ 内有定义，$\forall \varepsilon > 0$，$\exists \delta > 0$，当 $|x - x_0| < \delta$ 时，有 $|f(x) - f(x_0)| < \varepsilon$，则称函数 $f(x)$ 在点 x_0 连续．

注意：这里不能再要求 $|x - x_0| > 0$ 了．

为了给出函数 $y = f(x)$ 在点 x_0 连续的另一种等价叙述，设 $x - x_0 = \Delta x$，则 $x = x_0 + \Delta x$，Δx 称为自变量 x 在 x_0 的增量（改变量）（increment or change）．显然，$x \to x_0 \Leftrightarrow \Delta x \to 0$．设

$$\Delta y = f(x) - f(x_0) = f(x_0 + \Delta x) - f(x_0),$$

Δy 称为函数 $y = f(x)$ 在 x_0 的增量．于是有

定义 3　设函数 $f(x)$ 在点 x_0 的某邻域 $U(x_0)$ 有定义，自变量 x 有改变量 Δx，因变量有相应的改变量 $\Delta y = f(x_0 + \Delta x) - f(x_0)$，如果 $\lim\limits_{\Delta x \to 0} \Delta y = 0$，则称函数 $y = f(x)$ 在点 x_0 连续．

这个定义说明，在点 x_0 的附近，若自变量的改变量是无穷小时，对应的因变量的改变量也是无穷小，则该函数在点 x_0 连续．

从几何上看，函数 $f(x)$ 在点 x_0 连续，就是当动点 x 趋于定点 x_0 时，动点的函数值 $f(x)$ 趋于定点的函数值 $f(x_0)$．"连续"这一术语源于函数图像的几何直观，如图 1-23 所示．

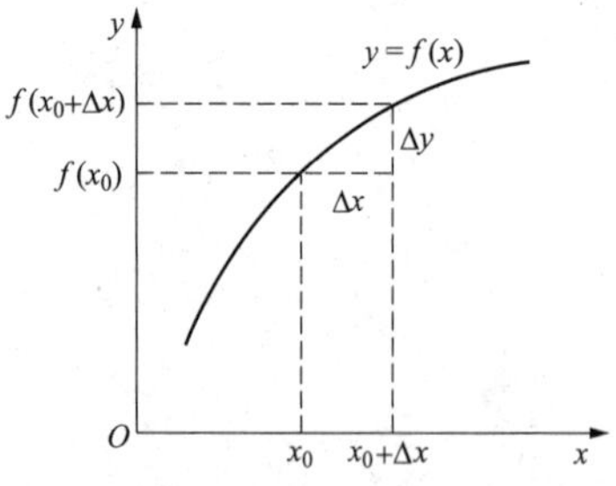

图 1-23

以上给出了函数在一点连续的三种等价叙述，在讨论问题时可适当选择．

如果只考虑单侧极限，就有左、右连续的概念．

定义 4　若 $\lim\limits_{x \to x_0^-} f(x) = f(x_0)$，则称函数 $f(x)$ 在点 x_0 左连续（left continuity）；若 $\lim\limits_{x \to x_0^+} f(x) = f(x_0)$，则称函数 $f(x)$ 在点 x_0 右连续（right continuity）．

由极限与单侧极限的关系，可以得到下面的定理：

定理 1　函数 $f(x)$ 在 x_0 连续 $\Leftrightarrow$ $f(x)$ 在 x_0 既左连续又右连续．

上面讨论了函数在一点连续的情形，在此基础上给出函数在区间上连续的定义．

定义 5 如果函数 $f(x)$ 在开区间 (a, b) 内每一点都连续，则称函数 $f(x)$ 在开区间 (a, b) 内连续，并记作 $f(x) \in C(a,b)$.

如果函数 $f(x)$ 在开区间 (a, b) 内连续，且在 a 点右连续，在 b 点左连续，则称函数 $f(x)$ 在闭区间 $[a,b]$ 上连续，并记作 $f(x) \in C[a,b]$.

函数 $f(x)$ 在其定义域内的每一点都连续，则称 $f(x)$ 为<u>连续函数</u>. 从几何上看，区间上的连续函数的图像是一条不间断的曲线.

例 1 证明正弦函数 $f(x) = \sin x$ 在实数集 **R** 上连续.

证 $\forall x_0 \in \mathbf{R}$，有

$$| f(x) - f(x_0) |=| \sin x - \sin x_0 |= 2\left|\cos\frac{x + x_0}{2}\sin\frac{x - x_0}{2}\right| \leqslant |x - x_0|.$$

于是，$\forall \varepsilon > 0$，$\exists \delta = \varepsilon > 0$，当 $|x - x_0| < \delta$ 时，有 $|f(x) - f(x_0)| < \varepsilon$，即 $f(x) = \sin x$ 在 x_0 连续. 由 x_0 的任意性知，正弦函数 $f(x) = \sin x$ 在其定义域 **R** 上连续.

同理可证余弦函数 $f(x) = \cos x$ 在它的定义域 **R** 上连续.

例 2 证明指数函数 $f(x) = a^x (0 < a \neq 1)$ 在实数集 **R** 上连续.

证 $\forall x_0 \in \mathbf{R}$，要证 $\lim\limits_{\Delta x \to 0}[f(x_0 + \Delta x) - f(x_0)] = 0$，即 $\lim\limits_{\Delta x \to 0}(a^{x_0 + \Delta x} - a^{x_0}) = \lim\limits_{\Delta x \to 0}a^{x_0}(a^{\Delta x} - 1) = 0$.

由于当 $\Delta x \to 0$ 时，$a^{\Delta x} - 1 \sim \Delta x \ln a$，根据无穷小等价代换定理，有 $\lim\limits_{\Delta x \to 0}a^{x_0}(a^{\Delta x} - 1) = \lim\limits_{\Delta x \to 0}a^{x_0}\Delta x \ln a = 0$. 所以，$f(x) = a^x$ 在 x_0 连续. 由 x_0 的任意性知，指数函数 $f(x) = a^x$ 在其定义域 **R** 上连续.

例 3 适当选取 a，使函数

$$f(x) = \begin{cases} \mathrm{e}^x, & x < 0 \\ a + x, & x \geqslant 0 \end{cases}$$

在 $x = 0$ 处连续.

解 因为

$$\lim_{x \to 0^-}f(x) = \lim_{x \to 0^-}\mathrm{e}^x = 1,$$
$$\lim_{x \to 0^+}f(x) = \lim_{x \to 0^+}(a + x) = a = f(0),$$

要使 $f(x)$ 在 $x = 0$ 处连续，必须

$$\lim_{x \to 0^-}f(x) = \lim_{x \to 0^+}f(x) = f(0)，\text{即 } a = 1.$$

所以，当 $a = 1$ 时，函数 $f(x)$ 在 $x = 0$ 处连续.

二、函数的间断点

定义 6 设 $f(x)$ 在 x_0 点的某领域或去心领域内有定义，若函数 $f(x)$ 在 x_0 点不连续，则称 x_0 是函数 $f(x)$ 的<u>间断点</u>（discontinuity point）.

由函数 $f(x)$ 在 x_0 点连续的定义可知，x_0 为函数 $f(x)$ 的间断点，至少属于下列三种情形之一：

（1）$f(x)$ 在 x_0 点无定义；

（2）极限 $\lim\limits_{x \to x_0}f(x)$ 不存在；

（3）$f(x)$ 在 x_0 点有定义，且 $\lim\limits_{x \to x_0}f(x)$ 存在，但 $\lim\limits_{x \to x_0}f(x) \neq f(x_0)$.

间断点一般分为两类：第一类间断点和第二类间断点.

1. 第一类间断点

若函数 $f(x)$ 在间断点 x_0 的左、右极限 $f(x_0^-)$ 与 $f(x_0^+)$ 都存在，则称 x_0 为第一类间断点（discontinuity point of the first kind）.

第一类间断点又分跳跃间断点和可去间断点.

（1）若 $f(x_0^-)$ 与 $f(x_0^+)$ 均存在，但不相等，则称 x_0 为 $f(x)$ 的跳跃间断点（jump discontinuity）.

在函数的跳跃间断点处，函数图像会出现一个跳跃，所以称为跳跃间断点. 右极限与左极限之差 $f(x_0^+) - f(x_0^-)$ 称为函数 $f(x)$ 在 x_0 的跃度.

例 4　设 $f(x) = \begin{cases} x^2 + 1, & x < 0 \\ 0, & x = 0 \\ x - 1, & x > 0 \end{cases}$，讨论 $f(x)$ 在 $x = 0$ 处的连续性.

解　由于 $f(0^-) = \lim\limits_{x \to 0^-}(x^2 + 1) = 1$，$f(0^+) = \lim\limits_{x \to 0^+}(x^2 - 1) = -1$. 而 $f(0^-) \neq f(0^+)$，所以 $x = 0$ 为 $f(x)$ 的跳跃间断点. $f(x)$ 在 $x = 0$ 的跃度为 2，如图 1-24 所示.

（2）若 $\lim\limits_{x \to x_0} f(x)$ 存在，但 $\lim\limits_{x \to x_0} f(x) \neq f(x_0)$，或者 $f(x)$ 在 x_0 无定义，则称 x_0 是函数 $f(x)$ 的可去间断点（removable discontinuity）.

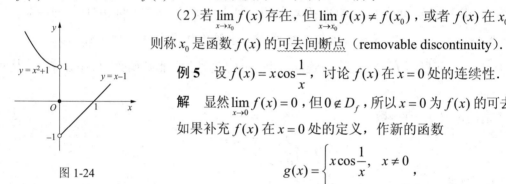

图 1-24

例 5　设 $f(x) = x\cos\dfrac{1}{x}$，讨论 $f(x)$ 在 $x = 0$ 处的连续性.

解　显然 $\lim\limits_{x \to 0} f(x) = 0$，但 $0 \notin D_f$，所以 $x = 0$ 为 $f(x)$ 的可去间断点.

如果补充 $f(x)$ 在 $x = 0$ 处的定义，作新的函数

$$g(x) = \begin{cases} x\cos\dfrac{1}{x}, & x \neq 0 \\ 0, & x = 0 \end{cases},$$

则 $g(x)$ 在 $x = 0$ 处连续.

对于可去间断点，如果补充或改变 $f(x)$ 在 $x = x_0$ 处的函数值，定义新函数

$$g(x) = \begin{cases} f(x), & x \neq x_0 \\ \lim\limits_{x \to x_0} f(x), & x = x_0 \end{cases},$$

则 $g(x)$ 在 $x = x_0$ 处就连续. 因此，对于这类间断点，可以通过补充或修改函数在该点的定义，使之成为连续点，故称此类间断点为可去间断点.

2. 第二类间断点

不是第一类间断点的间断点，称为第二类间断点（discontinuity point of the second kind），即 $f(x_0^-)$ 与 $f(x_0^+)$ 中至少有一个不存在，常见的有无穷间断点和振荡间断点.

例 6　正切函数 $y = \tan x$ 在 $x = \dfrac{\pi}{2}$ 处没有定义，且因为 $\lim\limits_{x \to \frac{\pi}{2}} \tan x = \infty$，故称 $x = \dfrac{\pi}{2}$ 是函数 $y = \tan x$ 的无穷间断点（infinite discontinuity）.

例 7　讨论函数 $y = \sin\dfrac{1}{x}$ 在 $x = 0$ 处的连续性.

解 由于函数 $y = \sin\dfrac{1}{x}$ 在 $x = 0$ 处无定义，故 $x = 0$ 是间断点，且在 $x = 0$ 附近，函数值在 -1 与 $+1$ 之间来回作无穷次振荡，$\lim\limits_{x \to 0}\sin\dfrac{1}{x}$ 不存在，故 $x = 0$ 是振荡间断点（见图 1-25）.

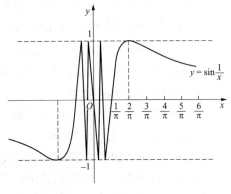

图 1-25

例 8 指出函数 $f(x) = \dfrac{x^2 - 1}{x^2 - 3x + 2}$ 的间断点，并说明其类型.

解 由于函数 $f(x)$ 在 $x = 1$、2 处无定义，故 $x = 1$、2 为 $f(x)$ 的间断点. 对于 $x = 1$，因为

$$\lim_{x \to 1}f(x) = \lim_{x \to 1}\frac{x^2 - 1}{x^2 - 3x + 2} = \lim_{x \to 1}\frac{x + 1}{x - 2} = -2,$$

所以 $x = 1$ 为 $f(x)$ 的可去间断点.

对于 $x = 2$，因为

$$\lim_{x \to 2}f(x) = \lim_{x \to 2}\frac{x^2 - 1}{x^2 - 3x + 2} = \lim_{x \to 2}\frac{x + 1}{x - 2} = \infty,$$

所以 $x = 2$ 为 $f(x)$ 的第二类间断点（无穷型）.

三、连续函数的运算

因为连续是极限存在的一种特殊情形，所以由函数极限的运算易得连续函数的运算.

定理 2（四则运算） 若函数 $f(x)$ 与 $g(x)$ 都在点 x_0 连续，则函数 $f(x) \pm g(x)$、$f(x)g(x)$、$\dfrac{f(x)}{g(x)}[g(x_0) \neq 0]$ 在点 x_0 也连续；对任何实数 α、β，函数 $f(x)$ 和 $g(x)$ 的线性组合 $\alpha f(x) + \beta g(x)$ 在点 x_0 处连续.

利用极限的四则运算法则及连续函数的定义直接可以得到证明. 对于连续函数的和、差、积，可推广到任意有限多个函数的情形.

例 9 证明函数 $\tan x$ 与 $\cos x$ 分别在其定义域上连续.

证明 因为 $\sin x$ 与 $\cos x$ 分别在实数集 **R** 上连续，又 $\tan x = \dfrac{\sin x}{\cos x}$，$\cot x = \dfrac{\cos x}{\sin x}$，所以正切函数 $\tan x$ 与余切函数 $\cot x$ 分别在其定义域上连续.

定理 3（反函数的连续性） 若函数 $y = f(x)$ 在区间 I 上连续，且单调增加（单调减少），则它的反函数 $x = f^{-1}(y)$ 在 $f(I)$ 上连续，且单调增加（单调减少）.

（证略）

例 10 证明反正弦函数 $y = \arcsin x$ 在 $[-1, 1]$ 上连续.

证 因为 $x = \sin y$ 在 $\left[-\dfrac{\pi}{2}, \dfrac{\pi}{2}\right]$ 上连续且单调增加，根据定理 3，所以 $y = \arcsin x$ 在 $[-1, 1]$ 上连续，即反正弦函数 $y = \arcsin x$ 在其定义域上连续.

同理可证 $y = \arccos x$、$y = \arctan x$ 和 $y = \text{arc}\cot x$ 分别在其定义域上连续.

例 11 证明对数函数 $y = \log_a x$ 在 $(0, +\infty)$ 上连续.

证 由 $x = a^y$ 在 **R** 上连续且严格单调，其值域为 $(0, +\infty)$，根据定理 3，$y = \log_a x$ 在 $(0, +\infty)$ 上连续，即对数函数在其定义域上连续.

根据函数在一点连续的定义和复合函数的概念可得以下定理:

定理 4（复合函数的连续性） 设函数 $y = f(u)$ 在点 $u = u_0$ 处连续，而函数 $u = u(x)$ 在点 $x = x_0$ 处连续，且 $u(x_0) = u_0$，则复合函数 $y = f[u(x)]$ 在点 $x = x_0$ 处连续.

例 12 证明幂函数 $y = x^\alpha (\alpha \in \mathbf{R})$ 在其定义域上连续.

证 因为 $y = x^\alpha = e^{\alpha \ln x}$，它是函数 e^u 与 $u = \alpha \ln x$ 的复合，故由指数函数与对数函数的连续性以及复合函数的连续性知，幂函数 $y = x^\alpha$ 在其定义域上连续.

四、初等函数的连续性

前面已经证明五类基本初等函数——幂函数、指数函数、对数函数、三角函数、反三角函数都是其定义域上的连续函数.

定理 5 基本初等函数在其定义域内是连续的.

由于初等函数是由基本初等函数经过有限次四则运算与复合运算得到的，因此，由以上定理可知，初等函数在其定义域的区间上是连续的.

定理 6 初等函数在其定义域的任一区间上是连续的.

这个结论对判断函数的连续性和求函数极限都很有用.

例 13 求极限 $\lim\limits_{x \to 0} \sqrt{e^x + x + 1}$.

解 $\lim\limits_{x \to 0} \sqrt{e^x + x + 1} = \sqrt{e^0 + 0 + 1} = \sqrt{2}$.

五、闭区间上连续函数的性质

闭区间上的连续函数具有良好的性质，这些性质是今后研究函数性态的理论基础. 下面介绍这几个性质，并从几何直观上作出解释. 一些性质的证明需要严格的实数理论，这里将从略.

首先介绍函数的最大值与最小值的概念.

定义 7 设函数 $f(x)$ 在数集 I 上有定义. 若 $\exists \xi \in I, \forall x \in I$，有
$$f(x) \leqslant f(\xi)[或 f(x) \geqslant f(\xi)],$$
则称 $f(\xi)$ 是 $f(x)$ 在数集 I 上的**最大值**（或**最小值**）(maximum or minimum)，ξ 称为函数 $f(\xi)$ 在数集 I 上的**最大值点**（或**最小值点**）(maximum point or minimum point).

例如，函数 $f(x) = \sin x$ 在 $[0, 2\pi]$ 上有最大值 1 和最小值 -1，函数 $g(x) = x$ 在（0,1）内既无最大值又无最小值.

此例表明，并不是任意一个函数在给定区间上都存在最大值和最小值.

定理 7（最值定理） 若函数 $f(x)$ 在闭区间 $[a, b]$ 上连续，则 $f(x)$ 在 $[a, b]$ 上一定存在最小值和最大值.

用数学语言描述，可简洁表述为:

$f(x) \in C[a, b]$，则 $\exists \xi, \eta \in [a, b]$，使得 $f(\xi) \leqslant f(x) \leqslant f(\eta)$，$\forall x \in [a, b]$.

该性质从几何上看就是，在一条有端点的连续曲线上，至少有一个最高点和一个最低点. 要注意的是: 若 $f(x) \in C(a, b)$ 或者 $f(x)$ 在 $[a, b]$ 上有间断点，定理结论不一定成立.

例如，$y = f(x) = \begin{cases} -x+1, & 0 \leqslant x < 1 \\ 1, & x = 1 \\ -x+3, & 1 < x \leqslant 2 \end{cases}$ 在 $[0, 2]$ 上有跳跃型间断点 $x = 1$，函数 $y = f(x)$ 在

[0,2] 上既无最大值又无最小值（见图 1-26）.

推论（有界性） 若函数 $f(x)$ 在闭区间 $[a, b]$ 上连续，则 $f(x)$ 在 $[a,b]$ 上有界. 简记为

$$f(x) \in C[a,b] \Rightarrow f(x) \in B[a,b].$$

注意：区间一定为闭区间. 若改为开区间或半开半闭区间，则结论不一定成立，如函数 $f(x) = \dfrac{1}{x}$ 在 $(0,1]$ 上连续，但无界.

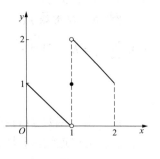

图 1-26

定理 8（介值定理） 设函数 $f(x)$ 在闭区间 $[a,b]$ 上连续，m 与 M 分别是 $f(x)$ 在闭区间 $[a,b]$ 上的最小值与最大值，则对介于 m 与 M 之间的任一实数 c，至少存在一点 $\xi \in [a,b]$，使得 $f(\xi) = c$.

定理 8 的几何意义是：设函数 $f(x) \in C[a,b]$，c 是介于 $f(x)$ 的最大值 M 和最小值 m 之间的任一个值，则连续曲线 $y = f(x)$ 与水平线 $y=c$ 至少有一个交点.

定理 8 说明，闭区间上的连续函数可以取到其最小值与最大值之间的一切值. 反之，如果一函数能取到其最小值与最大值之间的一切值，它是否一定连续呢？例如，函数

$$f(x) = \begin{cases} x, & 0 \leqslant x < 1 \\ 3-x, & 1 \leqslant x \leqslant 2. \\ x, & 2 < x \leqslant 3 \end{cases}$$

$f(x)$ 在 $[0,3]$ 上的最小值为 0，最大值为 3，且它能取到 0 与 3 之间的一切值，但 $f(x)$ 在 $[0,3]$ 上不连续（见图 1-27）.

定义 8 若存在 x_0 使 $f(x_0) = 0$，则称 x_0 是函数 $f(x)$ 的一个**零点**（zero point）.

推论 1（零点存在定理） 若函数 $f(x)$ 在闭区间 $[a,b]$ 上连续，且 $f(a) \cdot f(b) < 0$，则在区间 (a, b) 内至少存在一点 ξ，使 $f(\xi) = 0$.

如图 1-28 所示，从几何上看，连续曲线由 x 轴之下（上）延伸 x 轴之上（下），中间至少要与 x 轴有一个交点.

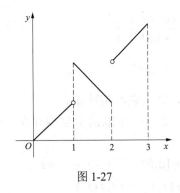

图 1-27

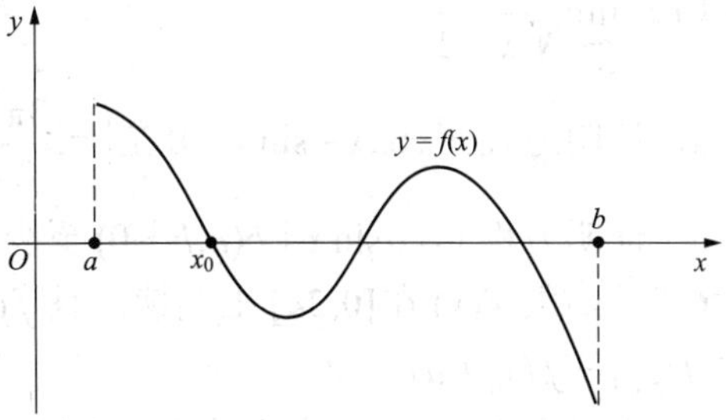

图 1-28

例 14 证明方程 $x - 2\sin x = 1$ 至少有一个正实根.

证 设 $f(x) = 1 - x + 2\sin x$，显然 $f(x)$ 在 $\mathbf{R}$ 上连续. 因为 $f(0) = 1 > 0$，$f(\pi) = 1 - \pi + 2\sin\pi = 1 - \pi < 0$. 由零点存在定理知，在 $(0, \pi)$ 内至少存在一点 x_0，使 $f(x_0) = 0$，即 $x_0 - 2\sin x_0 = 1$. 故方程 $x - 2\sin x = 1$ 至少有一个正实根.

推论 2 若单调函数 $f(x)$ 在闭区间 $[a,b]$ 上连续，且 $f(a) \cdot f(b) < 0$，则存在唯一的

$\xi \in (a,b)$，使 $f(\xi) = 0$.

例15 设函数 $f(x)$ 在闭区间 $[a,b]$ 上连续，$a < x_1 < x_2 < \cdots x_n < b$，常数 k_1、k_2、$\cdots$、$k_n > 0$，并记 $\sum_{j=1}^{n} k_j = K$. 证明：在区间 $[x_1, x_n]$ 上必有点 ξ，使得

$$f(\xi) = \frac{1}{K}[k_1 f(x_1) + k_2 f(x_2) + \cdots + k_n f(x_n)].$$

证 由于函数 $f(x)$ 在闭区间 $[a,b]$ 上连续，由条件 $a < x_1 < x_2 < \cdots x_n < b$ 可得 $f(x)$ 在闭区间 $[x_1, x_n]$ 上也连续，于是 $f(x)$ 在闭区间 $[x_1, x_n]$ 上必存在最大值与最小值，分别记为 M、m. 若 $M=m$，结论显然成立. 当 $m<M$ 时，有 $m \leqslant f(x_j) \leqslant M (j = 1,2,\cdots,n)$. 又 $\sum_{j=1}^{n} k_j = K$，故 $m \leqslant \frac{1}{K}[k_1 f(x_1) + k_2 f(x_2) + \cdots + k_n f(x_n)] \leqslant M$. 因此，由介值定理可知，在区间 $[x_1, x_n]$ 上必有点 ξ，使得 $f(\xi) = \frac{1}{K}[k_1 f(x_1) + k_2 f(x_2) + \cdots + k_n f(x_n)]$.

习　题　1-7

1. 设 $f(x) = \begin{cases} \dfrac{e^{2x} - 1}{kx}, & x > 0 \\ 1 - x, & x \leqslant 0 \end{cases}$，当 k 为何值时，函数 $f(x)$ 在 $x = 0$ 处连续？

2. 指出下列函数的间断点，并说明其类型：

（1）$f(x) = \dfrac{x}{\sin x}$；　　　　　　　　（2）$f(x) = \arctan \dfrac{1}{x}$；

（3）$f(x) = \cos^2 \dfrac{1}{x}$；　　　　　　　（4）$f(x) = \begin{cases} x, |x| \leqslant 1 \\ 1, |x| > 1 \end{cases}$.

3. 求下列极限：

（1）$\lim\limits_{x \to 2} \sqrt{\dfrac{x^2 + 5}{x + 2}}$；　　　　　　　（2）$\lim\limits_{x \to 0} \dfrac{e^x \cos x + 5}{1 + x^2 + \ln(1 + x)}$.

4. 证明方程 $x^2 \cos x - \sin x = 0$ 在 $\left(\pi, \dfrac{3\pi}{2}\right)$ 内至少有一个实根.

5. 证明方程 $x = a \sin x + b(a,b > 0)$ 至少有一个正根，并且它不超过 $a+b$.

6. 设函数 $f(x)$ 在 $[0,2a]$ 上连续，且 $f(0) = f(2a)$. 证明：在 $[0,a]$ 上至少存在一点 x_0，使得 $f(x_0) = f(x_0 + a)$.

7. 设函数 $f(x)$ 在闭区间 $[a,b]$ 上连续，$x_1, x_2, \cdots, x_n \in [a,b]$，且 $t_1 + t_2 + \cdots + t_n = 1$，$t_i > 0$，$i = 1,2,\cdots,n$. 证明：$\exists \xi \in [a,b]$，使得 $f(\xi) = t_1 f(x_1) + t_2 f(x_2) + \cdots + t_n f(x_n)$.

总　习　题　一

一、填空题

1. 已知函数 $f(x)$ 的定义域为 $[0,4]$，则函数 $g(x) = f(x+1) + f(x-1)$ 的定义域

为_____.

2. 设 $f(x^2-1)=\ln\dfrac{x^2}{x^2-2}$ ，且 $f[g(x)]=\ln x$ ，则 $g(x)=$_____.

3. 设 $\lim\limits_{x\to\infty}\left(\dfrac{x+2a}{x-a}\right)^x=8$ ，则 $a=$_____.

4. 若 $x\to 0$ 时， $(1-ax^2)^{\frac{1}{4}}-1$ 与 $x\sin x$ 是等价无穷小量，则 $a=$_____.

5. 设 $f(x)=\begin{cases}a+bx^2, & x\le 0\\ \dfrac{\sin bx}{x}, & x>0\end{cases}$ 在 $x=0$ 处连续，则 a 与 b 满足关系式_____.

二、选择题

1. 设函数 $f(x)=x\tan x\cdot \mathrm{e}^{\sin x}$ ，则 $f(x)$ 是（　　　）.

（A）偶函数　　　（B）无界函数　　　　（C）周期函数　　　　（D）单调函数

2. 已知数列 $\{x_n+y_n\}$ 发散，于是（　　　）.

（A）若 $\{y_n\}$ 发散，则 $\{x_n\}$ 必发散　　　（B）若 $\{y_n\}$ 发散，则 $\{x_n\}$ 必收敛

（C）若 $\{y_n\}$ 收敛，则 $\{x_n\}$ 必发散　　　（D）若 $\{y_n\}$ 收敛，则 $\{x_n\}$ 必收敛

3. 设 $h(x)\le f(x)\le g(x)$ ， $x\in(-\infty,+\infty)$ ，且 $\lim\limits_{x\to\infty}[g(x)-h(x)]=0$ ，则 $\lim\limits_{x\to\infty}f(x)$ （　　　）.

（A）存在且为 0　　　　　　　　　　（B）存在但不一定为 0

（C）一定不存在　　　　　　　　　　（D）不一定存在

4. $\lim\limits_{x\to\infty}\left[\dfrac{x^2}{(x-a)(x+b)}\right]=$ （　　　）.

（A）1　　　　　　（B）e　　　　　　（C）e^{a-b}　　　　　（D）e^{b-a}

5. 设当 $x\to 0$ 时， $(1-\cos x)\ln(1+x^2)$ 是比 $x\sin x^n$ 高阶的无穷小量，而 $x\sin x^n$ 是比 $\mathrm{e}^{x^2}-1$ 高阶的无穷小量，则正整数 n 等于（　　　）.

（A）1　　　　　　（B）2　　　　　　（C）3　　　　　　（D）4

三、证明题

1. 若 f 与 g 均为奇函数，则 $f\circ g$ 为奇函数；

2. 若 f 为任意函数， g 为偶函数，则 $f\circ g$ 为偶函数；

3. 若 f 为偶函数， g 为奇函数，则 $f\circ g$ 为偶函数.

四、求下列极限：

1. $\lim\limits_{n\to\infty}\sin\sqrt{n^2+1}\pi$ ；

2. $\lim\limits_{x\to 0}\dfrac{\sqrt{2+\tan x}-\sqrt{2+\sin x}}{x^3}$ ；

3. $\lim\limits_{x\to 0}(1+3x)^{\frac{2}{\sin x}}$ ；

4. $\lim\limits_{x\to 0}(\cos x)^{\frac{1}{\ln(1+x^2)}}$ ；

5. $\lim\limits_{x\to\infty}\dfrac{1+2|x|}{1+x}\arctan x$ ；

6. $\lim\limits_{x\to 0}\left(\dfrac{2+\mathrm{e}^{\frac{1}{x}}}{1+\mathrm{e}^{\frac{4}{x}}}+\dfrac{\sin x}{|x|}\right)$ ；

7. $\lim\limits_{x \to 0} \dfrac{e^x - e^{x\cos x}}{x\ln(1+x^2)}$;

8. $\lim\limits_{x \to 0} \dfrac{3\sin x + x^2 \cos \dfrac{1}{x}}{(1+\cos x)\ln(1+x)}$.

五、设数列 $\{x_n\}$ 满足 $0 < x_1 < \pi$，$x_{n+1} = \sin x_n (n=1,2,3,\cdots)$，证明数列 $\{x_n\}$ 收敛，并求其极限.

六、讨论函数 $f(x) = x(1+|x-1|)$ 的连续性.

七、设函数 $f(x) = \lim\limits_{n \to \infty} \dfrac{1+x}{1+x^{2n}}$，写出 $f(x)$ 的显式表达式，并指出函数 $f(x)$ 的间断点及其类型.

八、设函数 $f(x)$ 在 $[0,1]$ 上连续，且 $f(0)=0$，$f(1)=1$. 证明：$\exists \xi \in (0,1)$，使得 $f(\xi)=1-\xi$.

九、设 $f(x)$ 是周期为 T 的周期函数，且在 $\mathbf{R}$ 上连续，证明：方程 $f(x) - f\left(x - \dfrac{T}{2}\right) = 0$ 在任何长度为 $\dfrac{T}{2}$ 的闭区间上至少有一个实根.

十、若 $f(x)$ 在 $(-\infty, +\infty)$ 内连续，且 $\lim\limits_{x \to \infty} f(x)$ 存在. 证明：$f(x)$ 在 $(-\infty, +\infty)$ 内有界.

十一、设 $f(x)$ 在开区间 (a, b) 内连续，并且 $\lim\limits_{x \to a^+} f(x) = -\infty$，$\lim\limits_{x \to b^-} f(x) = +\infty$. 证明：$f(x)$ 在 (a,b) 内有零点.

十二、对于函数 $f(x)$，如果存在一点 c，使得 $f(c)=c$，则称 c 为 $f(x)$ 的不动点.

1. 作出一个定义域与值域均为 $[0,1]$ 的连续函数的图形，并找出它的不动点；

2. 利用介值定理证明：定义域为 $[0,1]$，值域包含于 $[0,1]$ 的连续函数必定有不动点.

拓展阅读

斐波那契数列

斐波那契数列的定义者，是意大利数学家列昂纳多·斐波那契（Leonardo Fibonacci，1170—1250），他被人称作"比萨的列昂纳多". 列昂纳多·斐波那契是第一个研究了印度和阿拉伯数学理论的欧洲人. 1202 年，他撰写了《算盘全书》（*Liber Abacci*）一书.

斐波那契数列又称黄金分割数列，它是由列昂纳多·斐波那契于 1202 年从兔子的繁殖问题中提出的，故又称为"兔子数列". 该问题为：假设一对初生兔子要一个月才到成熟期，而一对成熟兔子每月会生一对兔子. 如

列昂纳多·斐波那契

果兔子不死亡，由一对初生兔子开始，一年后会有多少对兔子呢？

第一个月小兔子没有繁殖能力，所以还是一对. 第二个月生下一对小兔，共有两对. 第三个月老兔子又生下一对小兔，小兔子还没有繁殖能力，一共 3 对. 第四个月，老兔子和第一对小兔子各生一对，共 5 对……这样推算，就可以得出一个数列：1，1，2，3，5，8，13，21，34，55，89，144，233，……

这就是著名的斐波那契数列，它有一个十分明显的特点：这个数列从第 3 项开始，每一项都等于前两项之和.

如果设 $F_n = F(n)$ 为该数列的第 n 项（$n \in \mathbf{N}^+$），那么 $F(n)$ 可以写成如下形式：

$F(n) = F(n-1) + F(n-2)$，显然这是一个线性递推数列.

由此可以很容易地推断出，一年后共有 144 对兔子.

斐波那契数列的通项公式为

$$F_n = 1/\sqrt{5}\left[\left(\frac{1+\sqrt{5}}{2}\right)^n - \left(\frac{1+\sqrt{5}}{2}\right)^n\right].$$

上式又称"比内公式"，是用无理数表示有理数的一个范例. 此时

$$F_1 = 1, F_2 = 1, F_n = F_{n-1} + F_{n-2}(n \geqslant 3, n \in \mathbf{N}^+).$$

1. 斐波那契数列与黄金分割

我们进一步考虑兔子增长问题，在不考虑兔子死亡的情况下，考察一段相当长的时间后兔子的增长率.

用 $\{x_n\}$ 表示斐波那契数列，令 $y_n = \dfrac{x_{n-1}}{x_n}$，则 $y_n - 1$ 表示兔群在第 $n+1$ 个周期的增长率. 根据斐波那契数列的特点，有

$$y_n = \frac{x_{n+1}}{x_n} = \frac{x_n + x_{n-1}}{x_n} = 1 + \frac{x_{n-1}}{x_n} = 1 + \frac{1}{y_{n-1}}.$$

容易看出，该数列并不是单调数列，但进一步研究就会发现其奇子数列单调增加且有上界，偶子数列单调减少且有下界. 其奇、偶子数列的递推式为

$$\lim_{k \to \infty} y_{2k+2} = \lim_{k \to \infty} \frac{1 + 2y_{2k}}{1 + y_{2k}}, \lim_{k \to \infty} y_{2k+1} = \lim_{k \to \infty} \frac{1 + 2y_{2k-1}}{1 + y_{2k-1}}.$$

所以，奇偶子数列有相同的极限，为 $\dfrac{\sqrt{5}+1}{2}$（负值舍去）. 于是我们得出结论：在不考虑兔子死亡的前提下，经过较长一段时间，兔群增长率趋于黄金分割数 $\dfrac{\sqrt{5}+1}{2} - 1 \approx 0.618$.

有趣的是，这样一个完全是自然数的数列，通项公式却是用无理数来表达的，而且当 n 趋向于无穷大时，前一项与后一项的比值越来越逼近黄金分割 0.618（或者说后一项与前一项的比值小数部分越来越逼近 0.618）.

1÷1=1，1÷2=0.5，2÷3=0.666⋯，3÷5=0.6，5÷8=0.625⋯，55÷89=0.617977⋯144÷233=0.618025⋯46368÷75025=0.6180339886⋯

越到后面，这些比值越接近黄金比.

2. 斐波那契数列在自然界中的"巧合"

自然界中有很多有趣的现象符合斐波那契数列的规律. 斐波那契数列中的任一个数都叫斐波那契数. 斐波那契数列中的斐波那契数会经常出现在我们的眼前——松果、凤梨、树叶的排列、某些花朵的花瓣数（典型的有向日葵花瓣）、蜂巢、蜻蜓翅膀、超越数 e（可以推出更多）、黄金矩形、黄金分割、等角螺线、十二平均律等. 例如，每层树枝的数目往往构成斐波那契数列. 还有大多数植物的花，其花瓣数都恰是斐波那契数. 例如，兰花、茉莉花、百合花有 3 个花瓣，毛茛属的植物有 5 个花瓣，翠雀属植物有 8 个花瓣，万寿菊属植物有 13 个花瓣，紫菀属植物有 21 个花瓣，雏菊属植物有 34、55 个或 89 个花瓣.

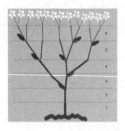

每层树枝的数目为斐波那契数　　铁兰（花瓣数为3）　　洋紫荆（花瓣数为5）　　雏菊（花瓣数为13）

向日葵（花瓣数为21或34）

斐波那契数还可以在植物的叶、枝、茎等排列中发现．例如，在树木的枝干上选一片叶子，记其为数0，然后依序点数叶子（假定没有折损），直到到达与那些叶子正对的位置，则其间的叶子数多半是斐波那契数．叶子从一个位置到达下一个正对的位置称为一个循回．叶子在一个循回中旋转的圈数也是斐波那契数．一个循回中叶子数与叶子旋转圈数的比称为叶序（源自希腊词，意即叶子的排列）比．多数叶序比呈现为斐波那契数的比．

斐波那契数列在自然科学的其他分支还有许多应用．例如，树木的生长，由于新生的枝条往往需要一段"休息"时间供自身生长，而后才能萌发新枝，因此，一株树苗在一段间隔（例如一年）以后长出一条新枝；第二年新枝"休息"，老枝依旧萌发；此后，老枝与"休息"过一年的枝同时萌发，当年生的新枝则次年"休息"．这样，一株树木各个年份的枝桠数便构成了斐波那契数列．这个规律，就是生物学上著名的"鲁德维格定律"．

斐波那契螺旋：具有13条顺时针旋转和21条逆时针旋转的螺旋的蓟的头部．

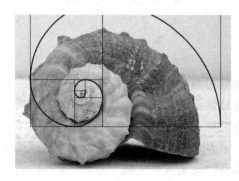

海螺壳　　　　　　　　　　　宝塔菜花

这些植物懂得斐波那契数列吗？应该并非如此，它们只是按照自然的规律才进化成这样. 这似乎是植物排列种子的"优化方式", 它能使所有种子具有差不多的大小却又疏密得当, 不至于在圆心处挤了太多而在圆周处却又稀稀拉拉. 叶子的生长方式也是如此, 对于许多植物来说, 每片叶子从中轴附近生长出来, 为了在生长的过程中一直都能最佳地利用空间 (要考虑到叶子是一片一片逐渐地生长出来, 而不是一下子同时出现的), 每片叶子和前一片叶子之间的角度应该是 222.5°, 这个角度称为"黄金角度", 因为它和整个圆周 360°之比是黄金分割数 0.618033989……的倒数, 而这种生长方式就决定了斐波那契螺旋的产生. 向日葵的种子排列形成的斐波那契螺旋有时能达到 89 条, 甚至 144 条. 1992 年, 两位法国科学家通过对花瓣形成过程的计算机仿真实验, 证实了在系统保持最低能量的状态下, 花朵会以斐波那契数列长出花瓣.

3. 斐波那契数列与杨辉三角

将杨辉三角左对齐, 成下图所示排列, 将同一斜行的数加起来, 即得一数列 1、1、2、3、5、8、…

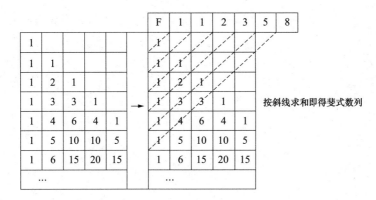

按斜线求和即得斐式数列

公式表示如下:

$$F(1) = C(0,0) = 1.$$
$$F(2) = C(1,0) = 1.$$
$$F(3) = C(2,0) + C(1,1) = 1 + 1 = 2.$$
$$F(4) = C(3,0) + C(3,1) = 1 + 2 = 3.$$
$$F(5) = C(4,0) + C(3,1) + C(2,2) = 1 + 2 + 1 = 5.$$
$$\cdots$$
$$F(n) = C(n-1,0) + C(n-2,1) + \cdots + C(n-1-m,m), m \leq n-1-m$$

4. 斐波那契数列与矩形面积

斐波那契数列与矩形面积的生成相关, 由此可以导出斐波那契数列的一个性质.

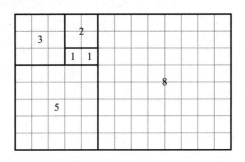

　　斐波那契数列前几项的平方和可以看做不同大小的正方形，由于斐波那契的递推公式，这些正方形可以拼成一个大的矩形．这样，所有小正方形的面积之和等于大矩形的面积，从而可以得到如下的恒等式

$$F_1^2 + F_2^2 + \cdots + F_n^2 = F_n F_{n+1}$$

　　斐波那契数列在经济金融领域也有着重要的应用，根据斐波那契数列得到的斐波那契回调线是投资者最常用的分析系统之一.

第二章 导数与微分

 **［本章导读］**

　　微积分的诞生具有划时代的意义，是数学史上的分水岭和转折点．不同于以往研究常量的旧数学，它的研究包含运动、变化和无限．

　　恩格斯曾这样评价微积分的地位："在一切理论研究中，未必再有什么像 17 世纪下半叶微积分的发现那样被看作人类精神的最高胜利了"．

　　微积分包含微分学与积分学两个分支，微分学又分一元函数微分学和多元函数微分学．本章讨论一元函数微分学，多元函数微分学将在下册中讨论．

　　微分学是微积分的重要组成部分，一元函数微分学中最基本的概念是导数与微分，导数表示函数的因变量相对于自变量的变化快慢程度，即因变量关于自变量的变化率．现实世界充满运动和变化，描述变化离不开变化率，导数就是对客观世界各种各样变化率的一种统一的数学抽象．在几何上，导数可理解为曲线的切线斜率，而微分则是描述当自变量有微小改变时，函数改变量的近似值，即给出函数在局部范围内的线性近似．

　　本章除了阐明导数与微分的概念外，还将建立起一整套的微分公式与法则，从而系统地解决初等函数的求导问题．

第一节 导数的概念

一、引例

　　导数的概念是客观世界事物运动规律在数量关系上的抽象．为了说明导数的概念，我们先讨论几个实际问题．

　　1. 曲线的切线

　　设有曲线 C 及 C 上的一点 M，如图 2-1 所示．在点 M 外另取 C 上一点 N，作割线 MN．当点 N 沿曲线 C 趋于点 M 时，割线 MN 绕点 M 旋转而趋于极限位置 MT，直线 MT 就称为曲线 C 在点 M 处的切线．

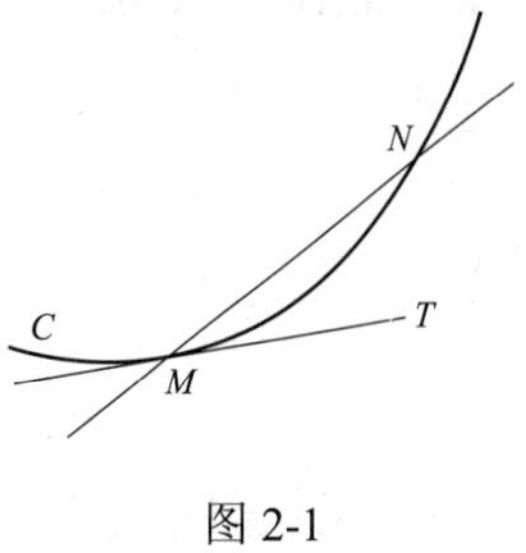

　　设曲线 C 的函数表达式为 $y = f(x)$．$M(x_0, y_0)$ 是曲线 C 上的一个点，如图 2-2 所示．根据上述定义，要求出曲线 C 在点 M 处的切线，只要求出切线的斜率就行了．为此，在点 M 外另取曲线 C 上的一点 $N(x_0 + \Delta x, y_0 + \Delta y)(\Delta x \neq 0)$，设割线 MN 的倾角为 φ，其斜率为

图 2-1

$$\tan\varphi = \frac{\Delta y}{\Delta x} = \frac{f(x_0 + \Delta x) - f(x_0)}{\Delta x},$$

　　所以，当点 N 沿曲线 C 趋于点 M 时，割线 MN 的倾角 φ 趋近于切线 MT 的倾角 α，故割

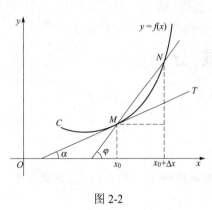

图 2-2

线 MN 的斜率趋近于切线 MT 的斜率. 因此，曲线 C 在点 $M(x_0, y_0)$ 处的切线斜率为

$$\tan\alpha = \lim_{\Delta x \to 0} \tan\varphi = \lim_{\Delta x \to 0} \frac{\Delta y}{\Delta x} = \lim_{\Delta x \to 0} \frac{f(x_0 + \Delta x) - f(x_0)}{\Delta x} \qquad (1)$$

2. 瞬时速度

设一物体做变速直线运动，运动规律（函数）为 $s = s(t)$，其中 s 为距离，t 为时间，现在考虑它在时刻 t_0 的瞬时速度.

当时间由 t_0 改变到 $t_0 + \Delta t$ 时，物体在 Δt 这段时间内所经过的距离为

$$\Delta s = s(t_0 + \Delta t) - s(t_0)$$

在 Δt 这段时间内的平均速度为

$$\bar{v} = \frac{\Delta s}{\Delta t} = \frac{s(t_0 + \Delta t) - s(t_0)}{\Delta t}.$$

显然，Δt 这段时间内的平均速度不能确切地描述 t_0 时刻的速度，但是 Δt 越小时，平均速度 $\bar{v}$ 就越接近时刻 t_0 的速度，当 $\Delta t \to 0$ 时，平均速度 $\bar{v}$ 的极限值就是物体在时刻 t_0 的瞬时速度，即

$$v(t_0) = \lim_{\Delta t \to 0} \frac{\Delta s}{\Delta t} = \lim_{\Delta t \to 0} \frac{s(t_0 + \Delta t) - s(t_0)}{\Delta t}. \qquad (2)$$

上面两个实例所涉及的量的具体意义不一样，但从抽象的数学结构来看，它们具有完全相同的形式，即极限（1）与（2）. 如果撇开这两个极限的具体意义（切线斜率和瞬时速度），抽象地加以研究，那么都不外乎是函数的增量与自变量增量比的极限. 这类增量比的极限在数学上叫做导数.

二、导数定义

1. 函数在一点处的导数与导函数

定义 1 设函数 $y = f(x)$ 在点 x_0 的某邻域内有定义，当自变量在点 x_0 处有增量 Δx（点 $x_0 + \Delta x$ 仍在该点邻域内）时，相应地，函数有增量 $\Delta y = f(x_0 + \Delta x) - f(x_0)$，如果当 $\Delta x \to 0$ 时，极限 $\lim\limits_{\Delta x \to 0} \dfrac{\Delta y}{\Delta x} = \lim\limits_{\Delta x \to 0} \dfrac{f(x_0 + \Delta x) - f(x_0)}{\Delta x}$ 存在，则称此极限值为 $y = f(x)$ 在点 x_0 处的**导数**（derivative），即函数在点 x_0 处**可导**（differentiable），记作

$$f'(x_0), y'\big|_{x=x_0}, \frac{dy}{dx}\bigg|_{x=x_0} \ \text{或} \ \frac{df}{dx}\bigg|_{x=x_0}$$

即

$$\boxed{f'(x_0) = \lim_{\Delta x \to 0} \frac{\Delta y}{\Delta x} = \lim_{\Delta x \to 0} \frac{f(x_0 + \Delta x) - f(x_0)}{\Delta x}} \qquad (3)$$

如果极限不存在，则称函数 $f(x)$ 在点 x_0 处不可导. 若函数 $f(x)$ 在区间 (a, b) 内每一点都可导，则称 $f(x)$ 在区间 (a, b) 内可导，且记作 $f(x) \in D(a, b)$. 这时对任意 $x \in (a, b)$，都有导数值 $f'(x)$ 与之对应，那么 $f'(x)$ 也是 x 的函数，称它为原来函数 $f(x)$ 的导函数，简称导数，也可记作 y'、$\dfrac{dy}{dx}$、$\dfrac{df(x)}{dx}$，即

$$f'(x) = \lim_{\Delta x \to 0} \frac{f(x + \Delta x) - f(x)}{\Delta x}.$$

注：（1）$\dfrac{\Delta y}{\Delta x} = \dfrac{f(x_0 + \Delta x) - f(x_0)}{\Delta x}$ 反映的是因变量 y 在以 x_0 和 $x_0 + \Delta x$ 为端点的区间上的平均变化率，而导数 $f'(x_0)$ 则是因变量在点 x_0 处的变化率.

（2）如果令 $x = x_0 + \Delta x$，当 $\Delta x \to 0$ 时，$x \to x_0$，则式（3）就可改写成

$$\boxed{f'(x_0) = \lim_{x \to x_0} \frac{f(x) - f(x_0)}{x - x_0}}$$

（3）$f'(x)$ 表示 $f(x)$ 在任意点 x 处的导数，是 x 的函数，而 $f'(x_0)$ 是一个常数，$f'(x_0)$ 是导函数 $f'(x)$ 在 x_0 处的函数值.

（4）若函数 $f(x)$ 在点 x_0 处可导，则曲线 $y = f(x)$ 在点 $M(x_0, f(x_0))$ 处有不垂直于 x 轴的切线，其斜率 $k = f'(x_0)$，其切线方程为

$$\boxed{y - f(x_0) = f'(x_0)(x - x_0)}$$

法线方程为

$$\boxed{y - f(x_0) = -\frac{1}{f'(x_0)}(x - x_0)}$$

特别地，当 $\Delta x \to 0, \dfrac{\Delta y}{\Delta x} \to \infty$ 时，称函数 $f(x)$ 在点 x_0 处的导数为无穷大，并记作 $f'(x_0) = \infty$. 如果函数 $f(x)$ 在点 x_0 处的导数为无穷大且连续，则曲线 $y = f(x)$ 在点 $M(x_0, f(x_0))$ 处有垂直于 x 轴的切线 $x = x_0$.

（5）变速直线运动路程 $s = s(t)$ 在点 t_0 时刻的瞬时速度 $v(t_0)$ 就是 $s(t)$ 在点 t_0 处的导数，即 $v(t_0) = s'(t_0)$.

2. 单侧导数

定义 2 如果 $\lim\limits_{\Delta x \to 0^+} \dfrac{f(x_0 + \Delta x) - f(x_0)}{\Delta x}$ $\left[$或写成 $\lim\limits_{x \to x_0^+} \dfrac{f(x) - f(x_0)}{x - x_0}\right]$ 存在，则称此极限值为函数 $f(x)$ 在 x_0 处的右导数（right-hand derivative），记作 $f'_+(x_0)$.

同样，如果 $\lim\limits_{\Delta x \to 0^-} \dfrac{f(x_0 + \Delta x) - f(x_0)}{\Delta x}$ $\left[$或写成 $\lim\limits_{x \to x_0^-} \dfrac{f(x) - f(x_0)}{x - x_0}\right]$ 存在，则称此极限值为函数 $f(x)$ 在 x_0 处的左导数（left-hand derivative），记作 $f'_-(x_0)$.

如果 $f(x)$ 在 (a, b) 内可导，且 $f'_+(a)$ 与 $f'_-(b)$ 存在，则称 $f(x)$ 在 $[a, b]$ 上可导，记作 $f(x) \in D[a, b]$.

显然，$f(x)$ 在 x_0 处可导的充要条件是 $f'_+(x_0)$ 及 $f'_-(x_0)$ 存在且相等.

例 1 考察函数 $f(x) = |x|$ 在 $x = 0$ 处的导数情况.

解 $f'_-(0) = \lim\limits_{\Delta x \to 0^-} \dfrac{f(0 + \Delta x) - f(0)}{\Delta x} = \lim\limits_{\Delta x \to 0^-} \dfrac{|\Delta x|}{\Delta x} = \lim\limits_{\Delta x \to 0^-} \dfrac{-\Delta x}{\Delta x} = -1$

$f'_+(0) = \lim\limits_{\Delta x \to 0^+} \dfrac{f(0 + \Delta x) - f(0)}{\Delta x} = \lim\limits_{\Delta x \to 0^+} \dfrac{|\Delta x|}{\Delta x} = \lim\limits_{\Delta x \to 0^+} \dfrac{\Delta x}{\Delta x} = 1,$

由于 $f'_+(0) \neq f'_-(0)$，因此

$\lim\limits_{\Delta x \to 0} \dfrac{f(0 + \Delta x) - f(x)}{\Delta x}$ 不存在.

所以，函数 $f(x) = |x|$ 在 $x = 0$ 处不可导.

三、求导问题举例

下面根据导数定义求一些简单函数的导数.

例 2 求函数 $y = f(x) = C$ （C 为常数）的导数.

解 $y' = f'(x) = \lim\limits_{\Delta x \to 0} \dfrac{f(x + \Delta x) - f(x)}{\Delta x} = \lim\limits_{\Delta x \to 0} \dfrac{C - C}{\Delta x} = 0$.

即

$$(C)' = 0.$$

例 3 求函数 $y = f(x) = x^{\mu}$ 的导数.

解 $y' = \lim\limits_{\Delta x \to 0} \dfrac{\Delta y}{\Delta x} = \lim\limits_{\Delta x \to 0} \dfrac{f(x + \Delta x) - f(x)}{\Delta x} = \lim\limits_{\Delta x \to 0} \dfrac{(x + \Delta x)^{\mu} - x^{\mu}}{\Delta x}$

$$= x^{\mu} \lim\limits_{\Delta x \to 0} \frac{\left(1 + \dfrac{\Delta x}{x}\right)^{\mu} - 1}{\Delta x} \quad (x \neq 0)$$

$$= x^{\mu} \lim\limits_{\Delta x \to 0} \frac{\mu \dfrac{\Delta x}{x}}{\Delta x} = \mu x^{\mu - 1}$$

特别地，$(\sqrt{x})' = \dfrac{1}{2\sqrt{x}} (x \neq 0)$，$\left(\dfrac{1}{x}\right)' = -\dfrac{1}{x^2}$.

例 4 求函数 $y = \sin x$ 的导数.

解 $y' = \lim\limits_{\Delta x \to 0} \dfrac{\Delta y}{\Delta x} = \lim\limits_{\Delta x \to 0} \dfrac{\sin(x + \Delta x) - \sin(x)}{\Delta x} = \lim\limits_{\Delta x \to 0} \dfrac{2\cos \dfrac{2x + \Delta x}{2} \sin \dfrac{\Delta x}{2}}{\Delta x}$

$$= \lim\limits_{\Delta x \to 0} \cos\left(x + \frac{\Delta x}{2}\right) \frac{\sin \dfrac{\Delta x}{2}}{\dfrac{\Delta x}{2}} = \cos x$$

即

$$(\sin x)' = \cos x.$$

用同样的方法可以求出 $(\cos x)' = -\sin x$.

例 5 求函数 $y = a^x (a > 0, a \neq 1)$ 的导数.

解 $y' = \lim\limits_{\Delta x \to 0} \dfrac{f(x + \Delta x) - f(x)}{\Delta x} = \lim\limits_{\Delta x \to 0} \dfrac{a^{x + \Delta x} - a^x}{\Delta x} = a^x \lim\limits_{\Delta x \to 0} \dfrac{a^{\Delta x} - 1}{\Delta x}$

$$= a^x \lim\limits_{\Delta x \to 0} \frac{e^{\Delta x \ln a} - 1}{\Delta x} = a^x \lim\limits_{\Delta x \to 0} \frac{\Delta x \ln a}{\Delta x} = a^x \ln a$$

即

$$(a^x)' = a^x \ln a$$

特别地，$(e^x)' = e^x$.

例 6 求函数 $y = \log_a x (a > 0, a \neq 1)$ 的导数.

解 $f'(x) = \lim_{\Delta x \to 0} \frac{f(x+\Delta x) - f(x)}{\Delta x} = \lim_{\Delta x \to 0} \frac{\log_a(x+\Delta x) - \log_a x}{\Delta x}$

$= \lim_{\Delta x \to 0} \frac{1}{\Delta x} \log_a \left(\frac{x+\Delta x}{x} \right) = \frac{1}{x} \lim_{\Delta x \to 0} \frac{x}{\Delta x} \log_a \left(1 + \frac{\Delta x}{x} \right) = \frac{1}{x} \lim_{\Delta x \to 0} \log_a \left(1 + \frac{\Delta x}{x} \right)^{\frac{x}{\Delta x}}.$

$= \frac{1}{x} \log_a e = \frac{1}{x \ln a}$

即

$$(\log_a x)' = \frac{1}{x \ln a}.$$

特别地，$(\ln x)' = \frac{1}{x}$.

例 7 求曲线 $y = x^{\frac{2}{3}}$ 在点（1，1）处的切线方程和法线方程.

解 所求的切线斜率为 $y'|_{x=1} = \frac{2}{3} x^{-\frac{1}{3}} \Big|_{x=1} = \frac{2}{3}$,

从而所求的切线方程为

$$y - 1 = \frac{2}{3}(x-1)$$

即

$$2x - 3y + 1 = 0.$$

所求的法线方程为

$$y - 1 = -\frac{3}{2}(x-1)$$

即

$$3x + 2y - 5 = 0.$$

四、函数可导性与连续性的关系

定理 如果函数在某点处可导，则函数在该点处必连续.

证 若 $y = f(x)$ 在点 x 处可导，即 $\lim_{\Delta x \to 0} \frac{\Delta y}{\Delta x} = f'(x)$ 存在，则由极限运算法则，$\lim_{\Delta x \to 0} \Delta y =$

$\lim_{\Delta x \to 0} \frac{\Delta y}{\Delta x} \cdot \Delta x = \lim_{\Delta x \to 0} \frac{\Delta y}{\Delta x} \lim_{\Delta x \to 0} \Delta x = 0$，所以函数 $f(x)$ 在点 x 处连续.

但反过来，**函数在某点处连续，却不一定在该点处可导**.

例如，$f(x) = |x|$ 在 $x = 0$ 处连续但不可导，如图 2-3 所示.

所以，函数在某点连续是函数在该点可导的必要而不充分条件. 顺便指出，函数在某点处连续但不可导，也非 $f'(x_0) = \infty$，曲线 $y = f(x)$ 在该点处没有切线.

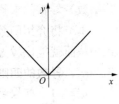

图 2-3

习 题 2-1

1. 已知一质点在水平轴上运动，它的运动方程是 $s = t^2 + 3t$ （m），求：

（1）速度函数 $v(t)$;

（2）质点在 1～3s 这一段时间内的平均速度.

2. 设 $Q = Q(T)$ 表示物体吸收热量函数，当温度升高 ΔT 时，系统从外界吸收的热量为 ΔQ，$\dfrac{\Delta Q}{\Delta T}$ 称为平均热容量，应怎样确定该系统在 T 处的热容量？

3. 求下列函数的导数：

（1） $y = e^{3x}$；　　　　　　　　　（2） $y = x\sqrt[3]{x}$；

（3） $y = \dfrac{x\sqrt{x}}{\sqrt[3]{x^2}}$；　　　　　　　　（4） $y = \dfrac{1}{x}$.

4. 求曲线 $y = \sin x$ 在 $x = \dfrac{\pi}{4}$、$x = \dfrac{2\pi}{3}$ 处的切线斜率.

5. 求下列函数在指定点处的导数：

（1） $y = \cos x, x = \dfrac{\pi}{4}$；　　　　　　（2） $y = 2^x, x = 1$.

6. 讨论下列函数在 $x = 0$ 处的连续性与可导性：

（1） $y = |\sin x|$；　　　　　　　（2） $y = \begin{cases} x^2 \sin \dfrac{1}{x}, & x \neq 0 \\ 0, & x = 0 \end{cases}$.

7. 求函数 $f(x) = \begin{cases} \cos x, & x < 0 \\ x^2 + 1, & x \geqslant 0 \end{cases}$ 的导函数.

8. 设 $f(x) = \begin{cases} a\sin x, & x \geqslant 0 \\ e^x + b, & x < 0 \end{cases}$，问 a、b 取何值时，函数 $f(x)$ 在点 $x = 0$ 处可导？

9. 已知函数 $f(x)$ 在 x_0 处可导，利用导数定义确定系数 k：

（1） $\lim\limits_{\Delta x \to 0} \dfrac{f(x_0 - \Delta x) - f(x_0)}{\Delta x} = kf'(x_0)$；（2） $\lim\limits_{h \to 0} \dfrac{f(x_0) - f(x_0 - 2h)}{h} = kf'(x_0)$

10. 证明：双曲线 $xy = 4$ 上任一点处的切线与两坐标轴构成的三角形的面积都等于 8.

第二节　函数的求导法则

导数的定义中给出了计算导数的具体方法. 但是，除了少数几个最简单的函数之外，可以直接用定义较方便地求出导数的函数实在是微乎其微，因而，有必要研究函数（特别是初等函数）导数的求解方法.

本节将介绍函数求导的几个基本法则，以及前一节未讨论的几个基本初等函数的导数公式，从而就能比较方便地求出初等函数的导数.

一、导数的四则运算法则

定理 1　如果函数 $u = u(x)$、$v = v(x)$ 在点 x 处具有导数 $u' = u'(x)$、$v' = v'(x)$，那么它们的和、差、积、商（除分母为零的点外）都在点 x 处具有导数，并且：

（1） $(u \pm v)' = u' \pm v'$；

（2） $(uv)' = u'v + uv'$；

（3） $\left(\dfrac{u}{v}\right)' = \dfrac{u'v - v'u}{v^2}$.

特别地，有：

（4）α、$\beta \in \mathbf{R}$ 时，$(\alpha u + \beta v)' = \alpha u' + \beta v'$；

（5）$\left(\dfrac{1}{v(x)}\right)' = -\dfrac{v'(x)}{[v(x)]^2}$.

以上各法则的证明方法类似，下面给出法则（2）的证明，其余法则读者可以自己证明.

证　设函数 $f(x) = u(x)v(x)$，由导数定义有

$$
\begin{aligned}
f'(x) &= \lim_{\Delta x \to 0} \frac{f(x+\Delta x) - f(x)}{\Delta x} \\
&= \lim_{\Delta x \to 0} \frac{u(x+\Delta x)v(x+\Delta x) - u(x)v(x)}{\Delta x} \\
&= \lim_{\Delta x \to 0} \frac{u(x+\Delta x)v(x+\Delta x) - u(x)v(x+\Delta x) + u(x)v(x+\Delta x) - u(x)v(x)}{\Delta x} \\
&= \lim_{\Delta x \to 0} \left[\frac{u(x+\Delta x) - u(x)}{\Delta x} v(x+\Delta x) + u(x)\frac{v(x+\Delta x) - v(x)}{\Delta x} \right] \\
&= u'(x)v(x) + u(x)v'(x)
\end{aligned}
$$

即

$$[u(x)v(x)]' = u'(x)v(x) + u(x)v'(x)$$

简写为

$$(uv)' = u'v + uv'.$$

积的求导也可以推广到任意有限个可导函数之积的情形，例如，若函数 $u = u(x)$、$v = v(x)$、$w = w(x)$ 都在 x 处可导，则

$$(uvw)' = u'vw + uv'w + uvw'$$

例 1　$y = x^3 - 2x^2 + x - 7$，求 y'.

解　$\begin{aligned}y' &= (x^3 - 2x^2 + x - 7)' \\ &= (x^3)' - 2(x^2)' + (x)' \\ &= 3x^2 - 4x + 1.\end{aligned}$

例 2　$f(x) = x^3 + 4\cos x - \sin\dfrac{\pi}{2}$，求 $f'(x)$ 及 $f'\left(\dfrac{\pi}{2}\right)$.

解　$f'(x) = (x^3)' + (4\cos x)' - \left(\sin\dfrac{\pi}{2}\right)' = 3x^2 - 4\sin x$，

$$f'\left(\frac{\pi}{2}\right) = \frac{3}{4}\pi^2 - 4.$$

例 3　$y = \tan x$，求 y'.

解　$y' = (\tan x)' = \left(\dfrac{\sin x}{\cos x}\right)' = \dfrac{(\sin x)'\cos x - \sin x(\cos x)'}{\cos^2 x}$

$$= \frac{\cos^2 x + \sin^2 x}{\cos^2 x} = \frac{1}{\cos^2 x} = \sec^2 x$$

即

$$(\tan x)' = \sec^2 x.$$

这是正切函数的导数公式．y 与 y' 的图形如图 2-4 所示．

例 4　$y = \sec x$，求 y'．

解　$y' = (\sec x)' = \left(\dfrac{1}{\cos x}\right)' = -\dfrac{(\cos x)'}{\cos^2 x} = \dfrac{\sin x}{\cos^2 x} = \sec x \tan x$．

即

$$(\sec x)' = \sec x \tan x .$$

这是正割函数的导数公式．y 与 y' 的图形如图 2-5 所示．

用类似的方法，还可求得余切函数及余割函数的导数公式

$$(\cot x)' = -\csc^2 x, (\csc x)' = -\csc x \cot x.$$

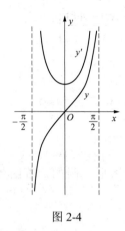

图 2-4

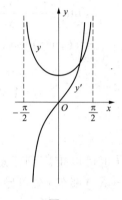

图 2-5

二、反函数的求导法则

为了解决指数函数与反三角函数的导数求解问题，我们给出如下求导法则：

定理 2　设函数 $x = \varphi(y)$ 在区间 I_y 内单调可导，且 $\varphi'(y) \neq 0$，则其反函数 $y = f(x)$ 在相应区间 I_x 内也单调可导，且有

$$f'(x) = \frac{1}{\varphi'(y)}, \quad \text{或} \frac{\mathrm{d}y}{\mathrm{d}x} = \frac{1}{\dfrac{\mathrm{d}x}{\mathrm{d}y}} .$$

证　由于函数 $x = \varphi(y)$ 在区间 I_y 内单调可导，则它在区间 I_y 内一定是单调且连续的，因而反函数 $y = f(x)$ 在对应的区间 I_x 内也是单调且连续的．

任取 $x \in I_x$，给 x 以增量 Δx（$\Delta x \neq 0, x + \Delta x \in I_x$），则由函数 $y = f(x)$ 的单调性知，相应的函数的增量 $\Delta y \neq 0$，于是有

$$\frac{\Delta y}{\Delta x} = \frac{1}{\dfrac{\Delta x}{\Delta y}} .$$

因 $y = f(x)$ 连续，故 $\Delta x \to 0$ 时 $\Delta y \to 0$，从而

$$f'(x) = \lim_{\Delta x \to 0} \frac{\Delta y}{\Delta x} = \lim_{\Delta y \to 0} \frac{1}{\dfrac{\Delta x}{\Delta y}} = \frac{1}{\varphi'(y)} .$$

上述结论可以简单地概括为：**互为反函数的两个函数，其导数互为倒数.**

例 5　求反正弦函数 $y = \arcsin x$ 的导数.

解　$y = \arcsin x(-1 < x < 1)$ 是 $x = \sin y\left(-\dfrac{\pi}{2} < y < \dfrac{\pi}{2}\right)$ 的反函数，而 $x = \sin y$ 在 $I_y = \left(-\dfrac{\pi}{2}, \dfrac{\pi}{2}\right)$ 内单调增加、可导，且

$$(\sin y)' = \cos y > 0.$$

所以，$y = \arcsin x$ 在 $(-1,1)$ 内每点都可导，并有

$$y' = (\arcsin x)' = \frac{1}{(\sin y)'} = \frac{1}{\cos y}.$$

在 $\left(-\dfrac{\pi}{2}, \dfrac{\pi}{2}\right)$ 内，$\cos y = \sqrt{1 - \sin^2 y} = \sqrt{1 - x^2}$. 于是有

$$(\arcsin x)' = \frac{1}{\sqrt{1 - x^2}}, \quad x \in (-1,1).$$

类似地，可求得

$$(\arccos x)' = -\frac{1}{\sqrt{1 - x^2}}, \quad x \in (-1,1)$$

例 6　求反正切函数 $y = \arctan x$ 的导数.

解　$y = \arctan x(-\infty < x < +\infty)$ 是 $x = \tan y\left(-\dfrac{\pi}{2} < y < \dfrac{\pi}{2}\right)$ 的反函数，而 $x = \tan y$ 在 $I_y = \left(-\dfrac{\pi}{2}, \dfrac{\pi}{2}\right)$ 内单调增加、可导，且

$$(\tan y)' = \sec^2 y > 0$$

所以，$y = \arctan x$ 在 $(-\infty, +\infty)$ 内每点都可导，并有

$$y' = (\arctan x)' = \frac{1}{(\tan y)'} = \frac{1}{\sec^2 y}.$$

又 $\sec^2 y = 1 + \tan^2 y = 1 + x^2$，于是有

$$(\arctan x)' = \frac{1}{1 + x^2}.$$

类以地，可求得

$$(\operatorname{arccot} x)' = -\frac{1}{1 + x^2}.$$

至此，我们通过举例的方式，已经推导出常数及基本初等函数的导数公式，为了方便记忆和应用，小结如下：

（1）$(C)' = 0$　　　　　（2）$(x^\alpha)' = \alpha x^{\alpha-1}$

（3）$(\sin x)' = \cos x$　　　（4）$(\cos x)' = -\sin x$

（5）$(\tan x)' = \sec^2 x$　　　（6）$(\cot x)' = -\csc^2 x$

（7）$(\sec x)' = \sec x \tan x$　　（8）$(\csc x)' = -\csc x \cot x$

（9）$(a^x)' = a^x \ln a$ （10）$(e^x)' = e^x$

（11）$(\log_a x)' = \dfrac{1}{x \ln a}$ （12）$(\ln x)' = \dfrac{1}{x}$

（13）$(\arcsin x)' = \dfrac{1}{\sqrt{1-x^2}}$ （14）$(\arccos x)' = -\dfrac{1}{\sqrt{1-x^2}}$

（15）$(\arctan x)' = \dfrac{1}{1+x^2}$ （16）$(\operatorname{arc\,cot} x)' = -\dfrac{1}{1+x^2}$

三、复合函数的求导法则

由简单函数复合而成的复合函数的求导问题将借助于下面的重要法则加以解决.

定理 3 设函数 $y = f(u)$ 是 u 的可导函数，而 $u = \varphi(x)$ 是 x 的可导函数，那么 $y = f[\varphi(x)]$ 是 x 的可导函数，并且

$$\boxed{\frac{\mathrm{d}y}{\mathrm{d}x} = \frac{\mathrm{d}y}{\mathrm{d}u} \cdot \frac{\mathrm{d}u}{\mathrm{d}x} \text{ 或 } y'(x) = f'(u) \cdot \varphi'(x)}$$

证 设变量 x 有增量 Δx，相应的变量 u 有增量 Δu，从而 y 有增量 Δy. 由于 u 可导，因此 $\Delta x \to 0$ 时，$\Delta u \to 0$.

$$\lim_{\Delta x \to 0} \frac{\Delta y}{\Delta x} = \lim_{\Delta x \to 0} \left(\frac{\Delta y}{\Delta u} \cdot \frac{\Delta u}{\Delta x} \right) = \lim_{\Delta u \to 0} \frac{\Delta y}{\Delta u} \cdot \lim_{\Delta x \to 0} \frac{\Delta u}{\Delta x} = \frac{\mathrm{d}y}{\mathrm{d}u} \cdot \frac{\mathrm{d}u}{\mathrm{d}x} \quad (\Delta u \neq 0).$$

即

$$\frac{\mathrm{d}y}{\mathrm{d}x} = \frac{\mathrm{d}y}{\mathrm{d}u} \cdot \frac{\mathrm{d}u}{\mathrm{d}x}.$$

当 $\Delta u = 0$ 时，上述结论仍成立.（证明略）

上述结论可以简单地概括为：**复合函数的导数等于函数对中间变量的导数乘以中间变量对自变量的导数.**

这个法则亦称链式法则，可以推广到多个中间变量的情形. 例如，若 $y = f(u)$ 而 $u = \varphi(v)$，$v = \psi(x)$，则复合函数 $y = f\{\varphi[\psi(x)]\}$ 的导数 $\dfrac{\mathrm{d}y}{\mathrm{d}x} = \dfrac{\mathrm{d}y}{\mathrm{d}u} \cdot \dfrac{\mathrm{d}u}{\mathrm{d}v} \cdot \dfrac{\mathrm{d}v}{\mathrm{d}x}$.

例 7 $y = e^{x^3}$，求 y'.

解 函数 $y = e^{x^3}$ 可看作是由 $y = e^u, u = x^3$ 复合而成的，因此

$$y' = \frac{\mathrm{d}y}{\mathrm{d}x} = \frac{\mathrm{d}y}{\mathrm{d}u} \cdot \frac{\mathrm{d}u}{\mathrm{d}x} = e^u \cdot 3x^2 = 3x^2 e^{x^3}.$$

例 8 求对数函数 $y = \ln \sin x$ 的导数.

解 函数 $y = \ln \sin x$ 是函数 $y = \ln u$ 与 $u = \sin x$ 的复合函数，因此

$$y' = (\ln \sin x)' = (\ln u)'_u (\sin x)'$$
$$= \frac{1}{u} \cdot \cos x = \frac{\cos x}{\sin x}$$
$$= \cot x$$

对复合函数的分解熟练掌握后，运算过程中就不必再写出中间变量，而可以采用下面例题的形式来计算.

例 9 求 $y = e^{\tan \frac{1}{x}}$ 的导数.

解 $y' = \left(e^{\tan\frac{1}{x}}\right)' = e^{\tan\frac{1}{x}} \cdot \left(\tan\frac{1}{x}\right)'$

$\qquad = e^{\tan\frac{1}{x}} \cdot \sec^2\frac{1}{x} \cdot \left(\frac{1}{x}\right)'$.

$\qquad = -\frac{1}{x^2}e^{\tan\frac{1}{x}} \cdot \sec^2\frac{1}{x}$

例 10 设函数 $y = \ln(x + \sqrt{1+x^2})$ ，求 y' .

解 $y' = [\ln(x + \sqrt{1+x^2})]' = \frac{1}{x + \sqrt{1+x^2}}(x + \sqrt{1+x^2})'$

$\qquad = \frac{1}{x + \sqrt{1+x^2}}\left(1 + \frac{2x}{2\sqrt{1+x^2}}\right)$.

$\qquad = \frac{1}{\sqrt{1+x^2}}$

例 11 求 $y = 3^x \sin x + \arctan\sqrt{x}$ 的导数.

解 $y' = (3^x \sin x)' + (\arctan\sqrt{x})'$

$\qquad = 3^x \ln 3 \cdot \sin x + 3^x \cdot \cos x + \frac{1}{1+(\sqrt{x})^2} \cdot \frac{1}{2\sqrt{x}}$.

$\qquad = 3^x \ln 3 \cdot \sin x + 3^x \cdot \cos x + \frac{1}{2(1+x)\sqrt{x}}$

例 12 求双曲正弦 $\sinh x = \frac{e^x - e^{-x}}{2}$ 的导数.

解 因为 $\sinh x = \frac{1}{2}(e^x - e^{-x})$ ，所以

$$(\sinh x)' = \frac{1}{2}(e^x - e^{-x})' = \frac{1}{2}(e^x + e^{-x}) = \cosh x ,$$

即 $$(\sinh x)' = \cosh x .$$

类似地，有

$$(\cosh x)' = \sinh x . \quad \left(\cosh x = \frac{e^x + e^{-x}}{2}\right)$$

习 题 2-2

1. 求下列函数的导数：

（1） $y = x^3 + 4x^2 + 8x - e^2$ ；

（2） $y = \frac{\sin x}{x}$ ；

（3） $y = \tan x + \sec x - 3$ ；

（4） $y = 2^x + x^2 + 2$ ；

（5） $y = (1+x^4)\cos x$ ；

（6） $y = \frac{1-2x}{x+2}$ ；

（7） $y = e^x + \frac{1}{x^3} + \sin 2$ ；

（8） $y = x^2 e^x$.

2．求下列函数的导数：

（1）　$y = (4 - 2x)^3$；

（2）　$y = e^{-3x}$；

（3）　$y = e^{ax}\sin bx$；

（4）　$y = e^{-\arctan\sqrt{x}}$；

（5）　$y = \cos\ln x$；

（6）　$y = \sin^2 x^2$；

（7）　$y = \arcsin 3x^2$；

（8）　$y = \tan(x^2 + 1)$；

（9）　$y = \cos^3(1 - 2x)$；

（10）　$y = \ln[\ln(\ln x)]$．

3．求下列函数在给定点处的导数：

（1）　$f(x) = (x + 1)e^x$，求 $f'(0)$；

（2）　$f(t) = \sin t\cos t$，求 $f'\left(\dfrac{\pi}{4}\right)$，$f'\left(\dfrac{\pi}{3}\right)$；

（3）　$f(x) = x(x - 1)(x - 2)(x - 3)$，求 $f'(0)$；

（4）　$f(x) = \sqrt{x^2 + 1}$，求 $f'(1)$．

4．已知 $f(x - 1) = x^2 - 2$，求 $f'(x)$．

5．求曲线 $y = x\ln x$ 上的平行于直线 $2x - y = 1$ 的切线方程．

6．已知直线 $y = 2x$ 是抛物线 $y = x^2 + ax + b$ 上点（2,4）处的切线，求 a、b 的值．

7．设 $f'(x)$ 存在，求下列函数的导数 $\dfrac{\mathrm{d}y}{\mathrm{d}x}$：

（1）　$y = f(x^3)$；（2）　$y = \arcsin[f(x)]$．

8．证明：可导的偶函数的导数是奇函数．

第三节　高　阶　导　数

一、高阶导数的定义及其求法

若函数 $y = f(x) \in D(I)$，其导数 $y' = f'(x)$ 仍然是 x 的可导函数，我们就把 $y' = f'(x)$ 的导数叫做函数 $y = f(x)$ 的二阶导数，记作 $f''(x)$ 或 y'' 或 $\dfrac{\mathrm{d}^2 y}{\mathrm{d}x^2}$．

即 $f''(x) = \dfrac{\mathrm{d}^2 f(x)}{\mathrm{d}x^2}$ 或 $y'' = (y')'$ 或 $\dfrac{\mathrm{d}^2 y}{\mathrm{d}x^2} = \dfrac{\mathrm{d}}{\mathrm{d}x}\left(\dfrac{\mathrm{d}y}{\mathrm{d}x}\right)$．

类似地，二阶导数的导数叫做函数 $f(x)$ 的三阶导数，三阶导数的导数叫做函数 $f(x)$ 的四阶导数……一般地，$(n-1)$ 阶导数的导数叫做函数 $f(x)$ 的 n 阶导数（n-th derivative），分别记作

$$y''', y^{(4)}, \cdots, y^{(n)} \text{ 或 } \frac{\mathrm{d}^3 y}{\mathrm{d}x^3}, \frac{\mathrm{d}^4 y}{\mathrm{d}x^4}, \cdots, \frac{\mathrm{d}^n y}{\mathrm{d}x^n}．$$

如果 $y = f(x)$ 的 n 阶导数在区间 I 内每一点处都存在，就称 $f(x)$ 是 I 内的 n 阶可导函数，记作 $f \in D^n(I)$．

二阶及二阶以上的导数都叫做高阶导数．由定义可得高阶导数的求解方法为：从一阶导数开始，逐阶求导即可．

在 x_0 处的二阶导数记为 $f''(x_0)$ 或 $y''\big|_{x=x_0}$ 或 $\dfrac{\mathrm{d}^2 y}{\mathrm{d}x^2}\big|_{x=x_0}$．

显然，变速直线运动中 $s' = s'(t) = v(t)$ ， $a = \dfrac{\mathrm{d}v}{\mathrm{d}t} = \dfrac{\mathrm{d}}{\mathrm{d}t}\left(\dfrac{\mathrm{d}s}{\mathrm{d}t}\right) = \dfrac{\mathrm{d}^2 s}{\mathrm{d}t^2}$ ，故加速度是位置函数 s 对时间 t 的二阶导数（二阶导数的物理意义）.

例 1 已知 $y = \arctan x$ ，求 $y'(0)$ 、 $y''(0)$

解 $y' = \dfrac{1}{1+x^2}$,

$$y'' = \left(\frac{1}{1+x^2}\right)' = -\frac{2x}{(1+x^2)^2},$$

所以

$$y'(0) = \frac{1}{1+x^2}\Big|_{x=0} = 1,$$

$$y''(0) = -\frac{2x}{(1+x^2)^2}\Big|_{x=0} = 0.$$

例 2 求下列函数的 n 阶导数：

（1） $y = \mathrm{e}^x$ ；   （2） $y = \sin x$ ；

（3） $y = \ln(1+x)(x > -1)$ ；   （4） $y = x^{\mu}$.

解（1） $y' = \mathrm{e}^x, y'' = \mathrm{e}^x, \cdots, y^{(n-1)} = \mathrm{e}^x$,

$$y^{(n)} = (\mathrm{e}^x)^{(n)} = \mathrm{e}^x.$$

（2） $y' = \cos x = \sin\left(x + \dfrac{\pi}{2}\right)$,

$$y'' = \cos\left(x + \frac{\pi}{2}\right) = \sin\left(x + 2\cdot\frac{\pi}{2}\right),$$

$$y''' = \cos\left(x + 2\cdot\frac{\pi}{2}\right) = \sin\left(x + 3\cdot\frac{\pi}{2}\right),$$

以此类推，可得

$$y^{(n)} = (\sin x)^{(n)} = \sin\left(x + \frac{n\pi}{2}\right).$$

类似可推得

$$(\cos x)^{(n)} = \cos\left(x + \frac{n\pi}{2}\right).$$

（3） $y' = \dfrac{1}{1+x} = (1+x)^{-1}$,

$$y'' = -(1+x)^{-2},$$

$$y''' = (-1)(-2)(1+x)^{-3},$$

$$y^{(4)} = (-1)(-2)(-3)(1+x)^{-4},$$

以此类推，可得

$$y^{(n)} = [\ln(1+x)]^{(n)} = (-1)^{n-1}\frac{(n-1)!}{(1+x)^n}(x > -1).$$

（4） $y' = (x^{\mu})' = \mu x^{\mu-1}, y'' = (x^{\mu})'' = \mu(\mu-1)x^{\mu-2}$,

$$y^{(n)} = (x^{\mu})^{(n)} = \mu(\mu-1)(\mu-2)\cdots(\mu-n+1)x^{\mu-n}.$$

特别地 $\mu = n \in \mathbf{Z}^+$ 时，$y^{(n)} = (x^n)^{(n)} = n!$，当 $m > n$ 时，$(x^n)^{(m)} = 0$．

$$\mu = -1 \text{时}, y^{(n)} = (x^{-1})^{(n)} = (-1)(-2)\cdots(-n)x^{-1-n} = \frac{(-1)^n n!}{x^{n+1}}.$$

二、函数的线性组合及乘积的 n 阶导数

1. 线性组合的 n 阶导数

设函数 $u = u(x)$ 及 $v = v(x)$ 都在点 x 处具有 n 阶导数，则

$$(\alpha u + \beta v)^{(n)} = \alpha u^{(n)} + \beta v^{(n)}.$$

2. 乘积的 n 阶导数

乘积的 n 阶导数法则也称莱布尼兹（Leibniz）公式．

设函数 $u = u(x)$ 及 $v = v(x)$ 都在点 x 处具有 n 阶导数，α、β 为常数，则

$$(uv)^{(n)} = \sum_{k=0}^{n} C_n^k u^{(n-k)} v^{(k)}.$$

这里 $u^{(0)} = u$ ，$C_n^k = \dfrac{n(n-1)\cdots(n-k+1)}{k!}$ ．

例 3　设 $y = \dfrac{1}{x^2-1}$ ，求 $y^{(n)}$ ．

解　$y = \dfrac{1}{x^2-1} = \dfrac{1}{2}\left(\dfrac{1}{x-1} - \dfrac{1}{x+1}\right)$,

$$\begin{aligned}
y^{(n)} &= \frac{1}{2}\left(\frac{1}{x-1}\right)^{(n)} - \frac{1}{2}\left(\frac{1}{x+1}\right)^{(n)} \\
&= \frac{1}{2}\left[\frac{(-1)^n n!}{(x-1)^{n+1}}\right] - \frac{1}{2}\left[\frac{(-1)^n n!}{(x+1)^{n+1}}\right] \\
&= \frac{(-1)^n n!}{2}\left[\frac{1}{(x-1)^{n+1}} - \frac{1}{(x+1)^{n+1}}\right].
\end{aligned}$$

例 4　已知 $y = x^2 \sin x$，求 $y^{(10)}$ ．

解　设 $u = \sin x$ 及 $v = x^2$ ，则

$$u^{(n)} = \sin\left(x + \frac{n}{2}\pi\right), \quad v' = 2x, v'' = 2, v^{(k)} = 0, (k \geqslant 3)$$

由莱布尼兹公式，有

$$\begin{aligned}
y^{(10)} &= x^2 \sin\left(x + \frac{10}{2}\pi\right) + C_{10}^1 \cdot 2x \sin\left(x + \frac{9}{2}\pi\right) + C_{10}^2 \cdot 2\sin\left(x + \frac{8}{2}\pi\right) \\
&= -x^2 \sin x + 10 \cdot 2x \cos x + 45 \cdot 2\sin x \\
&= -x^2 \sin x + 20x \cos x + 90 \sin x
\end{aligned}$$

习　题　2-3

1. 求下列函数的二阶导数：

（1）$y = 4x^3 + 5x^2 - 6x + 3$；

（2）$y = e^{2x} + \ln x + \sqrt{x}$；

（3）$y = x^2 \ln(x+1)$；

（4）$y = xe^{x^2}$；

（5）$y = (\arcsin x)^2$；

（6）$y = f(\sin x)$ $\left[\, f''(x) \text{ 存在} \right]$；

（7）$y = \arctan f(x)$；

（8）$y = \mathrm{e}^{-x} \cos 2x$．

2．求下列函数在指定点的二阶导数：

（1）$f(x) = x^2 \cos x$，求 $f''(1)$；

（2）$f(x) = \ln(\ln x)$，求 $f''(\mathrm{e})$．

3．求下列函数指定阶的导数或导数值：

（1）$y = \mathrm{e}^x \sin x$；求 $y'''|_{x=0}$；　　　　（2）$y = x^3 \ln x$；求 $y^{(20)}$．

4．求下列函数的 n 阶导数：

（1）$y = \dfrac{1}{1-x}$；　　（2）$y = \sin^2 x$；　　（3）$y = \ln \dfrac{1+x}{1-x}$；　　（4）$y = \mathrm{e}^{2x}$．

5．设质点做直线运动，其运动方程为 $s = t^3 - 3t + 2$，求该质点在 $t = 2$ 这一时刻的速度和加速度（s 以 m 为单位，t 以 s 为单位）．

第四节　隐函数的导数和由参数方程确定的函数的导数

一、隐函数的导数

前面所讨论的函数 y 都可以用自变量 x 的表达式表示，即 $y = f(x)$，这种形式的函数称为隐函数，如 $y = \sin 3x, y = \ln(x + \sqrt{1 + x^2})$ 等．在实际问题中，变量 x、y 之间的函数关系也可以由 x、y 的方程 $F(x,y) = 0$ 所确定，这时称 y 是关于 x 的隐函数．例如，$x^2 + y^2 = r^2$，$xy - \mathrm{e}^x + \mathrm{e}^y = 0, xy^2 + 2x^2 y^3 = 20$ 等方程所确定的函数都是隐函数．

有些隐函数可以化为显函数，如 $x + y^3 - 1 = 0$，解出 $y = \sqrt[3]{1-x}$，这一过程称为隐函数的显化．但有的隐函数就很难或者不可能化为显函数．在实际问题中，有时需要求隐函数的导数．下面讨论隐函数的求导法则．

给定一个方程 $F(x,y) = 0$，在什么条件下，可以确定隐函数 $y = f(x)$，且 y 关于 x 可导？此问题将在下册讨论．下面就所给方程已经确定了隐函数的条件下，给出一种方法，无须通过隐函数的显化，而直接由方程来算出它所确定的隐函数的导数．方程两端直接对 x 求导，把方程中含有 y 的项看作复合函数，视 y 为中间变量，按照复合函数的求导法则求导．

例 1　设 $y = y(x)$ 由方程 $y^5 + 3y - x - 3x^2 = 0$ 确定，求 $\dfrac{\mathrm{d}y}{\mathrm{d}x}\big|_{x=0}$．

解　方程两边同时对 x 求导数，得

$$5y^4 \cdot \frac{\mathrm{d}y}{\mathrm{d}x} + 3\frac{\mathrm{d}y}{\mathrm{d}x} - 1 - 6x = 0.$$

由上式解出 $\dfrac{\mathrm{d}y}{\mathrm{d}x}$ 得

$$\frac{\mathrm{d}y}{\mathrm{d}x} = \frac{1 + 6x}{5y^4 + 3}.$$

由于 $x = 0$ 时，$y = 0$，因此将 $x = 0$、$y = 0$ 代入上式右端，得

$$\frac{dy}{dx}\bigg|_{x=0}=\frac{1}{3}.$$

例2 求由方程 $xy-e^x+e^y=0$ 所确定的隐函数 $y=y(x)$ 的导数.

解 方程两边同时对 x 求导数，得

$$y+xy'-e^x+e^y\cdot y'=0.$$

解得

$$y'=\frac{e^x-y}{x+e^y}(x+e^y\neq0).$$

例3 求开普勒方程 $y=x+\varepsilon\sin y(0<\varepsilon<1)$ 所确定的隐函数 $y=y(x)$ 的二阶导数 $\dfrac{d^2y}{dx^2}$.

解 方程两边同时对 x 求导数，得 $\dfrac{dy}{dx}=1+\varepsilon\cos y\cdot\dfrac{dy}{dx}$，即

$$\frac{dy}{dx}=\frac{1}{1-\varepsilon\cos y},$$

上式两边再对 x 求导，得

$$\frac{d^2y}{dx^2}=-\frac{-\varepsilon(-\sin y)\dfrac{dy}{dx}}{(1-\varepsilon\cos y)^2}=\frac{-\varepsilon\sin y}{(1-\varepsilon\cos y)^3}\left(\text{或写成}\frac{d^2y}{dx^2}=\frac{x-y}{(1-\varepsilon\cos y)^3}\right).$$

此方程是从天体力学中归结出来的，y 关于 x 的隐函数客观存在，但无法进行显式表达，通过计算机作图，如图 2-6 所示（图中 ε 取 0.5）.

二、对数求导法

例4 设 $y=x^x$，求 y'.

解 方程两边取自然对数，得

$$\ln y=x\ln x,$$

将上式两端分别对 x 求导，得

$$\frac{1}{y}y'=\ln x+1,$$

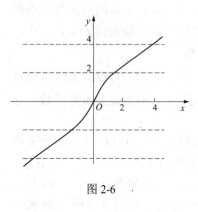

图 2-6

于是

$$y'=y(\ln x+1)=x^x(\ln x+1).$$

函数 $y=x^x$ 既不是幂函数也不是指数函数，通常称它为幂指数.

一般情况下，对于幂指函数

$$y=u^v\quad(u>0),$$

求 y' 的方法为：先等式两边取对数，得

$$\ln y=v\cdot\ln u,$$

两边对 x 求导数，得

$$\frac{1}{y}\cdot y'=v'\cdot\ln u+\frac{v}{u}\cdot u',$$

解得

$$y' = y \cdot \left(v' \cdot \ln u + \frac{vu'}{u} \right) = u^v \left(v' \cdot \ln u + \frac{vu'}{u} \right).$$

以上求导方法称为对数求导法.

例 5 求函数 $y = \sqrt{\dfrac{(x-1)(x+2)}{(x-3)(x+4)}}\,(x>3)$ 的导数.

解 将等式两边取对数，得

$$\ln y = \frac{1}{2}[\ln(x-1) + \ln(x+2) - \ln(x-3) - \ln(x+4)]\,,$$

将上式两端同时对 x 求导，得

$$\frac{1}{y}y' = \frac{1}{2}\left(\frac{1}{x-1} + \frac{1}{x+2} - \frac{1}{x-3} - \frac{1}{x+4} \right),$$

于是

$$y' = \frac{1}{2}y\left(\frac{1}{x-1} + \frac{1}{x+2} - \frac{1}{x-3} - \frac{1}{x+4} \right)$$

$$= \frac{1}{2}\sqrt{\frac{(x-1)(x+2)}{(x-3)(x+4)}}\left(\frac{1}{x-1} + \frac{1}{x+2} - \frac{1}{x-3} - \frac{1}{x+4} \right).$$

三、由参数方程确定的函数的导数

方程组

$$\begin{cases} x = \varphi(t) \\ y = \psi(t) \end{cases} \tag{1}$$

在平面上一般表示一条曲线.

在一定的条件下，参数方程（1）也确定了 y 是 x 的函数. 如何求由参数方程所确定函数的导数呢？

设 $\varphi(t)$ 和 $\psi(t)$ 可导，其导数分别为 $\varphi'(t)$ 和 $\psi'(t)[\varphi'(t) \neq 0]$，则由导数定义有

$$\lim_{\Delta t \to 0} \frac{\Delta x}{\Delta t} = \varphi'(t), \lim_{\Delta t \to 0} \frac{\Delta y}{\Delta t} = \psi'(t). \tag{2}$$

另一方面，有等式

$$\frac{\Delta y}{\Delta x} = \frac{\dfrac{\Delta y}{\Delta t}}{\dfrac{\Delta x}{\Delta t}}. \tag{3}$$

由于可导必连续，因此当 $\Delta t \to 0$ 时，有 $\Delta x \to 0$，$\Delta y \to 0$ 于是式（3）两边取极限，得

$$\lim_{\Delta x \to 0} \frac{\Delta y}{\Delta x} = \lim_{\Delta t \to 0} \frac{\dfrac{\Delta y}{\Delta t}}{\dfrac{\Delta x}{\Delta t}} = \frac{\lim\limits_{\Delta t \to 0} \dfrac{\Delta y}{\Delta t}}{\lim\limits_{\Delta t \to 0} \dfrac{\Delta x}{\Delta t}},$$

利用式（2），即得

$$\frac{\mathrm{d}y}{\mathrm{d}x} = \frac{\psi'(t)}{\varphi'(t)}.$$

例 6　已知椭圆的参数方程为 $\begin{cases} x = a\cos\theta \\ y = b\sin\theta \end{cases}$（$0 \leqslant \theta \leqslant 2\pi$），求椭圆在 $\theta = \dfrac{\pi}{4}$ 处的切线方程.

解　当 $\theta = \dfrac{\pi}{4}$ 时，椭圆上的相应点 M 的坐标为：$x_0 = a\cos\dfrac{\pi}{4} = \dfrac{\sqrt{2}}{2}a$，$y_0 = b\sin\dfrac{\pi}{4} = \dfrac{\sqrt{2}}{2}b$.

$$\frac{\mathrm{d}y}{\mathrm{d}x} = \frac{y'(\theta)}{x'(\theta)} = \frac{b\cos\theta}{-a\sin\theta} = -\frac{b}{a}\cot\theta.$$

椭圆在点 M 处的切线斜率为

$$\left.\frac{\mathrm{d}y}{\mathrm{d}x}\right|_{\theta=\frac{\pi}{4}} = -\frac{b}{a}\cot\frac{\pi}{4} = -\frac{b}{a}.$$

所以，椭圆在点 M 处的切线方程为

$$y - \frac{\sqrt{2}}{2}b = -\frac{b}{a}\left(x - \frac{\sqrt{2}}{2}a\right),$$

整理后得

$$bx + ay - \sqrt{2}ab = 0.$$

例 7　一个半径为 a 的圆在定直线上滚动时，圆周上任一定点的轨迹称为摆线，其参数方程为 $\begin{cases} x = a(t - \sin t) \\ y = a(1 - \cos t) \end{cases}$，求 $\dfrac{\mathrm{d}^2 y}{\mathrm{d}x^2}$.

解　$\dfrac{\mathrm{d}y}{\mathrm{d}x} = \dfrac{y'(t)}{x'(t)} = \dfrac{a\sin t}{a(1-\cos t)} = \dfrac{\sin t}{1-\cos t} = \cot\dfrac{t}{2}$（$t \neq 2k\pi, k \in \mathbf{Z}$）

$$\frac{\mathrm{d}^2 y}{\mathrm{d}x^2} = \frac{\dfrac{\mathrm{d}}{\mathrm{d}t}\left(\dfrac{\mathrm{d}y}{\mathrm{d}x}\right)}{\dfrac{\mathrm{d}x}{\mathrm{d}t}} = -\frac{1}{2}\csc^2\frac{t}{2} \cdot \frac{1}{a(1-\cos t)}$$

$$= -\frac{1}{2\sin^2\dfrac{t}{2}} \cdot \frac{1}{a(1-\cos t)} = -\frac{1}{a(1-\cos t)^2}（t \neq 2k\pi, k \in \mathbf{Z}）$$

一般情况下，由参数方程 $\begin{cases} x = \varphi(t) \\ y = \psi(t) \end{cases}$ 所确定的函数的二阶导数为

$$\frac{\mathrm{d}^2 y}{\mathrm{d}x^2} = \frac{\mathrm{d}}{\mathrm{d}x}\left(\frac{\mathrm{d}y}{\mathrm{d}x}\right) = \frac{\mathrm{d}}{\mathrm{d}x}\left(\frac{\psi'(t)}{\varphi'(t)}\right) = \frac{\mathrm{d}}{\mathrm{d}t}\left(\frac{\psi'(t)}{\varphi'(t)}\right) \cdot \frac{\mathrm{d}t}{\mathrm{d}x} = \frac{\mathrm{d}}{\mathrm{d}t}\left(\frac{\psi'(t)}{\varphi'(t)}\right) \cdot \frac{1}{\dfrac{\mathrm{d}x}{\mathrm{d}t}} = \frac{\psi''(t)\varphi'(t) - \psi'(t)\varphi''(t)}{[\varphi'(t)]^2} \cdot \frac{1}{\varphi'(t)},$$

即

$$\frac{\mathrm{d}^2 y}{\mathrm{d}x^2} = \frac{\psi''(t)\varphi'(t) - \psi'(t)\varphi''(t)}{[\varphi'(t)]^3}.$$

例 8　已知抛射体的运动轨迹参数方程为

$$\begin{cases} x = v_1 t \\ y = v_2 t - \dfrac{1}{2}gt^2 \end{cases}（v_1、v_2、g \text{ 是常数}）.$$

其中，v_1、v_2、g 分别为初速度的水平、铅直分量和重力加速度，t 为飞行时间，x、y 分别为抛射体所在位置的横、纵坐标. 求抛射体在时刻 t 的运动速度 $v(t)$.

解　先求速度的大小. $\dfrac{\mathrm{d}x}{\mathrm{d}t}=v_1$、$\dfrac{\mathrm{d}y}{\mathrm{d}t}=v_2-gt$ 分别为速度的水平、铅直分量，所以抛射体运动速度的大小为

$$|v(t)|=\sqrt{\left(\dfrac{\mathrm{d}x}{\mathrm{d}t}\right)^2+\left(\dfrac{\mathrm{d}y}{\mathrm{d}t}\right)^2}=\sqrt{v_1^2+(v_2-gt)^2}.$$

再求速度的方向，也就是轨迹的切线方向. 设切线倾角为 $\alpha(t)$，由导数的几何意义有

$$\tan\alpha(t)=\dfrac{\mathrm{d}y}{\mathrm{d}x}=\dfrac{y'(t)}{x'(t)}=\dfrac{v_2-\dfrac{1}{2}g\cdot 2t}{v_1}=\dfrac{v_2-gt}{v_1}.$$

四、相关变化率

设 $x=x(t)$ 与 $y=y(t)$ 都是可导函数，且 x 与 y 之间存在某种联系，从而变化率 $\dfrac{\mathrm{d}x}{\mathrm{d}t}$ 与 $\dfrac{\mathrm{d}y}{\mathrm{d}t}$ 之间也存在某种联系，其依赖关系称为**相关变化率**. 研究相关变化率的目的是从其中一个变化率求出另一个变化率.

例 9　一架摄影机安装在距火箭发射台 4000m 处. 假设火箭发射后铅直升空，并在距地面 3000m 处其速度达到 300m/s. 问：

（1）这时火箭与摄影机之间的距离增加率是多少？

（2）若摄影机镜头始终对准升空火箭，那么这时摄影机仰角的增加率是多少？

解　设火箭升空 $t(\mathrm{s})$ 后的高度为 $h(t)\,(\mathrm{m})$，火箭与摄影机之间的距离为 $x(t)\,(\mathrm{m})$，仰角为 $\alpha(t)\,(\mathrm{rad})$，则有

$$x(t)=\sqrt{4000^2+[h(t)]^2},$$

上式两边同时对 t 求导，得

$$\dfrac{\mathrm{d}x}{\mathrm{d}t}=\dfrac{h}{\sqrt{4000^2+h^2}}\dfrac{\mathrm{d}h}{\mathrm{d}t},$$

由已知，当 $h=3000\mathrm{m}$ 时，$t=t_0$，$\left.\dfrac{\mathrm{d}h}{\mathrm{d}t}\right|_{t=t_0}=300\mathrm{m/s}$，

故得

$$\left.\dfrac{\mathrm{d}x}{\mathrm{d}t}\right|_{t=t_0}=\dfrac{3000}{\sqrt{4000^2+3000^2}}\cdot 300=180(\mathrm{m/s})$$

又

$$\tan\alpha(t)=\dfrac{h(t)}{4000},$$

上式两边同时对 t 求导，得

$$\sec^2\alpha\cdot\dfrac{\mathrm{d}\alpha}{\mathrm{d}t}=\dfrac{1}{4000}\cdot\dfrac{\mathrm{d}h}{\mathrm{d}t},$$

当 $h=3000\mathrm{m}$ 时，$\sec^2\alpha=\dfrac{25}{16}$，$\dfrac{\mathrm{d}h}{\mathrm{d}t}=300\mathrm{m/s}$，

故得

$$\frac{\mathrm{d}\alpha}{\mathrm{d}t}\Big|_{t=t_0}=\frac{1}{4000}\cdot\frac{16}{25}\cdot300=0.048(\mathrm{rad/s}).$$

习　题　2-4

1．求下列隐函数所确定的函数 $y=f(x)$ 的一阶导数 $\dfrac{\mathrm{d}y}{\mathrm{d}x}$：

（1）$x^3+y^3-1=0$；　　　　　　（2）$\mathrm{e}^y+xy-\mathrm{e}=0$；

（3）$xy=\mathrm{e}^{x+y}$；　　　　　　　（4）$x^3+y^3-x-y+xy=0$；

（5）$y=x+\ln y$；　　　　　　　（6）$\sin(xy)=x+y$；

（7）$xy^2-\mathrm{e}^{xy}+2=0$；　　　　（8）$y=2-x\mathrm{e}^y$.

2．求下列参数方程所确定的函数的一阶导数：

（1）$\begin{cases}x=a(\theta-\sin\theta)\\y=a(1-\cos\theta)\end{cases}$；　　（2）$\begin{cases}x=\arctan t\\y=\ln(1+t^2)\end{cases}$；

（3）$\begin{cases}x=t^2+2t\\y=\ln(1+t)\end{cases}$；　　　　（4）$\begin{cases}x=2\mathrm{e}^t\\y=\mathrm{e}^{-t}\end{cases}$.

3．求下列隐函数及参数方程所确定的函数 $y=f(x)$ 的二阶导数 $\dfrac{\mathrm{d}^2y}{\mathrm{d}x^2}$：

（1）$\mathrm{e}^y=xy$；　　　　　　　（2）$y=1-x\mathrm{e}^y$；

（3）$\begin{cases}x=1-t^2\\y=t-t^3\end{cases}$；　　　　（4）$\begin{cases}x=\ln(1+t^2)\\y=t-\arctan t\end{cases}$.

4．用对数求导法求下列函数的导数：

（1）$y=(\sin x)^x$；　　　　　　（2）$y=x^2+x^x$；

（3）$y=\left(1+\dfrac{1}{x}\right)^x$；　　　　　（4）$x^y=y^x$；

（5）$y=\sqrt[3]{\dfrac{x(x^2+1)}{(x^2-1)^2}},(x>1)$；　　（6）$y=\sqrt[3]{\dfrac{(x+1)(x^2-2)}{(x+4)(x^2+5)}}$.

5．求曲线 $\begin{cases}x=\mathrm{e}^t\sin t\\y=\mathrm{e}^t\cos t\end{cases}$ 在 $t=\dfrac{\pi}{2}$ 处的切线方程和法线方程.

6．求曲线 $\sqrt{x}+\sqrt{y}=\sqrt{a}(a>0)$ 上任一点处的切线截两坐标轴所得截距之和.

7．石头落在平静的水面上，产生同心波纹．若最外一圈波半径的增大率总是 6m/s，问在 2s 末扰动水面面积的增大率为多少？

8．一气球在离开观察员 500m 处离地上升，上升速度为 140m/min．当气球高度为 500m 时，观察员视线的仰角增加率是多少？

第五节　微　分　及　其　应　用

一、微分的概念

在实际问题中，有时需要研究当自变量 x 有微小变化时，函数 y 相应的改变量的大小．可是在许多情况下，函数的改变量 Δy 的计算比较麻烦．因此，我们希望能找到函数改变量的一个便于计算的近似表达式．先看下面的例子．

设有一个边长为 x 的正方形金属薄板，其面积 $S(x) = x^2$．因受热膨胀，当边长 x 由 x_0 变到 $x_0 + \Delta x$ 时，自变量产生增量 Δx，面积相应地也有增量

$$\Delta S = S(x_0 + \Delta x) - S(x_0)$$
$$= (x_0 + \Delta x)^2 - x_0{}^2$$
$$= 2x_0\Delta x + (\Delta x)^2$$

如图 2-7 所示，图中阴影部分就表示 ΔS．可以把 ΔS 分成两部分，其中一部分是 Δy 的主要部分，即 $2x_0\Delta x$（图中单线阴影部分）是 Δx 的线性函数；另一部分为 $(\Delta x)^2$（图中双线阴影部分）．当 $|\Delta x|$ 很小时，$(\Delta x)^2$ 是 Δx 的高阶无穷小，即 $(\Delta x)^2 = o(\Delta x)$（$\Delta x \to 0$），因此，$(\Delta x)^2$ 可以忽略不计，这时 $\Delta y \approx 2x_0\Delta x$．

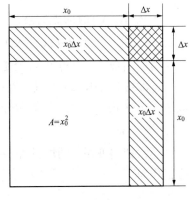

图 2-7

由于 $y'(x_0) = 2x \big|_{x=x_0} = 2x_0$，因此此式可以写成

$$\Delta y \approx y'(x_0)\Delta x$$

这就是说，当自变量在某一点有增量时，函数相应的增量近似地等于函数在该点的导数值与自变量增量的乘积．

在许多具体问题中出现的函数 $y = f(x)$ 都具有这样的特征：与自变量 Δx 相应的函数增量 $\Delta y = f(x_0 + \Delta x) - f(x_0)$ 可以由两部分组成，其中一部分是 Δx 的线性函数 $A\Delta x$（A 是不依赖于 Δx 的常数），另一部分是 Δx 的高阶无穷小 $o(\Delta x)$（$\Delta x \to 0$）．由此，我们把以上函数的特征概括为以下定义．

定义 设函数 $y = f(x)$ 在 x_0 的某个邻域内有定义，当自变量在 x_0 处产生增量 Δx 时（$x_0 + \Delta x$ 属于该邻域），如果相应的函数的增量 $\Delta y = f(x_0 + \Delta x) - f(x_0)$ 可表示为

$$\Delta y = A\Delta x + o(\Delta x)，$$

其中 A 为与 x_0 有关而与 Δx 无关的常数，则称函数 $y = f(x)$ 在 x_0 处是<u>可微</u>的，$A\Delta x$ 称为函数 $y = f(x)$ 在点 x_0 处相应于自变量增量 Δx 的<u>微分</u>（differenttial），记作 $\mathrm{d}y$，即

$$\mathrm{d}y = A\Delta x.$$

由于 $\Delta y = \mathrm{d}y + o(\Delta x)$，$o(\Delta x)$ 是比 Δx 更高阶的无穷小，因此 $\mathrm{d}y$ 是 Δy 的主要部分；又由于 $\mathrm{d}y$ 是 Δx 的线性函数，故称微分 $\mathrm{d}y$ 是增量 Δy 的线性主部．

定理 函数 $y = f(x)$ 在点 x_0 处可微的充分必要条件是函数 $y = f(x)$ 在点 x_0 处可导，而且 $\mathrm{d}y = f'(x_0)\Delta x$．

证 如果函数 $y = f(x)$ 在 x_0 处是可微的，则

$$\Delta y = f(x_0 + \Delta x) - f(x_0) = A\Delta x + o(\Delta x)，$$

从而

$$\frac{\Delta y}{\Delta x} = \frac{f(x_0 + \Delta x) - f(x_0)}{\Delta x} = \frac{A\Delta x + o(\Delta x)}{\Delta x} = A + \frac{o(\Delta x)}{\Delta x}，$$

因此

$$\lim_{\Delta x\to 0}\frac{\Delta y}{\Delta x}=\lim_{\Delta x\to 0}\frac{A\Delta x+o(\Delta x)}{\Delta x}=\lim_{\Delta x\to 0}\left(A+\frac{o(\Delta x)}{\Delta x}\right)=A,$$

即函数 $y=f(x)$ 在 x_0 处可导，而且 $f'(x_0)=A$.

反之，由于函数 $y=f(x)$ 在 x_0 处可导，即

$$\lim_{\Delta x\to 0}\frac{\Delta y}{\Delta x}=\lim_{\Delta x\to 0}\frac{f(x_0+\Delta x)-f(x_0)}{\Delta x}=f'(x_0),$$

因此得

$$\frac{\Delta y}{\Delta x}=\frac{f(x_0+\Delta x)-f(x_0)}{\Delta x}=f'(x_0)+\alpha,$$

α 为 $\Delta x\to 0$ 时的无穷小，即

$$\Delta y=f(x_0+\Delta x)-f(x_0)=f'(x_0)\Delta x+\alpha\cdot\Delta x=f'(x_0)\Delta x+o(\Delta x).$$

所以函数 $y=f(x)$ 在 x_0 处是可微的，并且微分 $dy=f'(x_0)\Delta x$.

一般地，若函数 $y=f(x)$ 在区间 I 内每一点 x 处都可微，就称 $f(x)$ 是 I 内的可微函数. 函数 $f(x)$ 在 I 内任一点 x 处的微分就称为函数的微分，也记为 dy，即有

$$dy=f'(x)\Delta x.$$

通常把自变量 x 的增量 Δx 称为自变量的微分，记为 dx，即 $dx=\Delta x$. 于是函数的微分又可记作为

$$dy=f'(x)dx.$$

上式两端同时除以自变量的微分 dx，就得

$$\frac{dy}{dx}=f'(x),$$

即函数的微分与自变量的微分之商就等于函数的导数. 因此，导数也称微商（differential quotient）. 在此之前我们把 $\frac{dy}{dx}$ 看作是导数的整体记号，现在由于分别赋予了 dy 和 dx 各自独立的含义，于是也可把它看作分式了.

例1 求函数 $y=x^3$ 在 $x=2$，$\Delta x=0.02$ 时的函数增量 Δy 与微分 dy.

解 函数增量 $\Delta y=f(x_0+\Delta x)-f(x_0)=(2+0.02)^3-2^3=0.242408$.

先求函数 $y=x^3$ 在任意点 x 处的微分

$$dy=(x^3)'\Delta x=3x^2\Delta x,$$

再求函数在 $x=2$，$\Delta x=0.02$ 时的微分

$$dy\big|_{x=2,\ \Delta x=0.02}=3x^2\Delta x\big|_{x=2,\ \Delta x=0.02}=3\times 2^2\times 0.02=0.24.$$

二、微分的几何意义

设函数 $y=f(x)$ 在点 x_0 处可导，$f'(x_0)$ 就是曲线在点 $M(x_0,y_0)$ 处切线 MT 的斜率. 若切线的倾角为 α，如图 2-8 所示，那么就有 $f'(x_0)=\tan\alpha$. 当 x 有微小增量 Δx 时，得到曲线上另一点 $N(x_0+\Delta x,y_0+\Delta y)$. 由图可以看出，$MQ=\Delta x,QN=\Delta y$，于是有 $QP=f'(x_0)\Delta x=dy$.

这就说明，函数 $y=f(x)$ 在点 x_0 处的微分 dy 就是曲线 $y=f(x)$ 在点 $M(x_0,y_0)$ 处切线上纵坐标对应于 Δx 的增量，这就是函数微分的几何意义. 所以，$dy\approx\Delta y$ 也称以直代曲.

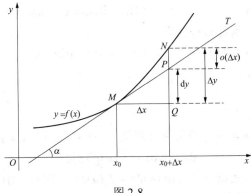

图 2-8

三、微分的基本公式和运算法则

由微分公式 $dy = f'(x)dx$ 可知，计算函数的微分，实际上就是先计算函数的导数，再乘以自变量的微分．与导数的基本公式和运算法则相对应，也可以建立如下微分的基本公式和运算法则．

1. 基本公式

导数公式

（1） $(C)' = 0$

（2） $(x^\alpha)' = \alpha x^{\alpha-1}$

（3） $(\sin x)' = \cos x$

（4） $(\cos x)' = -\sin x$

（5） $(\tan x)' = \sec^2 x$

（6） $(\cot x)' = -\csc^2 x$

（7） $(\sec x)' = \sec x \tan x$

（8） $(\csc x)' = -\csc x \cot x$

（9） $(a^x)' = a^x \ln a$

（10） $(e^x)' = e^x$

（11） $(\log_a x)' = \dfrac{1}{x \ln a}$

（12） $(\ln x)' = \dfrac{1}{x}$

（13） $(\arcsin x)' = \dfrac{1}{\sqrt{1-x^2}}$

（14） $(\arccos x)' = -\dfrac{1}{\sqrt{1-x^2}}$

（15） $(\arctan x)' = \dfrac{1}{1+x^2}$

（16） $(\operatorname{arccot} x)' = -\dfrac{1}{1+x^2}$

（17） $(\sinh x)' = \cosh x$

微分公式

（1） $d(C) = 0$ （C 为常数）；

（2） $d(x^\alpha) = \alpha x^{\alpha-1}dx$ ；

（3） $d(\sin x) = \cos x dx$

（4） $d(\cos x) = -\sin x dx$

（5） $d(\tan x) = \sec^2 x dx$

（6） $d(\cot x) = -\csc^2 x dx$ ；

（7） $d(\sec x) = \sec x \tan x dx$ ；

（8） $d(\csc x) = -\csc x \cot x dx$ ；

（9） $d(a^x) = a^x \ln a dx$ ；

（10） $d(e^x) = e^x dx$ ；

（11） $d(\log_a x) = \dfrac{1}{x \ln a}dx$ ；

（12） $d(\ln x) = \dfrac{1}{x}dx$ ；

（13） $d(\arcsin x) = \dfrac{1}{\sqrt{1-x^2}}dx$ ；

（14） $d(\arccos x) = -\dfrac{1}{\sqrt{1-x^2}}dx$ ；

（15） $d(\arctan x) = \dfrac{1}{1+x^2}dx$ ；

（16） $d(\operatorname{arccot} x) = -\dfrac{1}{1+x^2}dx$

（17） $d(\sinh x) = \cosh x dx$

（18）$(\cosh x)' = \sinh x$ 　　　　（18）$d(\cosh x) = \sinh x dx$

2. 函数和、差、积、商的微分法则

（1）$d(\alpha u \pm \beta v) = \alpha du \pm \beta dv$;　　　（2）$d(uv) = vdu + udv$;

（3）$d\left(\dfrac{u}{v}\right) = \dfrac{vdu - udv}{v^2}$.

3. 复合函数的微分法则

如果函数 $y = f(u)$ 与 $u = g(x)$ 都可导（可微），则复合函数 $y = f[g(x)]$ 可微，而且
$$dy = y'_x dx = f'(u)g'(x)dx$$

由于 $du = g'(x)dx$，因此 $dy = f'(u)g'(x)dx = f'(u)du$. 即对于函数 $y = f(u)$，无论 u 是自变量还是中间变量，微分形式 $dy = f'(u)du$ 保持不变，这个性质称为微分形式不变性.

例2 设函数 $y = \sin(1-2x)$，求 dy.

解 把 $(1-2x)$ 看成中间变量 u，则有
$$dy = d(\sin u) = \cos u du = \cos(1-2x)d(1-2x)$$
$$= -2\cos(1-2x)dx.$$

例3 设函数 $y = \ln(1+x^2)$，求该函数在点 $x=1$ 处的微分 dy.

解 $dy = [\ln(1+x^2)]'dx = \dfrac{1}{1+x^2}(1+x^2)' dx = \dfrac{2x}{1+x^2}dx$.
$$dy\big|_{x=1} = \dfrac{2}{1+1^2}dx = dx.$$

例4 设函数 $y = e^{x^2}\sin x$，求 dy.

解 $dy = d(e^{x^2}\sin x) = \sin x de^{x^2} + e^{x^2}d\sin x$
$$= \sin x \cdot e^{x^2}dx^2 + e^{x^2}\cdot \cos x dx$$
$$= \sin x \cdot e^{x^2}\cdot 2x dx + e^{x^2}\cdot \cos x dx$$
$$= e^{x^2}(2x\sin x + \cos x)dx$$

例5 将适当的函数填入下列括号内，使等式成立.

（1）$d(\quad) = \dfrac{1}{1+x^2}dx$;　　　　（2）$d(\quad) = \sin\omega x dx$.

解（1）$\because (\arctan x)' = \dfrac{1}{1+x^2}$

$\therefore d(\arctan x) = \dfrac{1}{1+x^2}dx$

一般地，有 $d(\arctan x + C) = \dfrac{1}{1+x^2}dx$ （C 为任意常数）.

（2）$\because d(\cos\omega x) = -\omega\sin\omega x dx$，

$$\therefore \sin\omega x dx = -\dfrac{1}{\omega}d(\cos\omega x) = d\left(-\dfrac{1}{\omega}\cos\omega x\right),$$

即

$$d\left(-\dfrac{1}{\omega}\cos\omega x\right) = \sin\omega x dx .$$

一般地，有 $\mathrm{d}\left(-\dfrac{1}{\omega}\cos\omega x + C\right) = \sin\omega x \mathrm{d}x$ （C 为任意常数）.

四、微分在近似计算中的应用

若函数 $y = f(x)$ 在点 x_0 处可导，那么当 $|\Delta x|$ 很小时，有

$$\Delta y \approx \mathrm{d}y = f'(x_0)\,\Delta x,$$

即

$$f(x_0 + \Delta x) - f(x_0) \approx f'(x_0)\Delta x,$$

或

$$f(x_0 + \Delta x) \approx f(x_0) + f'(x_0)\Delta x,$$

或

$$f(x) \approx f(x_0) + f'(x_0)(x - x_0).$$

上式右端是 x 的一次多项式，称为函数 $f(x)$ 在点 x_0 处的线性逼近或一次近似，并且 $|\Delta x|$ 越小，近似的精确度越高.

例 6 半径为 10cm 的金属圆片加热后，半径伸长 0.05cm，问该金属圆片的面积大约增加了多少？

解 设圆的面积为 A，半径为 r，则

$$A = \pi r^2,$$

面积 A 大约增加值 $\Delta A \approx \mathrm{d}A = 2\pi r \mathrm{d}r$，

当 $r = 10$、$\Delta r = 0.05$ 时

$$\Delta A \approx 2\pi \cdot 10 \cdot 0.05 = \pi(\mathrm{cm}^2).$$

例 7 利用微分计算 $\sin 30°30'$ 的近似值.

解 设函数 $f(x) = \sin x$，$f'(x) = \cos x$，

$$30°30' = \frac{\pi}{6} + \frac{\pi}{360}, \quad x_0 = \frac{\pi}{6}, \quad \Delta x = \frac{\pi}{360}.$$

$$\sin\left(\frac{\pi}{6} + \frac{\pi}{360}\right) \approx \sin\frac{\pi}{6} + \cos\frac{\pi}{6} \cdot \frac{\pi}{360} = \frac{1}{2} + \frac{\sqrt{3}}{2} \cdot \frac{\pi}{360} = 0.5076.$$

即

$$\sin 30°30' \approx 0.5076.$$

当 $|x|$ 很小时，工程中常用的几个近似公式有：

（1） $(1+x)^\alpha \approx 1 + \alpha x$；

（2） $\sin x \approx x$；

（3） $\tan x \approx x$；

（4） $\mathrm{e}^x \approx 1 + x$；

（5） $\ln(1+x) \approx x$.

例 8 计算 $\sqrt{1.05}$ 的近似值.

解 由于 $|x|$ 很小时，$(1+x)^\alpha \approx 1 + \alpha x$，故

$$\sqrt{1.05} = \sqrt{1+0.05} \approx 1 + \frac{1}{2} \times 0.05 = 1.025.$$

直接开方的结果是 $\sqrt{1.05} = 1.02470$．

在生产实践中，经常需要测量数据，但由于测量仪器的精确度、测量的条件与方法等诸多因素的限制，测得的数据往往带有误差，而由带有误差的数据计算的结果也就产生了误差，这种误差称为间接测量误差．下面讨论如何用微分估计间接测量误差．

如果某个量的准确值为 A，它的近似值为 a，则 $|A-a|$ 称为 a 的绝对误差，而绝对误差与 $|a|$ 的比值 $\dfrac{|A-a|}{|a|}$ 叫做 a 的相对误差．

实际上，某个量的准确值往往是无法知道的，于是绝对误差和相对误差也就无法求得．但是，根据测量仪器的精确度等因素，有时能够确定误差在某一个范围内．如果某个量的准确值是 A，测得它的近似值是 a，又知道它的误差不超过 δ_A，即

$$|A-a| < \delta_A,$$

那么 δ_A 叫做测量 A 的绝对误差限，而 $\dfrac{\delta_A}{|a|}$ 叫做测量 A 的相对误差限．

在直接测量的绝对误差限已知的前提下，怎样利用微分确定间接测量误差？通常，根据直接测量的 x 值按公式 $y = f(x)$ 计算 y 值时，由 x 的绝对误差 $|\Delta x|$ 计算产生的 y 的绝对误差 $|\Delta y|$ 就是间接测量误差．如果已知测量 x 的绝对误差限是 δ_x，即 $|\Delta x| \leqslant \delta_x$，则当 $y' \neq 0$ 时，y 的绝对误差 $|\Delta y| \approx |\mathrm{d}y| = |y'| \cdot |\Delta x| \leqslant |y'| \delta_x$，即 y 的绝对误差限约为

$$\delta_y = |y'| \cdot \delta_x,$$

y 的相对误差限约为

$$\frac{\delta_y}{|y|} = \left| \frac{y'}{y} \right| \cdot \delta_x.$$

由于测量的准确值不可知，因此我们提到绝对误差和相对误差时，一般指的是绝对误差限和相对误差限，即它们可能取得的最大值（上限）．

例 9　有一立方体金属工件，测得它的边长为（10 ± 0.01）cm，求它的体积并估计误差．

解　设立方体边长为 x，则其体积

$$V = x^3 = 10^3 = 1000(\mathrm{cm}^3),$$

体积的误差 $|\Delta V|$ 即间接测量误差，要估计体积的误差，即求体积 V 的绝对误差限和相对误差限．

由边长为 x 的绝对误差限 $\delta_x = 0.01\mathrm{cm}$ 得，V 的绝对误差限约为

$$\delta_V = V' \delta_x = 3x^2 \delta_x = 3 \times 10^2 \times 0.01 = 3(\mathrm{cm}^3),$$

V 的相对误差限约为

$$\frac{\delta_V}{V} = \frac{3}{1000} = 0.3\%.$$

习　题　2-5

1．已知函数 $y = x^3 - x$，在 $x = 2$ 时，计算当 Δx 分别等于 0.1、0.01 时的 Δy 和 $\mathrm{d}y$．

2．求函数 $y = \sqrt{1 + x^2}$ 在 $x = 1$ 处的微分.

3．求下列函数的微分：

（1）$y = (2x^2 - 1)^3$；

（2）$y = x \ln x - x$；

（3）$y = x \cos x$；

（4）$y = \mathrm{e}^x \sin x$；

（5）$y = \tan(1 + x^2)$；

（6）$y = [\ln(1 - x)]^2$；

（7）$y = \arctan \mathrm{e}^x$；

（8）$xy = \mathrm{e}^y$.

4．将适当的函数填入下列括号内，使等式成立：

（1）$\mathrm{d}(\quad) = 3x^2 \mathrm{d}x$；

（2）$\mathrm{d}(\quad) = x \mathrm{d}x$；

（3）$\mathrm{d}(\quad) = \cos x \mathrm{d}x$；

（4）$\mathrm{d}(\quad) = \dfrac{1}{1 + x} \mathrm{d}x$；

（5）$\mathrm{d}(\quad) = \dfrac{1}{2\sqrt{x}} \mathrm{d}x$；

（6）$\mathrm{d}(\quad) = \dfrac{1}{x^2} \mathrm{d}x$；

（7）$\mathrm{d}(\quad) = \cos \omega t \mathrm{d}t$；

（8）$\mathrm{d}(\quad) = \mathrm{e}^{-2x} \mathrm{d}x$；

（9）$\mathrm{d}(\quad) = \sec^2 2x \mathrm{d}x$；

（10）$\mathrm{d}(\quad) = \dfrac{-1}{1 + x^2} \mathrm{d}x$.

5．求下列各函数值的近似值：

（1）$\sin 29°$；

（2）$\sqrt[3]{1.02}$；

（3）$\mathrm{e}^{0.01}$；

（4）$\ln(1.01)$.

6．有一批半径为 $1\mathrm{cm}$ 的铁球，为了改变球面的光洁度，要镀上一层铜，厚度是 $0.01\mathrm{cm}$，试估计每镀一个铁球需用多少克铜（铜的密度为 $8.9\mathrm{g/cm}^3$）.

7．水管壁的横切面是一个圆环，设它的内半径为 $3\mathrm{m}$，壁厚为 $0.07\mathrm{m}$，利用微分计算这个圆环面积的近似值.

总　习　题　二

一、填空题

1．在"充分""必要"和"充分必要"三者中选择一个正确的填入下列空格内：

（1）$y = f(x)$ 在点 x_0 可导是 $f(x)$ 在点 x_0 连续的_____条件．$f(x)$ 在点 x_0 连续是 $f(x)$ 在点 x_0 可导的_____条件.

（2）$f(x)$ 在点 x_0 的左导数 $f_-'(x_0)$ 及右导数 $f_+'(x_0)$ 都存在且相等是 $f(x)$ 在点 x_0 可导的_____条件.

2．设 $f'(x_0) = -2$，则 $\lim\limits_{h \to 0} \dfrac{f(x_0 + h) - f(x_0)}{3h} = $_____.

3．设 $f'(1) = 1$，则 $\lim\limits_{x \to 1} \dfrac{f(x) - f(1)}{x^2 - 1} = $_____.

4．设 $y = x \ln x + \mathrm{e}^{2x} + \cos \dfrac{\pi}{4}$，则 $y' = $_____.

5．设 $y = x^2 \sin 3x$，则 $y''\big|_{x=0} = $_____.

6．已知函数 $y = y(x)$ 由方程 $\mathrm{e}^y + 6xy + x^2 - 1 = 0$ 确定，则 $y''(0) = $_____.

7. 设 $f(x) = a^{3x}(a > 0, a \neq 1)$，则 $f^{(n)}(x) = $ _____.

8. 设函数 $y = \dfrac{1}{2x + 3}$，则 $f^{(n)}(0) = $ _____.

9. 设 $y = f(\mathrm{e}^x)\mathrm{e}^{f(x)}$，则 $y' = $ _____.

10. 设函数 $y = \mathrm{e}^{x^2+1}$，则 $\mathrm{d}y|_{x=1} = $ _____.

11. 曲线 $\begin{cases} x = t\cos t \\ y = t\sin t \end{cases}$ 上对应于 $t = \dfrac{\pi}{2}$ 处的法线方程为 _____.

12. 曲线 $\begin{cases} x = \arctan t \\ y = \ln\sqrt{1+t^2} \end{cases}$ 上对应于 $t = 1$ 处的法线方程为 _____.

13. 曲线 $\sin(xy) + \ln(y - x) = x$ 在点 $(0,1)$ 处的切线方程为 _____.

14. 曲线 $\mathrm{e}^{xy} + xy + y = 3$ 上对应于 $x = 0$ 处的切线方程式是 _____.

15. 已知 $\begin{cases} x = \sin t \\ y = t\sin t + \cos t \end{cases}$ （t 为参数），则 $\dfrac{\mathrm{d}^2 y}{\mathrm{d}x^2}\bigg|_{t=\frac{\pi}{4}} = $ _____.

16. 设 $f(x)$ 是周期为 4 的可导奇函数，且 $f'(x) = 2(x-1), x \in [0,2]$，则 $f(7) = $ _____.

17. 设函数 $f(x) = \begin{cases} \ln\sqrt{x}, & x \geq 1 \\ 2x - 1, & x < 1 \end{cases}$，$y = f[f(x)]$，则 $\dfrac{\mathrm{d}y}{\mathrm{d}x}\bigg|_{x=\mathrm{e}} = $ _____.

18. 设 $y = f(x)$ 由方程 $y - x = \mathrm{e}^{x(1-y)}$ 确定，则 $\lim\limits_{n\to\infty} n\left[f\left(\dfrac{1}{n}\right) - 1 \right] = $ _____.

19. 设 a、b 为常数，若 $f(x) = \begin{cases} \ln x, 0 < x \leq 2 \\ ax + b, x > 2 \end{cases}$ 在 $x = 2$ 处可导，则 $a=$ _____，$b=$ _____.

20. 设 $y = 2x^2\ln x + \sin(1 - x)$，则 $\mathrm{d}y|_{x=1} = $ _____.

二、选择题

1. 已知 $f(x)$ 在 $x = 0$ 处可导，且 $f(0) = 0$，则 $\lim\limits_{x\to 0} \dfrac{x^2 f(x) - 2f(x^3)}{x^3} = $（　　　）.

（A）$-2f'(0)$　　　　（B）$-f'(0)$　　　　（C）$f'(0)$　　　　（D）0

2. 若 $f'(0) = 1$，则极限 $\lim\limits_{h\to 0} \dfrac{f(-h) - f(0)}{3h} = $（　　　）.

（A）1　　　　（B）$\dfrac{1}{3}$　　　　（C）$-\dfrac{1}{3}$　　　　（D）3

3. 函数 $f(x) = (x^2 - x - 2)|x^3 - x|$ 不可导点的个数为（　　　）.

（A）3　　　　（B）2　　　　（C）1　　　　（D）0

4. 函数 $y = f(x)$ 在 x_0 处可微，则函数 $y = |f(x)|$ 在 x_0 处（　　　）.

（A）可导　　　　（B）不可导　　　　（C）连续　　　　（D）不连续

5. 设 $f(x) = (\mathrm{e}^x - 1)(\mathrm{e}^{2x} - 2)\cdots(\mathrm{e}^{nx} - n), n \in \mathbf{Z}^+$，则 $f'(0)$ 等于（　　　）.

（A）$(-1)^{n-1}(n-1)!$　　（B）$(-1)^n(n-1)!$　　（C）$(-1)^{n-1}n!$　　（D）$(-1)^n n!$

6. 设 $f(x) = x(x-1)(x-2)\cdots(x-100)$，则 $f'(0)$ 等于（　　　）.

（A）$-99!$　　　　（B）$99!$　　　　（C）$-100!$　　　　（D）$100!$

7. $f(x)$ 在点 x_0 处可导是 $f(x)$ 在 x_0 处可微的（　　）.

(A) 必要条件　　　　(B) 充分条件　　　　(C) 充要条件　　　(D) 无关条件

8. 经过点（1，2）且切线斜率为 $4x^3$ 的曲线方程为（　　）.

(A) $y = x^4$　　　　(B) $y = x^4 + c$　　　　(C) $y = x^4 + 1$　　　(D) $y = x^4 - 1$

9. 曲线 $y = x^2$ 与曲线 $y = a\ln x (a \neq 0)$ 相切，则 $a = $（　　）.

(A) 4e　　　　(B) 3e　　　　(C) 2e　　　　(D) e

10. 若 $f(u)$ 可导，且 $y = f(\ln^2 x)$，则 $\dfrac{\mathrm{d}y}{\mathrm{d}x} = $（　　）.

(A) $f'(\ln^2 x)$ 　　　　　　　　　　　(B) $2\ln x f'(\ln^2 x)$

(C) $\dfrac{2\ln x}{x}[f(\ln^2 x)]'$ 　　　　　　(D) $\dfrac{2\ln x}{x} f'(\ln^2 x)$

11. 函数 $y = f(x)$ 可微，当 $\Delta x \to 0$ 时，$\Delta y - \mathrm{d}y$ 与 Δx 相比是（　　）.

(A) 高阶无穷小 　　　　　　　　　　(B) 同阶无穷小

(C) 低阶无穷小 　　　　　　　　　　(D) 等价无穷小

12. 当 $x > 0$ 时，曲线 $y = x\sin\dfrac{1}{x}$（　　）.

(A) 仅有水平渐近线 　　　　　　　　(B) 仅有铅直渐近线

(C) 有水平渐近线，又有铅直渐近线 　　(D) 无渐近线

三、计算题

1. 求下列函数的导数 y'：

(1) $y = x\arctan x - \ln\sqrt{1 + x^2}$；　　　　(2) $y = \sqrt{1 + x^2} \cdot \cos\ln 2x$；

(3) $y = \ln(x + \sqrt{1 + x^2})$；　　　　(4) $y = \dfrac{1}{2}\left(x\sqrt{a^2 - x^2} - a^2\arcsin\dfrac{x}{a}\right)$；

(5) $y = \sin f(\sin x)$；　　　　(6) $y = \sqrt{x + \sqrt{x + \sqrt{x}}}$；

(7) $y = a^{\arctan x^2} + x^{\sin x} (a > 0, a \neq 1)$；　　　　(8) $y = \left(\dfrac{a}{b}\right)^x \left(\dfrac{b}{x}\right)^a \left(\dfrac{x}{a}\right)^b$.

2. 若 $f(t) = \lim\limits_{x \to \infty} t\left(1 + \dfrac{1}{x}\right)^{2tx}$，求 $f'(t)$.

3. 试求过点 $M_0(-1, 1)$ 且与曲线 $2\mathrm{e}^x - 2\cos y = 1$ 上点 $\left(0, \dfrac{\pi}{3}\right)$ 的切线垂直的直线方程.

4. 已知曲线的极坐标方程是 $r = 1 - \cos\theta$，求该曲线上对应于 $\theta = \dfrac{\pi}{6}$ 处的切线与法线的直角坐标方程.

5. 设 $y = y(x)$ 是由方程 $y^2\cos x = \sin 2x + \sqrt{1 + y}$ 确定，求 y'.

6. 方程 $\mathrm{e}^{x+y} + x + y^2 = 1$ 能确定隐函数 $y = y(x)$，试求 $\dfrac{\mathrm{d}y}{\mathrm{d}x}\Big|_{x=0}$.

7. 设 $y = y(x)$ 是由参数方程 $\begin{cases} x = a\cos^3 t \\ y = a\sin^3 t \end{cases}$ 确定，求 $\dfrac{\mathrm{d}y}{\mathrm{d}x}$ 及 $\dfrac{\mathrm{d}^2 y}{\mathrm{d}x^2}$.

8．方程 $x + 2y - \cos y = 0$ 能确定隐函数 $y = y(x)$，试求 $\dfrac{\mathrm{d}y}{\mathrm{d}x}$ 及 $\dfrac{\mathrm{d}^2 y}{\mathrm{d}x^2}$．

四、证明题

1．证明：可导的奇函数的导数是偶函数．

2．验证函数 $y = \mathrm{e}^x \sin x$ 满足关系式 $y'' - 2y' + 2y = 0$．

🧑‍🏫 **拓展阅读**

一些有趣的数学定理

在数学里，有很多有趣而又深刻的数学定理．这些充满生活气息的数学定理，不但深受数学家的喜爱，在数学迷的圈子里也广为流传．

1．喝醉的小鸟

定理　喝醉的酒鬼总能找到回家的路，喝醉的小鸟则可能永远回不了家．

假设有一条水平直线，从某个位置出发，每次有 50% 的概率向左走 1m，有 50% 的概率向右走 1m，按照这种方式无限地随机游走下去，最终能回到出发点的概率是多少？答案是100%．在一维随机游走过程中，只要时间足够长，最终总能回到出发点．

现在考虑一个喝醉的酒鬼，他在街道上随机游走．假设整个城市的街道呈网格状分布，酒鬼每走到一个十字路口，都会概率均等地选择一条路（包括自己来时的那条路）继续走下去，那么他最终能够回到出发点的概率是多少呢？答案也还是100%．刚开始这个酒鬼可能会越走越远，但最后他总能找到回家的路．不过，醉酒的小鸟就没有这么幸运了．假如一只小鸟飞行时，每次都从上、下、左、右、前、后中概率均等地选择一个方向，那么它很有可能永远也回不到出发点．事实上，在三维网格中随机游走，最终能回到出发点的概率大约只有34%．

这个定理是著名数学家 G．波利亚（George Polya）于 1921 年证明的．随着维度的增加，回到出发点的概率将变得越来越低．在四维网格中随机游走，最终能回到出发点的概率是19.3%；而在八维空间中，这个概率只有 7.3%．

2．你在这里

定理　把一张当地的地图平铺在地上，则总能在地图上找到一点，这个点下面的地上的点正好就是它在地图上所表示的位置．

也就是说，如果在商场的地板上画了一张整个商场的地图，那么你总能在地图上精确地作一个"你在这里"的标记．

1912 年，荷兰数学家布劳威尔（Luitzen Brouwer）证明了这样一个定理：假设 D 是某个圆盘中的点集，$f(x) = x$．换句话说，让一个圆盘里的所有点做连续的运动，则总有一个点可以正好回到运动之前的位置．这个定理叫布劳威尔不动点定理（Brouwer Fixed Point Theorem）．

除了上面的"地图定理"，布劳威尔不动点定理还有很多其他奇妙的推论．如果取两张大小相同的纸，把其中一张纸揉成一团之后放在另一张纸上，根据布劳威尔不动点定理，纸团上一定存在一点，它正好位于下面那张纸的同一个点的正上方．

这个定理也可以扩展到三维空间去：当你搅拌完咖啡后，一定能在咖啡中找到一个点，它在搅拌前后的位置相同（尽管这个点在搅拌过程中可能到过别的地方）.

3. 不能抚平的毛球

定理 你永远不能理顺椰子上的毛.

想象一个表面长满毛的球体，你能把所有的毛全部梳平，不留下任何像鸡冠一样的一撮毛或者像头发一样的旋吗？拓扑学告诉你，这是办不到的. 这叫做毛球定理（Hairy Ball Theorem）. 它也是由布劳威尔首先证明的. 用数学语言来说就是，在一个球体表面，不可能存在连续的单位向量场. 这个定理可以推广到更高维的空间：对于任意一个偶数维的球面，连续的单位向量场都是不存在的.

毛球定理在气象学上有一个有趣的应用：由于地球表面的风速和风向都是连续的，因此由毛球定理，地球上总会有一个风速为 0 的地方. 也就是说，气旋和风眼是不可避免的.

4. 气候完全相同的另一端

定理 在任意时刻，地球上总存在对称的两个点，它们的温度和大气压的值正好都相同.

波兰数学家斯塔尼斯拉夫·马尔钦·乌拉姆（Stanislaw Marcin Ulam）曾经猜想，任意给定一个从 n 维球面到 n 维空间的连续函数，总能在球面上找到两个与球心相对称的点，它们的函数值是相同的. 1933 年，波兰数学家博苏克（Karol Borsuk）证明了这个猜想，这就是拓扑学中的博苏克-乌拉姆定理（Borsuk-Ulam Theorem）。

博苏克-乌拉姆定理有很多推论，其中一个推论就是：在地球上总存在对称的两点，它们的温度和大气压的值正好都相同（假设地球表面各地的温度差异和大气压差异是连续变化的）. 这是因为，我们可以把温度值和大气压值所有可能的组合看成平面直角坐标系上的点，于是地球表面各点的温度和大气压变化情况就可以看作二维球面到二维平面的函数，由博苏克-乌拉姆定理便可推出，一定存在两个函数值相等的对称点.

当 $n=1$ 时，博苏克-乌拉姆定理则可以表述为，在任一时刻，地球的赤道上总存在温度相等的两个点. 对于这个弱化版的推论，我们有一个非常直观的证明方法：假设赤道上有 A、B 两个人，他们站在关于球心对称的位置上. 如果此时他们所在地方的温度相同，问题就已经解决了. 下面我们只需要考虑他们所在地点的温度一高一低的情况. 不妨假设 A 所在的地方温度为 10℃，B 所在的地方温度为 20℃. 现在，让两人以相同的速度、相同的方向沿着赤道旅行，保持两人始终在对称的位置上. 假设在此过程中各地的温度均不变. 旅行过程中，两人不断报出当地的温度. 等到两人都环行赤道半周后，A 就到了原来 B 的位置，B 也到了 A 刚开始时的位置. 在整个旅行过程中，A 所报的温度从 10℃ 开始连续变化（有可能上下波动甚至超出 10～20℃ 的范围），最终变成了 20℃；而 B 经历的温度从 20℃ 出发，最终连续变化到了 10℃. 那么，他们所报的温度值在中间一定有"相交"的那一刻，这样一来，我们也就找到了赤道上两个温度相等的对称点.

5. 平分火腿三明治

定理 任意给定一个火腿三明治，总有一把刀能把它切开，使得火腿、奶酪和面包均被分成两等份.

上述定理叫做火腿三明治定理（Ham Sandwich Theorem）. 它是由数学家亚瑟·斯通

（Arthur Stone）和约翰·图基（John Tukey）于 1942 年证明的，在测度论中有着非常重要的意义.

火腿三明治定理可以扩展到 n 维的情况；如果在 n 维空间有 n 个物体，那么总存在一个 n-1 维的超平面，它能把每个物体都分成"体积"相等的两份. 这些物体可以是任何形状，还可以是不连通的（比如面包片），甚至是一些奇形怪状的点集，只要满足点集可测即可.

以上内容转自果壳网（http://www.guokr.com），特此声明.

第三章 微分中值定理与导数应用

[本章导读]

微积分的创立要解决的第三类主要问题就是"求函数的最大值与最小值"。此类问题在当时的生产实践中具有深刻的应用背景。如求炮弹从炮管里射出后运行的水平距离（即射程），依赖于炮筒对地面的倾角，即发射角。又如在天文学方面，求行星离开太阳最远和最近距离，等等。这方面的工作是开普勒最先开始进行的，而且在他的"测量酒桶体积的新科学"中，证明了在所有内接于球面的具有正方形底的平行六面体中，立方体的体积最大。

在牛顿和莱布尼兹之后，微积分的两个重要奠基者是伯努利兄弟——雅各布·伯努利和约翰·伯努利，他们在求曲线的曲率、曲线的法线包络、拐点、曲线的弧长等方面都取得了辉煌的成就。约翰·伯努利还给出了现今最著名的定理之一——洛必达法则，用于求一个分式当分子和分母都趋于零时的极限。这个定理记录在他的得意门生洛必达的一本非常有影响力的著作《无穷小分析》中。

实际上，最早的微积分教材是约翰·伯努利最得意的学生欧拉完成的。其中，《微分学原理》和《积分学原理》以及作为第一部沟通微积分与初等分析的著作《无穷小分析引论》，都成为数学史上的经典之作。后来，欧拉的学生拉格朗日以及拉格朗日的学生柯西都在微积分理论基础方面作出了卓越的贡献。

导数在自然科学与工程技术中都有着极其广泛的应用。函数在一点的导数仅反映函数在这点邻近的局部性态，所以要用导数研究函数的整体性态，首先必须在函数的定义区间内寻求联系因变量、自变量和导数之间的数量关系式，这就是本章的微分中值定理。本章首先介绍微分中值定理，在此基础上，将讨论导数的一些重要应用：未定式极限的求法（洛必达法则）、用多项式逼近函数（泰勒公式）、函数单调性与凸性的研究、函数极值与最值的求法、曲率的计算等，并利用这些知识解决一些常见的实际应用问题。

第一节 微分中值定理

我们首先观察一个几何现象。如图 3-1、图 3-2 所示，连续且光滑的曲线弧 AB 是函数 $y=f(x)(a \leqslant x \leqslant b)$ 的图形，除端点外，它处处有不垂直于 x 轴的切线。如果 $f(a)=f(b)$，我们发现在曲线弧的最高点或最低点 C 处曲线有水平切线，即切线平行于弦 AB，将 C 点的横坐标记为 ξ，那么就有 $f'(\xi)=0$。如果 $f(a) \neq f(b)$，曲线弧 AB 上至少有一点 M，此处的切线平行于弦 AB，仍将 M 点的横坐标记为 ξ，则有 $f'(\xi)=\dfrac{f(b)-f(a)}{b-a}$。

以上现象启发我们考虑这样一个理论上的问题：假设函数 $f \in C[a,b]$，并且 $f \in D(a,b)$，是否一定存在 $\xi \in (a,b)$，使得 $f'(\xi)=\dfrac{f(b)-f(a)}{b-a}$ 成立？

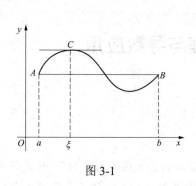

图 3-1

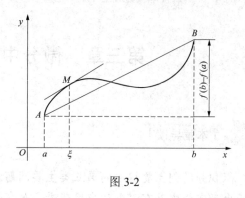

图 3-2

一、罗尔定理

定理 1［**罗尔（Rolle）定理**］　如果函数 $f(x)$ 满足下列条件：

（1）在闭区间 $[a,b]$ 上连续；

（2）在开区间 (a,b) 内可导；

（3）$f(a)=f(b)$，则在 (a,b) 内至少存在一点 ξ，使得

$$f'(\xi)=0 .$$

证　由于函数 $f(x)$ 在闭区间 $[a,b]$ 上连续，根据闭区间上连续函数的最大值和最小值定理，$f(x)$ 在 $[a,b]$ 上必定取得它的最大值 M 和最小值 m．这样，只有两种可能的情形：

（1）若 $M=m$，则 $f(x)$ 在 $[a,b]$ 上恒等于常数 M．因此，任意 $x\in(a,b)$，有 $f'(x)=0$．所以，任取 $\xi\in(a,b)$，有 $f'(\xi)=0$．

（2）若 $M>m$，因为 $f(a)=f(b)$，所以 M 与 m 中至少有一个不等于 $f(a)$，设 $M\neq f(a)$，则在 (a,b) 内至少存在一点 ξ，使得 $f(\xi)=M$．下面证明 $f'(\xi)=0$．

由于 $f(\xi)=M$ 是 $f(x)$ 在 $[a,b]$ 上的最大值，且 ξ 在 (a,b) 内，因此不论自变量的改变量 $\Delta x>0$ 或 $\Delta x<0$，恒有

$$f(\xi+\Delta x)-f(\xi)\leqslant 0 ,\quad \xi+\Delta x\in(a,b) ,$$

当 $\Delta x>0$ 时，有

$$\frac{f(\xi+\Delta x)-f(\xi)}{\Delta x}\leqslant 0 ,$$

由于函数 $f(x)$ 在点 ξ 可导，因此

$$f'(\xi)=f'_+(\xi)=\lim_{\Delta x\to 0^+}\frac{f(\xi+\Delta x)-f(\xi)}{\Delta x}\leqslant 0 ,$$

同理，当 $\Delta x<0$ 时，有

$$\frac{f(\xi+\Delta x)-f(\xi)}{\Delta x}\geqslant 0 ,$$

从而

$$f'(\xi)=f'_-(\xi)=\lim_{\Delta x\to 0^-}\frac{f(\xi+\Delta x)-f(\xi)}{\Delta x}\geqslant 0 ,$$

故

$$f'(\xi)=0 .$$

几何意义 函数 $y = f(x)(a \le x \le b)$ 在几何上表示一段连续且光滑的曲线弧 AB，即在闭区间 $[a,b]$ 上连续，除端点外处处具有不垂直于 x 轴的切线，在闭区间 $[a,b]$ 的两个端点 a 与 b 的函数值相等，即 $f(a) = f(b)$，则曲线上至少有一点，过该点的切线平行于 x 轴（见图 3-1）.

通常称导数等于零的点为函数的<u>驻点</u>（或称为<u>稳定点</u>、<u>临界点</u>）

注意：定理的三个条件缺一不可，否则定理的结论就可能不成立. 图 3-3 给出的三个图形（依次对应三个条件）均不存在 ξ，使 $f'(\xi) = 0$.

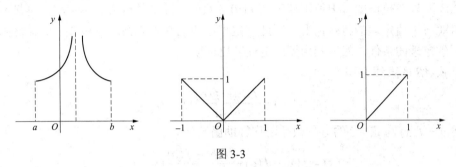

图 3-3

例 1 验证函数 $f(x) = x^2 - 1$ 在区间 $[-1,1]$ 上满足罗尔定理的三个条件，并求出满足 $f'(\xi) = 0$ 的 ξ 点.

解 因为 $f(x) = x^2 - 1$ 是多项式函数，所以在 $(-\infty, +\infty)$ 上可导，故它在 $[-1,1]$ 上连续，且在 $(-1,1)$ 内可导. 又

$$f(-1) = f(1) = 0 ,$$

因此 $f(x)$ 满足罗尔定理的三个条件. 而

$$f'(x) = 2x ,$$

令 $f'(x) = 0$，即 $2x = 0$，得

$$x = 0 .$$

显然，$0 \in (-1,1)$，取 $\xi = 0$，就有 $f'(\xi) = 0$.

例 2 设 $f(x) = (x-1)(x-2)(x-3)$，不求出函数的导数判断 $f'(x) = 0$ 实根的个数，并指出它们所在的区间.

解 因为 $f(1) = f(2) = f(3) = 0$，所以 $f(x)$ 在 $[1,2]$、$[2,3]$ 上满足罗尔定理的条件，因此 $f'(x) = 0$ 在 $(1,2)$ 内至少有一个实根，在 $(2,3)$ 内至少有一个实根；又因 $f'(x)$ 为二次多项式，故 $f'(x) = 0$ 只能有两个实根，分别在区间 $(1,2)$ 及 $(2,3)$ 内.

例 3 证明方程 $x^5 + x - 1 = 0$ 有且仅有一个正实根.

证 设 $f(x) = x^5 + x - 1$，则 $f(x)$ 在 $[0,1]$ 上连续，且 $f(0) = -1$，$f(1) = 1$.

由零点定理，至少存在一点 $x_0 \in (0,1)$ 使 $f(x_0) = 0$，x_0 即为方程的一个正实根.

设另有正实数 $x_1, x_1 \ne x_0$，使 $f(x_1) = 0$. 因为 $f(x)$ 在 x_0 和 x_1 之间满足罗尔定理的条件，所以至少存在一点 ξ（ξ 介于 x_0 和 x_1 之间），使得 $f'(\xi) = 0$. 但这与 $f'(x) = 5x^4 + 1 > 0$ 矛盾，故命题得证.

二、拉格朗日中值定理

若函数 $f(x)$ 不满足罗尔定理中的条件 $f(a) = f(b)$，那么由图 3-2 可以看出，弦 AB 不是水平状态，于是，我们把罗尔定理推广可得到下面的定理.

定理 2 ［拉格朗日（**Lagrange**）中值定理］ 如果函数 $f(x)$ 满足下列条件：

（1）在闭区间 $[a,b]$ 上连续；

（2）在开区间 (a,b) 内可导，

则在 (a,b) 内至少存在一点 ξ ，使得

$$f'(\xi)=\frac{f(b)-f(a)}{b-a}. \tag{1}$$

显然，如果在拉格朗日中值定理中令 $f(a)=f(b)$ ，那么就成为罗尔定理．可见，罗尔定理是拉格朗日中值定理的特殊情况．因此，定理证明的基本思路就是构造一个辅助函数，使其满足罗尔定理的条件，然后利用罗尔定理给出证明．

证 弦 AB 的直线方程为

$$y=f(a)+\frac{f(b)-f(a)}{b-a}(x-a) ,$$

曲线 $y=f(x)$ 与弦 AB 的方程做差，作辅助函数

$$F(x)=f(x)-f(a)-\frac{f(b)-f(a)}{b-a}(x-a) ,$$

容易验证 $F(x)$ 在 $[a,b]$ 上连续，在 (a,b) 内可导，且 $F(a)=F(b)$ ．根据罗尔定理，在 (a,b) 内至少存在一点 ξ ，使 $F'(\xi)=0$ ．而

$$F'(x)=f'(x)-\frac{f(b)-f(a)}{b-a} ,$$

于是

$$F'(\xi)=f'(\xi)-\frac{f(b)-f(a)}{b-a}=0 .$$

即

$$f'(\xi)=\frac{f(b)-f(a)}{b-a}.$$

拉格朗日中值定理给出了函数在区间上的改变量与函数在区间上某一点 ξ 处的导数之间的关系，是研究函数在区间上的整体性质的有力工具，是导数应用的理论基础，它在微分学理论中占有重要地位．

关于此定理，我们还必须指出：

（1）式（1）对 $a>b$ 也成立．式（1）也称拉格朗日中值公式，实际应用时，常用下列形式：

$$f(b)-f(a)=f'(\xi)(b-a) ,\quad \xi\text{ 介于 } a \text{ 与 } b \text{ 之间}.$$

（2）$[a,b]$ 内的任意闭区间 $[x_0,x_1]$ 上，拉格朗日中值定理均成立．

（3）如果 $f(x)$ 在 $[a,b]$ 上满足拉格朗日中值定理的条件，x、$x+\Delta x\in[a,b]$ ，有

$$f(x+\Delta x)-f(x)=f'(\xi)\Delta x ,\quad \xi\text{ 介于 } x \text{ 与 } x+\Delta x \text{ 之间},$$

或

$$f(x+\Delta x)-f(x)=f'(x+\theta\Delta x)\quad \Delta x(0<\theta<1)$$

上式称为<u>有限增量公式</u>，拉格朗日中值定理有时称为<u>有限增量定理</u>．有限增量公式给出了 Δy 的准确表达式．

微分中值定理中没有指明 ξ 在 (a,b) 内的确切位置，但这并不影响这一定理在微积分中的

重要作用.

从拉格朗日中值定理可以导出以下两个推论:

推论 1　如果函数 $f(x)$ 在区间 I 上的导数恒为零,那么 $f(x)$ 在区间 I 上是一个常数.

证　设在区间 I 上任取两点 x_1、x_2,不妨设 $x_1 < x_2$,则函数 $f(x)$ 在区间 $[x_1, x_2]$ 上满足拉格朗日中值定理的条件,由式(1),得

$$f(x_2) - f(x_1) = f'(\xi)(x_2 - x_1) \quad (x_1 < \xi < x_2).$$

由于 $f'(x) \equiv 0$,因此 $f'(\xi) = 0$,于是

$$f(x_2) = f(x_1),$$

又由于 x_1、x_2 是 I 上任意两点,故 $f(x)$ 在 I 上的函数值总是相等的,即 $f(x)$ 在区间 I 上是一个常数.

推论 2　如果函数 $f(x)$ 和 $g(x)$ 在区间 I 上的导函数处处相等,即 $f'(x) \equiv g'(x)$,则 $f(x)$ 和 $g(x)$ 在 I 上只相差一个常数,即存在一个常数 C,使得 $f(x) - g(x) \equiv C$.

证　令 $F(x) = f(x) - g(x)$,则

$$F'(x) = f'(x) - g'(x) = 0, \quad \forall x \in I.$$

由推论 1 知 $F(x) \equiv C$,即

$$f(x) - g(x) \equiv C.$$

例 4　验证函数 $f(x) = ax^2 + bx + c$ 在任一区间 $[x_1, x_2]$ 上满足拉格朗日中值定理,且满足条件的 ξ 总是在该区间的中点.

解　$f(x) = ax^2 + bx + c$ 是多项式函数,所以在 $(-\infty, +\infty)$ 上可导,故它在 $[x_1, x_2]$ 上连续,在 (x_1, x_2) 内可导,所以 $f(x)$ 满足拉格朗日中值定理的条件,又

$$f(x_1) = ax_1^2 + bx_1 + c, \quad f(x_2) = ax_2^2 + bx_2 + c, \quad f'(x) = 2ax + b,$$

由

$$f(x_2) - f(x_1) = f'(\xi)(x_2 - x_1) \quad (x_1 < \xi < x_2),$$

得

$$a(x_2 + x_1) + b = f'(\xi) = 2a\xi + b,$$

故

$$\xi = \frac{x_1 + x_2}{2}.$$

例 5　证明:$\arcsin x + \arccos x = \dfrac{\pi}{2}, x \in [-1, 1]$.

证　设 $f(x) = \arcsin x + \arccos x, x \in [-1, 1]$.

由于 $f'(x) = \dfrac{1}{\sqrt{1 - x^2}} + \left(-\dfrac{1}{\sqrt{1 - x^2}} \right) = 0$,因此 $f(x) \equiv C, x \in [-1, 1]$.

又

$$f(0) = \arcsin 0 + \arccos 0 = 0 + \frac{\pi}{2} = \frac{\pi}{2}, \quad \text{即 } C = \frac{\pi}{2}.$$

故

$$\arcsin x + \arccos x = \frac{\pi}{2}.$$

例 6 证明：当 $x > 0$ 时，$\dfrac{x}{1+x} < \ln(1+x) < x$.

证 令 $f(t) = \ln(1+t)$，在 $[0,x]$ 上应用拉格朗日中值定理，得

$$\ln(1+x) = \frac{1}{1+\xi}x, \quad \xi \in (0,x).$$

又由于 $0 < \xi < x$，因此

$$\frac{x}{1+x} < \frac{1}{1+\xi}x < x,$$

即

$$\frac{x}{1+x} < \ln(1+x) < x.$$

如果取 $x = \dfrac{1}{n}$，则得不等式

$$\frac{1}{1+n} < \ln\left(1 + \frac{1}{n}\right) < \frac{1}{n}, n \in \mathbf{Z}^+.$$

三、柯西中值定理

前面已经解释了拉格朗日中值定理的几何意义，即由显式函数 $y = f(x)$ 所表示的可微曲线段上至少存在一点，使该点的切线平行于连接该曲线两端点的弦.

一般地，如果平面上的曲线 L 是由参数方程

$$\begin{cases} X = g(x) \\ Y = f(x) \end{cases}, a \leqslant x \leqslant b$$

表示，那么在此曲线上也存在一点 M，使曲线在该点的切线与两端点的弦平行（见图 3-4），设点 M 对应的参数为 $\xi(a < \xi < b)$，则曲线在 M 的切线斜率就是 $\dfrac{f'(\xi)}{g'(\xi)}$，而连接两端点的弦的斜率是 $\dfrac{f(b)-f(a)}{g(b)-g(a)}$，这个结果实际上就是柯西中值定理.

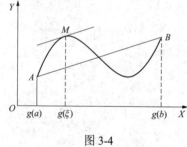

图 3-4

定理 3［柯西（**Cauchy**）中值定理］如果函数 $f(x)$、$g(x)$ 满足条件：

（1）在闭区间 $[a,b]$ 上连续；

（2）在开区间 (a,b) 内可导，并且对任一 $x \in (a,b)$，有 $g'(x) \neq 0$，

则在 (a,b) 内至少存在一点 ξ，使

$$\frac{f'(\xi)}{g'(\xi)} = \frac{f(b)-f(a)}{g(b)-g(a)}. \tag{2}$$

证法与拉格朗日中值定理的证法类同，这里不再详述.

在柯西中值定理中，当 $g(x) = x$ 时，$g'(x) = 1, g(a) = a, g(b) = b$，则式（2）就可表示为

$$f'(\xi) = \frac{f(b)-f(a)}{b-a}.$$

即拉格朗日中值定理是柯西中值定理的特殊情况.

例7　设函数 $f(x)$ 在 $[a,b]$ 上连续，在 (a,b) 内可导且 $a>0$，证明：至少存在一点 $\xi\in(a,b)$，使 $2x[f(b)-f(a)]=(b^2-a^2)f'(x)$ 有根．

证　结论可变形为 $\dfrac{f(b)-f(a)}{b^2-a^2}=\dfrac{f'(x)}{2x}=\dfrac{f'(x)}{(x^2)'}$．

因此设 $g(x)=x^2$，则 $f(x)$、$g(x)$ 在 $[a,b]$ 上满足柯西中值定理的条件，于是至少存在一点 $\xi\in(a,b)$，使

$$\frac{f(b)-f(a)}{b^2-a^2}=\frac{f'(\xi)}{2\xi}$$

即

$$2\xi[f(b)-f(a)]=(b^2-a^2)f'(\xi)，$$

故在 (a,b) 内，方程至少存在一个根 ξ．

习　题　3-1

1．验证函数 $f(x)=x^3-x$ 在区间 $[-1,1]$ 上满足罗尔中值定理的条件，并求出定理结论中的 ξ．

2．验证函数 $f(x)=\sqrt{x}-1$ 在区间 $[1,4]$ 上满足拉格朗日中值定理的条件，并求出定理结论中的 ξ．

3．设 $f(x)=\sin x,0\leqslant x\leqslant\dfrac{\pi}{2}$，求 ξ 的值使拉格朗日公式成立．

4．验证函数 $f(x)=x^3,g(x)=x^2+1$ 在区间 $[1,2]$ 上满足柯西中值定理的条件，并求出定理结论中的 ξ．

5．设 $f(x)$ 在 $[a,b]$ 上连续，在 (a,b) 内可导，且 $f(a)=f(b)=0$，试证：在 (a,b) 内至少存在一点 ξ，使得 $f(\xi)+\xi f'(\xi)=0$．

6．设 $f(x)$ 在 (a,b) 内二阶可导，且 $f(x_1)=f(x_2)=f(x_3)$，而 $a<x_1<x_2<x_3<b$，试证：在 (x_1,x_3) 内至少存在一点 ξ，使得 $f''(\xi)=0$．

7．证明恒等式 $\arctan x+\arctan\dfrac{1}{x}=\dfrac{\pi}{2}(x>0)$．

8．证明方程 $5x^4-4x+1=0$ 在 0 与 1 之间至少有一个实根．

9．设 $P(x)$ 为多项式函数，证明若方程 $P'(x)=0$ 没有实根，则方程 $P(x)=0$ 至多有一个实根．

10．证明下列不等式：

（1）$\dfrac{b-a}{b}<\ln\dfrac{b}{a}<\dfrac{b-a}{a}(0<a<b)$；

（2）$\arctan b-\arctan a<b-a(0<a<b)$．

第二节　洛必达（L'Hospital）法则

如果当 $x\to x_0$（或 $x\to\infty$）时，两个函数 $f(x)$ 与 $g(x)$ 都趋于零或都趋于无穷大，那么极

限 $\lim\limits_{\substack{x \to x_0 \\ (x \to \infty)}} \dfrac{f(x)}{g(x)}$ 可能存在，也可能不存在. 通常把这种极限叫做未定式，并分别简记为 $\dfrac{0}{0}$ 或 $\dfrac{\infty}{\infty}$.

　　例如，重要极限 $\lim\limits_{x \to 0} \dfrac{\sin x}{x}$ 就是 $\dfrac{0}{0}$ 型未定式，而 $\lim\limits_{x \to +\infty} \dfrac{\ln x}{x}$ 是 $\dfrac{\infty}{\infty}$ 型未定式，这类极限不能用"商的极限等于极限的商"的运算法则来求. 这一节我们利用中值定理推导出一个求未定式极限的法则——洛必达（L'Hospital）法则.

一、$\dfrac{0}{0}$ 型未定式

定理 1（洛必达法则 1） 设函数 $f(x), g(x)$ 满足下列条件：

（1） $\lim\limits_{x \to x_0} f(x) = \lim\limits_{x \to x_0} g(x) = 0$；

（2）在点 x_0 的某个去心邻域内 $f'(x)$ 和 $g'(x)$ 都存在，且 $g'(x) \neq 0$；

（3） $\lim\limits_{x \to x_0} \dfrac{f'(x)}{g'(x)}$ 存在或为 ∞，

则

$$\lim\limits_{x \to x_0} \dfrac{f(x)}{g(x)} = \lim\limits_{x \to x_0} \dfrac{f'(x)}{g'(x)}.$$

证 因为 $\lim\limits_{x \to x_0} f(x) = \lim\limits_{x \to x_0} g(x) = 0$，所以可以假定 $f(x_0) = g(x_0) = 0$，这样 $f(x)$ 与 $g(x)$ 在点 x_0 的某邻域内连续. 设 x 为该邻域内的任意一点（$x \neq x_0$），则 $f(x)$ 与 $g(x)$ 在以 x 和 x_0 为端点的区间上满足柯西中值定理的条件，因此有

$$\dfrac{f(x)}{g(x)} = \dfrac{f(x) - f(x_0)}{g(x) - g(x_0)} = \dfrac{f'(\xi)}{g'(\xi)}, \quad \xi \text{ 介于 } x \text{ 和 } x_0 \text{ 之间,}$$

故当 $x \to x_0$ 时，$\xi \to x_0$，上式两端取极限，得

$$\lim\limits_{x \to x_0} \dfrac{f(x)}{g(x)} = \lim\limits_{\xi \to x_0} \dfrac{f'(\xi)}{g'(\xi)} = \lim\limits_{x \to x_0} \dfrac{f'(x)}{g'(x)}.$$

　　需要说明，如果 $\lim\limits_{x \to x_0} \dfrac{f'(x)}{g'(x)}$ 仍是 $\dfrac{0}{0}$ 型，只要 $f'(x)$ 与 $g'(x)$ 仍满足洛必达法则的条件，则

$$\lim\limits_{x \to x_0} \dfrac{f(x)}{g(x)} = \lim\limits_{x \to x_0} \dfrac{f'(x)}{g'(x)} = \lim\limits_{x \to x_0} \dfrac{f''(x)}{g''(x)},$$

且可以以此类推.

　　同时，如果把极限过程换成 $x \to x_0^-$ 或 $x \to x_0^+$，甚至当极限过程换成 $x \to \infty$ 或 $x \to -\infty$ 或 $x \to +\infty$ 时，只要 $\lim \dfrac{f(x)}{g(x)}$ 为 $\dfrac{0}{0}$ 型未定式，仍然有类似的定理.

　　例 1 求 $\lim\limits_{x \to 1} \dfrac{x^3 - 3x + 2}{x^3 - x^2 - x + 1}$；

　　解 $\lim\limits_{x \to 1} \dfrac{x^3 - 3x + 2}{x^3 - x^2 - x + 1} = \lim\limits_{x \to 1} \dfrac{3x^2 - 3}{3x^2 - 2x - 1} = \lim\limits_{x \to 1} \dfrac{6x}{6x - 2} = \dfrac{3}{2}.$

本例两次应用了洛必达法则，注意每次应用前要检查它是否仍为未定式，如果已经不是，

继续使用法则 $\left(\text{如本例中} \lim\limits_{x \to 1} \dfrac{6x}{6x-2}\right)$，势必出现错误的结果.

例 2　求 $\lim\limits_{x \to 0} \dfrac{x - \sin x}{\sin^3 x}$.

解　由于当 $x \to 0$ 时，$\sin x \sim x$，$1 - \cos x \sim \dfrac{1}{2}x^2$，因此

$$\lim\limits_{x \to 0} \frac{x - \sin x}{\sin^3 x} = \lim\limits_{x \to 0} \frac{x - \sin x}{x^3} = \lim\limits_{x \to 0} \frac{1 - \cos x}{3x^2} = \lim\limits_{x \to 0} \frac{\frac{1}{2}x^2}{3x^2} = \frac{1}{6}.$$

本例启发我们，运用洛必达法则时，最好能与其他求极限的方法结合使用. 比如能化简时就先化简，能用等价无穷小代换就尽量代换，这样可以简化运算.

例 3　求 $\lim\limits_{x \to +\infty} \dfrac{\dfrac{\pi}{2} - \arctan x}{\dfrac{1}{x}}$.

解　这是 $x \to +\infty$ 时的 $\dfrac{0}{0}$ 型未定式. 由洛必达法则，得

$$\lim\limits_{x \to +\infty} \frac{\dfrac{\pi}{2} - \arctan x}{\dfrac{1}{x}} = \lim\limits_{x \to +\infty} \frac{-\dfrac{1}{1+x^2}}{-\dfrac{1}{x^2}} = \lim\limits_{x \to +\infty} \frac{x^2}{1+x^2} = 1.$$

二、$\dfrac{\infty}{\infty}$ 型未定式

定理 2（洛必达法则 2）　设函数 $f(x)$、$g(x)$ 满足下列条件：

（1）$\lim\limits_{x \to x_0} f(x) = \infty, \lim\limits_{x \to x_0} g(x) = \infty$；

（2）在点 x_0 的某去心邻域内，$f'(x)$、$g'(x)$ 存在，且 $g'(x) \neq 0$；

（3）$\lim\limits_{x \to x_0} \dfrac{f'(x)}{g'(x)}$ 存在或为 ∞，

则

$$\lim\limits_{x \to x_0} \frac{f(x)}{g(x)} = \lim\limits_{x \to x_0} \frac{f'(x)}{g'(x)}.$$

由无穷大与无穷小的倒数关系以及洛必达法则 1 的结论不难理解洛必达法则 2，所以我们略去证明. 同样，法则 2 中的 $x \to x_0$ 可以换成 $x \to x_0^-$、$x \to x_0^+$、$x \to \infty$、$x \to -\infty$ 或 $x \to +\infty$，只要把条件作相应的修改，定理的结论仍然成立.

例 4　求 $\lim\limits_{x \to +\infty} \dfrac{\ln x}{x^n}(n > 0)$.

解　这是 $\dfrac{\infty}{\infty}$ 型未定式，利用洛必达法则 2，得

$$\lim\limits_{x \to +\infty} \frac{\ln x}{x^n} = \lim\limits_{x \to +\infty} \frac{\dfrac{1}{x}}{nx^{n-1}} = \lim\limits_{x \to +\infty} \frac{1}{nx^n} = 0.$$

例 5 求 $\lim\limits_{x\to+\infty}\dfrac{x^n}{\mathrm{e}^{\lambda x}}(\ \lambda\in\mathbf{R}^+,n\in\mathbf{Z}^+)$.

解 $\lim\limits_{x\to+\infty}\dfrac{x^n}{\mathrm{e}^{\lambda x}}=\lim\limits_{x\to+\infty}\dfrac{nx^{n-1}}{\lambda\mathrm{e}^{\lambda x}}=\lim\limits_{x\to+\infty}\dfrac{n(n-1)x^{n-2}}{\lambda^2\mathrm{e}^{\lambda x}}=\cdots=\lim\limits_{x\to+\infty}\dfrac{n!}{\lambda^n\mathrm{e}^{\lambda x}}=0$.

事实上，如果例 5 中的 n 不是正整数，而是任何正数，则极限仍为零.

上两例说明，当 $x\to+\infty$ 时，对数函数 $\ln x$、幂函数 x^n、指数函数 $\mathrm{e}^{\lambda x}$ 均为无穷大量，但这三个函数增大的"速度"是不一样的，幂函数增大的"速度"比对数函数快得多，而指数函数增大的"速度"又比幂函数快得多.

例 6 求 $\lim\limits_{x\to1^-}\dfrac{\ln\tan\frac{\pi}{2}x}{\ln(1-x)}$.

解 $\lim\limits_{x\to1^-}\dfrac{\ln\tan\frac{\pi}{2}x}{\ln(1-x)}=\lim\limits_{x\to1^-}\dfrac{\dfrac{1}{\tan\frac{\pi}{2}x}\sec^2\frac{\pi}{2}x\cdot\frac{\pi}{2}}{\dfrac{-1}{1-x}}$

$$=\lim\limits_{x\to1^-}\dfrac{\pi(x-1)}{\sin\pi x}=\lim\limits_{x\to1^-}\dfrac{\pi}{\pi\cos\pi x}=-1.$$

此例中，$\lim\limits_{x\to1^-}\dfrac{\ln\tan\frac{\pi}{2}x}{\ln(1-x)}$ 为 $\dfrac{\infty}{\infty}$ 型，而 $\lim\limits_{x\to1^-}\dfrac{\pi(x-1)}{\sin\pi x}$ 为 $\dfrac{0}{0}$ 型，这表明使用洛必达法则时，$\dfrac{0}{0}$ 型与 $\dfrac{\infty}{\infty}$ 型可以交替使用.

三、其他类型的未定式

除上述 $\dfrac{0}{0}$、$\dfrac{\infty}{\infty}$ 型未定式以外，还有其他类型的未定式，如 $0\cdot\infty$、$\infty\pm\infty$、1^∞、0^0、∞^0 等. 求这些未定式的值，通常是将其转化成为 $\dfrac{0}{0}$ 或 $\dfrac{\infty}{\infty}$ 型未定式，然后用洛必达法则来计算. 下面以例题说明.

例 7 求 $\lim\limits_{x\to0^+}x^n\ln x(n>0)$.

解 这是 $0\cdot\infty$ 型未定式，故可化为

$$\lim\limits_{x\to0^+}x^n\ln x=\lim\limits_{x\to0^+}\dfrac{\ln x}{\dfrac{1}{x^n}}=\lim\limits_{x\to0^+}\dfrac{\dfrac{1}{x}}{\dfrac{-n}{x^{n+1}}}=\lim\limits_{x\to0^+}\left(-\dfrac{x^n}{n}\right)=0.$$

注意：本例中我们将 $0\cdot\infty$ 型化为 $\dfrac{\infty}{\infty}$ 型后再利用洛必达法则计算，但若化为 $\dfrac{0}{0}$ 型，将得不出结果.

例 8 求 $\lim\limits_{x\to0}\left(\dfrac{1}{x}-\dfrac{1}{\sin x}\right)$.

解 这是 $\infty-\infty$ 型未定式，通常应通分后再运用洛必达法则.

$$\lim\limits_{x\to0}\left(\dfrac{1}{x}-\dfrac{1}{\sin x}\right)=\lim\limits_{x\to0}\dfrac{\sin x-x}{x\sin x}=\lim\limits_{x\to0}\dfrac{\sin x-x}{x\cdot x}=\lim\limits_{x\to0}\dfrac{\cos x-1}{2x}=\lim\limits_{x\to0}\dfrac{-\sin x}{2}=0.$$

例 9 求 $\lim\limits_{x\to 1} x^{\frac{1}{1-x}}$.

解 这是 1^∞ 型未定式，设 $y = x^{\frac{1}{1-x}}$，取对数，得

$$\ln y = \frac{\ln x}{1-x},$$

所以

$$y = e^{\frac{\ln x}{1-x}}.$$

而 $\lim\limits_{x\to 1} \dfrac{\ln x}{1-x}$ 是 $\dfrac{0}{0}$ 型未定式，用洛必达法则，得

$$\lim\limits_{x\to 1} \frac{\ln x}{1-x} = \lim\limits_{x\to 1} \frac{\frac{1}{x}}{-1} = -1,$$

故

$$\lim\limits_{x\to 1} x^{\frac{1}{1-x}} = \lim\limits_{x\to 1} e^{\frac{\ln x}{1-x}} = e^{\lim\limits_{x\to 1}\frac{\ln x}{1-x}} = e^{-1} = \frac{1}{e}.$$

对 $0\cdot\infty$、$\infty\pm\infty$ 型未定式，可通过恒等变形化为 $\dfrac{0}{0}$ 或 $\dfrac{\infty}{\infty}$ 型未定式，而对 1^∞、0^0、∞^0 型未定式，均为幂指函数形式，可通过取对数的方式，先转化为 $0\cdot\infty$ 型，再转化为 $\dfrac{0}{0}$ 或 $\dfrac{\infty}{\infty}$ 型未定式.

由以上各例看出，洛必达法则是求未定式的值的一种简便有效的工具，应用这一法则时必须注意以下几点：

（1）必须将未定式化为 $\dfrac{0}{0}$ 或 $\dfrac{\infty}{\infty}$ 型才能使用洛必达法则. 每次使用洛必达法则时，必须检查所求极限是否是 $\dfrac{0}{0}$ 或 $\dfrac{\infty}{\infty}$ 型未定式，否则不能用.

（2）在应用洛必达法则时，要注意定理中的条件（3），$\lim\dfrac{f'(x)}{g'(x)}$ 存在或为 ∞ 时，才有 $\lim\dfrac{f(x)}{g(x)} = \lim\dfrac{f'(x)}{g'(x)}$；若 $\lim\dfrac{f'(x)}{g'(x)}$ 不存在也不为 ∞ 时，不能断言 $\lim\dfrac{f(x)}{g(x)}$ 不存在，即洛必达法则的条件是结论的充分而非必要条件.

例 10 验证 $\lim\limits_{x\to\infty} \dfrac{x+\sin x}{x}$ 存在，但不能使用洛必达法则求解.

解 显然 $\lim\limits_{x\to\infty} \dfrac{x+\sin x}{x} = 1 + \lim\limits_{x\to\infty} \dfrac{\sin x}{x} = 1 + 0 = 1$，极限是存在的. 此极限是 $\dfrac{\infty}{\infty}$ 型未定式，但是由于 $\lim\limits_{x\to\infty} \dfrac{x+\sin x}{x} = \lim\limits_{x\to\infty} \dfrac{1+\cos x}{1}$，右端极限不存在，也不是 ∞，故不能应用洛必达法则求该极限.

习 题 3-2

1. 利用洛必达法则求下列极限：

（1）$\lim\limits_{x\to 0}\dfrac{\sin 2x}{\sin 3x}$；

（2）$\lim\limits_{x\to 0}\dfrac{\ln(1+x)}{x}$；

（3）$\lim\limits_{x\to 0}\dfrac{\mathrm{e}^x-\mathrm{e}^{-x}}{x}$；

（4）$\lim\limits_{x\to 0}\dfrac{\ln\tan 2x}{\ln\tan 3x}$；

（5）$\lim\limits_{x\to a}\dfrac{\sin x-\sin a}{x-a}$；

（6）$\lim\limits_{x\to a}\dfrac{x^m-a^m}{x^n-a^n}$；

（7）$\lim\limits_{x\to 0}\dfrac{\sin 3x}{\arctan 5x}$；

（8）$\lim\limits_{x\to \frac{\pi}{2}}\dfrac{\tan x}{\tan 3x}$；

（9）$\lim\limits_{x\to 0}\dfrac{\mathrm{e}^x-\mathrm{e}^{-x}-2x}{x-\sin x}$；

（10）$\lim\limits_{x\to 0}\dfrac{(1+x)^n-1}{\sin x}$；

（11）$\lim\limits_{x\to 0}\dfrac{\ln(\mathrm{e}^x+\mathrm{e}^{-x})-\ln(2\cos x)}{x^2}$；

（12）$\lim\limits_{x\to \frac{\pi}{4}}\dfrac{\sin x-\cos x}{\tan^2 x-1}$；

（13）$\lim\limits_{x\to +\infty}\dfrac{\dfrac{\pi}{2}-\arctan x}{\sin\dfrac{1}{x}}$；

（14）$\lim\limits_{x\to \infty}x\left(\cos\dfrac{1}{x}-1\right)$；

（15）$\lim\limits_{x\to 0}\dfrac{x+\sin x}{\ln(1+x)}$；

（16）$\lim\limits_{x\to \frac{\pi}{2}}\dfrac{\tan x-6}{\sec x+5}$；

（17）$\lim\limits_{x\to 0}\dfrac{a^x-b^x}{x}$；

（18）$\lim\limits_{x\to 0}\left(\dfrac{1}{x}-\dfrac{1}{\mathrm{e}^x-1}\right)$；

（19）$\lim\limits_{x\to 0}(1+\sin x)^{\frac{1}{x}}$；

（20）$\lim\limits_{x\to +\infty}(x+\mathrm{e}^x)^{\frac{1}{x}}$．

2．验证极限 $\lim\limits_{x\to 0}\dfrac{x^2\sin\dfrac{1}{x}}{\sin x}$ 存在，但不能用洛必达法则得出．

3．设函数 $f(x)$ 存在二阶连续导数，且 $f(0)=0,f'(0)=1,f''(0)=2$，试求 $\lim\limits_{x\to 0}\dfrac{f(x)-x}{x^2}$．

第三节　泰勒（Taylor）公式

用简单函数逼近复杂函数是工程技术中的常用方法之一．不论是在近似计算还是理论分析中，我们总是希望可以用简单函数来逼近比较复杂的函数，而多项式函数是各类函数中最简单的一种，由于它只涉及对自变量的有限次四则运算，因此非常适合计算机计算．所以，如果能用多项式近似表达函数，而误差又能满足要求，这对研究函数的性态和近似计算函数值都有重要意义．本节介绍的泰勒（Taylor）定理就是用多项式来逼近函数的一个非常重要的定理．

一、泰勒公式

在学习微分的概念时我们已经知道，如果函数 $f(x)$ 在 x_0 处可微，则有

$$f(x)=f(x_0)+f'(x_0)(x-x_0)+o(x-x_0).$$

上式表明，当 $x \to x_0$ 时， $f(x)$ 可用（ $x - x_0$ ）的一次多项式近似表示．近似公式具有形式简单、计算方便的优点，但是这种近似表示的不足之处在于近似程度不够高，公式的误差无法估计．其实，从本质上来说，一次多项式近似是利用曲线 $y = f(x)$ 在点 x_0 处的切线来代替该曲线进行计算，因此如果能用曲线来逼近曲线，精度应该更高．在曲线中，比较简单的是关于 $x - x_0$ 的高次多项式．为此，我们考察任一 n 次多项式

$$P_n(x) = a_0 + a_1(x - x_0) + a_2(x - x_0)^2 + \cdots + a_n(x - x_0)^n,$$

为了使 $P_n(x)$ 与 $f(x)$ 的逼近程度更好，进一步要求 $P_n(x)$ 在 x_0 处的函数值，以及直到 n 阶的导数值与 $f(x)$ 在 x_0 处的函数值和直到 n 阶的导数值分别相等，即

$$P_n^{(k)}(x_0) = f^{(k)}(x_0) \quad (k = 0, 1, \cdots, n).$$

逐次对 $P_n(x)$ 求导并结合以上要求，不难得到 $P_n(x)$ 中的各项系数为

$$a_0 = f(x_0), a_1 = f'(x_0), a_2 = \frac{1}{2!}f''(x_0), \cdots, a_n = \frac{1}{n!}f^{(n)}(x_0),$$

于是

$$P_n(x) = f(x_0) + f'(x_0)(x - x_0) + \frac{1}{2!}f''(x_0)(x - x_0)^2 + \cdots + \frac{1}{n!}f^{(n)}(x_0)(x - x_0)^n.$$

此多项式称为 $f(x)$ 在点 x_0 处关于 $(x - x_0)$ 的 n 阶泰勒多项式，它的系数称为泰勒系数．下面的定理告诉我们，上式就是我们要找的 n 次多项式．

定理 1（泰勒 **Taylor** 中值定理） 设 $f(x)$ 在含 x_0 的某个开区间 (a, b) 内有直到 $n + 1$ 阶的导数，则对此区间内任一 x ，有

$$\boxed{f(x) = f(x_0) + f'(x_0)(x - x_0) + \frac{1}{2!}f''(x_0)(x - x_0)^2 + \cdots + \frac{1}{n!}f^{(n)}(x_0)(x - x_0)^n + R_n(x)} \quad (1)$$

其中 $R_n(x)$ 常用的表示法有两种：

（1） $R_n(x) = o((x - x_0)^n), x \to x_0$ ；

（2） $R_n(x) = \dfrac{f^{(n+1)}(\xi)}{(n+1)!}(x - x_0)^{n+1}$ ， ξ 介于 x_0 与 x 之间．

证 （1）设 $R_n(x) = f(x) - P_n(x)$,

现在只要证明 $\lim\limits_{x \to x_0} \dfrac{R_n(x)}{(x - x_0)^n} = 0$ ．

由定理条件 $f(x)$ 在 (a, b) 内有 $n + 1$ 阶导数知， $R_n(x)$ 也具有 $n + 1$ 阶导数，且

$$R_n^{(k)}(x_0) = 0, k = 0, 1, \cdots, n.$$

于是，应用 n 次洛必达法则得

$$\lim_{x \to x_0} \frac{R_n(x)}{(x - x_0)^n} = \lim_{x \to x_0} \frac{R_n'(x)}{n(x - x_0)^{n-1}} = \cdots = \lim_{x \to x_0} \frac{R_n^{(n)}(x)}{n!} = 0.$$

即

$$R_n(x) = o(x - x_0)^n.$$

（2）设 $R_n(x) = f(x) - P_n(x), Q(x) = (x - x_0)^{n+1}$ ，则对 x 、 $x_0 \in (a, b)$ ， $R_n(x)$ 与 $Q(x)$ 以及它们的直到 n 阶导数在 $[x, x_0]$ （或 $[x_0, x]$ ）上均满足柯西定理的条件，且由

$$R_n^{(k)}(x_0)=0, Q^{(k)}(x_0)=0, k=0,1,\cdots,n$$

及

$$R_n^{n+1}(x)=f^{(n+1)}(x), Q^{(n+1)}(x)=(n+1)!$$

应用 $n+1$ 次柯西定理，得

$$\frac{R_n(x)}{Q(x)}=\frac{R_n(x)-R_n(x_0)}{Q(x)-Q(x_0)}=\frac{R_n'(\xi_1)}{Q'(\xi_1)}, \quad \xi_1 \text{介于} x \text{与} x_0 \text{之间}$$

$$=\frac{R_n'(\xi_1)-R_n'(x_0)}{Q'(\xi_1)-Q'(x_0)}=\frac{R_n''(\xi_2)}{Q''(\xi_2)}, \quad \xi_2 \text{介于} \xi_1 \text{与} x_0 \text{之间}$$

$$=\cdots$$

$$=\frac{R_n^{(n)}(\xi_n)-R_n^{(n)}(x_0)}{Q^{(n)}(\xi_n)-Q^{(n)}(x_0)}=\frac{R_n^{(n+1)}(\xi)}{(n+1)!}=\frac{f^{(n+1)}(\xi)}{(n+1)!}, \quad \xi \text{介于} \xi_n \text{与} x_0 \text{之间,}$$

即

$$R_n(x)=\frac{f^{(n+1)}(\xi)}{(n+1)!}(x-x_0)^{n+1}, \quad \xi \text{介于} x \text{与} x_0 \text{之间}.$$

式（1）称为 $f(x)$ 在点 x_0 处关于 $(x-x_0)$ 的 n 阶泰勒公式.

结论（1）中的余项称为皮亚诺余项. 带有皮亚诺余项的 n 阶泰勒公式为

$$f(x)=f(x_0)+f'(x_0)(x-x_0)+\frac{1}{2!}f''(x_0)(x-x_0)^2+\cdots$$

$$+\frac{1}{n!}f^{(n)}(x_0)(x-x_0)^n+o((x-x_0)^n),$$

其主要用于极限求解问题.

结论（2）中的余项称为拉格朗日余项. 带有拉格朗日余项的 n 阶泰勒公式为

$$f(x)=f(x_0)+f'(x_0)(x-x_0)+\frac{1}{2!}f''(x_0)(x-x_0)^2+\cdots$$

$$+\frac{1}{n!}f^{(n)}(x_0)(x-x_0)^n+\frac{f^{(n+1)}(\xi)}{(n+1)!}(x-x_0)^{n+1},$$

其主要用于与误差估计有关的问题.

在带有拉格朗日余项的 n 阶泰勒公式中，当 $n=0$ 时，泰勒公式变成拉格朗日中值公式，即

$$f(x)=f(x_0)+f'(\xi)(x-x_0), \quad \xi \text{介于} x_0 \text{与} x \text{之间}.$$

因此，拉格朗日中值定理是泰勒中值定理的特例.

在泰勒公式中，当 $x_0=0$ 时，此时公式（1）变成

$$\boxed{f(x)=f(0)+f'(0)x+\frac{1}{2!}f''(0)x^2+\cdots+\frac{1}{n!}f^{(n)}(0)x^n+R_n(x)} \quad (2)$$

其中 $R_n(x)$ 也有两种表示法，即

$$R_n(x)=o(x^n), x \to 0$$

及

$$R_n(x) = \frac{f^{(n+1)}(\xi)}{(n+1)!}x^{n+1}, \xi \text{ 介于 } 0 \text{ 与 } x \text{ 之间}$$

或记 $\xi = \theta x, 0 < \theta < 1$，则有

$$R_n(x) = \frac{f^{(n+1)}(\theta x)}{(n+1)!}x^{n+1}.$$

公式（2）称为 $f(x)$ 的<u>麦克劳林（Maclaurin）公式</u>.

二、几个常用函数的麦克劳林公式

下面给出几个常用基本初等函数的带皮亚诺余项的麦克劳林公式.

1. $f(x) = e^x$.

已知 $f^{(n)}(x) = e^x, f^{(n)}(0) = 1$，有

$$\boxed{e^x = 1 + x + \frac{1}{2!}x^2 + \cdots + \frac{1}{n!}x^n + o(x^n)}$$

2. $f(x) = \sin x$.

已知 $f^{(n)}(x) = \sin\left(x + \frac{n\pi}{2}\right)$，

$$f^{(n)}(0) = \sin\left(\frac{n\pi}{2}\right) = \begin{cases} 0, & \text{当} n = 2m, \\ (-1)^m, & \text{当} n = 2m+1, \end{cases} m = 0,1,2,\cdots,$$

$f(0) = 0$、$f'(0) = 1$、$f''(0) = 0$、$f'''(0) = -1$、$\cdots$ 它们顺序循环地取四个数 0、1、0、-1，有

$$\boxed{\sin x = x - \frac{1}{3!}x^3 + \frac{1}{5!}x^5 - \cdots + \frac{(-1)^{m-1}}{(2m-1)!}x^{2m-1} + o(x^{2m})}$$

3. $f(x) = \cos x$.

已知 $f^{(n)}(x) = \cos\left(x + \frac{n\pi}{2}\right)$，

$$f^{(n)}(0) = \cos\left(\frac{n\pi}{2}\right) = \begin{cases} (-1)^m, & \text{当} n = 2m, \\ 0, & \text{当} n = 2m+1, \end{cases} m = 0,1,2,\cdots,$$

有

$$\boxed{\cos x = 1 - \frac{1}{2!}x^2 + \frac{1}{4!}x^4 - \cdots + \frac{(-1)^m}{(2m)!}x^{2m} + o(x^{2m+1})}$$

4. $f(x) = \ln(1+x)$.

已知 $f^{(n)}(x) = (-1)^{n-1}\frac{(n-1)!}{(1+x)^n}$，

$f^{(n)}(0) = (-1)^{n-1}(n-1)!$，有

$$\boxed{\ln(1+x) = x - \frac{1}{2}x^2 + \frac{1}{3}x^3 - \cdots + \frac{(-1)^{n-1}}{n}x^n + o(x^n)}$$

5. $f(x) = (1+x)^\alpha, \alpha \in \mathbf{R}$.

已知 $f^{(n)}(x) = \alpha(\alpha-1)\cdots(\alpha-n+1)(1+x)^{\alpha-n}$，

$$f^{(n)}(0) = \alpha(\alpha-1)\cdots(\alpha-n+1),$$

有

$$\boxed{(1+x)^\alpha = 1 + \alpha x + \frac{\alpha(\alpha-1)}{2!}x^2 + \cdots + \frac{\alpha(\alpha-1)\cdots(\alpha-n+1)}{n!}x^n + o(x^n)}$$

由以上带有皮亚诺余项的麦克劳林公式，可得相应的带有拉格朗日余项的麦克劳林公式，读者可自行写出.

以上公式的推导是直接求函数的高阶导数，然后代入泰勒公式求得. 这种把函数展开成泰勒公式的方法叫做<u>直接展开法</u>. 利用已知的公式把函数展开成泰勒公式的方法叫做<u>间接展开法</u>. 如下面的例子.

例 1 求函数 $f(x) = \cos^2 x$ 的 $2n$ 阶带皮亚诺余项的麦克劳林公式.

解 $\cos^2 x = \dfrac{1+\cos 2x}{2}$

$$= \frac{1}{2} + \frac{1}{2}\left\{1 - \frac{(2x)^2}{2!} + \frac{(2x)^4}{4!} - \cdots + (-1)^n \frac{(2x)^{2n}}{(2n)!} + o[(2x)^{2n+1}]\right\}$$

$$= 1 - x^2 + \frac{1}{3}x^4 - \cdots + (-1)^n \frac{2^{2n-1}}{(2n)!}x^{2n} + o(x^{2n+1}).$$

利用泰勒公式可以求极限，这种方法可以帮助我们解决其他方法不易求得的极限问题.

例 2 求极限 $\lim\limits_{x\to 0} \dfrac{\cos x - \mathrm{e}^{-\frac{x^2}{2}}}{x^4}$.

解 这是 $\dfrac{0}{0}$ 型未定式极限问题. 如果用洛必达法则，则分子分母需要求导 4 次.

$$\lim_{x\to 0}\frac{\cos x - \mathrm{e}^{-\frac{x^2}{2}}}{x^4}$$

$$= \lim_{x\to 0}\frac{-\sin x + x\mathrm{e}^{-\frac{x^2}{2}}}{4x^3} \quad \left(仍为\frac{0}{0}型\right)$$

$$= \lim_{x\to 0}\frac{-\cos x + \mathrm{e}^{-\frac{x^2}{2}} - x^2\mathrm{e}^{-\frac{x^2}{2}}}{12x^2} \quad \left(仍为\frac{0}{0}型\right)$$

$$= \lim_{x\to 0}\frac{\sin x - 3x\mathrm{e}^{-\frac{x^2}{2}} + x^3\mathrm{e}^{-\frac{x^2}{2}}}{24x} \quad \left(仍为\frac{0}{0}型\right)$$

$$= \lim_{x\to 0}\frac{\cos x - 3\mathrm{e}^{-\frac{x^2}{2}} + 6x^2\mathrm{e}^{-\frac{x^2}{2}} - x^4\mathrm{e}^{-\frac{x^2}{2}}}{24}$$

$$= -\frac{1}{12}.$$

但若采用带皮亚诺余项的泰勒公式，由于分式的分母为 x^4，因此只需将分子中的 $\cos x$ 和 $\mathrm{e}^{-\frac{x^2}{2}}$ 分别用带有皮亚诺型余项的四阶麦克劳林公式表示，即

$$\cos x = 1 - \frac{1}{2!}x^2 + \frac{1}{4!}x^4 + o(x^4),$$

$$e^{-\frac{x^2}{2}} = 1 + \left(-\frac{x^2}{2}\right) + \frac{1}{2!}\left(-\frac{x^2}{2}\right)^2 + o(x^4),$$

于是

$$\cos x - e^{-\frac{x^2}{2}} = -\frac{1}{12}x^4 + o(x^4),$$

对上式作运算时，把两个比 x^4 高阶的无穷小的代数和仍记作 $o(x^4)$，故

$$\lim_{x \to 0}\frac{\cos x - e^{-\frac{x^2}{2}}}{x^4} = \lim_{x \to 0}\frac{-\frac{1}{12}x^4 + o(x^4)}{x^4} = -\frac{1}{12}.$$

泰勒公式的另一个主要应用是近似计算．利用泰勒公式做近似计算时，在函数的可导性允许的条件下，可以达到我们要求的任何精度，并可以估计误差．例如,正弦函数 $y = \sin x$ 与其麦克劳林近似多项式 $P_n(x)$ 通过计算机作出的图形如图 3-5 所示．由图可以看出，$\sin x$ 与 $P_n(x)$ 随着 n 的增大变得贴近起来，也就是说，误差 $R_n(x)$ 随着 n 的增大而变小．即使 x 偏离原点较远，只要选取阶数较高的麦克劳林多项式 $P_n(x)$ 来近似表达 $\sin x$，就可以达到我们要求的精度．

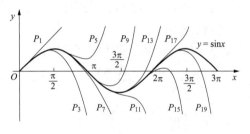

图 3-5

例3　求 e 的近似值，并使其误差小于 10^{-5}．

解　e^x 的带拉格朗日余项的麦克劳林公式为

$$e^x = 1 + x + \frac{1}{2!}x^2 + \cdots + \frac{1}{n!}x^n + \frac{e^{\theta x}}{(n+1)!}x^{n+1} \quad (0 < \theta < 1),$$

当 $x = 1$ 时，即为 e 的展开式

$$e = 1 + 1 + \frac{1}{2!} + \cdots + \frac{1}{n!} + \frac{e^\theta}{(n+1)!} \quad (0 < \theta < 1),$$

由于 $e^\theta < e < 3$，故

$$R_n(1) = \frac{e^\theta}{(n+1)!} < \frac{3}{(n+1)!}$$

当 $n = 8$ 时，有

$$\frac{3}{(n+1)!} < 10^{-5},$$

从而

$$R_8(1) = \frac{e^\theta}{(8+1)!} < 10^{-5},$$

于是 e 的误差小于 10^{-5} 的近似值为

$$e \approx 1+1+\frac{1}{2!}+\cdots+\frac{1}{8!} \approx 2.71828.$$

习 题 3-3

1．写出下列函数在指定点 x_0 处的带皮亚诺余项的三阶泰勒公式：

（1） $f(x)=\frac{1}{x}, x_0=-1$；

（2） $f(x)=\sin x, x_0=\frac{\pi}{4}$．

2．求下列函数的带拉格朗日余项的 n 阶麦克劳林公式：

（1） $f(x)=x\mathrm{e}^x$；

（2） $f(x)=\frac{1}{1+x}$．

3．求 $\ln x$ 在 $x=2$ 处的带皮亚诺余项的 n 阶泰勒公式．

4．应用三阶泰勒公式近似计算下列各数，并估计误差：

（1） $\sqrt[3]{30}$； （2） $\ln 1.2$．

5．利用泰勒公式求下列极限：

（1） $\lim\limits_{x\to 0}\frac{\sin x-x\cos x}{x^3}$；

（2） $\lim\limits_{x\to 0}\frac{\mathrm{e}^x\sin x-x(1+x)}{x^3}$；

（3） $\lim\limits_{x\to 0}\frac{\frac{1}{2}x^2+1-\sqrt{1+x^2}}{x^2\sin x^2}$．

第四节 函数单调性与极值

本书第一章已经介绍了函数在区间上单调增加（或单调减少）的定义，但仅用定义来确定函数的单调区间是较困难的．本节将利用导数来研究函数的单调性与极值．

一、函数单调性的判定法

函数的单调性是函数的一个重要特性．一般说来，用定义直接判定函数的单调性是比较困难的，下面介绍利用导数来判定函数单调性的方法．

设曲线 $y=f(x)$ 在区间 $[a,b]$ 上的每一点处都存在切线．若切线与 x 轴正方向的夹角都是锐角，即切线的斜率 $f'(x)>0$（只在个别点处切线斜率是零），则曲线是上升的，即函数 $f(x)$ 是单调增加的，如图 3-6 所示；若切线斜率 $f'(x)<0$（只在个别点处切线斜率是零），则曲线是下降的，即函数 $f(x)$ 是单调减少的，如图 3-7 所示．由此可见，应用导数的符号能够判别函数的单调性．

定理 1 设函数 $y=f(x)$ 在闭区间 $[a,b]$ 上连续，在开区间 (a,b) 内可导，那么

（1）如果在 (a,b) 内 $f'(x)>0$，那么函数 $y=f(x)$ 在 $[a,b]$ 上单调增加；

（2）如果在 (a,b) 内 $f'(x)<0$，那么函数 $y=f(x)$ 在 $[a,b]$ 上单调减少．

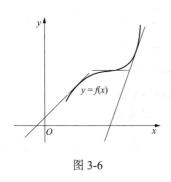

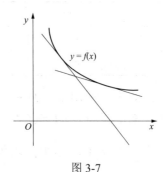

图 3-6　　　　　　　　　　　　　　　　　　图 3-7

证　在区间 $[a,b]$ 上任取两点 x_1、x_2，不妨设 $x_1 < x_2$．由拉格朗日中值定理，得

$$f(x_2) - f(x_1) = f'(\xi)(x_2 - x_1) \quad (x_1 < \xi < x_2).$$

由于 $x_2 > x_1$，因此 $x_2 - x_1 > 0$，故

（1）若在 (a,b) 内 $f'(x) > 0$，则有 $f'(\xi) > 0$，即可推出 $f(x_2) - f(x_1) > 0$，亦即 $f(x_2) > f(x_1)$，所以函数 $y = f(x)$ 在 $[a,b]$ 上单调增加．

（2）若在 (a,b) 内 $f'(x) < 0$，则有 $f'(\xi) < 0$，即可推出 $f(x_2) - f(x_1) < 0$，亦即 $f(x_2) < f(x_1)$，所以函数 $y = f(x)$ 在 $[a,b]$ 上单调减少．

将上述定理中的闭区间换成开区间或无限区间，结论也成立．同时需要指出的是，若函数 $f(x)$ 在某区间内连续，而 $f'(x)$ 在该区间内除有限个点处为零或不存在外，其余各点处 $f'(x)$ 均为正（或负），则函数 $f(x)$ 在该区间上仍是单调增加（或单调减少）．例如，$y = x^3$ 的导数 $y' = 3x^2$，当 $x = 0$ 时，$y' = 0$；当 $x \neq 0$ 时，$y' > 0$．此时函数 $y = x^3$ 在 $(-\infty, +\infty)$ 内是单调增加的．

例1　判定函数 $y = x - \sin x$ 在 $[0, 2\pi]$ 上的单调性．

解　因为在 $(0, 2\pi)$ 内，$y' = 1 - \cos x > 0$，所以，由定理 1 可知函数 $y = x - \sin x$ 在 $[0, 2\pi]$ 上单调增加．

例2　讨论函数 $y = x^3 - 3x$ 的单调性．

解　函数的定义域为 $(-\infty, +\infty)$．

$$y' = 3x^2 - 3 = 3(x+1)(x-1)$$

令 $y' = 0$，得 $x_1 = -1, x_2 = 1$．

当 $x \in (-\infty, -1)$ 时，$y' > 0$，函数在 $(-\infty, -1]$ 上单调增加；

当 $x \in (-1, 1)$ 时，$y' < 0$，函数在 $[-1, 1]$ 上单调减少；

当 $x \in (1, +\infty)$ 时，$y' > 0$，函数在 $[1, +\infty)$ 上单调增加．

例3　讨论函数 $f(x) = x - \dfrac{3}{2} x^{\frac{2}{3}}$ 的单调性．

解　（1）函数的定义域为 $(-\infty, +\infty)$．

（2）$f'(x) = 1 - x^{-\frac{1}{3}} = 1 - \dfrac{1}{\sqrt[3]{x}} = \dfrac{\sqrt[3]{x} - 1}{\sqrt[3]{x}}$，

令 $f'(x) = 0$，得 $x = 1$．显然，当 $x = 0$ 时，$f'(x)$ 不存在．

（3）列表讨论 $f'(x)$ 的符号如下（表中 ↗ 表示单调增加，↘ 表示单调减少）：

x	$(-\infty,0)$	0	$(0,1)$	1	$(1,+\infty)$
$f'(x)$	+	不存在	−	0	+
$f(x)$	↗	0	↘	−0.5	↗

所以，函数的单调增区间为 $(-\infty,0]$ 和 $[1,+\infty)$，单调减区间为 $[0,1]$.

例 2 中，$x_1=-1$ 和 $x_2=1$ 是函数 $y=x^3-3x$ 的单调区间的分界点，而在这两点处 $y'=0$，是函数的驻点. 例 3 中，$x=0$ 是函数 $f(x)=x-\dfrac{3}{2}x^{\frac{2}{3}}$ 的单调区间的分界点，而在该点处导数不存在.

从以上两例可以看出，讨论函数 $y=f(x)$ 的单调区间时，可按下列步骤进行：

（1）确定函数 $f(x)$ 的定义域；

（2）求出 $f(x)$ 的单调区间上的所有可能分界点（包括驻点及 y' 不存在的点），并根据分界点把定义域分成若干区间；

（3）判断一阶导数 y' 在每个开区间的符号. 根据定理 1，确定函数 $f(x)$ 的单调性.

利用函数的单调性还可以证明一些不等式.

例 4　证明：当 $x>0$ 时，$\dfrac{x}{1+x}<\ln(1+x)<x$.

证　分别证明这两个不等式：

（1）先证左端不等式

设 $f(x)=\ln(1+x)-\dfrac{x}{1+x}$，则 $f'(x)=\dfrac{x}{(1+x)^2}$.

当 $x>0$ 时，有 $f'(x)>0$，从而函数 $f(x)$ 在区间 $[0,+\infty)$ 上单调增加，且 $f(0)=0$. 于是，当 $x>0$ 时，有

$$f(x)=\ln(1+x)-\frac{x}{1+x}>0,$$

即当 $x>0$ 时，有 $\dfrac{x}{1+x}<\ln(1+x)$.

（2）再证右端不等式

设 $g(x)=x-\ln(1+x)$，则 $g'(x)=\dfrac{x}{1+x}$.

当 $x>0$ 时，有 $g'(x)>0$，从而函数 $g(x)$ 在区间 $[0,+\infty)$ 上单调增加，且 $g(0)=0$. 于是，当 $x>0$ 时，有

$$g(x)=x-\ln(1+x)>0,$$

即当 $x>0$ 时，有

$$\ln(1+x)<x.$$

综上，当 $x>0$ 时，有 $\dfrac{x}{1+x}<\ln(1+x)<x$.

例 5　证明方程 $x^5+x-1=0$ 在 $(-\infty,+\infty)$ 内有且仅有一个实根.

证　设 $f(x)=x^5+x-1$，$f(x)$ 在 $[-1,1]$ 上连续，且 $f(-1)=-3<0,f(1)=1>0$.

根据零点定理，$f(x)=0$ 在 $(-1,1)$ 内至少有一个零点. 另一方面，对于任意实数 x，有

$$f'(x)=5x^4+1>0,$$

所以 $f(x)$ 在 $(-\infty,+\infty)$ 内单调增加. 因此，曲线 $y=f(x)$ 与 x 轴至多只有一个交点.

综上所述可知，方程 $x^5+x-1=0$ 在 $(-\infty,+\infty)$ 内有且仅有一个实根.

二、函数的极值

在例 2 中我们看到，点 $x=-1$ 及 $x=1$ 是函数 $f(x)=x^3-3x$ 的单调区间的分界点. 例如，在点 $x=-1$ 左侧邻近，函数 $f(x)$ 是单调增加的；在点 $x=-1$ 的右侧邻近，函数 $f(x)$ 是单调减少的. 因此，在点 $x=-1$ 的左右邻近恒有 $f(-1)>f(x)$. 同样地，在点 $x=1$ 的左右邻近恒有 $f(1)<f(x)$，我们称 $f(-1)$ 为 $f(x)$ 的极大值，$f(1)$ 为 $f(x)$ 的极小值.

定义 设函数 $f(x)$ 在点 x_0 的某邻域 $U(x_0)$ 内有定义，如果对于任意的 $x\in\overset{\circ}{U}(x_0)$，恒有

$$f(x)<f(x_0)\ \big[\text{或}\ f(x)>f(x_0)\big],$$

那么就称 $f(x_0)$ 是函数 $f(x)$ 的一个<u>极大值</u>（或<u>极小值</u>），x_0 称为函数 $f(x)$ 的一个<u>极大值点</u>（或<u>极小值点</u>）.

函数的极大值与极小值统称为函数的<u>极值</u>，极大值点与极小值点统称为函数的<u>极值点</u>.

注：（1）极值是一个局部性的概念，而最值是整体性的概念. 在整个定义区间上，函数 $f(x)$ 可能有很多极大值（或极小值），但只能有一个最大值（如果存在最大值）和一个最小值（如果存在最小值）. 极大值不一定是最大值，极小值也不一定是最小值，极大值也不一定比极小值大.

如图 3-8 所示，函数 $f(x)$ 在 x_1 处取得的极大值 $f(x_1)$ 比在 x_4 取得的极小值 $f(x_4)$ 要小. 在几何上，极大值对应于函数曲线的峰顶，极小值对应于函数曲线的谷底.

（2）由极值点的定义知，函数的极值点只可能在定义区间内部取得.

（3）从图中还可以看到，在函数取得极值处，凡是有切线的都是水平切线. 但是，有水平切线的地方，函数不一定取得极值. 如图 3-8 中的点 x_5 不是极值点，而曲线在点 x_5 处的切线是水平的.

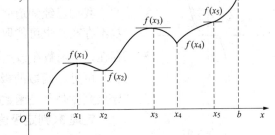

图 3-8

由此可得可导函数在一点处取得极值的必要条件.

定理 2（极值存在的必要条件） 设函数 $f(x)$ 在点 x_0 处可导，且在 x_0 处取得极值，则 $f'(x_0)=0$.

证 不妨设 $f(x_0)$ 是函数的极大值，则对于 x_0 的某邻域内一切异于 x_0 的点 x，总有

$$f(x)<f(x_0).$$

于是当 $x<x_0$ 时，有

$$\frac{f(x)-f(x_0)}{x-x_0}>0,$$

从而

$$f'_-(x_0) = \lim_{x \to x_0^-} \frac{f(x) - f(x_0)}{x - x_0} \geqslant 0.$$

当 $x > x_0$ 时，有

$$\frac{f(x) - f(x_0)}{x - x_0} < 0,$$

从而

$$f'_+(x_0) = \lim_{x \to x_0^+} \frac{f(x) - f(x_0)}{x - x_0} \leqslant 0.$$

因为 $f(x)$ 在 x_0 处可导，所以在该点处 $f(x)$ 的左、右导数存在且相等，即

$$f'_-(x_0) = f'_+(x_0),$$

因此

$$f'(x_0) = 0.$$

同理可证 $f(x_0)$ 为极小值的情形.

上述定理表明，若函数在 x_0 处可导，则 $f'(x_0) = 0$ 是函数 $f(x)$ 在该点取得极值的必要条件. 也就是说，可导函数的极值点必是驻点. 但反过来，驻点却不一定是极值点. 例如，函数 $f(x) = x^3$，在 $x = 0$ 处 $f'(0) = 0$，但 $f(0)$ 并不是极值，如图 3-9 所示. 因此，定理 2 的条件并不是充分的.

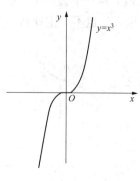

我们已经知道驻点可能是函数的极值点. 此外，函数在它的导数不存在点也可能取得极值. 例如，函数 $f(x) = |x|$ 在 $x = 0$ 处导数不存在，但函数在该点取得极小值. 驻点和不可导点叫做可疑极值点.

可见，函数的极值点必是驻点或不可导点. 但是，驻点或不可导点究竟是不是函数的极值点，还需作进一步的判别.

定理 3（判定极值的第一充分条件）　设函数 $f(x)$ 在点 x_0 处连续，

图 3-9

在 x_0 的某去心邻域 $\overset{\circ}{U}(x_0)$ 内可导，那么

（1）若 $x \in (x_0 - \delta, x_0)$ 时，$f'(x) > 0$，而 $x \in (x_0, x_0 + \delta)$ 时，$f'(x) < 0$，则 $f(x)$ 在 x_0 处取得极大值；

（2）若 $x \in (x_0 - \delta, x_0)$ 时，$f'(x) < 0$，而 $x \in (x_0, x_0 + \delta)$ 时，$f'(x) > 0$，则 $f(x)$ 在 x_0 处取得极小值；

（3）若 $x \in (x_0 - \delta, x_0)$ 和 $x \in (x_0, x_0 + \delta)$ 时，$f'(x)$ 不变号，则 $f(x)$ 在 x_0 处不取得极值.

证　以情形（1）为例，根据函数单调性的判别法，可知函数 $f(x)$ 在 $(x_0 - \delta, x_0]$ 内单调增加，而在 $[x_0, x_0 + \delta)$ 内单调减少，故当 $x \in \overset{\circ}{U}(x_0, \delta)$ 时，总有 $f(x) < f(x_0)$. 所以，$f(x)$ 在 x_0 处取得极大值 $f(x_0)$.

同理可证（2）与（3）.

根据上述定理 2 和定理 3，可照如下步骤求得函数的极值点与相应的极值：

（1）求出函数 $f(x)$ 的一阶导数，求驻点与不可导点，它们是所有可疑极值点.

（2）考察 $f'(x)$ 在每一个可疑极值点处左、右邻近的符号，再根据极值存在的第一充分条

件，确定是否为极值点；如果是极值点，再进一步确认是极大值点还是极小值点.

（3）求出各极值点处的函数值，从而求得函数 $f(x)$ 的全部极值点与相应的极值.

例 6　求函数 $f(x)=2x^3-3x^2-12x+14$ 的极值点与极值.

解　（1）函数 $f(x)$ 的定义域为 $(-\infty,+\infty)$.

（2）$f'(x)=6x^2-6x-12=6(x+1)(x-2)$，

令 $f'(x)=0$，得驻点 $x_1=-1$，$x_2=2$.

（3）列表讨论如下：

x	$(-\infty,-1)$	-1	$(-1,2)$	2	$(2,+\infty)$
$f'(x)$	$+$	0	$-$	0	$+$
$f(x)$	↗	极大值 21	↘	极小值-6	↗

（4）由表可见，$x_1=-1$ 为函数的极大值点，$f(-1)=21$ 为函数的极大值；$x_2=2$ 为函数的极小值点，$f(2)=-6$ 为函数的极小值.

例 7　求函数 $f(x)=(x-1)\sqrt[3]{x^2}$ 的极值.

解　（1）函数的定义域为 $(-\infty,+\infty)$.

（2）$f'(x)=\sqrt[3]{x^2}+\dfrac{2}{3}\dfrac{(x-1)}{\sqrt[3]{x}}=\dfrac{5x-2}{3\sqrt[3]{x}}$，

令 $f'(x)=0$，得驻点 $x_1=\dfrac{2}{5}$；又 $x_2=0$ 为不可导点.

（3）列表讨论如下：

x	$(-\infty,0)$	0	$\left(0,\dfrac{2}{5}\right)$	$\dfrac{2}{5}$	$\left(\dfrac{2}{5},+\infty\right)$
$f'(x)$	$+$	不存在	$-$	0	$+$
$f(x)$	↗	极大值	↘	极小值	↗

（4）由表可见，$x=0$ 为函数的极大值点，$f(0)=0$ 为函数的极大值；$x_2=\dfrac{2}{5}$ 为函数的极小值点，$f\left(\dfrac{2}{5}\right)=-\dfrac{3}{5}\sqrt[3]{\dfrac{4}{25}}$ 为函数的极小值.

如果函数 $f(x)$ 在驻点 x_0 处存在二阶导数且不为零，则有如下判定定理.

定理 4（判定极值的第二充分条件）　设函数 $f(x)$ 在点 x_0 处具有二阶导数，且 $f'(x_0)=0$，$f''(x_0)\neq 0$，则

（1）若 $f''(x_0)<0$，则函数 $f(x)$ 在 x_0 处取得极大值；

（2）若 $f''(x_0)>0$，则函数 $f(x)$ 在 x_0 处取得极小值.

证　（1）由于 $f'(x_0)=0$，$f''(x_0)<0$，按二阶导数的定义，有

$$f''(x_0)=\lim_{x\to x_0}\frac{f'(x)-f'(x_0)}{x-x_0}=\lim_{x\to x_0}\frac{f'(x)}{x-x_0}<0.$$

根据函数极限的局部保号性，存在 x_0 的某一邻域，有

$$\frac{f'(x)}{x-x_0} < 0 \quad (x \neq x_0).$$

当 $x < x_0$ 时，$f'(x) > 0$；当 $x > x_0$ 时，$f'(x) < 0$. 故由定理 3，$f(x)$ 在 x_0 处取得极大值. 同理可证（2）.

如本节中例 6，驻点 $x = -1$、$x = 2$，$f''(x) = 12x - 6 = 6(2x-1)$，因 $f''(-1) = -18 < 0$，故 $x = -1$ 为极大值点，$f(-1) = 21$ 为极大值，$f''(2) = 18 > 0$，故 $x = 2$ 为极小值点，$f(2) = -6$ 为极小值.

需要注意的是，当 $f''(x)$ 容易计算且 $f'(x_0) = 0$ 而 $f''(x_0) \neq 0$ 时，用第二充分条件判定极值（或极值点）较容易；但当点 x_0 是 $f'(x)$ 不存在的点或 $f''(x_0) = 0$ 时，则只能采用第一判定法来鉴别. 事实上，当 $f'(x_0) = 0$，$f''(x_0) = 0$ 时，$f(x)$ 在 x_0 处可能有极大值，也可能有极小值，也可能没有极值，因此 $f(x_0)$ 是否为极值尚待进一步判定. 例如：

$$f(x) = x^3, g(x) = x^4, h(x) = -x^4,$$

它们在 $x = 0$ 处的一阶导数和二阶导数均为零，但容易用定义验证 $f(x) = x^3$ 在 $x = 0$ 处不取极值，$g(x) = x^4$ 在 $x = 0$ 处取极小值，$h(x) = -x^4$ 在 $x = 0$ 处取极大值.

例 8 求 $f(x) = (x^2 - 1)^3 + 1$ 的极值.

解 $f'(x) = 6x(x^2 - 1)^2$，

令 $f'(x) = 6x(x^2 - 1)^2 = 0$，得驻点为 $x_1 = -1$，$x_2 = 0$，$x_3 = 1$.

又 $f''(x) = 6(x^2 - 1)(5x^2 - 1)$，

由于 $f''(0) = 6 > 0$，故 $f(0) = 0$ 为极小值.

而 $f''(-1) = f''(1) = 0$，故需用第一充分条件判定.

因为当 $-\infty < x < -1, -1 < x < 0$ 时，均有 $f'(x) < 0$. 由定理 3 知，$x = -1$ 不是极值点.

又当 $0 < x < 1, 1 < x < +\infty$ 时，均有 $f'(x) > 0$. 由定理 3 知，$x = 1$ 也不是极值点.

习　题　3-4

1. 判断下列函数的单调性：

（1）$f(x) = x^3 + x$；　　　　　　　（2）$f(x) = x - \ln(1 + x^2)$；

（3）$f(x) = x - \cos x$；　　　　　　（4）$f(x) = \arctan x - x$.

2. 确定下列函数的单调区间：

（1）$f(x) = x^4 - 8x^2 + 2$；　　　　（2）$f(x) = e^x - x - 1$；

（3）$f(x) = (x-1)(x+1)^3$；　　　　（4）$f(x) = x + \sqrt{1-x}$；

（5）$f(x) = x^{\frac{2}{3}}(x-5)$；　　　　　（6）$f(x) = 2x^2 - \ln x$.

3. 利用函数的单调性证明下列不等式：

（1）当 $x > 1$ 时，有 $2\sqrt{x} > 3 - \dfrac{1}{x}$；

（2）当 $x > 0$ 时，$1 + x\ln(x + \sqrt{1+x^2}) > \sqrt{1+x^2}$；

（3）当 $x \geqslant 0$ 时，$\cos x - 1 + \dfrac{x^2}{2} \geqslant 0$．

4．利用函数的单调性证明方程 $x^3 - 3x^2 + 1 = 0$ 在区间 $[0,1]$ 中至多有一个实根．

5．设 $f(x)$ 和 $g(x)$ 在 $(-\infty, +\infty)$ 内都可导，且有 $f'(x) > g'(x)$，$f(a) = g(a)$．证明：当 $x > a$ 时，$f(x) > g(x)$；当 $x < a$ 时，$f(x) < g(x)$．

6．求下列函数的极值：

（1）$y = 2x^3 - 3x^2 + 1$；　　　　　（2）$y = x + \sqrt{1-x}$；

（3）$y = x - \ln(1+x)$；　　　　　　（4）$y = (x-4)\sqrt[3]{(x+1)^2}$；

（5）$y = x^2 \mathrm{e}^{-x}$；　　　　　　　（6）$y = ax + \dfrac{b}{x} + c$（$x > 0, a$、$b$、$c$ 为正常数）．

7．利用二阶导数求下列函数的极值：

（1）$f(x) = x^3 + 3x^2 - 24x - 20$；　　（2）$f(x) = x^2 - \ln x^2$；

（3）$f(x) = 2x - \ln(4x)^2$；　　　　　（4）$f(x) = 4 + 8x^3 - 3x^4$．

8．若函数 $y = a\sin x + \dfrac{1}{3}\sin 3x$ 在 $x = \dfrac{\pi}{3}$ 处取得极值，求 a 的值．该极值是极大值还是极小值?并求此极值．

9．试确定 a、b 的值，使函数 $y = a\ln x + bx^2 + x$ 在 $x = 1$、$x = 2$ 处取得极值，并求此极值．

第五节　曲线的凹凸性与拐点

函数的单调性与极值从不同的侧面反映了函数的性态，但这些性态还不能完全反映函数的变化规律，因此需要讨论曲线的弯曲方向．

一、曲线的凹凸性

前面对函数的单调性、极值进行了讨论，反映在图形上是曲线在哪个区间内上升，在哪个区间内下降．但这还不够，因为曲线上升和下降的过程中还有一个弯曲方向的问题．例如，函数 $y = x^2$ 与 $y = \sqrt{x}$ 在区间 $[0, +\infty)$ 上虽然都是单调增加，但它们的图形却有显著不同：曲线 $y = x^2$ 是凹的曲线弧，而曲线 $y = \sqrt{x}$ 是凸的曲线弧，如图 3-10 所示．

它们的凹凸性不同．函数在区间上单调减少也是如此．下面我们研究曲线的凹凸性及其判定法．

曲线 $y = f(x)$ 在区间 I 上"凹"的特征：在曲线 $y = f(x)$ 上任取两点，则连接这两点的弦总位于这两点间的弧段的上方，如图 3-11（a）所示．曲线 $y = f(x)$ 在区间 I 上"凸"的特征恰好相反，如图 3-11（b）所示．曲线的这种性质就是曲线的凹凸性．

定义 1　设 $y = f(x)$ 在区间 I 上连续，如果对于 I 上任意两点 x_1、x_2（$x_1 \neq x_2$），恒有

$$f\left(\frac{x_1 + x_2}{2}\right) < \frac{f(x_1) + f(x_2)}{2},$$

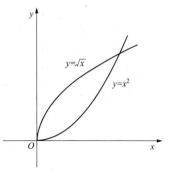

图 3-10

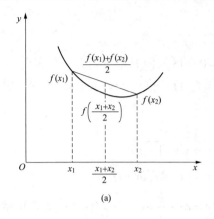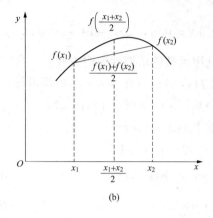

图 3-11

则称曲线 $y = f(x)$ 在区间 I 上是凹的；如果对于 I 上任意两点 x_1、$x_2 (x_1 \neq x_2)$ 恒有

$$f\left(\frac{x_1 + x_2}{2}\right) > \frac{f(x_1) + f(x_2)}{2},$$

则称 $y = f(x)$ 在区间 I 上是凸的.

可以用更一般的形式来定义曲线的凹凸性，即用不等式

$$f[(1-\lambda)x_1 + \lambda x_2] < (1-\lambda)f(x_1) + \lambda f(x_2),$$

来定义曲线的凹，而用

$$f[(1-\lambda)x_1 + \lambda x_2] > (1-\lambda)f(x_1) + \lambda f(x_2),$$

来定义曲线的凸. 读者注意灵活运用.

从图 3-12 可以看出，凹的曲线斜率 $\tan\alpha = f'(x)$ （其中 α 为切线的倾角）随着 x 的增大而增大，即函数 $f'(x)$ 在区间 I 上单调增加；而凸的曲线斜率 $f'(x)$ 随着 x 的增大而减小，即函数 $f'(x)$ 在区间 I 上单调减少.

定理 1　设函数 $f(x)$ 在区间 I 内可导，且导函数 $f'(x)$ 在 I 内单调增加（或单调减少），那么曲线 $y = f(x)$ 在 I 内是凹的（或凸的）.

证　设 $f'(x)$ 在区间 I 内单调增加，任取两点 x_1、$x_2 (x_1 \neq x_2) \in I$ （不妨设 $x_1 < x_2$），记 $x_0 = \dfrac{x_1 + x_2}{2}$. 由拉格朗日中值定理，有

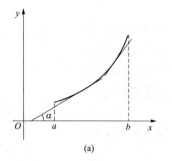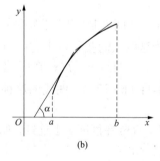

图 3-12

$$f(x_1) = f(x_0) + f'(\xi_1)(x_1 - x_0) \quad (x_1 < \xi_1 < x_0),$$

同理

$$f(x_2) = f(x_0) + f'(\xi_2)(x_2 - x_0) \quad (x_0 < \xi_2 < x_2).$$

于是

$$\frac{f(x_1) + f(x_2)}{2} = f(x_0) + f'(\xi_1)\frac{x_1 - x_0}{2} + f'(\xi_2)\frac{x_2 - x_0}{2}$$

$$= f(x_0) + \frac{x_2 - x_1}{4}[f'(\xi_2) - f'(\xi_1)],$$

由于 $\xi_1 < x_0 < \xi_2$ 且 $f'(x)$ 在 I 内单调增加，故 $f'(\xi_2) - f'(\xi_1) > 0$，又 $x_2 - x_1 > 0$，所以上式左端大于 $f(x_0)$，从而

$$\frac{f(x_1) + f(x_2)}{2} > f(x_0) = f\left(\frac{x_1 + x_2}{2}\right),$$

即曲线 $y = f(x)$ 在 I 内是凹的.

同理可证 $f'(x)$ 在 I 内单调减少的情况.

如果函数 $y = f(x)$ 在区间 I 内还是二阶可导的，那么就可以方便地利用二阶导数的符号来判定曲线的凹凸性.

定理 2　设函数 $f(x)$ 在区间 I 内二阶可导，那么

（1）若在 I 内，$f''(x) > 0$，则曲线 $y = f(x)$ 在 I 内是凹的；

（2）若在 I 内，$f''(x) < 0$，则曲线 $y = f(x)$ 在 I 内是凸的.

证略. 这个定理可由定理 1 直接推得.

例 1　判定曲线 $y = x^3$ 的凹凸性.

解　函数的定义域为 $(-\infty, +\infty)$，$y' = (x^3)' = 3x^2$，$y'' = 6x$.

当 $x > 0$ 时，$y'' > 0$；当 $x < 0$ 时，$y'' < 0$.

因此，曲线在区间 $(0, +\infty)$ 内是凹的，在 $(-\infty, 0)$ 内是凸的（见图 3-13）.

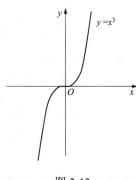

图 3-13

从例 1 可以看出，函数的图形在 $(0, +\infty)$ 内是凹的，在 $(-\infty, 0)$ 内是凸的. 曲线在经过点 $(0,0)$ 时，凹凸性发生了改变，即 $(0,0)$ 是曲线凹凸的分界点.

二、曲线的拐点

定义 2　如果曲线 $y = f(x)$ 在经过点 $(x_0, f(x_0))$ 时改变了凹凸性，那么称点 $(x_0, f(x_0))$ 是曲线 $y = f(x)$ 的拐点.

根据拐点的定义及定理 2，可推出下面的定理.

定理 3（拐点存在的必要条件）　设函数 $y = f(x)$ 在点 x_0 处二阶可导，且点 $(x_0, f(x_0))$ 是曲线 $y = f(x)$ 的拐点，那么 $f''(x_0) = 0$.

当 $f''(x_0)$ 存在时，$f''(x_0) = 0$ 仅是拐点存在的必要条件而非充分条件. 例如 $y = x^4$，有 $y''(0) = 0$，但点 $(0,0)$ 不是曲线 $y = x^4$ 的拐点，因为在点 $(0,0)$ 的两侧曲线都是凹的. 事实上，二阶导数不存在的点，也可能是曲线的拐点. 对于给定的曲线 $y = f(x)$，我们如何寻找它的拐点呢？

定理 4（拐点存在的充分条件）设函数 $y = f(x)$ 在点 x_0 的某去心邻域内二阶可导，且

$f''(x_0)=0$ 或 $f''(x_0)$ 不存在. 若在 x_0 的两侧，$f''(x)$ 的符号发生改变，则点 $(x_0,f(x_0))$ 是曲线 $y=f(x)$ 的拐点，否则点 $(x_0,f(x_0))$ 不是曲线 $y=f(x)$ 的拐点.

综上所述，判定曲线 $y=f(x)$ 的凹凸性及拐点，可依照如下步骤进行：

（1）求 $f''(x)$；

（2）令 $f''(x)=0$，求出二阶导数为零的点及二阶导数不存在的点；

（3）以二阶导数为零的点和二阶导数不存在的点把函数的定义域分成若干个小区间，然后确定二阶导数在各个小区间内的符号，并据此判定曲线的凹凸性和拐点.

例 2　讨论曲线 $y=\sin x$ 在区间 $[0,2\pi]$ 上的凹凸性及拐点.

解　因为 $y'=(\sin x)'=\cos x, y''=-\sin x$.

当 $0<x<\pi$ 时，$y''<0$；当 $\pi<x<2\pi$ 时，$y''>0$.

因此，曲线在 $(0,\pi)$ 内是凸的，在 $(\pi,2\pi)$ 内是凹的，点 $(\pi,0)$ 是曲线的拐点.

例 3　求曲线 $y=3x^4-4x^3+1$ 的凹凸区间及拐点.

解　（1）函数 $y=3x^4-4x^3+1$ 的定义域为 $(-\infty,+\infty)$.

（2）$y'=12x^3-12x^2$，$y''=36x^2-24x=36x\left(x-\dfrac{2}{3}\right)$.

（3）令 $y''=0$，得 $x_1=0,x_2=\dfrac{2}{3}$.

（4）$x_1=0,x_2=\dfrac{2}{3}$ 把函数定义域 $(-\infty,+\infty)$ 分成三个区间，其讨论结果列表如下（表中 $\cup$ 表示凹，$\cap$ 表示凸）：

x	$(-\infty,0)$	0	$\left(0,\dfrac{2}{3}\right)$	$\dfrac{2}{3}$	$\left(\dfrac{2}{3},+\infty\right)$
$f''(x)$	$+$	0	$-$	0	$+$
$f(x)$	$\cup$	拐点 $(0,1)$	$\cap$	拐点 $\left(\dfrac{2}{3},\dfrac{11}{27}\right)$	$\cup$

可见，在区间 $(-\infty,0)$、$\left(\dfrac{2}{3},+\infty\right)$ 内曲线是凹的，在区间 $\left(0,\dfrac{2}{3}\right)$ 内曲线是凸的. 点 $(0,1)$ 和点 $\left(\dfrac{2}{3},\dfrac{11}{27}\right)$ 是曲线的拐点.

我们还指出，如果曲线在拐点处有切线，那么在拐点附近的弧段分别位于这条切线两侧，如 $y=x^3$ 或 $y=\sqrt[3]{x}$ 等.

例 4　求曲线 $y=(x-1)\sqrt[3]{x^5}$ 的凹凸区间及拐点.

解（1）函数 $y=(x-1)\sqrt[3]{x^5}$ 的定义域为 $(-\infty,+\infty)$.

（2）$y'=x^{\frac{5}{3}}+(x-1)\cdot\dfrac{5}{3}x^{\frac{2}{3}}=\dfrac{8}{3}x^{\frac{5}{3}}-\dfrac{5}{3}x^{\frac{2}{3}}, y''=\dfrac{40}{9}x^{\frac{2}{3}}-\dfrac{10}{9}x^{-\frac{1}{3}}=\dfrac{10}{9}\cdot\dfrac{4x-1}{\sqrt[3]{x}}$.

（3）令 $y''=0$，得 $x=\dfrac{1}{4}$，而在 $x=0$ 处 y'' 不存在.

（4）$x=0$、$x=\dfrac{1}{4}$ 把定义域 $(-\infty,+\infty)$ 分成三个区间，其讨论结果列表如下：

x	$(-\infty,0)$	0	$\left(0,\dfrac{1}{4}\right)$	$\dfrac{1}{4}$	$\left(\dfrac{1}{4},+\infty\right)$
$f''(x)$	$+$	不存在	$-$	0	$+$
$f(x)$	$\cup$	拐点 $(0,0)$	$\cap$	拐点 $\left(\dfrac{1}{4},-\dfrac{3}{16\sqrt[3]{16}}\right)$	$\cup$

因此，在区间 $(-\infty,0)$、$\left(\dfrac{1}{4},+\infty\right)$ 内曲线是凹的，在区间 $\left(0,\dfrac{1}{4}\right)$ 内曲线是凸的．点 $(0,0)$ 和

点 $\left(\dfrac{1}{4},-\dfrac{3}{16\sqrt[3]{16}}\right)$ 是曲线的拐点（见图 3-14）．

例 5 描绘函数 $y=\mathrm{e}^{-x^2}$ 的图形．

解（1）定义域为 $(-\infty,+\infty)$，并且是偶函数，图形关于 y 轴对称．

（2）$y'=\mathrm{e}^{-x^2}(-2x)=-2x\mathrm{e}^{-x^2}$，令 $y'=0$，得 $x=0$；

$y''=2\mathrm{e}^{-x^2}(2x^2-1)$，令 $y''=0$，得 $x=\pm\dfrac{1}{\sqrt{2}}$．

（3）当 $x\to\infty$ 时，$y\to0$，所以 $y=0$ 是曲线 $y=\mathrm{e}^{-x^2}$ 的水平渐近线．

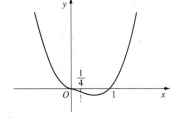

图 3-14

（4）用点 $x=0$、$x=\pm\dfrac{1}{\sqrt{2}}$ 把 $(-\infty,+\infty)$ 分成四个区间，列表如下（只需列出 $[0,+\infty)$ 的部分）：

x	0	$\left(0,\dfrac{1}{\sqrt{2}}\right)$	$\dfrac{1}{\sqrt{2}}$	$\left(\dfrac{1}{\sqrt{2}},+\infty\right)$
y'	0	$-$	$-$	$-$
y''	$-$	$-$	0	$+$
$y=f(x)$	极大值 $f(0)=1$	凸而减	拐点 $\left(\dfrac{1}{\sqrt{2}},\mathrm{e}^{-\frac{1}{2}}\right)$	凹而减

（5）先作出区间 $[0,+\infty)$ 上的图形，再利用对称性作出区间 $(-\infty,0]$ 上的图形（见图 3-15）．

曲线的凹凸性也可以用来证明一些不等式．

例 6 证明：$a\ln a+b\ln b>(a+b)\ln\left(\dfrac{a+b}{2}\right)\,(a>0,b>0,$
$a\neq b)$．

证 令 $f(x)=x\ln x\ (x>0)$．因为

$$f'(x)=1+\ln x,\quad f''(x)=\dfrac{1}{x}>0.$$

所以曲线 $f(x)=x\ln x$ 是凹的，故当 $a>0,b>0,a\neq b$ 时，有

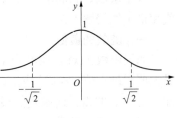

图 3-15

$$\frac{f(a)+f(b)}{2} > f\left(\frac{a+b}{2}\right),$$

即

$$\frac{a\ln a + b\ln b}{2} > \frac{a+b}{2}\ln\frac{a+b}{2},$$

两端乘以 2 即证所需不等式.

习 题 3-5

1．判定下列曲线的凹凸性：

（1） $y = \ln x$ ；

（2） $y = x\arctan x$ ；

（3） $y = x + \dfrac{1}{x}$ ；

（4） $y = (2x-1)^4 + 1$.

2．求下列曲线的凹凸区间及拐点：

（1） $f(x) = 2x^3 + 3x^2 - 12x + 14$ ；

（2） $f(x) = \ln(1+x^2)$ ；

（3） $f(x) = xe^{-x}$ ；

（4） $f(x) = x^2 + \dfrac{1}{x}$ ；

（5） $f(x) = x + \dfrac{x}{x-1}$ ；

（6） $f(x) = (2x-5)\sqrt[3]{x^2}$.

3．问 a 、 b 为何值时，点 $(1,3)$ 为曲线 $y = ax^3 + bx^2$ 的拐点？

4．已知点 $(1,-1)$ 是曲线 $y = x^3 + mx^2 + nx + p$ 的拐点，且 $x=0$ 时曲线上点的切线平行于 x 轴，试确定常数 m 、 n 、 p .

5．已知曲线 $y = x^3 + ax^2 - 9x + 4$ 在 $x=1$ 处有拐点，试确定系数 a ，并求曲线的凹凸区间和拐点.

6．利用曲线的凹凸性证明下列不等式：

（1） $\dfrac{e^x + e^y}{2} > e^{\frac{x+y}{2}}\ (x \neq y)$ ；

（2） $\dfrac{\cos x + \cos y}{2} < \cos\dfrac{x+y}{2}\ \forall x,y \in \left(-\dfrac{\pi}{2},\dfrac{\pi}{2}\right)$.

第六节 函数的最值及应用

在自然科学、生产技术、经济管理与实际应用问题中，常常需要解决投入最少、收益最大、成本最低、利润最高等问题．这些问题反映在数学上就是求某一函数在某区间上的最大值和最小值问题.

一、函数的最值

如果函数 $f(x)$ 在闭区间 $[a,b]$ 上连续，根据连续函数的性质， $f(x)$ 在 $[a,b]$ 上一定能取得最大值和最小值．我们知道函数的最值可能在区间 $[a,b]$ 的端点 a 或 b 取得，也可能在 (a,b) 内部的某点 x_0 取得；而函数的极值只能在区间的内部取得．因此，若最值在区间内部取得，那么它就一定是函数的极值．所以，要求函数 $f(x)$ 在闭区间 $[a,b]$ 上的最值，只需在函数 $f(x)$ 的开区间 (a,b) 内的极值以及两个端点值中寻找．由此，求 $f(x)$ 在 $[a,b]$ 上的最值的一般步骤如下：

（1）求出 $f(x)$ 在 (a,b) 内的所有驻点和导数 $f'(x)$ 不存在的点 $x_1,x_2,\cdots,x_n$ ；

（2）计算函数值 $f(x_1),f(x_2),\cdots,f(x_n),f(a),f(b)$ ；

（3）比较以上诸值的大小，其中最大的就是 $f(x)$ 在 $[a,b]$ 上的最大值，最小的就是 $f(x)$ 在 $[a,b]$ 上的最小值.

例1 求函数 $f(x)=x^3-3x+1$ 在区间 $[-3,2]$ 上的最大值与最小值.

解 $f'(x)=3x^2-3=3(x-1)(x+1)$ ，

令 $f'(x)=0$ ，得驻点 $x_1=-1,x_2=1$. 由于

$$f(-1)=3,f(1)=-1,f(-3)=-17,f(2)=3 ，$$

比较可得在区间 $[-3,2]$ 上的最大值为 $f(-1)=f(2)=3$ ，最小值为 $f(-3)=-17$.

例2 求函数 $f(x)=|x^2-3x+2|$ 在 $[-3,4]$ 上的最大值和最小值.

解 由于 $f(x)=|x^2-3x+2|=\begin{cases} x^2-3x+2, & x\in[-3,1]\bigcup[2,4] \\ -x^2+3x-2, & x\in(1,2) \end{cases}$

$$f'(x)=\begin{cases} 2x-3, & x\in(-3,1)\bigcup(2,4) \\ -2x+3, & x\in(1,2) \end{cases} ，$$

在 $(-3,4)$ 内，$f(x)$ 驻点为 $x=\dfrac{3}{2}$ ，不可导的点为 $x=1$ 和 $x=2$. 由于

$$f(-3)=20 ，\quad f(1)=0 ，\quad f\left(\dfrac{3}{2}\right)=\dfrac{1}{4} ，\quad f(2)=0 ，\quad f(4)=6 ，$$

比较可得 $f(x)$ 在区间 $[-3,4]$ 上的最大值为 $f(-3)=20$ ，最小值为 $f(1)=f(2)=0$.

下面是几种特殊情况：

（1）如果函数 $f(x)$ 在闭区间 $[a,b]$ 上单调，则函数在区间的端点处取得最值.

（2）如果可导函数 $f(x)$ 在区间（有限或无限，开或闭）内有且仅有一个极大值，而没有极小值，则此极大值就是函数 $f(x)$ 在该区间上的最大值，见图3-16. 同样，如果可导函数 $f(x)$ 在区间内有且仅有一个极小值，而没有极大值，则此极小值就是函数 $f(x)$ 在该区间上的最小值，见图3-17.

（3）在讨论开区间内的最值时，注意考虑端点处的极限.

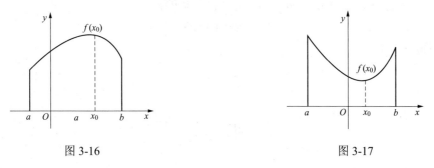

图3-16   图3-17

例3 求下列函数在给定区间上的最值：

（1） $f(x)=3x^2+4,x\in[1,4]$ ；

（2） $f(x)=\arctan x^2,x\in(-\infty,+\infty)$.

解 （1）$f'(x)=6x$ ，当 $x\in(1,4)$ 时，$f'(x)>0$ ，函数 $f(x)$ 在 $[1,4]$ 上单调增加，故 $f(1)=7$

为函数在 $[1,4]$ 上的最小值， $f(4)=52$ 为函数在 $[1,4]$ 上的最大值.

（2） $f(x)=\arctan x^2$ 在 $(-\infty,+\infty)$ 内连续可导，且 $f'(x)=\dfrac{2x}{1+x^4}$，令 $f'(x)=0$，得唯一的驻点 $x=0$. 当 $x<0$ 时， $f'(x)<0$；当 $x>0$ 时， $f'(x)>0$，故 $x=0$ 为 $f(x)$ 在 $(-\infty,+\infty)$ 内的极小值点，也是最小值点， $f(0)=0$ 为函数 $f(x)$ 的最小值.

因为 $\lim\limits_{x\to+\infty}\arctan x^2=\lim\limits_{x\to-\infty}\arctan x^2=\dfrac{\pi}{2}$，所以函数 $f(x)$ 在 $(-\infty,+\infty)$ 内无最大值.

二、实际问题的最值

例 4 将边长为 a 的正方形铁皮各角截去相等的小正方形，然后折起各边做成一个无盖的方盒. 问：截去的小正方形的边长为多少时，可使得无盖方盒的容积最大？

解 设所截去的小正方形的边长为 x，则盒底的边长为 $a-2x$，高为 x，故无盖方盒的容积为

$$V=x(a-2x)^2 \quad \left(0<x<\frac{a}{2}\right),$$

令 $V'=(a-2x)(a-6x)=0$，得驻点 $x_1=\dfrac{a}{6}, x_2=\dfrac{a}{2}$（舍）.

又

$$V''=24x-8a,$$

而

$$V''\left(\frac{a}{6}\right)=-4a<0,$$

因此函数在点 $x=\dfrac{a}{6}$ 处取得极大值. 由于驻点唯一，因此这个极大值点就是最大值点，此时方盒的容积最大.

例 5 要做一个容积为 V 的圆柱形罐头筒，问底面半径 r 和筒高 h 如何确定才能使所用材料最省？

解 据题意要求材料最省，就是要使罐头筒的总表面积最小. 筒的底面半径为 r，高为 h，则它的侧面积为 $2\pi rh$，底面积为 πr^2，因此它的表面积为

$$S=2\pi r^2+2\pi rh,$$

由 $V=\pi r^2 h$，得

$$h=\frac{V}{\pi r^2},$$

于是

$$S=2\pi r^2+\frac{2V}{r} \quad (0<r<+\infty),$$

令 $S'=4\pi r-\dfrac{2V}{r^2}=0$，得驻点

$$r=\sqrt[3]{\frac{V}{2\pi}},$$

又

$$S'' = 4\pi + \frac{4V}{r^3},$$

而

$$S''\left(\sqrt[3]{\frac{V}{2\pi}}\right) > 0,$$

因此函数在点 $r = \sqrt[3]{\dfrac{V}{2\pi}}$ 处取得极小值．由于驻点唯一，因此这个极小值点就是最小值点．而此时相应的高为

$$h = \frac{V}{\pi r^2} = \frac{V}{\pi\left(\sqrt[3]{\dfrac{V}{2\pi}}\right)^2} = 2\sqrt[3]{\frac{V}{2\pi}} = 2r,$$

即 $h = 2r$．也就是说，当罐头筒的高和底直径一样时所用的材料最省．

在很多实际问题中，根据问题的性质，若由分析得知目标函数 $f(x)$ 确有最值，并且在所讨论的区间内部只有一个驻点 x_0，那么 x_0 即为所求的最值点．

例 6　铁路上 AB 段的距离为 100km，工厂 C 距离 A 处 20km，AC 垂直于 AB，如图 3-18 所示．为了运输需要，要在 AB 线上选定一点 D，向工厂修筑一条公路．已知铁路每千米货运的运费与公路每千米货运的运费之比为 3:5，为了使货物从供应站 B 运到工厂 C 的运费最省，问 D 点应选在何处？

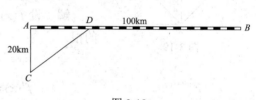

图 3-18

解　设 $AD = x$，则 $DB = 100 - x$，$CD = \sqrt{20^2 + x^2}$，不妨设铁路上每千米货运的运费为 $3k$，公路上每千米货运的运费为 $5k$（k 为某个正数），则运费函数为

$$y = 5k \cdot CD + 3k \cdot DB = 5k\sqrt{400 + x^2} + 3k(100 - x) \quad (0 \leqslant x \leqslant 100),$$

又

$$y' = k\left(\frac{5x}{\sqrt{400 + x^2}} - 3\right),$$

令 $y' = 0$ 得 $x = 15$ 是函数 y 在 $(0,100)$ 内的唯一驻点．

由题意，目标函数的最大值存在．因此，$y(15) = 380k$ 为最小运费．

例 7　一顶角为 $\dfrac{\pi}{2}$ 的圆锥形容器内盛有 v_0 L 水，现往里灌水，从时刻 $t = 0$ 到时刻 t 时灌入的水量为 $at^2 (a > 0)$ L，问何时水深 h 上升的速率最快？

解　设经过时间为 t，水深为 h，水面半径为 r（见图 3-19）．此时，容器中水的体积为

$$v_0 + at^2 = \frac{1}{3}\pi r^2 h,$$

而 $r = h$，解得

$$h = \left[\frac{3}{\pi}(v_0 + at^2)\right]^{\frac{1}{3}}, (t > 0).$$

因此，目标函数为

$$v(t) = h'(t) = \frac{2at}{\sqrt[3]{9\pi}}(v_0 + at^2)^{-\frac{2}{3}}, (t > 0).$$

而

$$v'(t) = \frac{2a}{\sqrt[3]{9\pi}}(v_0 + at^2)^{-\frac{5}{3}}\left(v_0 - \frac{1}{3}at^2\right)$$

因此有唯一驻点 $t = \sqrt{\dfrac{3v_0}{a}}$.

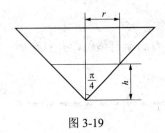

图 3-19

由题意，目标函数的最大值存在，且驻点唯一，因此，当 $t = \sqrt{\dfrac{3v_0}{a}}$ 时，水深 h 上升的速率最快.

例 8　讨论方程 $\ln x = ax(a > 0)$ 有几个实根.

解　设 $f(x) = \ln x - ax, x \in (0, +\infty)$，则 $f(x)$ 的零点即为原方程的根.

令

$$f'(x) = \frac{1}{x} - a = 0,$$

得唯一驻点 $x = \dfrac{1}{a}$，又 $f''(x) = -\dfrac{1}{x^2} < 0$，所以 $x = \dfrac{1}{a}$ 为 $f(x)$ 的最大值点，最大值 $f\left(\dfrac{1}{a}\right) = -\ln(ae)$. 而

$$\lim_{x \to 0^+} f(x) = \lim_{x \to 0^+}(\ln x - ax) = -\infty,$$

$$\lim_{x \to +\infty} f(x) = \lim_{x \to +\infty} x\left(\frac{\ln x}{x} - a\right) = -\infty,$$

故当 $f\left(\dfrac{1}{a}\right) > 0$，即 $ae < 1\left(a < \dfrac{1}{e}\right)$ 时，由于 $f(x)$ 在 $x = \dfrac{1}{a}$ 的两侧单调，根据连续函数的零点定理可知，方程有两个实根分别在 $\left(0, \dfrac{1}{a}\right)$ 和 $\left(\dfrac{1}{a}, +\infty\right)$ 内；

当 $f\left(\dfrac{1}{a}\right) < 0$，即 $ae > 1\left(a > \dfrac{1}{e}\right)$ 时，方程无实根；

当 $f\left(\dfrac{1}{a}\right) = 0$，即 $a = \dfrac{1}{e}$ 时，方程有唯一实根 $x = e$.

习　题　3-6

1. 求下列函数在给定区间上的最值：

（1）　$f(x) = x + 2\sqrt{x}, x \in [0,4]$；

（2）　$f(x) = 2x^3 + 3x^2 - 12x + 14, x \in [-3,4]$；

（3）　$f(x) = e^{-2x} + 2e^x, x \in [-1,1]$；

（4）　$f(x) = \sqrt[3]{(x^2 - 2x)^2}, x \in [0,3]$；

（5）　$f(x) = \dfrac{1}{x} + \dfrac{4}{1-x}, x \in (0,1)$．

2．函数 $f(x) = x^2 - \dfrac{54}{x}(x < 0)$ 在何处取得最小值?

3．函数 $f(x) = \dfrac{x}{x^2 + 1}(x \geq 0)$ 在何处取得最大值?

4．试证面积为定值的矩形中，正方形的周长为最短．

5．设 x_1 与 x_2 是两个任意正数，并满足条件：$x_1 + x_2 = a$（a 为常数），求 $x_1^m x_2^n$ 的最大值，其中 $m, n > 0$．

6．作半径为 r 的球的外切正圆锥，问圆锥的高 h 等于多少时，才能使圆锥的体积最小? 最小体积是多少?

7．设某企业的总利润函数为 $L(x) = 10 + 2x - 0.1x^2$，求使总利润最大的产量 x．

8．防空洞截面面积一定，截面的上部为半圆形，下部为矩形，问圆半径 r 与矩形高 h 之比为何值时，截面周长最短?

9．某房地产公司有 50 套公寓要出租，当租金定为每月 180 元时，公寓可全部租出去．当月租金每增加 10 元时，就有一套公寓租不出去，而租出去的房子每月需花费 20 元的整修维护费．试问房租定为多少可获得最大收入?最大收入是多少?

10．讨论方程 $xe^{-x} = a(a > 0)$ 有几个实根．

第七节　曲　　率

在工程技术中，常常要定量地研究曲线的弯曲程度．例如，在设计铁路弯道时要考虑轨道曲线的弯曲程度，由此限制火车运行的安全速度，因为火车转弯时产生的离心力与弯曲程度有关．本节将介绍表示曲线弯曲程度的概念——曲率及其计算方法．

一、弧微分

为讨论曲率，我们先介绍弧微分的概念．

设函数 $f(x)$ 在区间 (a,b) 内具有一阶连续导数．在曲线 $y = f(x)(a < x < b)$ 上取定点 M_0 (x_0, y_0) 作为度量弧长的起点，并规定以 x 增大的方向作为曲线的正向．对曲线上任一点 $M(x,y)$，规定有向弧段 $\overset{\frown}{M_0 M}$ 的长为 $s = s(x)$，当有向弧段 $\overset{\frown}{M_0 M}$ 的方向与曲线的正向一致时 $s > 0$，相反时 $s < 0$．显然，$s(x)$ 是 x 的单调增加函数．

下面来求弧长函数 $s(x)$ 的导数及微分．

设 x、$x + \Delta x$ 为 (a,b) 内两个邻近的点，它们在曲线 $y = f(x)$ 上的对应点为 M、M'，如图 3-20 所示，对应于 x 的增量 Δx，弧 s 相应的增量为 Δs，且 $\Delta s = \overset{\frown}{MM'}$．注意到 $\lim\limits_{M' \to M} \dfrac{\overset{\frown}{MM'}}{|MM'|} = 1$，且当 $\Delta x \to 0$ 时，$M' \to M$，

由

$$\left(\frac{\Delta s}{\Delta x}\right)^2 = \left(\frac{\widehat{MM'}}{\Delta x}\right)^2 = \left(\frac{\widehat{MM'}}{|MM'|}\right)^2 \cdot \frac{|MM'|^2}{(\Delta x)^2}$$

$$= \left(\frac{\widehat{MM'}}{|MM'|}\right)^2 \cdot \frac{(\Delta x)^2 + (\Delta y)^2}{(\Delta x)^2}$$

$$= \left(\frac{\widehat{MM'}}{|MM'|}\right)^2 \left[1 + \left(\frac{\Delta y}{\Delta x}\right)^2\right],$$

从而 $\left(\dfrac{\mathrm{d}s}{\mathrm{d}x}\right)^2 = \lim\limits_{\Delta x \to 0} \left(\dfrac{\Delta s}{\Delta x}\right)^2 = 1 + \left(\dfrac{\mathrm{d}y}{\mathrm{d}x}\right)^2$,

即有 $\dfrac{\mathrm{d}s}{\mathrm{d}x} = \pm\sqrt{1 + y'^2}$. 由于 $s = s(x)$ 是单调增加函数，从而 $\dfrac{\mathrm{d}s}{\mathrm{d}x} > 0$，于是有 $\dfrac{\mathrm{d}s}{\mathrm{d}x} = \sqrt{1 + y'^2}$，

故 $\mathrm{d}s = \sqrt{1 + y'^2}\,\mathrm{d}x$ 或 $\mathrm{d}s = \sqrt{(\mathrm{d}x)^2 + (\mathrm{d}y)^2}$. 这就是弧微分公式.

易见，$\mathrm{d}s$、$\mathrm{d}x$ 和 $\mathrm{d}y$ 构成直角三角关系，常称此三角形为微分三角形，如图 3-21 所示.

二、曲率的概念及其计算公式

直观地我们知道：直线不弯曲，半径小的圆比半径大的圆弯曲得厉害些. 即使是同一条曲线，其不同部分也有不同的弯曲程度. 例如，抛物线 $y = x^2$ 在顶点附近比远离顶点的部分弯曲得厉害些. 如何用数量描述曲线的弯曲程度呢？

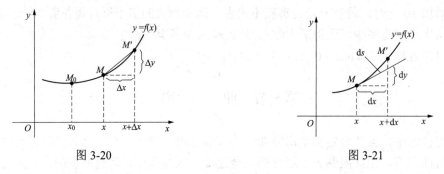

图 3-20　　　　　　　　　　　　图 3-21

观察图 3-22，易见弧段 $\widehat{M_1 M_2}$ 比较平直，当动点沿着这弧段从 M_1 移动到 M_2 时，切线转过的角度 φ_1 不大，而弧段 $\widehat{M_2 M_3}$ 弯曲得比较厉害，转角 φ_2 也比较大.

然而，只考虑曲线弧段的切线的转角还不足以完全反映曲线的弯曲程度. 例如，从图 3-23 可以看出，两曲线弧 $\widehat{M_1 M_2}$ 及 $\widehat{N_1 N_2}$ 的切线转角相同，但弯曲程度明显不同，短弧段比长弧段弯曲得厉害些.

综上所述，曲线弧的弯曲程度与弧段的长度和切线转过的角度有关. 我们就用单位弧长上切线转角的大小来反映曲线的弯曲程度. 由此，我们引入描述曲线弯曲程度的概念——**曲率**.

设平面曲线 C 是光滑的，在 C 上选定一点 M_0 作为度量弧 s 的起点，设曲线上点 M 对应于弧 s，在点 M 处切线的倾角为 α，如图 3-24 所示. 曲线上另一点 M' 对应于弧 $s + \Delta s$，点 M' 处切线的倾角为 $\alpha + \Delta\alpha$，则弧段 $\widehat{MM'}$ 的长度为 $|\Delta s|$，当动点从点 M 移动到点 M' 时切线的转角为 $|\Delta\alpha|$.

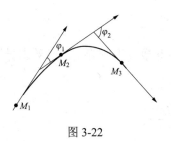

图 3-22

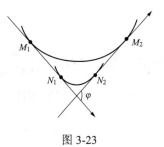

图 3-23

比值 $\left|\dfrac{\Delta\alpha}{\Delta s}\right|$ 表示弧段 $\widehat{MM'}$ 的平均弯曲程度. 记 $\overline{K}=\left|\dfrac{\Delta\alpha}{\Delta s}\right|$，称 $\overline{K}$ 为弧段 $\widehat{MM'}$ 的平均曲率.

如果当 $M'\to M$ 时，平均曲率 $\overline{K}$ 的极限存在，那么称这个极限为曲线 C 在点 M 处的曲率，记为 K. 即

$$K=\lim_{M'\to M}\left|\frac{\Delta\alpha}{\Delta s}\right|.$$

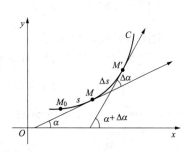

图 3-24

注意到，当 $M'\to M$ 时，$\Delta s\to 0$，所以 $K=\lim\limits_{\Delta s\to 0}\left|\dfrac{\Delta\alpha}{\Delta s}\right|=\left|\dfrac{\mathrm{d}\alpha}{\mathrm{d}s}\right|$，

对直线来说，切线与直线重合，当点沿直线移动时，切线的倾斜角不变，如图 3-25 所示，因而 $\Delta\alpha=0$，$\dfrac{\Delta\alpha}{\Delta s}=0$，从而 $K=0$. 这表明直线上任意点处的曲率都等于零，即直线不弯曲.

又如，半径为 R 的圆，如图 3-26 所示，圆上点 M、M' 处的切线所夹的角 $\Delta\alpha$ 与 $\angle MDM'$ 相等，由于 $\angle MDM'=\dfrac{\Delta s}{R}$，因此 $\dfrac{\Delta\alpha}{\Delta s}=\dfrac{\frac{\Delta s}{R}}{\Delta s}=\dfrac{1}{R}$，从而 $K=\left|\dfrac{\mathrm{d}\alpha}{\mathrm{d}s}\right|=\dfrac{1}{R}$.

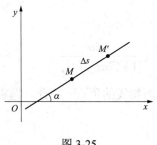

图 3-25

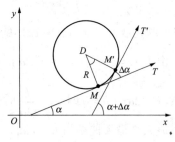

图 3-26

这表明，圆上各点处的曲率等于半径的倒数，且半径越小曲率越大，即弯曲得厉害. 下面来推导曲率的计算公式.

设曲线的方程是 $y=f(x)$，且 $f(x)$ 具有二阶导数. 因为 $\tan\alpha=y'$，所以 $\sec^2\alpha\cdot\mathrm{d}\alpha=y''\mathrm{d}x$，

$$\mathrm{d}\alpha=\frac{y''}{\sec^2\alpha}\mathrm{d}x=\frac{y''}{1+\tan^2\alpha}\mathrm{d}x=\frac{y''}{1+y'^2}\mathrm{d}x.$$

又由弧微分公式 $\mathrm{d}s=\sqrt{1+y'^2}\mathrm{d}x$，从而得曲率的计算公式

$$K = \left| \frac{\mathrm{d}\alpha}{\mathrm{d}s} \right| = \frac{|y''|}{(1+y'^2)^{3/2}}. \tag{1}$$

若曲线的方程由参数方程 $\begin{cases} x = \varphi(t) \\ y = \psi(t) \end{cases}$ 给出，则可利用参数方程所确定的函数求导法求出 y' 及 y''，代入公式（1）可得曲率的另一个公式

$$K = \frac{|\varphi'(t)\psi''(t) - \varphi''(t)\psi'(t)|}{[\varphi'^2(t) + \psi'^2(t)]^{3/2}}. \tag{2}$$

如果遇到极坐标表示的曲线 $r = r(\theta)$，则根据极坐标与直角坐标转换公式 $\begin{cases} x = r\cos\theta \\ y = r\sin\theta \end{cases}$，利用求曲率公式（2）计算.

例1 计算等双曲线 $xy = 4$ 在点 $(2,2)$ 处的曲率.

解 由 $y = \frac{4}{x}$，得 $y' = -\frac{4}{x^2}$，$y'' = \frac{8}{x^3}$. 因此，$y'|_{x=2} = -1, y''|_{x=2} = 1$.

曲线 $xy = 4$ 在点 $(2,2)$ 处的曲率为

$$K = \frac{|y''|}{(1+y'^2)^{3/2}} = \frac{1}{[1+(-1)^2]^{3/2}} = \frac{1}{2\sqrt{2}} = \frac{\sqrt{2}}{4}.$$

例2 求椭圆 $\begin{cases} x = a\cos t \\ y = b\sin t \end{cases}$ 在 $t = \frac{\pi}{4}$ 处的曲率. 其中 $a > 0$，$b > 0$.

解 求导数 $\begin{cases} x' = -a\sin t \\ y' = b\cos t \end{cases}$，$\begin{cases} x'' = -a\cos t \\ y'' = -b\sin t \end{cases}$，代入式（2），得

$$K = \frac{|x'y'' - x''y'|}{[x'^2 + y'^2]^{3/2}} = \frac{|ab\sin^2 t + ab\cos^2 t|}{[a^2\sin^2 t + b^2\cos^2 t]^{3/2}},$$

所以，$K\big|_{t=\frac{\pi}{4}} = \frac{2\sqrt{2}ab}{(a^2+b^2)^{3/2}}.$

例3 抛物线 $y = ax^2 + bx + c$ 上哪一点处的曲率最大？

解 由于 $y' = 2ax + b$，$y'' = 2a$，由曲率公式，得 $K = \frac{|2a|}{[1+(2ax+b)^2]^{3/2}}.$

显然，当 $2ax + b = 0$ 即 $x = -\frac{b}{2a}$ 时曲率最大，它对应抛物线的顶点. 因此，抛物线在顶点处的曲率最大，最大曲率为 $K = |2a|$.

三、曲率圆

设曲线在点 $M(x,y)$ 处的曲率为 $K(K \neq 0)$. 在点 M 处的曲线的法线上凹的一侧取一点 D，使 $|DM| = K^{-1} = \rho$. 以 D 为圆心、ρ 为半径作圆，这个圆叫做曲线在点 M 处的曲率圆. 曲率圆的圆心 D 叫做曲线在点 M 处的曲率中心，曲率圆的半径 ρ 叫做曲线在点 M 处的曲率半径，如图 3-27 所示.

由上述规定可知，曲率圆与曲线在点 M 处有相同的切线和曲率，且有相同的凹向. 因此，在实际问题中，常用曲率圆在点 M 附近的一段圆弧近似代替曲线弧，使问题简化.

按上述规定，曲线在点 M 处的曲率 $K(K \neq 0)$ 与曲线在点 M 处的曲率半径 ρ 有如下关系

$$\rho = \frac{1}{K} , \quad K = \frac{1}{\rho} .$$

例 4　设工件表面的截线为抛物线 $y = 0.4x^2$，如图 3-28 所示．现在要用砂轮磨削其内表面．问用直径多大的砂轮才比较合适？

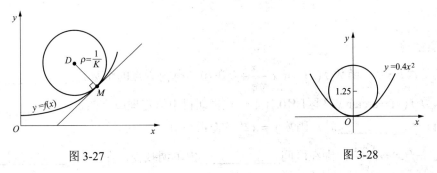

图 3-27　　　　　　　　　　　　　　　图 3-28

解　为了在磨削时不使砂轮与工件接触处附近的那部分工件磨去太多，砂轮的半径应不大于抛物线上各点处曲率半径中的最小值．由本节例 3 知道，抛物线在其顶点处的曲率最大，也就是说，抛物线在其顶点处的曲率半径最小．因此，只要求出抛物线 $y = 0.4x^2$ 在顶点 $O(0,0)$ 处的曲率半径（见图 3-28）．

由于

$$y' = 0.8x, y'' = 0.8 ,$$

$$y'\big|_{x=0} = 0, y''\big|_{x=0} = 0.8 ,$$

因此

$$K = \frac{|y''|}{(1+y'^2)^{3/2}} = 0.8 .$$

抛物线顶点处的曲率半径为 $K^{-1} = 1.25$．故选用砂轮的半径不得超过 1.25 单位长，即直径不得超过 2.50 单位长．

用砂轮磨削一般工件的内表面时，也有类似的结论，即选用的砂轮的半径不应超过该工件内表面截线上各点处曲率半径中的最小值．

习　题　3-7

1．求下列曲线在给定点处的曲率和曲率半径：

（1）$y = \sin x, x = \dfrac{\pi}{2}$；　　　　　　　（2）$y = x + \ln x, x = 1$；

（3）$\begin{cases} x = \cos^3 t \\ y = \sin^3 t \end{cases}, t = \dfrac{\pi}{4}$；　　　　（4）$r = a\theta , \quad \theta = \dfrac{\pi}{2}$．

2．求抛物线 $y = x^2 - 4x + 1$ 在其顶点处的曲率．

3．设一物体在半立方抛物线 $4y^2 = x^3(y > 0)$ 上运动，问当物体距 y 轴 1km 时，方向的改变率（即在 $x = 1$ 对应的点处的曲率）如何？

4．曲线 $y = \ln x$ 上哪一点处的曲率半径最小？求出该点处的曲率半径．

5. 已知曲线 $y=f(x)$ 满足 $f(1)=1$，$f'(x)>0$，$f''(1)=1$，并且当 $x=1$ 时曲率为 $\dfrac{1}{8}$，求 $x=1$ 时曲线的切线及法线方程.

总 习 题 三

一、填空题

1. 设常数 $k>0$，函数 $f(x)=\ln x-\dfrac{x}{e}+k$ 在 $(0,+\infty)$ 内零点的个数为_____.

2. 函数 $f(x)=\arctan x$ 在区间 $[0,1]$ 上使拉格朗日中值定理成立的 $\xi=$_____.

3. 当 $x=$_____ 时，函数 $y=x2^x$ 取得极小值.

4. 已知 $f(x)=\dfrac{x+1}{x^2}$，则在区间_____内单调减少，在区间_____内单调增加. 极值点是_____，极值是_____.

5. 曲线 $y=xe^{2x}$ 在区间_____内为凹的，在区间_____内为凸的，拐点为_____.

6. 函数 $f(x)=x+\sqrt{x}$ 在 $[1,4]$ 上的最小值为_____，最大值为_____.

7. 曲线 $y=(x-1)^2(x-3)^2$ 的拐点个数 $n=$_____.

8. $\lim\limits_{x\to 0}\dfrac{\arctan x-x}{\ln(1+2x^3)}=$_____.

9. $\lim\limits_{x\to 0}\cot x\left(\dfrac{1}{\sin x}-\dfrac{1}{x}\right)=$_____.

10. $\lim\limits_{x\to\infty}\left(\sin\dfrac{1}{x}+\cos\dfrac{1}{x}\right)^x=$_____.

二、选择题

1. 极限 $\lim\limits_{x\to 0}\dfrac{e^{|x|}-1}{x}$ 的结果是（　　）.

（A）1　　　　　（B）-1　　　　　（C）0　　　　　（D）不存在

2. 在区间 $[-1,1]$ 上满足罗尔定理条件的函数是（　　）.

（A）$f(x)=e^x$　　（B）$f(x)=|x|$　　（C）$f(x)=1-x^2$　　（D）$f(x)=\ln|x|$

3. 在 $[0,1]$ 上 $f''(x)>0$，则 $f'(0)$、$f'(1)$、$f(1)-f(0)$ 或 $f(0)-f(1)$ 几个数的大小顺序为（　　）.

（A）$f'(1)>f'(0)>f(1)-f(0)$　　　　　　（B）$f'(1)>f(1)-f(0)>f'(0)$

（C）$f(1)-f(0)>f'(1)>f'(0)$　　　　　　（D）$f'(1)>f(0)-f(1)>f'(0)$

4. 设函数 $f(x)$ 在 $x=x_0$ 处有 $f'(x_0)=0$，在 $x=x_1$ 处有 $f'(x)$ 不存在，则（　　）.

（A）$x=x_0$ 与 $x=x_1$ 一定都是极值点　　（B）只有 $x=x_0$ 是极值点

（C）$x=x_0$ 与 $x=x_1$ 可能都不是极值点　（D）$x=x_0$ 与 $x=x_1$ 至少有一个是极值点

5. 设 $f(x)=|x(1-x)|$，则（　　）.

（A）$x=0$ 是 $f(x)$ 的极值点，但 $(0,0)$ 不是曲线 $y=f(x)$ 的拐点

（B）$x=0$ 不是 $f(x)$ 的极值点，但 $(0,0)$ 是曲线 $y=f(x)$ 的拐点

（C）$x=0$ 是 $f(x)$ 的极值点，且 $(0,0)$ 是曲线 $y=f(x)$ 的拐点

（D）$x=0$ 不是 $f(x)$ 的极值点，$(0,0)$ 也不是曲线 $y=f(x)$ 的拐点

6．若 $f'(x)$ 在 $[a,b]$ 上连续，且 $f'(a)>0$，$f'(b)<0$，则错误的是（　　）．

（A）至少存在一点 $x_0\in(a,b)$，使 $f(x_0)>f(a)$

（B）至少存在一点 $x_0\in(a,b)$，使 $f(x_0)>f(b)$

（C）至少存在一点 $x_0\in(a,b)$，使 $f'(x_0)=0$

（D）至少存在一点 $x_0\in(a,b)$，使 $f(x_0)=0$

7．若在区间 (a,b) 内，函数 $f(x)$ 的一阶导数 $f'(x)>0$，二阶导数 $f''(x)<0$，则函数在此区间内（　　）．

（A）单调减少，曲线为凹的　　　　　　　　（B）单调增加，曲线为凹的

（C）单调减少，曲线为凸的　　　　　　　　（D）单调增加，曲线为凸的

8．设 $f'(x)=[\varphi(x)]^3$，其中 $\varphi(x)$ 在 $(-\infty,+\infty)$ 内连续、可导，且 $\varphi'(x)>0$，则必有（　　）．

（A）$f(x)$ 在 $(-\infty,+\infty)$ 内单调增加　　　　（B）$f(x)$ 在 $(-\infty,+\infty)$ 内单调减少

（C）$f(x)$ 在 $(-\infty,+\infty)$ 内是凹的　　　　　（D）$f(x)$ 在 $(-\infty,+\infty)$ 内是凸的

9．设函数 $f(x)=\begin{cases}\ln x-x,&x\geq 1\\x^2-2x,&x<1\end{cases}$，则（　　）．

（A）$f(x)$ 在 $x=1$ 处有最小值　　　　　　（B）$f(x)$ 在 $x=1$ 处有最大值

（C）$f(x)$ 在 $x=1$ 处有拐点　　　　　　　（D）$f(x)$ 在 $x=1$ 处无拐点

10．设 $f(x)=(x^2-3x+2)\sin x$，则方程 $f'(x)=0$ 在 $(0,\pi)$ 内根的个数为（　　）．

（A）0 个　　　　　（B）至多 1 个　　　　　（C）2 个　　　　　（D）至少 3 个

11．设 $f(x)$、$g(x)$ 是恒大于零的可导函数，且 $f'(x)g(x)-f(x)g'(x)<0$，则当 $a<x<b$ 时，有（　　）．

（A）$f(x)g(b)>f(b)g(x)$　　　　　　　（B）$f(x)g(a)>f(a)g(x)$

（C）$f(x)g(x)>f(b)g(b)$　　　　　　　（D）$f(x)g(x)>f(a)g(a)$

12．设函数 $f(x)$ 连续，且 $f'(0)>0$，则存在 $\delta>0$，使得（　　）．

（A）$f(x)$ 在 $(0,\delta)$ 内单调增加　　　　　（B）$f(x)$ 在 $(-\delta,0)$ 内单调减少

（C）对任意的 $x\in(0,\delta)$ 有 $f(x)>f(0)$　　（D）对任意的 $x\in(-\delta,0)$ 有 $f(x)>f(0)$

13．曲线 $y=(x-1)(x-2)^2(x-3)^3(x-4)^4$ 的拐点是（　　）．

（A）$(1,0)$　　　　　（B）$(2,0)$　　　　　（C）$(3,0)$　　　　　（D）$(4,0)$

14．已知极限 $\lim\limits_{x\to 0}\dfrac{x-\arctan x}{x^k}=c$，其中 k、c 为常数，且 $c\neq 0$，则（　　）．

（A）$k=2,c=-\dfrac{1}{2}$　　　（B）$k=2,c=\dfrac{1}{2}$　　　（C）$k=3,c=-\dfrac{1}{3}$　　（D）$k=3,c=\dfrac{1}{3}$

15．设函数 $f(x)$ 具有二阶导数，$g(x)=f(0)(1-x)+f(1)x$，则在区间 $[0,1]$ 上（　　）．

（A）当 $f'(x)\geq 0$ 时，$f(x)\geq g(x)$　　　　（B）当 $f'(x)\geq 0$ 时，$f(x)\leq g(x)$

（C）当 $f''(x)\geq 0$ 时，$f(x)\geq g(x)$　　　　（D）当 $f''(x)\geq 0$ 时，$f(x)\leq g(x)$

三、计算题

1．求函数 $f(x)=\sqrt{x}\ln x$ 的单调区间与极值．

2．讨论曲线 $y = x^2 + \cos x$ 的凹凸性．

3．求函数 $y = x^4 - 3x^2 + 1$ 在 $[-2,2]$ 上的最大值和最小值．

4．求数列 $\{\sqrt[n]{n}\}$ 的最大项．

5．求方程 $k \arctan x - x = 0$ 不同实根的个数，其中 k 为参数．

6．求极限：

（1）$\lim\limits_{x \to 0} \dfrac{\sqrt{1 + \tan x} - \sqrt{1 + \sin x}}{x \sin^2 x}$；

（2）$\lim\limits_{x \to +\infty} x \left[\left(1 + \dfrac{1}{x} \right)^x - \mathrm{e} \right]$；

（3）$\lim\limits_{x \to 0} \left[\dfrac{1}{x} - \dfrac{\ln(x+1)}{x^2} \right]$；

（4）$\lim\limits_{x \to 0^+} \left(\dfrac{1}{\sqrt{x}} \right)^{\tan x}$；

（5）$\lim\limits_{x \to 0} (\cos x)^{\frac{1}{\ln(1 + x^2)}}$；

（6）$\lim\limits_{x \to 0} \dfrac{[\sin x - \sin(\sin x)] \sin x}{x^4}$；

（7）$\lim\limits_{x \to 0} \left[\dfrac{\ln(x+1)}{x} \right]^{\frac{1}{\mathrm{e}^x - 1}}$．

四、证明题

1．设函数 $f(x)$ 在 $[a,b]$ 上连续，在 (a,b) 内可导，$f(a) = f(b)$ 且 $f(x)$ 不恒为常数．试证：在 (a,b) 内存在一点 ξ，使 $f'(\xi) > 0$．

2．设函数 $f(x)$ 在 $[a,b]$ 上连续，在 (a,b) 内可导．试证：在 (a,b) 内至少存在一点 ξ，使 $f(b) - f(a) = \xi f'(\xi) \ln \left(\dfrac{b}{a} \right)$．

3．设 $a_0 + \dfrac{a_1}{2} + \cdots + \dfrac{a_n}{n+1} = 0$，证明：多项式 $f(x) = a_0 + a_1 x + \cdots + a_n x^n$ 在 $(0,1)$ 内至少有一个零点．

4．证明：当 $0 < x < \pi$ 时，有 $\sin \dfrac{x}{2} > \dfrac{x}{\pi}$．

5．证明：当 $x > 1$ 时，有 $\dfrac{\ln(1 + x)}{\ln x} > \dfrac{x}{1 + x}$．

6．证明：当 $x \geqslant 1$ 时，有 $2 \arctan x + \arcsin \dfrac{2x}{1 + x^2} = \pi$．

7．设函数 $f(x)$ 在 $[-1,1]$ 上具有三阶连续导数，且 $f(-1) = 0, f(1) = 1, f'(0) = 0$，证明：在区间 $(-1,1)$ 内至少存在一点 ξ，使 $f'''(\xi) = 3$．

8．设 $y = f(x)$ 在 $(-1,1)$ 内具有二阶连续导数且 $f''(x) \neq 0$，试证：

（1）对于 $(-1,1)$ 内的任一 $x \neq 0$，存在唯一的 $\theta(x) \in (0,1)$，使 $f(x) = f(0) + x f'(\theta(x) x)$ 成立；

（2）$\lim\limits_{x \to 0} \theta(x) = \dfrac{1}{2}$．

9．设 $\mathrm{e} < a < b < \mathrm{e}^2$，证明：$\ln^2 b - \ln^2 a > \dfrac{4}{\mathrm{e}^2}(b - a)$．

10．已知函数 $f(x)$ 在 $[0,1]$ 上连续，在 $(0,1)$ 内可导，且 $f(0) = 0, f(1) = 1$，证明：

（1）存在 $\xi \in (0,1)$，使得 $f(\xi) = 1 - \xi$；

（2）存在两个不同的点 η、$\zeta \in (0,1)$，使得 $f'(\eta)f'(\zeta) = 1$.

11. 设函数 $f(x)$、$g(x)$ 在 $[a,b]$ 上连续，在 (a,b) 内具有二阶导数且存在相等的最大值，$f(a) = g(a), f(b) = g(b)$，证明：存在 $\xi \in (a,b)$，使得 $f''(\xi) = g''(\xi)$.

12. 证明：当 $-1 < x < 1$ 时，有 $x \ln \dfrac{1+x}{1-x} + \cos x \geqslant 1 + \dfrac{x^2}{2}$.

13. 设奇函数 $f(x)$ 在 $[-1,1]$ 上具有二阶导数，且 $f(1) = 1$，证明：

（1）存在 $\xi \in (0,1)$，使得 $f'(\xi) = 1$；

（2）存在 $\eta \in (-1,1)$，使得 $f''(\eta) + f'(\eta) = 1$.

五、应用题

1. 在曲线 $y = 1 - x^2 (x > 0)$ 上求一点 $P(x,y)$，使曲线在该点处的切线与两坐标轴所围成的三角形面积最小.

2. 将长为 a 的一段铁丝截成两段，用一段围成正方形，另一段围成圆，为使正方形与圆的面积之和最小，问两段铁丝的长各为多少？

3. 某旅行社组织旅游团，若每团人数不超过 30 人，飞机票每张收费 900 元；若每团人数多于 30 人，则给予优惠，每多一人，机票每张减少 10 元，直至每张降为 450 元. 旅游团乘飞机，旅行社需付给航空公司包机费 15000 元.

（1）写出飞机票价格的函数；

（2）每团人数为多少时，旅行社可获得最大利润？

拓展阅读

人 物 传 记

1. 约瑟夫·拉格朗日

拉格朗日曾为普鲁士腓特烈大帝在柏林工作了 20 年，被腓特烈大帝称做"欧洲最伟大的数学家"，后受法国国王路易十六的邀请定居巴黎，直至去世. 拉格朗日才华横溢，在数学、力学和天文学三个学科中都有历史性的重大贡献. 拿破仑曾称赞他是"一座高耸在数学界的金字塔". 他最突出的贡献是在把数学分析的基础脱离几何与力学方面起了决定性的作用，使数学的独立性更为清楚，而不仅是其他学科的工具. 他的成就包括著名的拉格朗日中值定理、拉格朗日力学等. 其全部著作、论文、学术报告记录、学术通讯超过 500 篇.

约瑟夫·拉格朗日
（Joseph Lagrange, 1736
－1813）法国籍意大利
裔数学家和天文学家

18 岁时，拉格朗日用意大利语写了第一篇论文，是用牛顿二项式定理处理两函数乘积的高阶微商，他又将论文用拉丁语写出，寄给了当时在柏林科学院任职的数学家欧拉. 不久后，他获知这一成果早在半个世纪前就被莱布尼兹取得了. 这个并不幸运的开端并未使拉格朗日灰心，相反，他更坚定了投身数学分析领域的信心.

19 岁时，拉格朗日在探讨数学难题"等周问题"的过程中，以欧拉的思路和结果为依据，用纯分析的方法求变分极值. 其第一篇论文"极大和极小的方法研究"发展了欧拉所开创的变分法，为变分法奠定了理论基础．变分法的创立，使拉格朗日在都灵声名大震，并使他在19岁时就当上了都灵皇家炮兵学校的教授，成为当时欧洲公认的第一流数学家．1756年，受欧拉的举荐，拉格朗日被任命为普鲁士科学院通讯院士．

1764年，法国科学院悬赏征文，要求用万有引力解释月球天平动问题，他的研究获奖．接着，他又成功地运用微分方程理论和近似解法研究了科学院提出的一个复杂的六体问题（木星的四个卫星的运动问题），为此又一次于1766年获奖．

1766年，德国的腓特烈大帝向拉格朗日发出邀请时说，在"欧洲最大的王"的宫廷中应有"欧洲最大的数学家"．于是他应邀前往柏林，任普鲁士科学院数学部主任，居住达20年之久，开始了他一生科学研究的鼎盛时期．

1783年，拉格朗日的故乡建立了"都灵科学院"，他被任命为名誉院长．1786年腓特烈大帝去世以后，他接受了法国国王路易十六的邀请，离开柏林，定居巴黎，直至去世．

1791年，拉格朗日被选为英国皇家学会会员，又先后在巴黎高等师范学院和巴黎综合工科学校任数学教授．

1813年4月3日，拿破仑授予他帝国大十字勋章，但此时的拉格朗日已卧床不起，4月11日早晨，拉格朗日逝世．

米歇尔·罗尔（Michel Rolle，1652—1719），法国数学家

2. 米歇尔·罗尔

米歇尔·罗尔生于下奥弗涅的昂贝尔，仅受过初等教育，依靠自学精通了代数与丢番图分析理论．1675年，罗尔从昂贝尔搬往巴黎，1682年因为解决了数学家雅克·奥扎南提出的一个数论难题而获得盛誉，得到了让-巴蒂斯特·科尔贝的津贴资助．1685年获选进入法兰西皇家科学院．罗尔是微积分的早期批评者，认为微积分不准确，建基于不稳固的推论．他后来改变立场．

3. 洛必达

洛必达曾受袭侯爵衔，并在军队中担任骑兵军官，后来因为视力不佳而退出军队，转向学术方面加以研究．洛必达早年就显露出数学才能，他15岁时就解出帕斯卡的摆线难题，以后又解出约翰·伯努利向欧洲挑战的"最速降曲线问题"．稍后他放弃了炮兵的职务，投入更多的时间在数学上，在瑞士数学家伯努利的门下学习微积分，并成

洛必达（Marquis de l'Hôpital，1661—1704），法国数学家

为法国新解析的主要成员．洛必达的《无限小分析》（1696）一书是微积分学方面最早的教科书，在18世纪时为一模范著作，书中创造了一种算法（洛必达法则），用以寻找满足一定条件的两函数之商的极限，洛必达于前言中向莱布尼兹和伯努利致谢，特别是约翰·伯努利．洛必达逝世之后，伯努利发表声明，该法则及许多的其他发现该归功于他．

4. 麦克劳林

麦克劳林是一位牧师的儿子，半岁丧父，9岁丧母，由其叔父抚养成人，其叔父也是一位牧师．麦克劳林是一个"神童"，为了当牧师，他11岁考入格拉斯哥大学学习神学，但入校不久却对数学发生了浓厚的兴趣，一年后转攻数学．17岁时，麦克劳林取得硕士学位，并为自

麦克劳林（Colin Maclaurin，1698—1746），苏格兰数学家

己关于重力做功的论文作了精彩的公开答辩；19 岁，担任阿伯丁大学的数学教授，并主持该校马里歇尔学院数学工作；两年后，被选为英国皇家学会会员；1722—1726 年在巴黎从事研究工作，并于 1724 年因写了物体碰撞的杰出论文而荣获法国科学院资金，回国后任爱丁堡大学教授．

1719 年，麦克劳林在访问伦敦时见到了牛顿，从此便成为牛顿的门生．1724 年，由于牛顿的大力推荐，他继续获得教授席位．21 岁时，麦克劳林发表了第一本重要著作《构造几何》．在这本书中，他描述了作圆锥曲线的一些新的巧妙方法，精辟地讨论了圆锥曲线及高次平面曲线的种种性质．1742 年，他撰写的《流数论》以泰勒级数作为基本工具，是对牛顿的流数法作出符合逻辑的、系统解释的第一本书．此书之意是为牛顿流数法提供一个几何框架，以答复贝克来大主教等人对牛顿的微积分学原理的攻击．麦克劳林以熟练的几何方法和穷竭法论证了流数学说，还把级数作为求积分的方法，并独立于柯西以几何形式给出了无穷级数收敛的积分判别法．他得到数学分析中著名的麦克劳林级数展开式，并用待定系数法给予了证明．

麦克劳林在代数学领域的主要贡献是，在《代数论》（1748，遗著）中创立了用行列式的方法求解多个未知数联立的线性方程组．但书中记叙法不太好，后来另一位数学家克莱默（Cramer）又重新发现了这个法则，所以现今称之为克莱默法则．

5．皮亚诺

皮亚诺的父母巴尔托洛梅奥和罗斯亚育有四男一女，皮亚诺是第二个孩子．他们家以耕作为生，虽处在文盲充斥的农村，但皮亚诺的父母有见识且很开朗，让子女都接受教育．他家住在离省城库内奥 3 英里的地方，每天皮亚诺和其兄米切勒必须步行去省城念书．为了方便孩子们上学，他父母把家搬到城内，直到他最小的妹妹小学毕业才又搬回农场．皮亚诺的舅舅 M. 卡瓦罗是一位牧师和律师，住在都灵．由于皮亚诺勤学好问，成绩优异，舅舅接他去都灵读书．开始时他接受私人教育（包括舅舅的教育）和自学，使他能于 1873 年通过卡沃乌尔学校的初中升学考试而入了学．1876 年皮亚诺高中毕业，因成绩优异获得奖学金，进入都灵大学读书．他先读工程学，在修完两年物理与数学之后，决定专攻纯数学．在校 5 年，他学习的科目十分广泛．1880 年 7 月他

皮亚诺（Giuseppe Peano，1858—1932），意大利数学家

以高分拿到大学毕业证书，并留校当奥维迪奥的助教，一年后又转为分析学家 A. 杰诺其教授的助教．1882 年春，A. 杰诺其摔坏了膝盖骨，皮亚诺便接替他讲授分析课．1884 年任都灵大学微积分学讲师．1890 年 12 月经过正规竞争，皮亚诺成为都灵大学的临时性教授，1895 年成为正教授，随后他一直在都灵大学教书，直到去世．

皮亚诺是许多科学协会的会员，也是意大利皇家学会会员．他在分析方面的研究颇有成绩，是符号逻辑的奠基人，又是国际语的创立者．1932 年 4 月 20 日夜里，皮亚诺因心绞痛逝世．

6．布鲁克·泰勒

1701 年，布鲁克·泰勒进入剑桥大学圣约翰学院，1714 年法学博士学位．泰勒也学习数学．1708 年，他获得"振荡中心"问题

布鲁克·泰勒（Brook Taylor，1685—1731），英国数学家

的一个解决方法，但是这个解法直到 1714 年才得以发表，因此导致约翰·伯努利与他争谁首先得到解法的问题. 1715 年，泰勒发表的 *Methodus Incrementorum Directa et Inversa* 为高等数学添加了一个新的分支，今天这个方法被称为有限差分方法. 除其他许多用途外，他用这个方法来确定一个振动弦的运动. 他也是第一个把成功地使用物理效应来阐明这个运动的人. 在同一著作中，他还提出了著名的泰勒公式. 直到 1772 年，约瑟夫·拉格朗日才认识到这个公式的重要性，并称之为"导数计算的基础".

1712 年，泰勒被选入皇家学会，同年他加入判决艾萨克·牛顿和戈特弗里德·莱布尼茨就微积分发明权的案子的委员会. 1714 年 1 月 13 日至 1718 年 10 月 21 日，他任皇家学会的秘书. 从 1715 年开始，他的研究开始转向哲学和宗教. 1719 年，他从亚琛回到英国后写的《关于犹太教牺牲》和《食血是否合法》未完成，后来在他的遗物中被发现. 1721 年他结婚，但其父亲不赞成这桩婚事，两人因此不和，直到 1723 年他妻子死后他才又和父亲和解. 此后两年中他住在家中. 1725 年他再次结婚，他的第二任妻子也在生产时逝世（1730 年），但是这次他的女儿存活了下来. 之后，泰勒的身体状况越来越坏，不久后也逝世. 虽然泰勒是一名非常杰出的数学家，但是由于不喜欢明确和完整地把他的思路写下来，因此他的许多证明没有遗留下来.

1715 年，泰勒出版了另一名著《线性透视论》，更发表了再版的《线性透视原理》（1719年）. 他以极严密之形式展开其线性透视学体系，其中最突出的贡献是提出和使用"没影点"概念，这对摄影测量制图学的发展有一定影响. 另外，还撰有哲学遗作，发表于 1793 年.

7. 柯西

柯西（Cauchy，1789—1857），
法国数学家

柯西的父亲是一位精通古典文学的律师，曾任法国参议院秘书长，与拉格朗日、拉普拉斯等人交往甚密，因此柯西从小就认识了一些著名的科学家. 柯西自幼聪敏好学，在中学时就是学校里的明星，曾获得希腊文、拉丁文作文和拉丁文诗奖. 中学毕业时，柯西赢得全国大奖赛和一项古典文学特别奖. 拉格朗日曾预言他日后必成大器. 1805 年，年仅 16 岁的柯西就以第二名的成绩考入巴黎综合工科学校，1807 年又以第一名的成绩考入道路桥梁工程学校. 1810 年 3 月，柯西完成了学业离开了巴黎，前往瑟堡就任对他的第一次任命，但后来由于身体欠佳，又颇具数学天赋，便听从拉格朗日与拉普拉斯的劝告转攻数学. 自 1810 年 12 月起，柯西就把数学的各个分支从头到尾再温习一遍，从算术开始到天文学为止，把模糊的地方弄清楚，应用他自己的方法去简化证明和发现新定理. 1813 年，柯西回到巴黎综合工科学校任教，1816 年晋升为该校教授，随后又担任了巴黎理学院及法兰西学院教授.

柯西还是探讨微分方程解的存在性问题的第一个数学家，他证明了微分方程在不包含奇点的区域内存在满足给定条件的解，从而使微分方程的理论得以深化. 在研究微分方程的解法时，他成功地提出了特征带方法并发展了强函数方法.

柯西一生对科学事业作出了卓越的贡献，数学中以柯西的姓名命名的定理、公式、方程、准则有柯西积分、柯西公式、柯西不等式、柯西定理、柯西函数、柯西矩阵、柯西分布、柯西变换、柯西准则、柯西算子、柯西序列、柯西系统、柯西主值、柯西条件、柯西形式、柯西问题、柯西数据、柯西积、柯西核、柯西网等多种. 但他也出现过失误，特别是他作为科学院的院士、数学权威在对待两位当时尚未成名的数学新秀阿贝尔、伽罗瓦（Galois）时都未给予应有的热情与关注，对阿贝尔关于椭圆函数论的一篇开创性论文，以及伽罗瓦关于群论的一篇开创性论文，他不仅未及时作出评论，而且还将他们送审的论文遗失了．这两件事常受到后世评论者的批评．

第四章 不定积分

 [本章导读]

前面介绍了一元函数微分学的知识，讨论了函数的导函数（或微分）的计算方法.

我们知道，导数即变化率，速度是单位时间内所走的路程，即速度是路程对时间的变化率. 如果已知直线运动的路程函数 $s(t)$，要求速度函数 $v(t)$，只要对路程函数 $s(t)$ 对时间 t 求一阶导函数就可以得到.

现在，我们来做一个反问题. 例如，已知变速运动的速度 $v(t)=2t+3$，求质点运动的路程函数 $s(t)$，即 $(\ \ )'=2t+3$，也就是已知变化率，求原来的函数. 利用导数公式，可以猜到括号里的函数为 t^2+3t，或为 t^2+3t+1，答案并不唯一，大家还可以找到其他答案.

在实际问题中，我们常常要讨论类似的反问题，即已知一个函数的导函数（或微分），求该函数. 这是积分学的一个基本问题.

一元函数积分学包括不定积分和定积分两部分. 本章主要内容是原函数和不定积分的概念、性质及其计算方法.

第一节 不定积分的概念与性质

一、原函数与不定积分的概念

定义 1 设函数 $f(x)$ 在区间 I 上有定义，若区间 I 上存在可导函数 $F(x)$，使得对任意 $x \in I$，都有

$$F'(x)=f(x) \text{ 或 } \mathrm{d}F(x)=f(x)\mathrm{d}x .$$

则称函数 $F(x)$ 是 $f(x)$ 在区间 I 上的一个原函数（primitive function）.

可见，求函数 $F(x)$ 的导函数和求函数 $f(x)$ 的原函数是互逆运算.

例如，由 $(\sin x)'=\cos x$，$x \in (-\infty,+\infty)$ 可知，$\sin x$ 是 $\cos x$ 的一个原函数. 如果 C 为任意常数，则 $(\sin x+C)'=\cos x$，所以 $\sin x+C$ 也是 $\cos x$ 的原函数.

一般地，若 $F(x)$ 是 $f(x)$ 的一个原函数，则对任意常数 C，由 $[F(x)+C]'=f(x)$ 可知，$F(x)+C$ 也是 $f(x)$ 的原函数. 可见，一个函数的原函数如果存在，必有无穷多个原函数.

下面我们进一步考虑两个问题：

（1）原函数的存在性，即在什么条件下能保证一个函数的原函数存在？

（2）原函数之间的关系，如果某函数的原函数存在，必为无穷多个，这无穷多个原函数之间有什么关系？能否统一表达出来？

首先，给出原函数存在的充分条件，其证明参见第五章第二节定理 1.

定理 1（原函数存在定理） 如果函数 $f(x)$ 在区间 I 上连续，那么在区间 I 上必定存在可导函数 $F(x)$，使对每一点 $x \in I$ 都有

$$F'(x) = f(x).$$

即**连续函数必定存在原函数**.

由于初等函数在其定义域内的任一区间上连续，因此每个初等函数在其定义域内的任一区间上都有原函数.

其次，考察原函数之间的关系.

设 $F(x)$ 和 $\Phi(x)$ 是 $f(x)$ 的两个原函数，则有

$$[F(x) - \Phi(x)]' = F'(x) - \Phi'(x) = f(x) - f(x) = 0.$$

由于导数恒为零的函数必为常数，因此

$$F(x) - \Phi(x) = C \text{（}C\text{ 为某个常数）}.$$

$F(x) = \Phi(x) + C$，这说明 $f(x)$ 的任意两个原函数之间只相差一个常数. 所以，当 C 为任意常数时，表达式 $F(x) + C$ 就可以表示 $f(x)$ 的全体原函数.

由此，我们引入定义：

定义 2　函数 $f(x)$ 在区间 I 上的全体原函数，称为 $f(x)$ 的<u>不定积分</u>（indefinite integral），记作

$$\int f(x)\mathrm{d}x.$$

其中，记号 $\int$ 称为<u>积分号</u>，$f(x)$ 称为<u>被积函数</u>，$f(x)\mathrm{d}x$ 称为<u>被积表达式</u>，x 称为<u>积分变量</u>.

由定义可知，如果 $F(x)$ 是 $f(x)$ 的一个原函数，那么

$$\boxed{\int f(x)\mathrm{d}x = F(x) + C \text{（}C\text{ 为任意常数）}.}$$

$f(x)$ 的所有原函数（即带有任意常数项的原函数）$F(x) + C$ 是 $f(x)$ 的不定积分.

例 1　求 $\int k\mathrm{d}x$.

解　因为 $(kx)' = k$，所以 kx 是 k 的一个原函数，因此

$$\int k\mathrm{d}x = kx + C.$$

例 2　求 $\int x^2\mathrm{d}x$.

解　因为 $\left(\dfrac{1}{3}x^3\right)' = x^2$，所以 $\dfrac{1}{3}x^3$ 是 x^2 的一个原函数，因此

$$\int x^2\mathrm{d}x = \frac{1}{3}x^3 + C.$$

例 3　求 $\int \dfrac{1}{x}\mathrm{d}x$.

解　当 $x > 0$ 时，$(\ln x)' = \dfrac{1}{x}$，所以

$$\int \frac{1}{x}\mathrm{d}x = \ln x + C (x > 0).$$

当 $x < 0$ 时，$-x > 0$，$[\ln(-x)]' = \dfrac{1}{-x} \cdot (-1) = \dfrac{1}{x}$，所以

$$\int \frac{1}{x} \mathrm{d}x = \ln(-x) + C \, (x < 0) \,.$$

综合以上，可得到

$$\int \frac{1}{x} \mathrm{d}x = \ln|x| + C \,.$$

例4 求 $\int \dfrac{1}{1+x^2} \mathrm{d}x$.

解 因为 $(\arctan x)' = \dfrac{1}{1+x^2}$ ，所以 $\arctan x$ 是 $\dfrac{1}{1+x^2}$ 的一个原函数，因此

$$\int \frac{1}{1+x^2} \mathrm{d}x = \arctan x + C \,.$$

注意： $(-\operatorname{arc\,cot} x)' = \dfrac{1}{1+x^2}$ ，所以， $\int \dfrac{1}{1+x^2} \mathrm{d}x = -\operatorname{arc\,cot} x + C$. 可见，不定积分的结果形式不唯一，要验证积分结果是否正确，只要把积分结果求导，验证是否为被积函数即可.

二、不定积分的性质

由不定积分的定义，可以推出如下性质：

性质1 $\dfrac{\mathrm{d}}{\mathrm{d}x}\left[\int f(x)\mathrm{d}x\right] = f(x)$ 或 $\mathrm{d}\left[\int f(x)\mathrm{d}x\right] = f(x)\mathrm{d}x$ （因为 $\int f(x)\mathrm{d}x$ 是 $f(x)$ 的原函数）.

性质2 $\int F'(x)\mathrm{d}x = F(x) + C$ 或 $\int \mathrm{d}F(x) = F(x) + C$.

由此可见，若对 $f(x)$ 先算不定积分后算微分，则两者相互抵消；若对 $f(x)$ 先算微分后算不定积分，则结果只相差一个常数 C . 所以，在不计常数时，微分运算（以记号"d"表示）与不定积分运算（以记号"∫"表示）是互逆的.

性质3 两个函数的和的不定积分等于各个函数不定积分的和，即

$$\int [f(x) + g(x)]\mathrm{d}x = \int f(x)\mathrm{d}x + \int g(x)\mathrm{d}x \,.$$

证 将上式等号右边求导，得到

$$\left[\int f(x)\mathrm{d}x + \int g(x)\mathrm{d}x\right]' = \left[\int f(x)\mathrm{d}x\right]' + \left[\int g(x)\mathrm{d}x\right]'$$
$$= f(x) + g(x).$$

这说明 $\int f(x)\mathrm{d}x + \int g(x)\mathrm{d}x$ 是 $f(x) + g(x)$ 的原函数. 又 $\int f(x)\mathrm{d}x + \int g(x)\mathrm{d}x$ 形式上含两个任意常数，但是由于两个任意常数之和仍然是任意常数，所以实际只含一个任意常数. 因此， $\int f(x)\mathrm{d}x + \int g(x)\mathrm{d}x$ 是 $f(x) + g(x)$ 的不定积分.

类似性质3不难证明下面的性质：

性质4 设 $f(x)$ 有原函数， k 为非零常数，则

$$\int kf(x)\mathrm{d}x = k\int f(x)\mathrm{d}x \quad （k \text{ 为常数}，k \neq 0），$$

即被积函数中不为零的常数因子可以提到积分号外.

性质3和性质4为不定积分的线性性质，由此可得到一个更一般的结论： n 个函数的代数和的不定积分等于这 n 个函数不定积分的代数和，即 $\int \left(\displaystyle\sum_{i=1}^{n} k_i f_i(x)\right) \mathrm{d}x = \displaystyle\sum_{i=1}^{n} k_i \int f_i(x)\mathrm{d}x$.

三、基本积分公式

由不定积分的定义可知，求积分运算是求导运算的逆运算．因此，可以由基本导数公式对应地得到基本积分公式：

（1）$\int k\mathrm{d}x = kx + C$ （k 为常数）， （2）$\int x^a \mathrm{d}x = \dfrac{x^{a+1}}{a+1} + C(a \neq -1)$ ，

（3）$\int \dfrac{1}{x}\mathrm{d}x = \ln|x| + C$ ， （4）$\int a^x \mathrm{d}x = \dfrac{1}{\ln a}a^x + C(a > 0, a \neq 1)$ ，

（5）$\int \mathrm{e}^x \mathrm{d}x = \mathrm{e}^x + C$ ， （6）$\int \cos x\mathrm{d}x = \sin x + C$ ，

（7）$\int \sin x\mathrm{d}x = -\cos x + C$ ， （8）$\int \sec^2 x\mathrm{d}x = \tan x + C$ ，

（9）$\int \csc^2 x\mathrm{d}x = -\cot x + C$ ， （10）$\int \sec x\tan x\mathrm{d}x = \sec x + C$ ，

（11）$\int \csc x\cot x\mathrm{d}x = -\csc x + C$ ， （12）$\int \dfrac{1}{\sqrt{1-x^2}}\mathrm{d}x = \arcsin x + C$ ，

（13）$\int \dfrac{1}{1+x^2}\mathrm{d}x = \arctan x + C$ ， （14）$\int \sinh x\mathrm{d}x = \cosh x + C$ ，

（15）$\int \cosh x\mathrm{d}x = \sinh x + C$ ．

利用不定积分的性质和基本积分公式，我们可以求解一些简单函数的不定积分．

例 5 求 $\int \dfrac{\mathrm{d}x}{x\sqrt[3]{x}}$ ．

解 $\int \dfrac{\mathrm{d}x}{x\sqrt[3]{x}} = \int x^{-\frac{4}{3}}\mathrm{d}x = \dfrac{x^{-\frac{4}{3}+1}}{-\frac{4}{3}+1} + C = -3x^{-\frac{1}{3}} + C$ ．

例 6 求 $\int \dfrac{(x-2)^2}{x^3}\mathrm{d}x$ ．

解 $\int \dfrac{(x-2)^2}{x^3}\mathrm{d}x = \int \left(\dfrac{1}{x} - \dfrac{4}{x^2} + \dfrac{4}{x^3}\right)\mathrm{d}x$

$\qquad\qquad = \int \dfrac{1}{x}\mathrm{d}x - \int \dfrac{4}{x^2}\mathrm{d}x + \int \dfrac{4}{x^3}\mathrm{d}x$

$\qquad\qquad = \ln|x| + \dfrac{4}{x} - \dfrac{2}{x^2} + C.$

例 7 求 $\int \dfrac{x^4}{1+x^2}\mathrm{d}x$ ．

解 $\int \dfrac{x^4}{1+x^2}\mathrm{d}x = \int \dfrac{x^4 - 1 + 1}{1+x^2}\mathrm{d}x$

$\qquad\qquad = \int \left(x^2 - 1 + \dfrac{1}{1+x^2}\right)\mathrm{d}x = \dfrac{x^3}{3} - x + \arctan x + C.$

例 8 求 $\int 5^{x+1}\mathrm{e}^x \mathrm{d}x$ ．

解 $\int 5^{x+1}\mathrm{e}^x \mathrm{d}x = 5\int (5\mathrm{e})^x \mathrm{d}x = 5 \times \dfrac{(5\mathrm{e})^x}{\ln(5\mathrm{e})} + C = \dfrac{5^{x+1}\mathrm{e}^x}{1+\ln 5} + C.$

例 9 求 $\int \tan^2 x \mathrm{d}x$.

解 $\int \tan^2 x \mathrm{d}x = \int (\sec^2 x - 1) \mathrm{d}x = \tan x - x + C$.

例 10 求 $\int \cos^2 \dfrac{x}{2} \mathrm{d}x$.

解 $\int \cos^2 \dfrac{x}{2} \mathrm{d}x = \int \dfrac{1 + \cos x}{2} \mathrm{d}x$

$$= \dfrac{x}{2} + \dfrac{\sin x}{2} + C.$$

例 11 求 $\displaystyle\int \dfrac{1}{\sin^2 \dfrac{x}{2} \cdot \cos^2 \dfrac{x}{2}} \mathrm{d}x$.

解 $\displaystyle\int \dfrac{1}{\sin^2 \dfrac{x}{2} \cdot \cos^2 \dfrac{x}{2}} \mathrm{d}x = \int \dfrac{4}{\sin^2 x} \mathrm{d}x$

$$= 4 \int \csc^2 x \mathrm{d}x$$

$$= -4 \cot x + C.$$

例 12 求 $\displaystyle\int \dfrac{\cos 2x}{\cos^2 x \cdot \sin^2 x} \mathrm{d}x$.

解 $\displaystyle\int \dfrac{\cos 2x}{\cos^2 x \cdot \sin^2 x} \mathrm{d}x = \int \dfrac{\cos^2 x - \sin^2 x}{\cos^2 x \cdot \sin^2 x} \mathrm{d}x$

$$= \int \left(\dfrac{1}{\sin^2 x} - \dfrac{1}{\cos^2 x} \right) \mathrm{d}x$$

$$= \int (\csc^2 x - \sec^2 x) \mathrm{d}x$$

$$= -\cot x - \tan x + C.$$

从上面的几个例子看，求不定积分有时需要利用三角恒等式等各种变形，再利用不定积分的基本公式和性质计算.

习 题 4-1

1．下列哪些函数是同一函数的原函数：

$$\dfrac{1}{2} \sin^2 x , \quad -\dfrac{1}{4} \cos 2x , \quad -\dfrac{1}{4} \cos^2 x .$$

2．求解：

（1）设 $\int f(x) \mathrm{d}x = 2^x + C$，求 $f(x)$；

（2）设 $I = \int \mathrm{d}(\arcsin x)$，求 I .

3．求下列不定积分：

（1）$\int (1 - 3x^2) \mathrm{d}x$；

（2）$\int \dfrac{\mathrm{d}x}{x^2}$；

（3）$\int x \sqrt{x} \mathrm{d}x$；

（4）$\int \sqrt[m]{x^n} \mathrm{d}x$；

（5）$\displaystyle\int (2^x + x^2)\mathrm{d}x$;

（6）$\displaystyle\int (x^2 - 3x + 2)\mathrm{d}x$;

（7）$\displaystyle\int (x^2 + 1)^2 \mathrm{d}x$;

（8）$\displaystyle\int \frac{(x+3)^3}{x^2}\mathrm{d}x$;

（9）$\displaystyle\int \frac{x^2 + \sqrt{x^3} + 3}{\sqrt{x}}\mathrm{d}x$;

（10）$\displaystyle\int \frac{x^2}{x^2 + 1}\mathrm{d}x$;

（11）$\displaystyle\int \frac{(t+1)^3}{t^2}\mathrm{d}t$;

（12）$\displaystyle\int \sqrt{x\sqrt{x\sqrt{x}}}\,\mathrm{d}x$;

（13）$\displaystyle\int \frac{\mathrm{d}h}{\sqrt{2gh}}$;

（14）$\displaystyle\int \frac{\mathrm{e}^{2t} - 1}{\mathrm{e}^t - 1}\mathrm{d}t$;

（15）$\displaystyle\int \frac{2\cdot 3^x - 5\cdot 2^x}{3^x}\mathrm{d}x$;

（16）$\displaystyle\int \frac{2x^2 + 1}{x^2(1 + x^2)}\mathrm{d}x$;

（17）$\displaystyle\int \frac{\mathrm{d}x}{x^2(1 + x^2)}$;

（18）$\displaystyle\int \frac{x^4 + 3x^2 + 1}{x^2 + 1}\mathrm{d}x$;

（19）$\displaystyle\int \mathrm{e}^x \left(1 - \frac{\mathrm{e}^{-x}}{\sqrt{x}}\right)\mathrm{d}x$;

（20）$\displaystyle\int \frac{\cos 2x}{\cos x + \sin x}\mathrm{d}x$;

（21）$\displaystyle\int \sin^2 \frac{u}{2}\,\mathrm{d}u$;

（22）$\displaystyle\int \cot^2 x\,\mathrm{d}x$;

（23）$\displaystyle\int \frac{1 + \sin^2 x}{1 + \cos 2x}\mathrm{d}x$;

（24）$\displaystyle\int \frac{\mathrm{d}x}{1 + \cos 2x}$;

（25）$\displaystyle\int \frac{1}{\cos^2 x \sin^2 x}\mathrm{d}x$;

（26）$\displaystyle\int \frac{2\sin^3 x - 1}{\sin^2 x}\mathrm{d}x$;

（27）$\displaystyle\int \sec x(\sec x - \tan x)\mathrm{d}x$;

（28）$\displaystyle\int \left(\sin \frac{x}{2} + \cos \frac{x}{2}\right)^2 \mathrm{d}x$.

4．一质点做变速运动，其速度 $v(t) = kt^3 - 2t + 3$（k 为不等于零的常数），求质点的运动方程．

第二节 换 元 积 分 法

利用不定积分的基本积分公式和性质所能计算的不定积分是十分有限的．为了更进一步地解决积分计算问题，本节我们将把复合函数的微分法反过来用于求不定积分，即利用中间变量代换，得到复合函数的积分法，称为换元积分法，通常分为两类：第一类换元积分法（凑微分法）和第二类换元积分法．

一、第一类换元积分法

设 $F(u)$ 是 $f(u)$ 的原函数，$u = \varphi(x)$ 为可导函数，由复合函数求导法则，有

$$\frac{\mathrm{d}}{\mathrm{d}x}F[\varphi(x)] = F'[\varphi(x)]\cdot \varphi'(x) = f[\varphi(x)]\varphi'(x) .$$

由不定积分定义，有

$$\int f[\varphi(x)]\varphi'(x)\mathrm{d}x = F[\varphi(x)] + C .$$

于是有如下定理：

定理 1　设函数 $f(u)$ 具有原函数 $F(u)$ ，$u = \varphi(x)$ 为可导函数，则有换元公式

$$\int f[\varphi(x)]\varphi'(x)\mathrm{d}x = \left[\int f(u)\mathrm{d}u\right]_{u=\varphi(x)} = F[\varphi(x)] + C .$$

该定理告诉我们，求解不定积分 $\int g(x)\mathrm{d}x$ 时，可以考虑将被积函数 $g(x)$ 变形成为 $f[\varphi(x)]\varphi'(x)$ 的形式，且 $f(u)$ 有原函数 $F(u)$ ，那么，可以利用公式计算，即

$$\int g(x)\mathrm{d}x = \int f[\varphi(x)]\varphi'(x)\mathrm{d}x = \int f[\varphi(x)]\mathrm{d}\varphi(x) = \int f(u)\mathrm{d}u = F(u) + C = F[\varphi(x)] + C$$

由于在 $\int f[\varphi(x)]\varphi'(x)\mathrm{d}x = \int f[\varphi(x)]\mathrm{d}\varphi(x)$ 式中，$\varphi'(x)\mathrm{d}x = \mathrm{d}\varphi(x) = \mathrm{d}u$ 这步是凑微分的过程，因此第一换元积分法也称"凑微分"法.

例 1　求 $\int \dfrac{1}{3x+2}\mathrm{d}x$.

解　令 $u = 3x + 2$ ，则 $\mathrm{d}u = 3\mathrm{d}x$ ，$\mathrm{d}x = \dfrac{1}{3}\mathrm{d}u$ ，于是

$$\int \frac{1}{3x+2}\mathrm{d}x = \frac{1}{3}\int \frac{1}{u}\mathrm{d}u = \frac{1}{3}\ln|u| + C = \frac{1}{3}\ln|3x+2| + C .$$

类似的方法可求 $\int \mathrm{e}^{2x+1}\mathrm{d}x$ ，$\int (5x+3)^{100}\mathrm{d}x$ 等，利用 $\mathrm{d}x = \dfrac{1}{a}\mathrm{d}(ax+b)$.

例 2　求 $\int x\sqrt{3-x^2}\mathrm{d}x$.

解　令 $u = 3 - x^2$ ，则 $\mathrm{d}u = -2x\mathrm{d}x$ ，$x\mathrm{d}x = -\dfrac{1}{2}\mathrm{d}u$ ，于是

$$\int x\sqrt{3-x^2}\mathrm{d}x = \int u^{\frac{1}{2}} \cdot \left(-\frac{1}{2}\right)\mathrm{d}u = -\frac{1}{2}\frac{u^{\frac{3}{2}}}{\frac{3}{2}} + C = -\frac{1}{3}u^{\frac{3}{2}} + C = -\frac{1}{3}(3-x^2)^{\frac{3}{2}} + C .$$

为了更方便地找到变量 u ，可以先凑微分，再做变量代换，看下面的例子.

例 3　求 $\int x^2\mathrm{e}^{x^3}\mathrm{d}x$.

解　$\int x^2\mathrm{e}^{x^3}\mathrm{d}x = \dfrac{1}{3}\int \mathrm{e}^{x^3}\mathrm{d}(x^3)$ ，令 $u = x^3$ ，则 $\mathrm{d}u = 3x^2\mathrm{d}x$ ，于是

$$\int x^2\mathrm{e}^{x^3}\mathrm{d}x = \frac{1}{3}\int \mathrm{e}^{x^3}\mathrm{d}(x^3) = \frac{1}{3}\int \mathrm{e}^u\mathrm{d}u = \frac{1}{3}\mathrm{e}^u + C = \frac{1}{3}\mathrm{e}^{x^3} + C .$$

例 4　求 $\int \dfrac{\sin\sqrt{x}}{\sqrt{x}}\mathrm{d}x$.

解　$\int \dfrac{\sin\sqrt{x}}{\sqrt{x}}\mathrm{d}x = 2\int \sin\sqrt{x}\,\mathrm{d}(\sqrt{x})$ ，令 $u = \sqrt{x}$ ，则 $\mathrm{d}u = \dfrac{1}{2\sqrt{x}}\mathrm{d}x$ ，于是

$$\int \frac{\sin\sqrt{x}}{\sqrt{x}}\mathrm{d}x = 2\int \sin u\,\mathrm{d}u = -2\cos u + C = -2\cos\sqrt{x} + C .$$

类似的方法可求 $\int x\sin x^2\mathrm{d}x$ 、$\int x^2\arctan x^3\mathrm{d}x$ 等.

例 5　求 $\int \cot x\mathrm{d}x$.

解　$\int \cot x\mathrm{d}x = \int \dfrac{\cos x}{\sin x}\mathrm{d}x = \int \dfrac{1}{\sin x}\mathrm{d}(\sin x)$ ，令 $u = \sin x$ ，则 $\mathrm{d}u = \cos x\mathrm{d}x$ ，于是

$$\int \cot x \mathrm{d}x = \int \frac{1}{\sin x} \mathrm{d}(\sin x) = \int \frac{1}{u} \mathrm{d}u = \ln|u| + C = \ln|\sin x| + C.$$

同理可得，$\int \tan x \mathrm{d}x = -\ln|\cos x| + C$.

注 第一类换元法的步骤如下：

（1）变换积分形式，即 $\int g(x)\mathrm{d}x = f[\varphi(x)]\varphi'(x)\mathrm{d}x$；

（2）作变量代换 $u = \varphi(x)$，$\int g(x)\mathrm{d}x = \int f(u)\mathrm{d}u$；

（3）求 $f(u)$ 的原函数 $F(u)$，$\int f(u)\mathrm{d}u = F(u) + C$；

（4）还原回原来的变量，将 $u = \varphi(x)$ 代入，$\int g(x)\mathrm{d}x = F[\varphi(x)] + C$.

凑微分的目的是为了便于利用公式，当变量替换使用熟练后，可以不用写出中间变量 u.

例 6 求 $\int \dfrac{1}{a^2 + x^2} \mathrm{d}x$（$a \neq 0$）.

解
$$\int \frac{1}{a^2 + x^2} \mathrm{d}x = \int \frac{1}{a^2} \cdot \frac{1}{1 + \left(\dfrac{x}{a}\right)^2} \mathrm{d}x$$

$$= \frac{1}{a} \int \frac{1}{1 + \left(\dfrac{x}{a}\right)^2} \mathrm{d}\left(\frac{x}{a}\right) = \frac{1}{a} \arctan \frac{x}{a} + C.$$

例 7 求 $\int \dfrac{1}{a^2 - x^2} \mathrm{d}x$（$a \neq 0$）.

解
$$\int \frac{1}{a^2 - x^2} \mathrm{d}x = \frac{1}{2a} \int \left(\frac{1}{a + x} + \frac{1}{a - x} \right) \mathrm{d}x$$

$$= \frac{1}{2a} \int \frac{1}{a + x} \mathrm{d}x + \frac{1}{2a} \int \frac{1}{a - x} \mathrm{d}x$$

$$= \frac{1}{2a} \ln|a + x| - \frac{1}{2a} \ln|a - x| + C$$

$$= \frac{1}{2a} \ln \left| \frac{x + a}{x - a} \right| + C.$$

注意到 $\int \dfrac{1}{x^2 - a^2} \mathrm{d}x = -\int \dfrac{1}{a^2 - x^2} \mathrm{d}x$，因此可得 $\int \dfrac{1}{x^2 - a^2} \mathrm{d}x = \dfrac{1}{2a} \ln \left| \dfrac{x - a}{x + a} \right| + C$.

例 8 求 $\int \dfrac{1}{\sqrt{a^2 - x^2}} \mathrm{d}x$（$a > 0$）.

解
$$\int \frac{1}{\sqrt{a^2 - x^2}} \mathrm{d}x = \int \frac{1}{a} \frac{1}{\sqrt{1 - \left(\dfrac{x}{a}\right)^2}} \mathrm{d}x$$

$$= \int \frac{1}{\sqrt{1 - \left(\dfrac{x}{a}\right)^2}} \mathrm{d}\left(\frac{x}{a}\right) = \arcsin \frac{x}{a} + C.$$

那么，$\int \dfrac{1}{\sqrt{a^2-b^2x^2}}\mathrm{d}x$ 如何求呢？

例 9 求 $\int \cos^2 x\mathrm{d}x$.

解
$$\int \cos^2 x\mathrm{d}x = \int \frac{1+\cos 2x}{2}\mathrm{d}x$$
$$=\frac{1}{2}\Big[\int \mathrm{d}x + \int \cos 2x\mathrm{d}x\Big] = \frac{1}{2}x + \frac{\sin 2x}{4} + C.$$

此方法称为降幂法，类似可求 $\int \sin^2 x\mathrm{d}x$、$\int \cos^4 x\mathrm{d}x$ 等正弦或余弦的偶次幂积分，求奇次幂方法如下.

例 10 求 $\int \sin^3 x\mathrm{d}x$.

解
$$\int \sin^3 x\mathrm{d}x = \int \sin^2 x\cdot \sin x\mathrm{d}x = -\int(1-\cos^2 x)\mathrm{d}\cos x$$
$$=-\int \mathrm{d}(\cos x) + \int \cos^2 x\mathrm{d}(\cos x) = -\cos x + \frac{1}{3}\cos^3 x + C.$$

例 11 求 $\int \sec x\mathrm{d}x$.

解
$$\int \sec x\mathrm{d}x = \int \frac{1}{\cos x}\mathrm{d}x = \int \frac{\cos x}{\cos^2 x}\mathrm{d}x$$
$$=\int \frac{1}{1-\sin^2 x}\mathrm{d}(\sin x) = \frac{1}{2}\ln\left|\frac{1+\sin x}{1-\sin x}\right| + C.$$

由于
$$\frac{1}{2}\ln\left|\frac{1+\sin x}{1-\sin x}\right| = \ln\sqrt{\left|\frac{1+\sin x}{1-\sin x}\right|} = \ln\sqrt{\frac{(1+\sin x)^2}{1-\sin^2 x}}$$
$$=\ln\left|\frac{1+\sin x}{\cos x}\right| = \ln|\sec x + \tan x|,$$

因此，上面的结论又可表示为
$$\int \sec x\mathrm{d}x = \ln|\sec x + \tan x| + C .$$

同理可得 $\int \csc x\mathrm{d}x = \ln|\csc x - \cot x| + C$.

例 12 求 $\int \dfrac{1}{1+\mathrm{e}^x}\mathrm{d}x$.

解
$$\int \frac{1}{1+\mathrm{e}^x}\mathrm{d}x = \int \frac{1+\mathrm{e}^x-\mathrm{e}^x}{1+\mathrm{e}^x}\mathrm{d}x = \int \mathrm{d}x - \int \frac{\mathrm{e}^x}{1+\mathrm{e}^x}\mathrm{d}x$$
$$=x - \int \frac{1}{1+\mathrm{e}^x}\mathrm{d}(1+\mathrm{e}^x) = x - \ln(1+\mathrm{e}^x) + C.$$

例 13 求 $\int \dfrac{1}{x(2+3\ln x)}\mathrm{d}x$.

解
$$\int \frac{1}{x(2+3\ln x)}\mathrm{d}x = \int \frac{1}{2+3\ln x}\mathrm{d}(\ln x)$$
$$=\frac{1}{3}\int \frac{1}{2+3\ln x}\mathrm{d}(2+3\ln x) = \frac{1}{3}\ln|2+3\ln x| + C.$$

由以上例题可以看出，在运用第一类换元积分法时，技巧性很强，需加强练习并总结规律. 下面给出几种常见的凑微分形式：

（1）$\displaystyle\int f(ax+b)\mathrm{d}x = \frac{1}{a}\int f(ax+b)\mathrm{d}(ax+b)$；

（2）$\displaystyle\int f(ax^n+b)x^{n-1}\mathrm{d}x = \frac{1}{na}\int f(ax^n+b)\mathrm{d}(ax^n+b)$；

（3）$\displaystyle\int f(\ln x)\frac{1}{x}\mathrm{d}x = \int f(\ln x)\mathrm{d}(\ln x)$；

（4）$\displaystyle\int f\left(\frac{1}{x}\right)\frac{1}{x^2}\mathrm{d}x = -\int f\left(\frac{1}{x}\right)\mathrm{d}\left(\frac{1}{x}\right)$；

（5）$\displaystyle\int f(\mathrm{e}^x)\mathrm{e}^x\mathrm{d}x = \int f(\mathrm{e}^x)\mathrm{d}(\mathrm{e}^x)$；

（6）$\displaystyle\int f(\sin x)\cos x\mathrm{d}x = \int f(\sin x)\mathrm{d}(\sin x)$；

（7）$\displaystyle\int f(\cos x)\sin x\mathrm{d}x = -\int f(\cos x)\mathrm{d}(\cos x)$；

（8）$\displaystyle\int f(\tan x)\sec^2 x\mathrm{d}x = \int f(\tan x)\mathrm{d}(\tan x)$；

（9）$\displaystyle\int f(\cot x)\csc^2 x\mathrm{d}x = -\int f(\cot x)\mathrm{d}(\cot x)$；

（10）$\displaystyle\int f(\arcsin x)\frac{1}{\sqrt{1-x^2}}\mathrm{d}x = \int f(\arcsin x)\mathrm{d}(\arcsin x)$；

（11）$\displaystyle\int f(\arctan x)\frac{1}{1+x^2}\mathrm{d}x = \int f(\arctan x)\mathrm{d}(\arctan x)$.

例 14 求 $\displaystyle\int \cos 3x\cos 2x\mathrm{d}x$.

解 利用三角函数的积化和差公式，有

$$\int \cos 3x\cos 2x\mathrm{d}x = \int \frac{1}{2}(\cos 5x + \cos x)\mathrm{d}x$$

$$= \frac{1}{10}\int \cos 5x\mathrm{d}(5x) + \frac{1}{2}\int \cos x\mathrm{d}x = \frac{1}{10}\sin 5x + \frac{1}{2}\sin x + C.$$

此类型为 $\displaystyle\int \cos \alpha x\cos \beta x\mathrm{d}x$，使用三角函数的积化和差公式.

例 15 求 $\displaystyle\int \sec^4 x\mathrm{d}x$.

解 $\displaystyle\int \sec^4 x\mathrm{d}x = \int \sec^2 x\cdot \sec^2 x\mathrm{d}x$

$$= \int (1+\tan^2 x)\mathrm{d}(\tan x) = \tan x + \frac{1}{3}\tan^3 x + C.$$

同类型还有 $\displaystyle\int \tan^3 x\sec x\mathrm{d}x$ 等.

注意总结 $\displaystyle\int \csc x\mathrm{d}x$、$\displaystyle\int \sec x\mathrm{d}x$、$\displaystyle\int \csc^2 x\mathrm{d}x$、$\displaystyle\int \sec^2 x\mathrm{d}x$（参见积分公式）、$\displaystyle\int \csc^3 x\mathrm{d}x$、$\displaystyle\int \sec^3 x\mathrm{d}x$（参见第三节中的分部积分还原法）、$\displaystyle\int \csc^4 x\mathrm{d}x$、$\displaystyle\int \sec^4 x\mathrm{d}x$ 的积分方法.

例 16 求 $\displaystyle\int \sin^2 x\cdot\cos^2 x\mathrm{d}x$.

解
$$\int \sin^2 x \cdot \cos^2 x \mathrm{d}x = \int (\sin x \cdot \cos x)^2 \mathrm{d}x = \int \frac{\sin^2 2x}{4}\mathrm{d}x$$
$$= \frac{1}{4}\int \frac{1-\cos 4x}{2}\mathrm{d}x = \frac{1}{8}x - \frac{1}{32}\sin 4x + C.$$

请思考 $\int \sin^2 x \cdot \cos^3 x \mathrm{d}x$ 如何积分呢？

二、第二类换元积分法

第二类换元积分法是适当选取变量替换 $x=\varphi(t)$，将积分 $\int f(x)\mathrm{d}x$ 化为相对容易求解的积分 $\int f[\varphi(t)]\varphi'(t)\mathrm{d}t$，求出后面一个积分后，以 $x=\varphi(t)$ 的反函数 $t=\varphi^{-1}(x)$ 代回. 因此，必须保证反函数存在且可导. 于是，有如下定理：

定理 2 设 $x=\varphi(t)$ 是单调可导的函数，且 $\varphi'(t)\neq 0$，又设 $f[\varphi(t)]\varphi'(t)$ 有原函数，则有换元公式

$$\int f(x)\mathrm{d}x = \left[\int f[\varphi(t)]\varphi'(t)\mathrm{d}t\right]_{t=\varphi^{-1}(x)}$$

证 由条件设 $f[\varphi(t)]\varphi'(t)$ 的一个原函数为 $\Phi(t)$，记 $F(x)=\Phi[\varphi^{-1}(x)]$，由复合函数求导法则及反函数的导数公式有

$$F'(x) = \frac{\mathrm{d}\Phi}{\mathrm{d}t}\cdot\frac{\mathrm{d}t}{\mathrm{d}x} = f[\varphi(t)]\varphi'(t)\cdot\frac{1}{\varphi'(t)} = f[\varphi(t)] = f(x)$$

即 $F(x)$ 是 $f(x)$ 的一个原函数，所以

$$\int f(x)\mathrm{d}x = F(x)+C = \Phi[\varphi^{-1}(x)]+C = \Phi(t)+C$$
$$= \left(\int f[\varphi(t)]\varphi'(t)\mathrm{d}t\right)_{t=\varphi^{-1}(x)}.$$

下面介绍几种常见的代换.

1. 三角代换

例 17 求 $\int \sqrt{a^2-x^2}\mathrm{d}x (a>0)$.

解 该积分难以处理的地方是被积函数中含有根式 $\sqrt{a^2-x^2}$. 计算的一般想法是将该被积函数变化成为不带根号的形式，我们可以利用三角函数公式 $\sin^2 t + \cos^2 t = 1$，做变量代换 $x=a\sin t$，就可以化去根式了.

设 $x=a\sin t$，$t\in\left(-\frac{\pi}{2},\frac{\pi}{2}\right)$，则 $\sqrt{a^2-x^2}=a\cos t$，$\mathrm{d}x=a\cos t\mathrm{d}t$，于是

$$\int \sqrt{a^2-x^2}\mathrm{d}x = \int a\cos t\cdot a\cos t\mathrm{d}t = a^2\int \cos^2 t\mathrm{d}t$$
$$= \frac{a^2}{2}\left(t+\frac{\sin 2t}{2}\right)+C = \frac{a^2}{2}t+\frac{a^2}{2}\sin t\cos t + C.$$

为将变量 t 还原回原来的积分变量 x，由于 $x=a\sin t, t\in\left(-\frac{\pi}{2},\frac{\pi}{2}\right)$，做直角三角形如图 4-1 所示，可知 $\cos t = \frac{\sqrt{a^2-x^2}}{a}$.

因此，$\int \sqrt{a^2-x^2}\mathrm{d}x = \frac{a^2}{2}\arcsin\frac{x}{a}+\frac{x}{2}\sqrt{a^2-x^2}+C$.

例 18　求 $\int \dfrac{\mathrm{d}x}{\sqrt{x^2+a^2}}\,(a>0)$.

解　类似上面的例子,被积函数中含有根式 $\sqrt{a^2+x^2}$,考虑利用三角函数公式 $1+\tan^2 t=\sec^2 t$ 来化去根式.

设 $x=a\tan t$,$t\in\left(-\dfrac{\pi}{2},\dfrac{\pi}{2}\right)$,则 $\sqrt{x^2+a^2}=a\sec t$,$\mathrm{d}x=a\sec^2 t\,\mathrm{d}t$,于是

$$\int \frac{\mathrm{d}x}{\sqrt{x^2+a^2}}=\int \frac{a\sec^2 t}{a\sec t}\,\mathrm{d}t=\int \sec t\,\mathrm{d}t=\ln|\sec t+\tan t|+C_1.$$

为了把 $\sec t$ 及 $\tan t$ 化成 x 的函数,可根据 $\tan t=\dfrac{x}{a}$ 作辅助直角三角形,如图 4-2 所示,可知 $\sec t=\dfrac{\sqrt{x^2+a^2}}{a}$.

因此,
$$\int \frac{\mathrm{d}x}{\sqrt{x^2+a^2}}=\ln\left|\frac{x}{a}+\frac{\sqrt{x^2+a^2}}{a}\right|+C_1$$
$$=\ln|x+\sqrt{x^2+a^2}|+C,$$

其中 $C=C_1-\ln a$.

例 19　求 $\int \dfrac{\mathrm{d}x}{\sqrt{x^2-a^2}}\,(a>0)$.

解　被积函数中含有根式 $\sqrt{x^2-a^2}$,考虑利用三角函数公式 $\sec^2 t-1=\tan^2 t$ 来化去根式. 注意到被积函数的定义域为 $(-\infty,-a)\bigcup(a,+\infty)$,我们要在这两个区间上分别来求不定积分.

当 $x>a$ 时,设 $x=a\sec t$,$t\in\left(0,\dfrac{\pi}{2}\right)$,则 $\sqrt{x^2-a^2}=a\tan t$,$\mathrm{d}x=a\sec t\tan t\,\mathrm{d}t$,于是

$$\int \frac{\mathrm{d}x}{\sqrt{x^2-a^2}}=\int \frac{a\sec t\tan t}{a\tan t}\,\mathrm{d}t$$
$$=\int \sec t\,\mathrm{d}t=\ln|\sec t+\tan t|+C_1.$$

为了把 $\sec t$ 及 $\tan t$ 化成 x 的函数,可根据 $\sec t=\dfrac{x}{a}$ 作辅助直角三角形,如图 4-3 所示,可知 $\tan t=\dfrac{\sqrt{x^2-a^2}}{a}$.

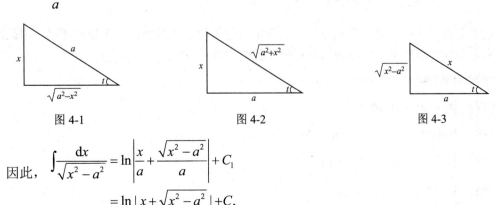

图 4-1　　　　　　　　图 4-2　　　　　　　　图 4-3

因此,
$$\int \frac{\mathrm{d}x}{\sqrt{x^2-a^2}}=\ln\left|\frac{x}{a}+\frac{\sqrt{x^2-a^2}}{a}\right|+C_1$$
$$=\ln|x+\sqrt{x^2-a^2}|+C,$$

其中 $C = C_1 - \ln a$.

当 $x < a$ 时，令 $x = -u$ ，那么当 $u > 0$ ，则由上面的结果有

$$\int \frac{\mathrm{d}x}{\sqrt{x^2 - a^2}} = -\int \frac{\mathrm{d}u}{\sqrt{u^2 - a^2}} = -\ln|u + \sqrt{u^2 - a^2}| + C_1$$

$$= -\ln|-x + \sqrt{x^2 - a^2}| + C_1 = -\ln\left|\frac{a^2}{x + \sqrt{x^2 - a^2}}\right| + C_1$$

$$= \ln\left|\frac{x + \sqrt{x^2 - a^2}}{a^2}\right| + C_1 = \ln|x + \sqrt{x^2 - a^2}| + C,$$

其中 $C = C_1 - 2\ln a$.

综合上述讨论，可以得出

$$\int \frac{\mathrm{d}x}{\sqrt{x^2 - a^2}} = \ln|x + \sqrt{x^2 - a^2}| + C .$$

以上三例所使用的均为三角代换，三角代换的目的是化掉根式，其一般规律如下：

如果被积函数中含有 $\sqrt{a^2 - x^2}$ ，可令 $x = a\sin t, t \in \left(-\frac{\pi}{2}, \frac{\pi}{2}\right)$ ；如果被积函数中含有 $\sqrt{a^2 + x^2}$ ，可令 $x = a\tan t, t \in \left(-\frac{\pi}{2}, \frac{\pi}{2}\right)$ ；如果被积函数中含有 $\sqrt{x^2 - a^2}$ ，可令 $x = a\sec t, t \in \left(-\frac{\pi}{2}, 0\right] \cup \left(0, \frac{\pi}{2}\right)$. 但具体解题时要分析被积函数的具体情况，选取尽可能简捷的代换，不要拘泥于上述变量代换.

例 20 求 $\int \frac{x^5}{\sqrt{1 + x^2}} \mathrm{d}x$.

解 本例如果用三角代换将相当烦琐. 现在我们采用根式有理化代换，令

$$t = \sqrt{1 + x^2} ， 则 x^2 = t^2 - 1 ， x\mathrm{d}x = t\mathrm{d}t ，$$

于是

$$\int \frac{x^5}{\sqrt{1 + x^2}} \mathrm{d}x = \int \frac{(t^2 - 1)^2}{t} t\mathrm{d}t$$

$$= \int (t^4 - 2t^2 + 1)\mathrm{d}t = \frac{1}{5}t^5 - \frac{2}{3}t^3 + t + C$$

$$= \frac{1}{15}(8 - 4x^2 + 3x^4)\sqrt{1 + x^2} + C.$$

在上面的例子中，有几个积分是以后常常会遇到的，通常也被当作公式使用. 因此，在基本积分公式的基础上，再添加以下几个（其中常数 $a > 0$ ）：

（16）$\int \tan x \mathrm{d}x = -\ln|\cos x| + C$ ；

（17）$\int \cot x \mathrm{d}x = \ln|\sin x| + C$ ；

（18）$\int \sec x \mathrm{d}x = \ln|\sec x + \tan x| + C$ ；

（19）$\int \csc x \mathrm{d}x = \ln|\csc x - \cot x| + C$ ；

（20）$\int \frac{\mathrm{d}x}{a^2 + x^2} = \frac{1}{a}\arctan\frac{x}{a} + C$ ；

（21）$\int \dfrac{\mathrm{d}x}{x^2-a^2}=\dfrac{1}{2a}\ln\left|\dfrac{x-a}{x+a}\right|+C$;

（21′）$\int \dfrac{\mathrm{d}x}{a^2-x^2}=\dfrac{1}{2a}\ln\left|\dfrac{x+a}{x-a}\right|+C$;

（22）$\int \dfrac{\mathrm{d}x}{\sqrt{a^2-x^2}}=\arcsin\dfrac{x}{a}+C$;

（23）$\int \dfrac{\mathrm{d}x}{\sqrt{x^2\pm a^2}}=\ln|x+\sqrt{x^2\pm a^2}|+C$.

例 21　求 $\int \dfrac{\mathrm{d}x}{x^2+2x+5}$.

解　$\int \dfrac{\mathrm{d}x}{x^2+2x+5}=\int \dfrac{\mathrm{d}(x+1)}{(x+1)^2+2^2}$

利用公式（20），得到 $\int \dfrac{\mathrm{d}x}{x^2+2x+5}=\dfrac{1}{2}\arctan\dfrac{x+1}{2}+C$.

例 22　求 $\int \dfrac{1}{\sqrt{1+x-x^2}}\mathrm{d}x$.

解　$\displaystyle\int \dfrac{1}{\sqrt{1+x-x^2}}\mathrm{d}x=\int \dfrac{\mathrm{d}\left(x-\dfrac{1}{2}\right)}{\sqrt{\left(\dfrac{\sqrt{5}}{2}\right)^2-\left(x-\dfrac{1}{2}\right)^2}}$,

利用公式（22），得到 $\int \dfrac{1}{\sqrt{1+x-x^2}}\mathrm{d}x=\arcsin\dfrac{2x-1}{\sqrt{5}}+C$.

2. 简单无理式代换

对于被积函数中含有 $\sqrt[n]{ax+b}$ 及 $\sqrt[n]{\dfrac{ax+b}{cx+d}}$ 的不定积分，一般是通过选择变量代换去掉根号，将其转化为有理函数的不定积分.

例 23　求 $\int \dfrac{\sqrt{x-1}}{x}\mathrm{d}x$.

解　设 $\sqrt{x-1}=t$ ，即 $x=t^2+1$ ，则 $\mathrm{d}x=2t\mathrm{d}t$ ，于是

$$\int \dfrac{\sqrt{x-1}}{x}\mathrm{d}x=\int \dfrac{t}{t^2+1}2t\mathrm{d}t=2\int \dfrac{t^2}{t^2+1}\mathrm{d}t=2\int\left(1-\dfrac{1}{t^2+1}\right)\mathrm{d}t$$

$$=2(t-\arctan t)+C=2(\sqrt{x-1}-\arctan\sqrt{x-1})+C.$$

例 24　求 $\int \dfrac{\mathrm{d}x}{\sqrt{x}(1+\sqrt[3]{x})}$.

解　令 $\sqrt[6]{x}=t$ ，则 $x=t^6$ ，$\mathrm{d}x=6t^5\mathrm{d}t$ ，于是

$$\int \dfrac{\mathrm{d}x}{\sqrt{x}(1+\sqrt[3]{x})}=\int \dfrac{6t^5\mathrm{d}t}{t^3(1+t^2)}=\int \dfrac{6t^2\mathrm{d}t}{1+t^2}=6\int\left(1-\dfrac{1}{1+t^2}\right)\mathrm{d}t$$

$$=6(t-\arctan t)+C=6(\sqrt[6]{x}-\arctan\sqrt[6]{x})+C.$$

例 25 求 $\int \dfrac{1}{x}\sqrt{\dfrac{1+x}{x}}dx$.

解 令 $\sqrt{\dfrac{1+x}{x}} = t$ ，则 $x = \dfrac{1}{t^2-1}$ ， $dx = -\dfrac{2t}{(t^2-1)^2}dt$ ，于是

$$\int \frac{1}{x}\sqrt{\frac{1+x}{x}}dx = -\int (t^2-1)t\frac{2t}{(t^2-1)^2}dt$$

$$= -2\int \frac{t^2}{t^2-1}dt = -2\int \left(1+\frac{1}{t^2-1}\right)dt$$

$$= -2t - \ln\left|\frac{t-1}{t+1}\right| + C = -2\sqrt{\frac{1+x}{x}} - \ln\left|x\left(\sqrt{\frac{1+x}{x}}-1\right)^2\right| + C.$$

3. 其他代换

第二类换元法不仅限于以上两种，在不同的题目中还有一些其他灵活的换元方法.

例 26 求 $\int \dfrac{x}{(x-1)^3}dx$.

解 令 $x-1=t$ ，则 $x=t+1$ ， $dx=dt$ ，于是

$$\int \frac{x}{(x-1)^3}dx = \int \frac{t+1}{t^3}dt = \int \left(\frac{1}{t^2}+\frac{1}{t^3}\right)dt$$

$$= -\frac{1}{t} - \frac{1}{2t^2} + C = -\frac{1}{x-1} - \frac{1}{2(x-1)^2} + C.$$

例 27 求 $\int \dfrac{1}{x(x^7+1)}dx$.

解 令 $\dfrac{1}{x} = t$ ，则 $x = \dfrac{1}{t}$ ， $dx = -\dfrac{1}{t^2}dt$ （倒代换），于是

$$\int \frac{1}{x(x^7+1)}dx = -\int \frac{t^6}{1+t^7}dt = -\frac{1}{7}\ln\left|1+t^7\right| + C$$

$$= -\frac{1}{7}\ln\left|1+x^7\right| + \ln|x| + C.$$

例 28 求 $\int \dfrac{1}{e^x+1}dx$.

解 令 $e^x = t$ ，则 $x = \ln t$ ， $dx = \dfrac{1}{t}dt$ ，于是

$$\int \frac{1}{e^x+1}dx = \int \frac{1}{t(t+1)}dt = \int \left(\frac{1}{t}-\frac{1}{t+1}\right)dt$$

$$= \ln \frac{t}{t+1} + C$$

$$= \ln \frac{e^x}{e^x+1} + C.$$

習　題　4-2

一、计算下列不定积分

1. $\int e^{ax+b}dx$;

2. $\int \dfrac{1}{\sqrt{(2-x)^5}}dx$;

3. $\int \dfrac{1}{2x-3}dx$;

4. $\int x(2x^2-5)^5 dx$;

5. $\int 2\sqrt{2x+1}dx$;

6. $\int \dfrac{3x^3}{1-x^4}dx$;

7. $\int \dfrac{1}{x^2}\sin\dfrac{1}{x}dx$;

8. $\int \cos\left(3x-\dfrac{\pi}{4}\right)dx$;

9. $\int\left(1-\dfrac{1}{x^2}\right)e^{x+\frac{1}{x}}dx$;

10. $\int \dfrac{1}{\sqrt{x}}\cos\sqrt{x}dx$;

11. $\int \dfrac{(\ln x)^2}{x}dx$;

12. $\int e^{x+e^x}dx$;

13. $\int \dfrac{e^x}{e^x+1}dx$;

14. $\int \dfrac{1}{e^x+e^{-x}}dx$;

15. $\int \dfrac{1}{x\ln x\ln(\ln x)}dx$;

16. $\int \dfrac{1}{1+e^{2x}}dx$;

17. $\int \dfrac{1+\ln x}{(x\ln x)^2}dx$;

18. $\int e^{\cos x}\sin x dx$;

19. $\int \dfrac{x}{\sqrt{2-3x^2}}dx$;

20. $\int \tan^4 x dx$;

21. $\int \dfrac{\sin x+\cos x}{\sqrt[3]{\sin x-\cos x}}dx$;

22. $\int \cos^3 x dx$;

23. $\int \sin^4 x dx$;

24. $\int \sin^2 x\cos^5 x dx$;

25. $\int \tan^5 x\sec^3 x dx$;

26. $\int \dfrac{\sin x\cos x}{1+\sin^4 x}dx$;

27. $\int \sin 3x\cos 2x dx$;

28. $\int \tan^{10} x\sec^2 x dx$;

29. $\int \dfrac{1}{(\arcsin x)^2\sqrt{1-x^2}}dx$;

30. $\int \dfrac{\arctan\sqrt{x}}{\sqrt{x}(1+x)}dx$.

二、计算下列不定积分

1. $\int \dfrac{1}{4+9x^2}dx$;

2. $\int \dfrac{1}{4-9x^2}dx$;

3. $\int \dfrac{1}{\sqrt{4-9x^2}}dx$;

4. $\int \dfrac{1}{2x^2-1}dx$;

5. $\int \dfrac{1}{\sqrt{5-2x-x^2}}dx$;

6. $\int \dfrac{1}{x^2+x+1}dx$;

7. $\int \dfrac{1}{x\sqrt{x^2-4}}dx$;

8. $\int \dfrac{1}{\sqrt{(2-x^2)^3}}dx$;

9. $\int \dfrac{\sqrt{x^2-9}}{x}\mathrm{d}x$;

10. $\int \dfrac{1}{x^2\sqrt{x^2+3}}\mathrm{d}x$;

11. $\int \dfrac{\mathrm{e}^{2x}}{\sqrt{\mathrm{e}^x+1}}\mathrm{d}x$;

12. $\int \dfrac{\sqrt{1-x}}{1+x}\cdot\dfrac{1}{x}\mathrm{d}x$;

13. $\int \dfrac{\sqrt{x}}{1+\sqrt[4]{x^3}}\mathrm{d}x$;

14. $\int \dfrac{x\mathrm{d}x}{\sqrt{x-3}}$.

第三节　分 部 积 分 法

若 $u=u(x)$ 和 $v=v(x)$ 有连续导数，则由导数公式 $(uv)'=u'v+uv'$ 移项得到

$$uv'=(uv)'-u'v ,$$

两边求不定积分，有

$$\int u\mathrm{d}v=uv-\int v\mathrm{d}u .$$

这个公式称为<u>分部积分公式</u>. 如果 $\int u\mathrm{d}v$ 不易求出，而 $\int v\mathrm{d}u$ 易求时，就可以使用这个公式.

例1　求 $\int x\mathrm{e}^x\mathrm{d}x$.

解　设 $u=x,\mathrm{d}v=\mathrm{e}^x\mathrm{d}x=\mathrm{d}(\mathrm{e}^x)$ ，则 $\mathrm{d}u=\mathrm{d}x,v=\mathrm{e}^x$ ，于是

$$\int x\mathrm{e}^x\mathrm{d}x=\int x\mathrm{d}(\mathrm{e}^x)=x\mathrm{e}^x-\int \mathrm{e}^x\mathrm{d}x=x\mathrm{e}^x-\mathrm{e}^x+C .$$

在计算过程中，我们可以多次使用分部积分公式.

例2　求 $\int x^2\mathrm{e}^x\mathrm{d}x$.

解
$$\begin{aligned}
\int x^2\mathrm{e}^x\mathrm{d}x &=\int x^2\mathrm{d}(\mathrm{e}^x)=x^2\mathrm{e}^x-\int \mathrm{e}^x\mathrm{d}(x^2)\\
&=x^2\mathrm{e}^x-2\int x\mathrm{e}^x\mathrm{d}x=x^2\mathrm{e}^x-2\int x\mathrm{d}(\mathrm{e}^x)\\
&=x^2\mathrm{e}^x-2x\mathrm{e}^x+2\mathrm{e}^x+C.
\end{aligned}$$

例3　求 $\int x\cos x\mathrm{d}x$.

解　设 $u=x$ ， $\mathrm{d}v=\cos x\mathrm{d}x$ ，则 $\mathrm{d}u=\mathrm{d}x$ ， $v=\sin x$ ，代入公式有

$$\int x\cos x\mathrm{d}x=\int x\mathrm{d}(\sin x)$$
$$=x\sin x-\int \sin x\mathrm{d}x=x\sin x+\cos x+C.$$

例4　求 $\int \dfrac{\ln x}{x^2}\mathrm{d}x$.

解
$$\int \dfrac{\ln x}{x^2}\mathrm{d}x=-\int \ln x\mathrm{d}\left(\dfrac{1}{x}\right)=-\left[\dfrac{1}{x}\ln x-\int \dfrac{1}{x}\mathrm{d}(\ln x)\right]$$
$$=-\dfrac{1}{x}\ln x+\int \dfrac{1}{x^2}\mathrm{d}x=-\dfrac{1}{x}\ln x-\dfrac{1}{x}+C.$$

例5　求 $\int \ln x\mathrm{d}x$.

解 设 $u = \ln x$，$v = x$，代入公式，有

$$\int \ln x \mathrm{d}x = x \ln x - \int x \mathrm{d}(\ln x)$$

$$= x \ln x - \int x \cdot \frac{1}{x} \mathrm{d}x = x \ln x - x + C.$$

例 6 求 $\int x \arctan x \mathrm{d}x$．

解 设 $u = \arctan x$，$\mathrm{d}v = x \mathrm{d}x$，则

$$\int x \arctan x \mathrm{d}x = \int \arctan x \mathrm{d}\left(\frac{x^2}{2}\right)$$

$$= \frac{x^2}{2} \arctan x - \int \frac{x^2}{2} \mathrm{d}(\arctan x) = \frac{x^2}{2} \arctan x - \frac{1}{2} \int \frac{x^2}{1+x^2} \mathrm{d}x$$

$$= \frac{x^2}{2} \arctan x - \frac{1}{2} \int \left(1 - \frac{1}{1+x^2}\right) \mathrm{d}x = \frac{x^2}{2} \arctan x - \frac{1}{2}(x - \arctan x) + C.$$

同理，$\int \arctan x \mathrm{d}x$ 可自己练习．

由上面几个例子我们可以看出，如果被积函数是幂函数与三角函数、幂函数和反三角函数、幂函数和指数函数、幂函数和对数函数的乘积时，就可以考虑采用分部积分法．在使用分部积分公式时，适当选取 u 和 v 是关键．例 3 中如果选 $u = \cos x, \mathrm{d}v = x \mathrm{d}x$ 将难以计算．一般我们可按反三角函数、对数函数、幂函数、三角函数、指数函数的顺序，把排序靠前的函数选为 u，排序靠后的函数选为 v'，并和 $\mathrm{d}x$ 凑成 $\mathrm{d}v$．

下面介绍**分部积分还原法**．

例 7 求 $\int \mathrm{e}^x \sin x \mathrm{d}x$．

解 设 $u = \sin x$，$\mathrm{d}v = \mathrm{e}^x \mathrm{d}x$，则 $\mathrm{d}u = \cos x \mathrm{d}x$，$v = \mathrm{e}^x$．于是

$$\int \mathrm{e}^x \sin x \mathrm{d}x = \int \sin x \mathrm{d}(\mathrm{e}^x)$$

$$= \mathrm{e}^x \sin x - \int \mathrm{e}^x \mathrm{d}(\sin x) = \mathrm{e}^x \sin x - \int \mathrm{e}^x \cos x \mathrm{d}x$$

$$= \mathrm{e}^x \sin x - \int \cos x \mathrm{d}(\mathrm{e}^x) = \mathrm{e}^x \sin x - \mathrm{e}^x \cos x + \int \mathrm{e}^x \mathrm{d}(\cos x)$$

$$= \mathrm{e}^x \sin x - \mathrm{e}^x \cos x - \int \mathrm{e}^x \sin x \mathrm{d}x.$$

由于上式右端中包含所求的积分，把它移动到等号的左端，两端再同时除以 2，可以得到

$$\int \mathrm{e}^x \sin x \mathrm{d}x = \frac{1}{2} \mathrm{e}^x (\sin x - \cos x) + C.$$

例 8 求 $\int \sec^3 x \mathrm{d}x$．

解 设 $u = \sec x$，$\mathrm{d}v = \sec^2 x \mathrm{d}x = \mathrm{d}(\tan x)$，则 $\mathrm{d}u = \sec x \tan x \mathrm{d}x$，$v = \tan x$．于是

$$\int \sec^3 x \mathrm{d}x = \int \sec x \mathrm{d}(\tan x) = \sec x \tan x - \int \sec x \tan^2 x \mathrm{d}x$$

$$= \sec x \tan x - \int \sec x (\sec^2 x - 1) \mathrm{d}x$$

$$= \sec x \tan x - \int \sec^3 x \mathrm{d}x + \int \sec x \mathrm{d}x$$

$$= \sec x \tan x + \ln|\sec x + \tan x| - \int \sec^3 x \mathrm{d}x.$$

由于上式右端包含所求积分，将它移动到等号左端，两端除以 2，可以得到

$$\int \sec^3 x \, \mathrm{d}x = \frac{1}{2}[\sec x \tan x + \ln|\sec x + \tan x|] + C.$$

$\int \csc^3 x \, \mathrm{d}x$ 同理可得.

一般地，当被积函数为指数函数与正（余）弦函数的乘积或 $\sec^3 x$、$\csc^3 x$ 时，可用分部积分还原法. 当被积函数为指数函数与正（余）弦函数的乘积时，可选取其中任一个函数为 u. 但要特别注意的是：同一个积分过程中，如果多次使用分部积分，选取 u 时，要始终如一地选取同一种函数.

例 9　求 $I_n = \int \dfrac{\mathrm{d}x}{(x^2 + a^2)^n}$，其中 n 为正整数.

解　当 $n = 1$ 时，$I_1 = \int \dfrac{\mathrm{d}x}{x^2 + a^2} = \dfrac{1}{a}\arctan\dfrac{x}{a} + C$.

当 $n > 1$ 时，利用分部积分法，有

$$\int \frac{\mathrm{d}x}{(x^2 + a^2)^{n-1}} = \frac{x}{(x^2 + a^2)^{n-1}} + 2(n-1)\int \frac{x^2}{(x^2 + a^2)^n}\mathrm{d}x$$

$$= \frac{x}{(x^2 + a^2)^{n-1}} + 2(n-1)\int \left[\frac{1}{(x^2 + a^2)^{n-1}} - \frac{a^2}{(x^2 + a^2)^n}\right]\mathrm{d}x,$$

即

$$I_{n-1} = \frac{x}{(x^2 + a^2)^{n-1}} + 2(n-1)(I_{n-1} - a^2 I_n).$$

于是

$$I_n = \frac{x}{2a^2(n-1)(x^2 + a^2)^{n-1}} + \frac{2n-3}{2a^2(n-1)}I_{n-1}.$$

以此做**递推公式**，则由 I_1 开始可计算出 I_n（$n > 1$）.

在积分过程中，往往同时用换元法和分部积分法，在熟悉单个方法之后，要灵活运用各种方法处理不同积分.

例 10　求 $\int \cos\sqrt{x}\,\mathrm{d}x$.

解　设 $\sqrt{x} = t$，则 $x = t^2$，$\mathrm{d}x = 2t\mathrm{d}t$，有

$$\int \cos\sqrt{x}\,\mathrm{d}x = \int 2t\cos t\,\mathrm{d}t$$

$$= 2t\sin t + 2\cos t + C$$

$$= 2\sqrt{x}\sin\sqrt{x} + 2\cos\sqrt{x} + C.$$

此方法为简单无理式代换和分部积分相结合的方法，如 $\int \ln\sqrt[3]{x}\,\mathrm{d}x$、$\int e^{\sqrt{x}}\mathrm{d}x$ 等方法类似.

习　题　4-3

1. 求下列不定积分：

（1）$\int x\mathrm{e}^{-x}\mathrm{d}x$；

（2）$\int \arcsin x\,\mathrm{d}x$；

（3）$\int x\sin x\,\mathrm{d}x$；

（4）$\int \ln(x^2 + 1)\mathrm{d}x$；

（5）$\int \arctan x\,\mathrm{d}x$；

（6）$\int (\ln x)^2\,\mathrm{d}x$；

（7）$\int x\ln x\mathrm{d}x$；

（8）$\int \mathrm{e}^x\cos x\mathrm{d}x$；

（9）$\int x^2\sin^2 x\mathrm{d}x$；

（10）$\int(x^2-2x+5)\mathrm{e}^{-x}\mathrm{d}x$；

（11）$\int \mathrm{e}^{-2x}\sin\dfrac{x}{2}\mathrm{d}x$；

（12）$\int\sin\ln x\mathrm{d}x$；

（13）$\int x^3(\ln x)^2\mathrm{d}x$；

（14）$\int x^2\mathrm{e}^{-x}\mathrm{d}x$；

（15）$\int \mathrm{e}^{\sqrt[3]{x}}\mathrm{d}x$；

（16）$\int\ln(x+\sqrt{1+x^2})\mathrm{d}x$．

2．已知 $f(x)$ 的原函数是 $\dfrac{\sin x}{x}$，求 $\int xf'(x)\mathrm{d}x$．

第四节 有理函数类的不定积分

一、有理函数的不定积分

有理函数是指由两个多项式的商所表示的函数，即形如

$$\frac{P(x)}{Q(x)}=\frac{a_0x^n+a_1x^{n-1}+\cdots+a_{n-1}x+a_n}{b_0x^m+b_1x^{m-1}+\cdots b_{m-1}x+b_m},$$

其中，m 为正整数，n 为非负整数，$a_0\neq 0$，$b_0\neq 0$．

假定分子分母间没有公因式，当 $m>n$ 时，称该有理函数为真分式；当 $m\leqslant n$ 时，称有理函数为假分式．我们知道，利用多项式除法，总是可以将假分式化为一个多项式与一个真分式之和．多项式可以逐项积分．因此，这里我们只需要讨论真分式的积分．

由代数学可知，真分式的分母 $Q(x)$ 总可以分解为一些实系数的一次因子与不可约二次因子的乘积，即

$$Q(x)=b_0(x-a)^\alpha\cdots(x-b)^\beta(x^2+px+q)^\lambda\cdots(x^2+rx+s)^\mu$$

其中，$a,b,\cdots,p,q,\cdots,r,s$ 为常数；$p^2-4q<0,\cdots,r^2-4s<0$；$\alpha,\cdots,\beta,\lambda,\cdots,\mu$ 为正整数．

那么，真分式 $\dfrac{P(x)}{Q(x)}$ 可以分解为如下形式的部分分式

$$\frac{P(x)}{Q(x)}=\frac{A_1}{x-a}+\frac{A_2}{(x-a)^2}+\cdots+\frac{A_\alpha}{(x-a)^\alpha}+\cdots+\frac{B_1}{x-b}+\frac{B_2}{(x-b)^2}+\cdots+\frac{B_\beta}{(x-b)^\beta}+$$

$$\frac{C_1x+D_1}{x^2+px+q}+\frac{C_2x+D_2}{(x^2+px+q)^2}+\cdots+\frac{C_\lambda x+D_\lambda}{(x^2+px+q)^\lambda}+\cdots+\frac{E_1x+F_1}{x^2+rx+s}+$$

$$\frac{E_2x+F_2}{(x^2+rx+s)^2}+\cdots+\frac{E_\mu x+F_\mu}{(x^2+rx+s)^\mu},$$

其中，$A_i(i=1,2,\cdots,\alpha),\cdots,B_j(j=1,2,\cdots,\beta),C_l,D_l(l=1,2,\cdots,\lambda),\cdots,E_k,F_k(k=1,2,\cdots,\mu)$ 为待定常数，可以用比较系数法或者赋值法求出．

因此，真分式的不定积分就转化为部分分式的不定积分，求解难度降低．以下我们用例子说明．

例 1 求 $\displaystyle\int \frac{2x-1}{x^2-5x+6}\mathrm{d}x$.

解 设 $\displaystyle\frac{2x-1}{x^2-5x+6}=\frac{A}{x-3}+\frac{B}{x-2}$

将等式两边通分，得

$$2x-1=A(x-2)+B(x-3)\,,$$

即 $2x-1=(A+B)x-(2A+3B)$.

比较两端同次项系数，得

$$\begin{cases} A+B=2 \\ 2A+3B=1 \end{cases},$$

解得 $A=5,B=-3$ ，于是

$$\int \frac{2x-1}{x^2-5x+6}\mathrm{d}x=\int\left(\frac{5}{x-3}+\frac{-3}{x-2}\right)\mathrm{d}x$$

$$=5\ln|x-3|-3\ln|x-2|+C.$$

注：为了避开利用方程组求解 A、B ，可以在 $\displaystyle\frac{2x-1}{x^2-5x+6}=\frac{A}{x-3}+\frac{B}{x-2}$ 两边同乘以 $x-3$ ，

得 $\displaystyle\frac{2x-1}{x-2}=A+\frac{B(x-3)}{x-2}$ ，两边取极限 $x\to 3$ ，得 $A=5$ ，同理可得 $B=-3$.

例 2 求 $\displaystyle\int \frac{2}{(1+x)(1+x^2)}\mathrm{d}x$.

解 设 $\displaystyle\frac{2}{(1+x)(1+x^2)}=\frac{A}{1+x}+\frac{Bx+C}{1+x^2}$ ，

将等式两边通分，得

$$2=A(1+x^2)+(Bx+C)(x+1)\,,$$

即 $2=(A+B)x^2+(B+C)x+(A+C)$.

比较两端同次项系数，得

$$\begin{cases} A+B=0 \\ B+C=0 \\ A+C=2 \end{cases},$$

解得 $A=1,B=-1,C=1$ ，于是

$$\int \frac{2}{(1+x)(1+x^2)}\mathrm{d}x=\int\left(\frac{1}{1+x}+\frac{-x+1}{1+x^2}\right)\mathrm{d}x$$

$$=\int\frac{1}{1+x}\mathrm{d}x-\int\frac{x}{1+x^2}\mathrm{d}x+\int\frac{1}{1+x^2}\mathrm{d}x$$

$$=\ln|1+x|-\frac{1}{2}\ln\left|1+x^2\right|+\arctan x+C.$$

注：为了避开利用方程组求解 A、B、C ，可以在 $\displaystyle\frac{2}{(1+x)(1+x^2)}=\frac{A}{1+x}+\frac{Bx+C}{1+x^2}$ （※）

两边同时乘以 $1+x$ ，两边取极限 $x\to -1$ ，得 $A=1$ ；式（※）中令 $x\to 0$ 可得 $C=1$ ；式（※）

两边同时乘以 x，再令 $x \to \infty$，可得 $B = -1$．如果分解式（※）中出现 $\dfrac{A_1}{1+x} + \dfrac{A_2}{(1+x)^2}$，求 A_1 时，需要两边同时乘以 $(1+x)^2$，再对 x 求导，两边取极限 $x \to -1$，求 A_2 时，需要两边同时乘以 $(1+x)^2$，两边取极限 $x \to -1$ 即可．

例 3　求 $\displaystyle\int \dfrac{x^2 + x - 1}{x^3 - x^2 + x}\mathrm{d}x$．

解　设 $\dfrac{x^2 + x - 1}{x^3 - x^2 + x} = \dfrac{x^2 + x - 1}{x(x^2 - x + 1)} = \dfrac{A}{x} + \dfrac{Bx + C}{x^2 - x + 1}$，

将等式两边通分，得
$$x^2 + x - 1 = A(x^2 - x + 1) + (Bx + C)x，$$
即 $x^2 + x - 1 = (A + B)x^2 + (C - A)x + A$．

比较两端同次项系数，得
$$\begin{cases} A + B = 1 \\ C - A = 1， \\ A = -1 \end{cases}$$

解得 $A = -1, B = 2, C = 0$，于是
$$\int \dfrac{x^2 + x - 1}{x^3 - x^2 + x}\mathrm{d}x = -\int \dfrac{1}{x}\mathrm{d}x + \int \dfrac{2x}{x^2 - x + 1}\mathrm{d}x = -\ln|x| + \int \dfrac{2x - 1 + 1}{x^2 - x + 1}\mathrm{d}x$$

$$= -\ln|x| + \ln|x^2 - x + 1| + \int \dfrac{\mathrm{d}\left(x - \dfrac{1}{2}\right)}{\left(x - \dfrac{1}{2}\right)^2 + \left(\dfrac{\sqrt{3}}{2}\right)^2}$$

$$= -\ln|x| + \ln|x^2 - x + 1| + \dfrac{2}{\sqrt{3}}\arctan\dfrac{2x - 1}{\sqrt{3}} + C．$$

二、三角函数有理式的不定积分

三角函数有理式是指由三角函数和常数经过有限次的四则运算所得到的式子．在计算中，我们可以用代换 $t = \tan\dfrac{x}{2}$ 将积分化为 t 的有理函数的积分．

例 4　求 $\displaystyle\int \dfrac{1 + \sin x}{\sin x(1 + \cos x)}\mathrm{d}x$．

解　令 $t = \tan\dfrac{x}{2}$，则 $x = 2\arctan t$，$\mathrm{d}x = \dfrac{2}{1 + t^2}\mathrm{d}t$．

又有
$$\sin x = 2\sin\dfrac{x}{2}\cos\dfrac{x}{2} = \dfrac{2\tan\dfrac{x}{2}}{1 + \tan^2\dfrac{x}{2}} = \dfrac{2t}{1 + t^2}，$$

$$\cos x = \cos^2\dfrac{x}{2} - \sin^2\dfrac{x}{2} = \dfrac{1 - \tan^2\dfrac{x}{2}}{1 + \tan^2\dfrac{x}{2}} = \dfrac{1 - t^2}{1 + t^2}，$$

所以

$$\int \frac{1+\sin x}{\sin x(1+\cos x)}dx = \int \frac{1+\dfrac{2t}{1+t^2}}{\dfrac{2t}{1+t^2}\left(1+\dfrac{1-t^2}{1+t^2}\right)} \cdot \frac{2}{1+t^2}dt$$

$$= \frac{1}{2}\int\left(t+2+\frac{1}{t}\right)dt = \frac{1}{2}\left(\frac{t^2}{2}+2t+\ln|t|\right)+C$$

$$= \frac{1}{4}\tan^2\frac{x}{2}+\tan\frac{x}{2}+\frac{1}{2}\ln\left|\tan\frac{x}{2}\right|+C.$$

虽然上述求解步骤普遍适用，但在具体求解时，某些特殊函数的积分可以采用其他方法灵活处理．

例5　求 $\displaystyle\int \frac{dx}{x(x^6+4)}$．

解　$\displaystyle\int \frac{dx}{x(x^6+4)} = \frac{1}{4}\int \frac{4+x^6-x^6}{x(x^6+4)}dx$

$$= \frac{1}{4}\int \frac{1}{x}dx - \frac{1}{4}\int \frac{x^5}{x^6+4}dx$$

$$= \frac{1}{4}\ln|x| - \frac{1}{24}\ln(x^6+4)+C.$$

例6　求 $\displaystyle\int \frac{x^2+2}{(x-1)^4}dx$．

解　令 $t=x-1$，则 $x=t+1$，$dx=dt$，有

$$\int \frac{x^2+2}{(x-1)^4}dx = \int \frac{(t+1)^2+2}{t^4}dt$$

$$= \int\left(\frac{1}{t^2}+\frac{2}{t^3}+\frac{3}{t^4}\right)dt = -\frac{1}{t}-\frac{1}{t^2}-\frac{1}{t^3}+C$$

$$= -\frac{1}{x-1}-\frac{1}{(x-1)^2}-\frac{1}{(x-1)^3}+C.$$

例7　求 $\displaystyle\int \frac{\cos x-\sin x}{\sin x+\cos x}dx$．

解　$\displaystyle\int \frac{\cos x-\sin x}{\sin x+\cos x}dx = \int \frac{d(\sin x+\cos x)}{\sin x+\cos x}$

$$= \ln|\sin x+\cos x|+C.$$

本章以上四节讨论了求不定积分的几种基本方法．求不定积分通常是指用初等函数来表示该不定积分．根据连续函数存在原函数的定理，初等函数在其定义域内的任一区间上一定有原函数．但是，很多函数的原函数不一定是初等函数，人们习惯称这种情况为不定积分"积不出"．如 $\int e^{-x^2}dx$，$\int \dfrac{1}{\ln x}dx$，$\int \sin x^2 dx$，$\int \dfrac{\sin x}{x}dx$，$\int \sqrt{1-k^2\sin^2 x}\,dx(0<|k|<1)$ 等这些在概率论、数论、光学、傅里叶分析等领域有重要应用的积分，都属于"积不出"范围．

最后说明一下，利用积分表和数学软件都可以求不定积分．为了方便应用，人们把常用的积分公式汇集成表，称为积分表．求积分时，根据被积函数类型，直接或简单变形后，在表内查得所需要的结果．另外，在计算机上使用 Mathematica 或其他数学软件的符号运算功能，也可以很快地求出一些不定积分．

习　题　4-4

求下列不定积分：

1. $\int \dfrac{x+1}{(x-1)^3}\mathrm{d}x$.

2. $\int \dfrac{1}{x^2-3x-10}\mathrm{d}x$.

3. $\int \dfrac{x^3}{x+3}\mathrm{d}x$.

4. $\int \dfrac{x^2+1}{(x^2-1)(x+1)}\mathrm{d}x$.

5. $\int \dfrac{3x+2}{x(x+1)}\mathrm{d}x$.

6. $\int \dfrac{x}{x^3-x^2+x-1}\mathrm{d}x$.

7. $\int \dfrac{1}{3+5\cos x}\mathrm{d}x$.

8. $\int \dfrac{1}{\sin x-\tan x}\mathrm{d}x$.

总　习　题　四

一、填空题

1. 设 $f(x)$ 连续可导，则 $\int f'(2x)\mathrm{d}x = $ _____ .

2. 已知函数 $f(x)$ 的一个原函数为 e^{-x^2} ，则 $\int xf'(x)\mathrm{d}x = $ _____ .

3. $\int f(x)\mathrm{d}x = \ln(x+\sqrt{x^2-a^2})$ ，则 $f'(x) = $ _____ .

4. $\mathrm{d}\left(\int \dfrac{\sin x}{x}\mathrm{d}x\right) = $ _____ ； $\int \mathrm{d}\left(\dfrac{\sin x}{x}\right) = $ _____ .

5. 若 $f'(\sin x) = \cos^2 x(|x|<1)$ ，则 $f(x) = $ _____ .

6. $\int \dfrac{\ln\sin x}{\sin^2 x}\mathrm{d}x = $ _____ .

7. $\int \dfrac{1+\cos x}{x+\sin x}\mathrm{d}x = $ _____ .

8. $\int \mathrm{e}^{x^2+\ln x}\mathrm{d}x = $ _____ .

9. $\int(1+x^2-x^4)\mathrm{d}(x^2) = $ _____ .

10. $\int[f(x)+xf'(x)]\mathrm{d}x = $ _____ .

11. $\int xf(x^2)f'(x^2)\mathrm{d}x = $ _____ .

二、选择题

1. 设 $F(x)$ 、 $G(x)$ 是函数 $f(x)$ 在区间 (a,b) 内不同的原函数，若 $F(x)=x^3$ ，则 $G(x)=$ （　　）.

（A） x^3 　　　　（B） $f(x)$ 　　　　（C） x^3+C 　　　（D） $f(x)+C$

2. 若 $F'(x) = f(x)$，则 $\int \mathrm{d}F(x) = $（　　）.

（A）$f(x)$　　　　　　（B）$F(x)$　　　　　　（C）$f(x) + C$　　　（D）$F(x) + C$

3. 设 $\int f(x)\mathrm{d}x = F(x) + C$（$a$、$b$ 为常数，且 $a \neq 0$），则 $\int f(ax+b)\mathrm{d}x = $（　　）.

（A）$F(ax+b)$　　　　（B）$aF(ax+b)$　　　　（C）$\dfrac{1}{a}F(ax+b)$　　（D）以上全不对

4. 若 $\int f(x)\mathrm{d}x = x\ln(x+1)$，则 $\lim\limits_{x \to 0} \dfrac{f(x)}{x} = $（　　）.

（A）2　　　　　　　　（B）-2　　　　　　　（C）-1　　　　　（D）1

5. 若 $\int f(x)\mathrm{d}x = x^2 + C$，则 $\int f(1 - x^2)\mathrm{d}x = $（　　）.

（A）$x - \dfrac{1}{3}x^2 + C$　　（B）$2x - \dfrac{2}{3}x^2 + C$　　（C）$x - \dfrac{1}{3}x^3 + C$　　（D）$2x - \dfrac{2}{3}x^3 + C$

6. C 为任意常数，且 $F'(x) = f(x)$，下列等式成立的有（　　）.

（A）$\int F'(x)\mathrm{d}x = f(x) + C$　　　　　　　（B）$\int f(x)\mathrm{d}x = F(x) + C$

（C）$\int F(x)\mathrm{d}x = F'(x) + C$　　　　　　　（D）$\int f'(x)\mathrm{d}x = F(x) + C$

7. $F'(x) = f(x)$，$f(x)$ 为可导函数，且 $f(0) = 1$ 又 $F(x) = xf(x) + x^2$，则 $f(x) = $（　　）.

（A）$-2x - 1$　　　　（B）$-x^2 + 1$　　　　（C）$-2x + 1$　　　　（D）$-x^2 - 1$

8. 设 $f(x)$ 是可导函数，则 $\left[\int f(x)\mathrm{d}x \right]' = $（　　）.

（A）$f(x)$　　　　　　（B）$f(x) + C$　　　　　（C）$f'(x)$　　　（D）$f'(x) + C$

9. 设 $f(x)$ 是可导函数，则 $\int [f(x)]'\mathrm{d}x = $（　　）.

（A）$f(x)$　　　　　　（B）$f(x) + C$　　　　　（C）$f(x)\mathrm{d}x$　　（D）$f'(x)$

10. $\int \left(\dfrac{1}{\sin^2 x} + 1 \right) \mathrm{d}(\sin x) = $（　　）.

（A）$-\dfrac{1}{\sin x} + \sin x + C$　　　　　　（B）$\dfrac{1}{\sin x} + \sin x + C$

（C）$-\cot x + \sin x + C$　　　　　　　　（D）$\cot x + \sin x + C$

11. $\int x f''(x)\mathrm{d}x = $（　　）.

（A）$xf'(x) - f(x) + C$　　　　　　　　（B）$xf'(x) - f'(x) + C$

（C）$xf'(x) + f(x) + C$　　　　　　　　（D）$xf'(x) - \int f(x)\mathrm{d}x + C$

12. $\int \dfrac{x^3}{x^8 + 3}\mathrm{d}x = $（　　）.

（A）$\dfrac{1}{4\sqrt{3}}\arctan\dfrac{x^2}{\sqrt{3}} + C$　　　　　（B）$\dfrac{1}{4\sqrt{3}}\arctan\dfrac{x^4}{\sqrt{3}} + C$

（C）$\dfrac{1}{2\sqrt{3}}\arctan\dfrac{x^2}{\sqrt{3}} + C$　　　　　（D）$\dfrac{1}{2\sqrt{3}}\arctan\dfrac{x^4}{\sqrt{3}} + C$

13. $\int \dfrac{\sin x}{1 - \sin x}\mathrm{d}x = $（　　）.

（A）$x\sec x+C$　　　　　　　　　　　　　（B）$-\sec x+C$

（C）$\tan x+C$　　　　　　　　　　　　　（D）$\sec x+\tan x-x+C$

三、计算题

1. 求下列不定积分：

（1）$\displaystyle\int\frac{2^x\cdot 3^x}{9^x+4^x}dx$；　　　　　（2）$\displaystyle\int\frac{2x^4+2x^2+1}{1+x^2}dx$；　　　　　（3）$\displaystyle\int\frac{(1+x)^2}{\sqrt{x\sqrt{x}}}dx$；

（4）$\displaystyle\int\frac{1+2x^2}{x^2(1+x^2)}dx$；　　　　　（5）$\displaystyle\int\frac{2+\sin^2 x}{\cos^2 x}dx$．

2. 求下列不定积分：

（1）$\displaystyle\int(\sin 2x-e^{\frac{x}{3}})dx$；　　　　　　（2）$\displaystyle\int(2x+3)^{99}dx$；

（3）$\displaystyle\int\frac{1-x}{\sqrt{9-x^2}}dx$；　　　　　　（4）$\displaystyle\int e^{-x}\cos(e^{-x})dx$；

（5）$\displaystyle\int\frac{x}{\sqrt[3]{2x^2+1}}dx$；　　　　　　（6）$\displaystyle\int x^2 e^{-3x^3+5}dx$；

（7）$\displaystyle\int\frac{\tan\sqrt{x}}{\sqrt{x}}dx$；　　　　　　（8）$\displaystyle\int\frac{1}{\sqrt{x}\sqrt{1-\sqrt{x}}}dx$；

（9）$\displaystyle\int\frac{\ln x}{x(\ln^2 x-1)}dx$；　　　　（10）$\displaystyle\int\frac{x}{\sin^2(x^2+1)}dx$；

（11）$\displaystyle\int\frac{1}{1+e^{-x}}dx$；　　　　　（12）$\displaystyle\int\frac{1}{e^x-e^{-x}}dx$；

（13）$\displaystyle\int\tan^5 x\sec^3 x dx$；　　　　（14）$\displaystyle\int\frac{1}{1+\sin x}dx$；

（15）$\displaystyle\int\frac{1}{x^2+5x+6}dx$；　　　（16）$\displaystyle\int\frac{x}{x^2+3x+2}dx$；

（17）$\displaystyle\int\frac{1}{x^2+2x+3}dx$；　　　（18）$\displaystyle\int\frac{1}{\sqrt{1+x-x^2}}dx$．

3. 求下列不定积分：

（1）$\displaystyle\int\frac{1}{1+\sqrt{2x+1}}dx$；　　　（2）$\displaystyle\int\frac{1}{\sqrt{x}+\sqrt[4]{x}}dx$；

（3）$\displaystyle\int\frac{1}{\sqrt{1+e^x}}dx$；　　　　　（4）$\displaystyle\int\sqrt{\frac{1-x}{1+x}}dx$；

（5）$\displaystyle\int\frac{x^2}{\sqrt{a^2-x^2}}dx(a>0)$；　　　（6）$\displaystyle\int\frac{\sqrt{a^2-x^2}}{x^4}dx\left(不妨设x=\frac{1}{t}\right)$；

（7）$\displaystyle\int x(2x+1)^{100}dx$．

4. 求下列不定积分：

（1）$\displaystyle\int x^2\sin x dx$；　　　　　　（2）$\displaystyle\int x\ln^2 x dx$；

（3）$\displaystyle\int x\sin x\cos x dx$；　　　　（4）$\displaystyle\int\frac{1}{\sin 2x+2\sin x}dx$；

(5) $\int \cos\sqrt{x}\,dx$; (6) $\int \cos(\ln x)\,dx$;

(7) $\int x\tan^2 x\,dx$; (8) $\int \sqrt{x}\arctan\sqrt{x}\,dx$.

四、应用题

1．一曲线过点 $(e^2,3)$ ，且在任一点处的切线斜率等于该点横坐标的倒数，求该曲线的方程．

2．已知曲线上任一点的二阶导数是 $y''=6x$ ，且在曲线上点 $(0,-2)$ 处的切线方程为 $2x-3y=6$ ，求该曲线的方程．

3．某一太阳能电池的能量 $Q(x)$ 相对于与太阳接触的表面积 x 的变化率为 $\dfrac{dQ}{dx}=\dfrac{0.005}{\sqrt{0.01x+1}}$ ，且满足 $Q(0)=0$ ．求 $Q(x)$ 的函数表达式．

4．经研究发现，某一小伤口表面积修复的速率为 $\dfrac{dA}{dx}=-5t^{-2}$ （ t 的单位：天，$1\leq t\leq 5$ ），其中 A 表示伤口的面积（单位：cm^2 ），假设 $A(1)=5$ ．问病人受伤 5 天后伤口的表面积有多大？

五、解答题

1．设 $f'(\sin^2 x)=\cos 2x+\tan^2 x$ ，当 $0<x<1$ 时，求 $f(x)$ ．

2．设 $f(x^2-1)=\ln\dfrac{x^2}{x^2-2}$ ，且 $f[\varphi(x)]=\ln x$ ，试求 $\int\varphi(x)\,dx$ ．

3．设 $F(x)$ 为 $f(x)$ 的原函数，当 $x\geq 0$ 时，有 $f(x)F(x)=\sin^2 2x$ ，且 $F(0)=1$ ，$F(x)\geq 0$ ，试求 $f(x)$ ．

拓展阅读

十二部数学电影

1. 死亡密码

英文名称：π

别名：3.14159265358

发行时间：1998 年

该片采用科幻惊悚手法描写了一名天才数学家触目惊心的经历．才华盖世的数学家马斯在过去的十年来，发现股票市场在混乱波动背后原来由一套数学模式操控，于是致力于研究寻出该数学模式．没想到，主宰金融市场的一家华尔街财团，和不择手段要破解圣经密码的一个卡巴拉宗教组织均同时派人员追击他，马斯既要保护一己安全，同时亦要尽快找出这些影响世界金融市场的密码．

2. 美丽的心灵

英文名称：*A Beautiful Mind*

发布时间：2001 年

故事的原型是数学家小约翰·福布斯·纳什（Jr.John Forbes Nash），英俊而又十分古怪的纳什早年就做出了惊人的数学发现，开始享有国际声誉．但纳什出众的直觉受到了精神分裂的困扰，使他向学术上最好层次进军的辉煌历史发生了巨大改变. 面对这个曾经击毁了许多人的挑战，纳什在妻子艾丽西亚（Alicia）的帮助下毫不畏惧，顽强抗争，经过了几十年的艰难努力，他终于战胜了不幸，并于 1994 年获得诺贝尔经济学奖.

3. 心灵的捕手

英文名称：*Good Will Hunting*

发行时间：1997 年

一位麻省理工学院的数学教授，在教学系的公布栏写下了一道他觉得十分困难的题目，希望他那些杰出的学生们能给出答案，可是却无人能解，结果一个年轻的清洁工却在下课打扫时，发现并轻易地解开了这道数学题.

4. 费马大定理

英文名称：*Fermat's Last Theorem*

发行时间：2005 年

该片从证明了费马大定理的安德鲁·怀尔斯（Andrew Wiles）开始谈起，描述了费马大定理的历史始末.

5. 笛卡儿

英文名称：*Descartes*

发行时间：2006 年

勒奈·笛卡儿（Rene Descartes，1596—1650 年），法国哲学家、数学家、物理学家. 他对现代数学的发展做出了重要贡献，因将几何坐标体系公式化而被认为是解析几何之父. 他还是西方现代哲学思想的奠基人，是近代唯物论的开拓者，提出了"普遍怀疑"的主张. 他的哲学思想深深地影响了之后的几代欧洲人，开拓了所谓"欧陆理性主义"哲学.

6. 牛顿探索

英文名称：*Newton's Dark Secrets*

发布时间：2005 年

1643 年 1 月 4 日，在英格兰林肯郡小镇沃尔索浦的一个自耕农家庭里，牛顿诞生了. 牛顿是个早产儿，出生时只有 3 磅（约 1.36kg）重，接生婆和他的亲人都担心他活不下来，谁也没有料到，这个小婴儿会成长为一位震古烁今的科学巨人，并且活到了 85 岁高龄.

7. 博士热爱的算式

英文名称：*Hakase No Aishita Sushiki*

发行时间：2006 年

一次交通意外，令天才数学博士只剩下 80min 的记忆，时间一到，所有回忆自动归零，重新开始. 遇上语塞的时候，他总会以数字代替语言，以独特的风格和别人交流. 他身上到处都是夹子夹着的纸条，以填补那只有 80min 的记忆. 这次，新来的管家杏子带着 10 岁的儿子照顾博士的起居，对杏子来说，每天也是和博士的重新开始，博士十分喜爱杏子的儿子，并称呼他作"根号"，因为根号能容纳所有人和事，他让母子俩认识数学算式内美丽而光辉的世界，因为只有短短 80min，三人相处的每一刻都显得非常珍贵.

8. 阿基米德的秘密

英文名称：*Infinite: Secrets: The Genius of Archimedes*

发行时间：2005 年

阿基米德（Archimedes，约公元前287—212年）是古希腊物理学家、数学家，静力学和流体静力学的奠基人，像牛顿和爱因斯坦一样，阿基米德也为人类的进步做出过巨大的贡献，即使牛顿和爱因斯坦也都从他身上汲取过智慧和灵感，他是"理论天才和实验天才于一身的理想化身"，文艺复兴时期的达芬奇和伽利略等人都拿他来做自己的楷模.

9. 伽利略：为真理而战

英文名字：*Galileo's Battle for the Heavens*

发行时间：2006年

该片基于达瓦所贝尔（Dava Sobel）的畅销传记《伽利略的女儿：科学、信仰和爱的历史回忆》改编而成，向我们展示了伟大科学家伽利略的人生轨迹和追求真理的道路.

10. 阿兰图灵

英文名称：*Alan Turing*

阿兰图灵（Alan Turing）这个名字无论是在计算机领域、数学领域、人工智能领域，还是哲学、逻辑学等领域，都名闻遐迩. 图灵是计算机逻辑的奠基者，许多人工智能的重要方法也源自这位伟大的科学家，他在24岁时提出了图灵机理论，31岁参加了colossus（二战时，英国破译德国通信密码的计算机）的研制，33岁时提出了仿真系统，35岁提出自动程序设计理念，38岁设计了"图灵测试"，再后来还创建了一门新学科——非线性力学. 虽然图灵去世时只有42岁，但在其短暂而离奇的生涯中的那些科技成就，已让后人享用不尽，人们仰望着这位伟大的英国科学家，把"计算机之父""人工智能之父""破译之父"等头衔都加冕在了他身上，甚至认为，他在技术上的贡献及对未来世界的影响几乎可与牛顿、爱因斯坦等巨人比肩.

11. 牛津杀手

英文名字：*The Oxford Murders*

发行时间：2008年

该片讲述了远渡重洋来到牛津大学数学系深造的阿根廷学生，刚到牛津不久即卷入一宗谋杀案. 一个夏日的午后，他的房东老太太在家中被杀，与他同时到现场的是牛津大学数理逻辑学泰斗阿瑟·赛尔登教授，因为有人在他的信箱里塞了一张纸条，上面画着一个圈圈，并写着："序列的第一个." 接二连三的人被不露声色地杀害，每次案发前后，赛尔登教授周围总是出现一个奇怪的符号. 种种迹象表明，凶手是在通过杀人，向赛尔登教授发起数理逻辑的挑战……一场精彩的斗智由此展开.

12. 维度：数学漫步

英文名字：*Dimensions: A Walk Through Mathematics*

发行时间：2008年

该片是两小时时长的科普电影，讲述了许多深奥的数学知识，如四维空间中的正多胞体、复数、分形、纤维化理论等.

第五章　定积分及其应用

［本章导读］

　　一元函数积分学有两个基本问题：第一个问题是对于给定函数 $f(x)$，寻找可导函数 $F(x)$，使 $F'(x) = f(x)$，这是第二章所讨论的求导问题的逆问题，由此引出原函数和不定积分的概念；第二个问题是计算诸如曲边图形的面积等这类涉及微小量的无穷积累的问题，由此引出定积分的概念．古希腊的阿基米德用"穷竭法"，我国的刘徽用"割圆术"，都曾计算过一些几何体的面积和体积．这些均为定积分的雏形．

　　从表面上看，以上两个问题互不相关，但实际上两者之间有着紧密的内在联系．17 世纪中叶，牛顿和莱布尼兹先后发现了积分与微分之间的内在联系，建立了微积分基本公式，使求定积分和求不定积分这两个基本问题联系了起来，给出了计算定积分的一般方法，从而使微分学和积分学构成了一个完整的理论体系．

　　在本章中，我们将介绍定积分的概念和性质，并通过讨论积分上限函数的性质导出微积分基本公式；最后，通过例子介绍定积分在几何学和物理学中的一些应用．

第一节　定积分的概念与性质

　　在自然科学与生产实践中，有很多几何量与物理量，例如平面图形的面积、曲线的弧长、空间立体的体积，力学中做变速直线运动的物体所走过的路程、变力所做的功、非均匀细杆的质量，电学中的功率、电流及电压的平均值等，都需要应用积分学的方法解决．

一、引例

1. 曲边梯形的面积

　　设 $y = f(x)$ 为闭区间 $[a, b]$ 上的连续函数，且 $f(x) \geqslant 0$．由曲线 $y = f(x)$，直线 $x = a$、$x = b$ 以及 x 轴所围成的平面图形（见图 5-1），称为**曲边梯形**，其中曲线弧称为曲边．下面讨论曲边梯形的面积（这是求任何曲线边界图形面积的基础）．

　　曲边梯形面积的计算，其困难在于它的高度不断变化，不能直接用矩形面积公式计算．在初等数学里，圆的面积是用一系列边数无限增多的内接（或外切）正多边形面积的极限来定义的．现在我们仍用类似的办法来定义曲边梯形的面积．

　　因 $y = f(x)$ 是 $[a, b]$ 区间上的连续函数，所以在一个相当小的区间上，$f(x)$ 的值变化不大．我们可以考虑将曲边梯形分割成许多垂直于 x 轴的细小的窄曲边梯形，在这些窄曲边梯形上，

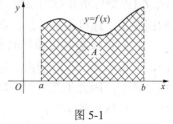

图 5-1

高度变化不大，此时，窄曲边梯形的面积近似于一个小矩形的面积．用小矩形的面积近似代替窄曲边梯形的面积，再把所有近似值相加，就得到整个曲边梯形的面积的近似值．分割越

细，近似的程度就越高．当无限细分时，就可得到曲边梯形的面积的精确值．具体分析步骤如下：

（1）划分．在区间 $[a,b]$ 中任意插入 $n-1$ 个分点，它们依次为

$$a = x_0 < x_1 < x_2 < \cdots < x_{n-1} < x_n = b,$$

将区间 $[a,b]$ 分成 n 个小区间

$$[x_0,x_1],[x_1,x_2],\cdots,[x_{i-1},x_i],\cdots,[x_{n-1},x_n],$$

小区间长度分别记为

$$\Delta x_1 = x_1 - x_0, \Delta x_2 = x_2 - x_1, \cdots, \Delta x_i = x_i - x_{i-1}, \cdots, \Delta x_n = x_n - x_{n-1}.$$

过每个分点作垂直于 x 轴的直线段，把整个曲边梯形分成 n 个窄曲边梯形，如图 5-2 所示，窄曲边梯形的面积记为 $\Delta A_i (i=1,2,\cdots,n)$．

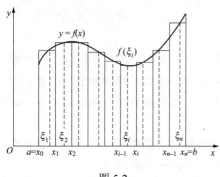

图 5-2

（2）近似．在每个小区间 $[x_{i-1},x_i]$ 上任取一点 $\xi_i(x_{i-1} \leqslant \xi_i \leqslant x_i)$，作以 $[x_{i-1},x_i]$ 为底、$f(\xi_i)$ 为高的小矩形，当分隔 $[a,b]$ 的分点较多，又分割得较细密时，由于 $f(x)$ 为连续函数，它在每个小区间上的值变化不大，从而可用这些小矩形的面积近似代替相应的窄曲边梯形的面积，因此有

$$\Delta A_i \approx f(\xi_i)\Delta x_i, \quad (i=1,2,\cdots,n).$$

（3）求和．这样得到的 n 个小矩形面积之和显然是所求曲边梯形面积 A 的近似值，即

$$A = \sum_{i=1}^{n} \Delta A_i \approx f(\xi_1)\Delta x_1 + f(\xi_2)\Delta x_2 + \cdots + f(\xi_n)\Delta x_n = \sum_{i=1}^{n} f(\xi_i)\Delta x_i$$

（4）取极限．可以想象，当分点无限增多，且对 $[a,b]$ 无限细分时，第三步所得近似值的精确度将不断提高，并不断逼近面积的精确值．记 $\lambda = \max\{\Delta x_1, \Delta x_2, \cdots, \Delta x_n\}$，则当 $\lambda \to 0$ 时，每个小区间的长度也趋于零．取和式 $\sum_{i=1}^{n} f(\xi_i)\Delta x_i$ 的极限，就得到了所求曲边梯形的面积，即

$$A = \lim_{\lambda \to 0} \sum_{i=1}^{n} f(\xi_i)\Delta x_i.$$

2. 变速直线运动的路程

设某物体做直线运动，已知其速度是时间 t 的连续函数，即 $v = v(t)$，计算在时间间隔 $[T_1, T_2]$ 内物体所经过的路程 s．如果物体做匀速直线运动，则路程等于"速度×时间"．现在的问题是，速度不是常量，而是时间 t 的连续函数，那么路程如何计算？

我们仍按求曲边梯形面积的思想来进行分析．物体运动的速度函数 $v = v(t)$ 是连续变化的，在很小的一段时间内，速度的变化很小，近似于匀速，在这一小段时间内，速度可以看作是常数，因此求在时间间隔 $[T_1, T_2]$ 上运动的距离也可用类似于计算曲边梯形面积的方法来处理．具体步骤如下：

（1）划分．在时间间隔 $[T_1, T_2]$ 中任意插入 $n-1$ 个分点，即

$$T_1 = t_0 < t_1 < t_2 < \cdots < t_{n-1} < t_n = T_2,$$

这 $n-1$ 个分点将区间 $[T_1, T_2]$ 分成 n 个小区间

$$[t_0,t_1],[t_1,t_2],\cdots,[t_{i-1},t_i],\cdots,[t_{n-1},t_n],$$

它们的长度依次为

$$\Delta t_1 = t_1 - t_0, \Delta t_2 = t_2 - t_1, \cdots, \Delta t_i = t_i - t_{i-1}, \cdots, \Delta t_n = t_n - t_{n-1},$$

记在时间段 $[t_{i-1},t_i]$ 内物体经过的路程为 $\Delta s_i (i=1,2,\cdots,n)$.

（2）近似. 将物体在每个小区间上的运动看作是匀速的，在时间间隔 $[t_{i-1},t_i]$ 上任取一个时刻 $\tau_i(t_{i-1} \leqslant \tau_i \leqslant t_i)$，以 τ_i 时刻的速度 $v(\tau_i)$ 来代替 $[t_{i-1},t_i]$ 上各个时刻的速度，得到 $[t_{i-1},t_i]$ 时间段上路程 Δs_i 的近似值，即

$$\Delta s_i \approx v(\tau_i)\Delta t_i (i=1,2,\cdots,n).$$

（3）求和. 显然，这 n 个时间段内物体经过的路程的近似值之和就是所求变速直线运动路程 s 的近似值，即

$$s \approx v(\tau_1)\Delta t_1 + v(\tau_2)\Delta t_2 + \cdots + v(\tau_n)\Delta t_n = \sum_{i=1}^{n} v(\tau_i)\Delta t_i.$$

（4）取极限. 随着对 $[T_1,T_2]$ 的划分不断加细，第三步所得近似值的精确度将不断提高，并不断逼近路程的精确值. 记 $\lambda = \max\{\Delta t_1, \Delta t_2, \cdots, \Delta t_n\}$，则当 $\lambda \to 0$ 时，此时和式 $\sum_{i=1}^{n} v(\tau_i)\Delta t_i$ 的极限便是所求路程 s，即

$$s = \lim_{\lambda \to 0} \sum_{i=1}^{n} v(\tau_i)\Delta t_i.$$

从上面的两个例子可以看到：所讨论的曲边梯形的面积问题与变速直线运动的路程问题的实际意义虽然各不相同，一个是几何量，另一个是物理量，但是它们解决问题的思路和方法是一致的，而且最后都归结为一个特定形式的和式极限. 在科学技术中还有许多同样类型的数学问题，解决这类问题的思想方法概括来说就是"**划分、近似、求和、极限**". 这就是产生定积分概念的背景.

二、定积分的定义

定义 设函数 $f(x)$ 在区间 $[a,b]$ 上有界. 在 $[a,b]$ 中任意插入 $n-1$ 个分点，即

$$a = x_0 < x_1 < x_2 < \cdots < x_{n-1} < x_n = b,$$

把区间 $[a,b]$ 分成 n 个小区间

$$[x_0,x_1],[x_1,x_2],\cdots,[x_{i-1},x_i],\cdots,[x_{n-1},x_n],$$

各个小区间的长度依次为

$$\Delta x_1 = x_1 - x_0, \Delta x_2 = x_2 - x_1, \cdots, \Delta x_i = x_i - x_{i-1}, \cdots, \Delta x_n = x_n - x_{n-1}.$$

在每个小区间 $[x_{i-1},x_i]$ 上任取一点 $\xi_i(i=1,2,\cdots,n)$，作函数值 $f(\xi_i)$ 与该小区间长度 Δx_i 的乘积 $f(\xi_i)\Delta x_i(i=1,2,\cdots,n)$，并作和

$$\sum_{i=1}^{n} f(\xi_i)\Delta x_i,$$

记 $\lambda = \max\{\Delta x_1, \Delta x_2, \cdots, \Delta x_n\}$. 如果不论对区间 $[a,b]$ 进行怎样的分法，也不论在小区间 $[x_{i-1},x_i]$ 上的点 ξ_i 怎样的取法，只要当 $\lambda \to 0$ 时，极限 $\lim_{\lambda \to 0} \sum_{i=1}^{n} f(\xi_i)\Delta x_i$ 存在，则称 $f(x)$ 在 $[a,b]$ 上**可积**（integrable），这个极限称为函数 $f(x)$ 在区间 $[a,b]$ 上的**定积分**（definite integral）（简称**积分**），

记作 $\int_a^b f(x)\mathrm{d}x$，即

$$\int_a^b f(x)\mathrm{d}x = \lim_{\lambda \to 0}\sum_{i=1}^n f(\xi_i)\Delta x_i,$$

其中 $f(x)$ 称为**被积函数**，$f(x)\mathrm{d}x$ 称为**被积表达式**，x 称为**积分变量**，a 称为**积分下限**，b 称为**积分上限**，$[a,b]$ 称为**积分区间**，$\sum_{i=1}^n f(\xi_i)\Delta x_i$ 通常称为 $f(x)$ 的**积分和**（integral sum）.

由于这个定义是由德国数学家黎曼（Riemann）首先给出的，因此这里的可积称为**黎曼可积**，相应的和式称为**黎曼和**（Riemann sum）.

$f(x)$ 在 $[a,b]$ 上可积，记作 $f \in R[a,b]$，其中 $R[a,b]$ 为区间 $[a,b]$ 上可积函数的全体组成的集合.

利用定积分的定义，上面讨论的两个实际问题可分别表示如下：

曲边梯形的面积 A 是函数 $f(x)$ 在区间 $[a,b]$ 上的定积分，即

$$A = \lim_{\lambda \to 0}\sum_{i=1}^n f(\xi_i)\Delta x_i = \int_a^b f(x)\mathrm{d}x.$$

变速直线运动的路程 s 是速度 $v(t)$ 在时间间隔 $[T_1, T_2]$ 上的定积分，即

$$s = \lim_{\lambda \to 0}\sum_{i=1}^n v(\tau_i)\Delta t_i = \int_{T_1}^{T_2} v(t)\mathrm{d}t.$$

注意：

（1）从定积分的定义可以看出，这里的极限既不是数列的极限，也不是函数的极限，而是一个和式的极限，这个极限是否存在以及存在时的极限值，与对区间 $[a,b]$ 的分法以及在每个小区间 $[x_{i-1}, x_i]$ 上的点 ξ_i 的取法均无关，因此，如果已知 $f(x)$ 在 $[a,b]$ 上可积，用定积分的定义求 $\int_a^b f(x)\mathrm{d}x$，为了简化计算，对 $[a,b]$ 可采用特殊的分法以及 ξ_i 的特殊取法.

（2）在定义中，当所有小区间长度的最大值 $\lambda \to 0$ 时，所有小区间的长度都趋于零，因而小区间的个数 n 必然趋于无穷大. 但我们不能用 $n \to \infty$ 代替 $\lambda \to 0$，这是因为对区间的分割是任意的，$n \to \infty$ 不能保证每个小区间的长度都趋于零.

（3）定积分的数值只与函数 $f(x)$ 本身及区间 $[a,b]$ 有关，而与积分变量用什么记号表示无关，即不论把积分变量 x 改成其他任何字母，如 t 或 u，此和的极限都不会改变，即定积分的值不变. 因此

$$\int_a^b f(x)\mathrm{d}x = \int_a^b f(t)\mathrm{d}t = \int_a^b f(u)\mathrm{d}u.$$

对于定积分，函数 $f(x)$ 在区间 $[a,b]$ 上满足什么条件，$f(x)$ 在区间 $[a,b]$ 上一定可积呢？对该问题我们不作深入讨论，直接给出函数 $f(x)$ 在区间 $[a,b]$ 上可积的两个充分条件：

定理 1　设 $f(x)$ 在区间 $[a,b]$ 上连续，则 $f(x)$ 在 $[a,b]$ 上可积.

定理 2　设 $f(x)$ 在区间 $[a,b]$ 上有界，且只有有限个间断点，则 $f(x)$ 在 $[a,b]$ 上可积.

根据定积分的定义与第一目中曲边梯形面积的计算，可以知道定积分有如下几何意义：

如果 $f(x) \geqslant 0$，$x \in [a,b]$，那么定积分 $\int_a^b f(x)\mathrm{d}x$ 表示由直线 $x=a$、$x=b$、x 轴和曲线

$y = f(x)$ 所围成的曲边梯形的面积；如果 $f(x) \leqslant 0$ ，$x \in [a,b]$ ，则由直线 $x = a$、$x = b$、x 轴和曲线 $y = f(x)$ 所围成的曲边梯形位于 x 轴的下方，按照定义，这时定积分 $\int_a^b f(x)\mathrm{d}x$ 的值应为负，因此 $\int_a^b f(x)\mathrm{d}x$ 表示上述曲边梯形面积的负值；如果 $f(x)$ 在 $[a,b]$ 上变号，也就是 $f(x)$ 在 $[a,b]$ 上既取得正值又取得负值时，这时函数的图形某些部分在 x 轴上方，而其他部分在 x 轴下方，那么定积分 $\int_a^b f(x)\mathrm{d}x$ 表示位于 x 轴上方的图形的面积与位于 x 轴下方的图形的面积之差（见图 5-3）.

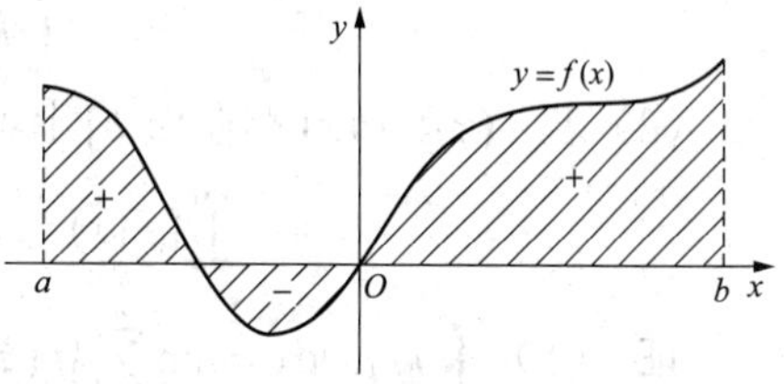

图 5-3

特别地，当被积函数为 1 时，$\int_a^b \mathrm{d}x$ 为底边为 $b-a$ ，高为 1 的矩形面积，即 $\int_a^b \mathrm{d}x = b-a$.

下面举一个按定义计算定积分的例子.

例 1 利用定义计算定积分 $\int_0^1 x^2 \mathrm{d}x$.

解 由于被积函数 $f(x) = x^2$ 在区间 $[0,1]$ 上是连续的，因此，该函数在 $[0,1]$ 上可积，所以积分与区间 $[0,1]$ 的分法及点 ξ_i 的取法无关. 于是，为了便于计算，我们把区间 $[0,1]$ 分成 n 等份，分点为 $x_i = \dfrac{i}{n}(i=1,2,\cdots,n-1)$ ，这样每个小区间 $[x_{i-1},x_i]$ 的长度 $\Delta x_i = \dfrac{1}{n}(i=1,2,\cdots,n)$ ，取 $\xi_i = x_i(i=1,2,\cdots,n)$ ，于是有和式

$$\sum_{i=1}^n f(\xi_i)\Delta x_i = \sum_{i=1}^n \xi_i^2 \Delta x_i = \sum_{i=1}^n x_i^2 \Delta x_i = \sum_{i=1}^n \left(\frac{i}{n}\right)^2 \cdot \frac{1}{n} = \frac{1}{n^3}\sum_{i=1}^n i^2$$

$$= \frac{1}{n^3} \cdot \frac{1}{6}n(n+1)(2n+1)$$

$$= \frac{1}{6}\left(1+\frac{1}{n}\right)\left(2+\frac{1}{n}\right),$$

当 $\lambda \to 0$ 时，有 $n \to \infty\left(\text{现在}\lambda = \dfrac{1}{n}\right)$ ，对上式右端取极限，根据定积分的定义，有

$$\int_0^1 x^2 \mathrm{d}x = \lim_{\lambda \to 0}\sum_{i=1}^n \xi_i^2 \Delta x_i = \lim_{n \to \infty}\frac{1}{6}\left(1+\frac{1}{n}\right)\left(2+\frac{1}{n}\right) = \frac{1}{3}.$$

三、定积分的性质

根据定积分的定义，定积分 $\int_a^b f(x)\mathrm{d}x$ 的下限 a 是小于上限 b 的，这样的规定有时给定积分的使用带来了限制和不便. 为了计算及应用方便，我们补充规定如下：

（1）当 $a = b$ 时，$\int_a^b f(x)\mathrm{d}x = 0$ ，即 $\int_a^a f(x)\mathrm{d}x = 0$ ；

（2）当 $a \neq b$ 时，$\int_a^b f(x)\mathrm{d}x = -\int_b^a f(x)\mathrm{d}x$.

这样，不论 a、b 的大小关系如何，定积分 $\int_a^b f(x)\mathrm{d}x$ 总有意义.

下面我们来讨论定积分的性质，总假定各个性质中的定积分均存在，各性质中积分上、

下限的大小，如无特别说明，均不加限制.

性质 1（线性性质）

（1）若 $f(x)$ 在 $[a,b]$ 上可积，k 为常数，则 $kf(x)$ 在 $[a,b]$ 上也可积，且

$$\int_a^b kf(x)\mathrm{d}x = k\int_a^b f(x)\mathrm{d}x \ .$$

（2）若 $f(x)$、$g(x)$ 都在 $[a,b]$ 上可积，则 $f(x)\pm g(x)$ 在 $[a,b]$ 上也可积，且

$$\int_a^b [f(x)\pm g(x)]\mathrm{d}x = \int_a^b f(x)\mathrm{d}x \pm \int_a^b g(x)\mathrm{d}x \ .$$

证　（1）$\displaystyle\int_a^b kf(x)\mathrm{d}x = \lim_{\lambda\to 0}\sum_{i=1}^n kf(\xi_i)\Delta x_i = \lim_{\lambda\to 0} k\sum_{i=1}^n f(\xi_i)\Delta x_i$

$$= k\lim_{\lambda\to 0}\sum_{i=1}^n f(\xi_i)\Delta x_i = k\int_a^b f(x)\mathrm{d}x$$

（2）由定积分的定义，有

$$\int_a^b [f(x)\pm g(x)]\mathrm{d}x = \lim_{\lambda\to 0}\sum_{i=1}^n [f(\xi_i)\pm g(\xi_i)]\Delta x_i$$

$$= \lim_{\lambda\to 0}\sum_{i=1}^n f(\xi_i)\Delta x_i \pm \lim_{\lambda\to 0}\sum_{i=1}^n g(\xi_i)\Delta x_i = \int_a^b f(x)\mathrm{d}x \pm \int_a^b g(x)\mathrm{d}x$$

性质 1 的（1）、（2）合起来即为

$$\boxed{\int_a^b [\alpha f(x)+\beta g(x)]\mathrm{d}x = \alpha\int_a^b f(x)\mathrm{d}x + \beta\int_a^b g(x)\mathrm{d}x}$$

其中 α、β 为常数.

该性质可以推广到任意有限多个函数代数和的情况，即

$$\int_a^b \left(\sum_{i=1}^n k_i f_i(x)\right)\mathrm{d}x = \sum_{i=1}^n \left(k_i\int_a^b f_i(x)\mathrm{d}x\right).$$

注意：若 $f(x)$、$g(x)$ 都在 $[a,b]$ 上可积，则 $f(x)\cdot g(x)$ 在 $[a,b]$ 上也可积. 但在一般情形下，

$$\int_a^b f(x)g(x)\mathrm{d}x \neq \int_a^b f(x)\mathrm{d}x \cdot \int_a^b g(x)\mathrm{d}x \ .$$

性质 2（积分区间可加性）　$\displaystyle\int_a^b f(x)\mathrm{d}x = \int_a^c f(x)\mathrm{d}x + \int_c^b f(x)\mathrm{d}x \ .$

证　（1）当 $a<c<b$ 时，因为 $f(x)$ 在 $[a,b]$ 上可积，故不论如何分区间，积分和的极限总是不变的. 因此，在分区间时，可以使 c 永远是一个分点.

于是，$f(x)$ 在 $[a,b]$ 上的积分和等于 $[a,c]$ 上的积分和加上 $[c,b]$ 上的积分和，即

$$\sum_{[a,b]} f(\xi_i)\Delta x_i = \sum_{[a,c]} f(\xi_i)\Delta x_i + \sum_{[c,b]} f(\xi_i)\Delta x_i \ ,$$

令 $\lambda\to 0$，上式两端取极限得

$$\int_a^b f(x)\mathrm{d}x = \int_a^c f(x)\mathrm{d}x + \int_c^b f(x)\mathrm{d}x \ .$$

（2）a、b、c 的相对位置关系为其他情形，由补充规定及（1）的结论，结果仍然成立.

例如，当 $c<a<b$ 时，由（1）的结论，有

$$\int_c^b f(x)\mathrm{d}x = \int_c^a f(x)\mathrm{d}x + \int_a^b f(x)\mathrm{d}x \ ,$$

移项得

$$\int_a^b f(x)\mathrm{d}x = \int_c^b f(x)\mathrm{d}x - \int_c^a f(x)\mathrm{d}x = \int_c^b f(x)\mathrm{d}x + \int_a^c f(x)\mathrm{d}x,$$

即

$$\int_a^b f(x)\mathrm{d}x = \int_a^c f(x)\mathrm{d}x + \int_c^b f(x)\mathrm{d}x,$$

同理，其他情形也是如此.

性质 3（保号性）　设 $f(x) \geqslant 0$ 在 $[a,b]$ 上可积，则 $\int_a^b f(x)\mathrm{d}x \geqslant 0$.

证　因为 $f(x) \geqslant 0$，所以 $f(\xi_i) \geqslant 0\ (i=1,2,\cdots,n)$；又由于 $\Delta x_i \geqslant 0\ (i=1,2,\cdots,n)$，因此 $\sum_{i=1}^n f(\xi_i)\Delta x_i \geqslant 0$. 令 $\lambda = \max\{\Delta x_1, \Delta x_2, \cdots, \Delta x_n\}$，则

$$\int_a^b f(x)\mathrm{d}x = \lim_{\lambda \to 0}\sum_{i=1}^n f(\xi_i)\Delta x_i \geqslant 0.$$

推论 1（保序性）　如果在区间 $[a,b]$ 上，$f(x) \leqslant g(x)$，则

$$\int_a^b f(x)\mathrm{d}x \leqslant \int_a^b g(x)\mathrm{d}x.$$

证　设 $F(x) = g(x) - f(x) \geqslant 0$，$x \in [a,b]$，由性质 1 可知 $F(x)$ 在 $[a,b]$ 上可积，且

$$0 \leqslant \int_a^b F(x)\mathrm{d}x = \int_a^b g(x)\mathrm{d}x - \int_a^b f(x)\mathrm{d}x,$$

即

$$\int_a^b f(x)\mathrm{d}x \leqslant \int_a^b g(x)\mathrm{d}x.$$

推论 2（绝对值不等式）　若 $f(x)$ 在 $[a,b]$ 上可积，则 $|f(x)|$ 在 $[a,b]$ 上也可积，且

$$\left| \int_a^b f(x)\mathrm{d}x \right| \leqslant \int_a^b |f(x)|\,\mathrm{d}x\ (a<b).$$

证　由于

$$-|f(x)| \leqslant f(x) \leqslant |f(x)|,$$

因此由推论 1 及性质 1 得到

$$-\int_a^b |f(x)|\,\mathrm{d}x \leqslant \int_a^b f(x)\mathrm{d}x \leqslant \int_a^b |f(x)|\,\mathrm{d}x,$$

即

$$\left| \int_a^b f(x)\mathrm{d}x \right| \leqslant \int_a^b |f(x)|\,\mathrm{d}x.$$

注意：这个性质的逆命题一般不成立，即 $|f(x)|$ 在 $[a,b]$ 上可积，$f(x)$ 在 $[a,b]$ 上不一定可积. 例如函数

$$f(x) = \begin{cases} 1, & x\text{为有理数} \\ -1, & x\text{为无理数} \end{cases}$$

不可积，但 $|f(x)| = 1$，$x \in \mathbf{R}$ 可积.

推论 3（估值定理）　设 M 及 m 分别是函数 $f(x)$ 在区间 $[a,b]$ 上的最大值及最小值，则

$$m(b-a) \leqslant \int_a^b f(x)\mathrm{d}x \leqslant M(b-a).$$

证　因为 $m \leqslant f(x) \leqslant M$，由性质 3 的推论 1，得

$$\int_a^b m\mathrm{d}x \leqslant \int_a^b f(x)\mathrm{d}x \leqslant \int_a^b M\mathrm{d}x ,$$

所以

$$m(b-a) \leqslant \int_a^b f(x)\mathrm{d}x \leqslant M(b-a) .$$

这个性质的几何意义是：由曲线 $y = f(x)$，直线 $x = a$、$x = b$，以及 x 轴所围成的曲边梯形的面积介于以区间 $[a,b]$ 为底，以最小纵坐标 m 为高的矩形面积及以最大纵坐标 M 为高的矩形面积之间.

性质 3 及其推论通常称为定积分的**单调性质**. 作为单调性质的应用，看下面的例子.

例 2　比较定积分 $\int_0^{\frac{\pi}{2}} x\mathrm{d}x$ 与 $\int_0^{\frac{\pi}{2}} \sin x\mathrm{d}x$ 的大小.

解　当 $x \in \left[0, \dfrac{\pi}{2}\right]$ 时，有 $\sin x \leqslant x$ ，

所以

$$\int_0^{\frac{\pi}{2}} \sin x\mathrm{d}x \leqslant \int_0^{\frac{\pi}{2}} x\mathrm{d}x .$$

例 3　估计定积分 $\int_0^2 \mathrm{e}^{x^2}\mathrm{d}x$ 的值.

解　当 $x \in [0,2]$ 时，有 $1 \leqslant \mathrm{e}^{x^2} \leqslant \mathrm{e}^4$ ，故有

$$2 \leqslant \int_0^2 \mathrm{e}^{x^2}\mathrm{d}x \leqslant 2\mathrm{e}^4 .$$

性质 3 中，被积函数在连续的条件下，结论可作进一步改进.

例 4　设函数 $f(x)$ 在闭区间 $[a,b]$ 上连续，$f(x) \geqslant 0$，但 $f(x) \not\equiv 0$，证明 $\int_a^b f(x)\mathrm{d}x > 0$.

证　由题设可知，存在 $x_0 \in [a,b]$，使 $f(x_0) > 0$，由 $f(x)$ 在闭区间 $[a,b]$ 上连续，故 $\lim\limits_{x \to x_0} f(x) = f(x_0) > 0$，由函数极限的局部保号性，存在一个含 x_0 的区间 $[c,d]$，$x_0 \in [c,d] \subset [a,b]$，使在 $[c,d]$ 上 $f(x) > 0$. 记 $m = \min\{f(x) | x \in [c,d]\}$，则 $m > 0$. 于是

$$\int_a^b f(x)\mathrm{d}x = \int_a^c f(x)\mathrm{d}x + \int_c^d f(x)\mathrm{d}x + \int_d^b f(x)\mathrm{d}x \geqslant 0 + m(d-c) + 0 > 0 .$$

性质 4（积分中值定理 mean value theorem of integrals）　如果函数 $f(x)$ 在闭区间 $[a,b]$ 上连续，则在 $[a,b]$ 上至少存在一点 ξ，使得

$$\int_a^b f(x)\mathrm{d}x = f(\xi)(b-a), a \leqslant \xi \leqslant b.$$

这个公式称为**积分中值公式**.

证　因为 $f(x)$ 在区间 $[a,b]$ 上连续，所以 $f(x)$ 在 $[a,b]$ 上有最大值 M 和最小值 m，即

$$m \leqslant f(x) \leqslant M , \quad x \in [a,b] .$$

由推论 3，有

$$m(b-a) \leqslant \int_a^b f(x)\mathrm{d}x \leqslant M(b-a) ,$$

不等式各部分均除以 $(b-a)$，得

$$m \leqslant \frac{1}{b-a} \int_a^b f(x)\mathrm{d}x \leqslant M .$$

这表明，$\dfrac{1}{b-a}\displaystyle\int_a^b f(x)\mathrm{d}x$ 是介于函数 $f(x)$ 的最大值与最小值之间的数．根据闭区间上连续函数的介值定理，在$[a,b]$上至少存在一点 ξ，使得

$$f(\xi) = \frac{1}{b-a}\int_a^b f(x)\mathrm{d}x,$$

两边各乘以 $(b-a)$，得到

$$\int_a^b f(x)\mathrm{d}x = f(\xi)(b-a), a \leqslant \xi \leqslant b.$$

注意：不论是 $b<a$ 还是 $b>a$，积分中值公式都成立．

积分中值定理的几何解释是：在区间$[a,b]$上至少存在一点 ξ，使得以区间$[a,b]$为底，以连续函数 $f(x)$ 为曲边的曲边梯形的面积等于以$[a,b]$为底，以 $f(\xi)$ 为高的矩形的面积，如图 5-4 所示.

积分中值公式中的数值 $\dfrac{1}{b-a}\displaystyle\int_a^b f(x)\mathrm{d}x$ 表示连续曲线 $f(x)$ 在区间$[a,b]$上的平均高度，称其为函数 $f(x)$ 在区间$[a,b]$上的平均值．这一概念是对"有限个数的算术平均值"概念的推广．

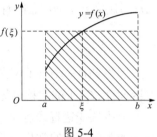

图 5-4

例如，变速直线运动的物体在指定时间间隔内的平均速度等．物体以变速 $v=v(t)$ $(v(t)\geqslant 0)$ 做直线运动，从时刻T_1到时刻T_2，物体经过的路程为 $\displaystyle\int_{T_1}^{T_2} v(t)\mathrm{d}t$，则

$$v(\xi) = \frac{1}{T_2-T_1}\int_{T_1}^{T_2} v(t)\mathrm{d}t, \xi \in [T_1, T_2]$$

就是物体在$[T_1,T_2]$时间区间内的平均速度．

习 题 5-1

1．质点做圆周运动，在时刻t的角速度为$w=w(t)$，试用定积分表示该质点从时刻t_1到t_2所转过的角度 θ．

2．试用定积分表示由 $y=x^2$、$x=-1$、$x=3$ 和 x 轴围成的曲边梯形的面积．

3．利用定积分的几何意义求下列积分的值：

（1）$\displaystyle\int_{-2}^{2}\sqrt{4-x^2}\mathrm{d}x$；　　　　　　（2）$\displaystyle\int_0^1 2x\mathrm{d}x$；

（3）$\displaystyle\int_0^{2\pi} 2\sin x\mathrm{d}x$；　　　　　　（4）$\displaystyle\int_{-1}^{2}|x|\mathrm{d}x$．

4．不计算积分，利用定积分的性质，比较下列各组积分的大小：

（1）$\displaystyle\int_0^1 x\mathrm{d}x$ 与 $\displaystyle\int_0^1 x^2\mathrm{d}x$；　　　　（2）$\displaystyle\int_1^2 x^2\mathrm{d}x$ 与 $\displaystyle\int_1^2 x^3\mathrm{d}x$；

（3）$\displaystyle\int_1^{\mathrm{e}}\ln x\mathrm{d}x$ 与 $\displaystyle\int_1^{\mathrm{e}}(\ln x)^2\mathrm{d}x$；　　（4）$\displaystyle\int_0^1 x\mathrm{d}x$ 与 $\displaystyle\int_0^1 \ln(1+x)\mathrm{d}x$．

5．设 $f(x)$、$g(x)$ 是$[a,b]$上的连续函数，证明：

（1）若 $f(x)\geqslant 0$，$x\in[a,b]$，且 $\displaystyle\int_a^b f(x)\mathrm{d}x = 0$，则 $f(x)\equiv 0$，$x\in[a,b]$；

（2）若 $f(x)\leqslant g(x)$，且 $f(x)\neq g(x)$，$x\in[a,b]$，则 $\displaystyle\int_a^b f(x)\mathrm{d}x < \displaystyle\int_a^b g(x)\mathrm{d}x$．

第二节　微积分基本定理

从上节例题和习题看到，直接用定义计算定积分一般是很困难的．下面要介绍的牛顿-莱布尼兹公式把求定积分的问题转化为求原函数的问题，从而找到一个计算定积分的有效、简便的方法．

下面先从实际问题中寻找解决问题的线索．从第一节的引例中我们知道，如果变速直线运动的速度函数 $v(t)$ 为已知，我们可以利用定积分来表示它在时间间隔 $[T_1, T_2]$ 内所经过的路程，即 $s = \int_{T_1}^{T_2} v(t)\mathrm{d}t$ ．另一方面，若已知物体位置函数 $s(t)$ ，则它在时间间隔 $[T_1, T_2]$ 内所经过的路程又可以表示为位置函数 $s(t)$ 在区间 $[T_1, T_2]$ 上的增量 $s(T_2) - s(T_1)$ ．由此可见，位置函数 $s(t)$ 与速度函数 $v(t)$ 之间有如下关系

$$\int_{T_1}^{T_2} v(t)\mathrm{d}t = s(T_2) - s(T_1) .$$

因为 $s'(t) = v(t)$ ，即位置函数 $s(t)$ 是速度函数 $v(t)$ 的原函数，所以上式表明，速度函数 $v(t)$ 在区间 $[T_1, T_2]$ 上的定积分等于 $v(t)$ 的原函数 $s(t)$ 在区间 $[T_1, T_2]$ 上的增量．

上述从变速直线运动的路程这个特殊问题中得出来的关系在一定条件下具有普遍性．这正是本节要介绍的微积分基本定理．

一、积分上限的函数

设函数 $f(x)$ 在区间 $[a,b]$ 上连续， x 为 $[a,b]$ 上的一点，那么 $f(x)$ 在区间 $[a,x]$ 上可积，且有积分 $\int_a^x f(x)\mathrm{d}x$ 与之对应，积分变量与积分上限用同一字母表示容易造成理解上的误会，因为积分值与积分变量的符号无关，所以我们用 t 代替积分变量 x ，于是 $\int_a^x f(x)\mathrm{d}x$ 可写成 $\int_a^x f(t)\mathrm{d}t$ ．显然，当 x 在 $[a,b]$ 上每取一个值，定积分 $\int_a^x f(t)\mathrm{d}t$ 都有一个确定的值与之对应．因此 $\int_a^x f(t)\mathrm{d}t$ 是上限 x 的函数，记作 $\varPhi(x)$ ，即

$$\varPhi(x) = \int_a^x f(t)\mathrm{d}t \quad (\, a \leqslant x \leqslant b \,) .$$

这个函数称为**积分上限函数或变上限积分**．它具有下面的定理 1 所指出的重要性质．

定理 1　若函数 $f(x)$ 在区间 $[a,b]$ 上连续，则积分上限函数

$$\varPhi(x) = \int_a^x f(t)\mathrm{d}t$$

在 $[a,b]$ 上可导，并且

$$\varPhi'(x) = \frac{\mathrm{d}}{\mathrm{d}x} \int_a^x f(t)\mathrm{d}t = f(x) \quad (\, a \leqslant x \leqslant b \,) .$$

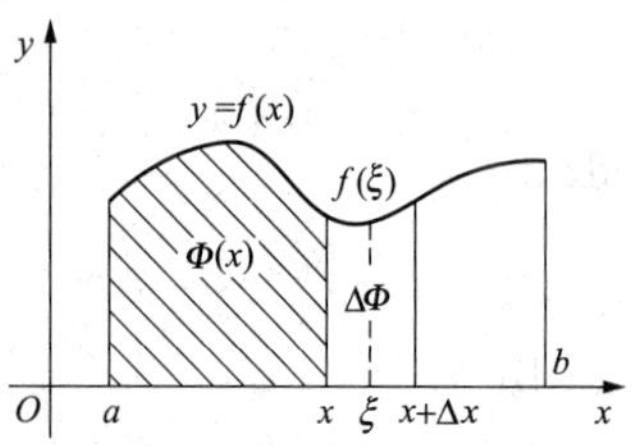

证　（1）当 $x \in (a,b)$ 时，设给 x 以增量 Δx [x、$x + \Delta x \in (a,b)$]，如图 5-5 所示，则 $\varPhi(x)$ 在 $x + \Delta x$ 处的函数值为

$$\varPhi(x + \Delta x) = \int_a^{x + \Delta x} f(t)\mathrm{d}t ,$$

图 5-5

于是

$$\Delta\Phi(x) = \Phi(x+\Delta x) - \Phi(x) = \int_a^{x+\Delta x} f(t)\mathrm{d}t - \int_a^x f(t)\mathrm{d}t$$

$$= \int_a^{x+\Delta x} f(t)\mathrm{d}t + \int_x^a f(t)\mathrm{d}t = \int_x^{x+\Delta x} f(t)\mathrm{d}t.$$

由积分中值定理，在 x 与 $x+\Delta x$ 之间至少存在一点 ξ，使得 $\Delta\Phi(x) = f(\xi)\Delta x$. 于是就有

$$\frac{\Delta\Phi(x)}{\Delta x} = f(\xi).$$

由于 $f(x)$ 在 $[a,b]$ 上连续，而 $\Delta x \to 0$ 时，必有 $\xi \to x$，因此 $\lim\limits_{\Delta x \to 0} f(\xi) = f(x)$. 从而有

$$\lim_{\Delta x \to 0} \frac{\Delta\Phi(x)}{\Delta x} = \lim_{\Delta x \to 0} f(\xi) = f(x).$$

这说明 $\Phi(x)$ 在 x 处可导，且 $\Phi'(x) = f(x)$.

（2）若 x 取 a 或 b，则以上 $\Delta x \to 0$ 分别改为 $\Delta x \to 0^+$ 与 $\Delta x \to 0^-$，就得到

$$\Phi'_+(a) = f(a) \text{ 与 } \Phi'_-(b) = f(b).$$

综合（1）、（2），定理证毕.

该定理有重要的理论意义与实用价值. 它一方面指出，如果 $f(x)$ 在 $[a,b]$ 上连续，则它的原函数一定存在（即使原函数无法用初等函数表示），并以积分形式 $\Phi(x) = \int_a^x f(t)\mathrm{d}t$ 给出了 $f(x)$ 的一个原函数. 另一方面，定理还初步揭示了积分学中的定积分与原函数之间的联系，因此我们可以考虑通过原函数来计算定积分.

例1 求函数 $y = \int_2^x t\sqrt{3-t}\,\mathrm{d}t$ 的导数.

解 $\dfrac{\mathrm{d}}{\mathrm{d}x}\int_2^x t\sqrt{3-t}\,\mathrm{d}t = x\sqrt{3-x}$.

例2 求函数 $y = \int_x^{-2} \sin^2 t\,\mathrm{d}t$ 的导数.

解 $\dfrac{\mathrm{d}}{\mathrm{d}x}\int_x^{-2}\sin^2 t\,\mathrm{d}t = \dfrac{\mathrm{d}}{\mathrm{d}x}\left(-\int_{-2}^x \sin^2 t\,\mathrm{d}t\right) = -\sin^2 x$.

例3 求函数 $y = \int_0^{x^2} \ln(1+t)\mathrm{d}t$ 的导数.

解 积分上限是 x^2，它是 x 的函数，所以，变上限积分是复合函数，由复合函数求导法则，得

$$y' = \left(\int_0^{x^2}\ln(1+t)\mathrm{d}t\right)' = \ln(1+x^2)\cdot(x^2)' = 2x\ln(1+x^2).$$

一般地，若 $f(t)$ 连续，$g(x)$ 可导，且 $\Phi(x) = \int_a^{g(x)} f(t)\mathrm{d}t$，则

$$\Phi'(x) = f[g(x)]\cdot g'(x).$$

例4 求函数 $y = \int_{x^2}^{\cos x} \mathrm{e}^t\mathrm{d}t$ 的导数.

解 因为积分上、下限都是变量，所以先把它拆开成两个积分之和，然后再求导

$$y' = \left(\int_{x^2}^{\cos x} e^t dt \right)' = \left(\int_{x^2}^{0} e^t dt + \int_{0}^{\cos x} e^t dt \right)'$$

$$= \left(\int_{x^2}^{0} e^t dt \right)' + \left(\int_{0}^{\cos x} e^t dt \right)'$$

$$= -\left(\int_{0}^{x^2} e^t dt \right)' + \left(\int_{0}^{\cos x} e^t dt \right)'$$

$$= -e^{x^2} \cdot (x^2)' + e^{\cos x} \cdot (\cos x)'$$

$$= -2x e^{x^2} - e^{\cos x} \cdot \sin x.$$

一般地，若 $f(t)$ 连续，$g(x)$、$h(x)$ 可导，且 $\varPhi(x) = \int_{h(x)}^{g(x)} f(t) dt$，则

$$\varPhi'(x) = f[g(x)] \cdot g'(x) - f[h(x)] \cdot h'(x).$$

例 5 求 $\lim\limits_{x \to 0} \dfrac{\int_{\cos x}^{1} e^{-t^2} dt}{x^2}$.

解 由定积分的补充规定，易知所求的极限式是一个 $\dfrac{0}{0}$ 型的未定式，我们应用洛比达法则来计算，先求分子函数的导数，有

$$\frac{d}{dx} \int_{\cos x}^{1} e^{-t^2} dt = e^{-(1)^2} \cdot (1)' - e^{-\cos^2 x} (\cos x)',$$

$$= -e^{-\cos^2 x} \cdot (-\sin x) = \sin x e^{-\cos^2 x}.$$

因此

$$\lim_{x \to 0} \frac{\int_{\cos x}^{1} e^{-t^2} dt}{x^2} = \lim_{x \to 0} \frac{\sin x e^{-\cos^2 x}}{2x} = \frac{1}{2e}.$$

例 6 设函数 $y = y(x)$ 由方程 $\int_{0}^{y^2} e^t dt + \int_{x}^{0} \sin t dt = 0$ 所确定，求 $\dfrac{dy}{dx}$.

解 方程两边同时对 x 求导，得

$$e^{y^2} \cdot 2y \cdot y' - \sin x = 0,$$

整理得

$$2y e^{y^2} y' = \sin x,$$

故

$$y' = \frac{\sin x}{2y e^{y^2}} \quad (y \neq 0).$$

二、牛顿-莱布尼兹公式

下面我们根据积分上限函数及其性质来证明以下的重要定理，它给出了用原函数计算定积分的公式.

定理 2 如果函数 $f(x)$ 在 $[a,b]$ 上连续，函数 $F(x)$ 是 $f(x)$ 在 $[a,b]$ 上的一个原函数，则 $f(x)$ 在 $[a,b]$ 上可积，且

$$\int_{a}^{b} f(x) dx = F(b) - F(a).$$

证 已知 $F(x)$ 是 $f(x)$ 的一个原函数，又由定理 1 知，积分上限函数

$$\Phi(x) = \int_a^x f(t)\mathrm{d}t ,$$

也是 $f(x)$ 的一个原函数，故两者只差一个常数，设

$$\int_a^x f(t)\mathrm{d}t = F(x) + C .$$

上式中，令 $x = a$，并注意到 $\int_a^a f(t)\mathrm{d}t = 0$，得 $C = -F(a)$，于是

$$\int_a^x f(t)\mathrm{d}t = F(x) - F(a) .$$

再令 $x = b$，得

$$\int_a^b f(t)\mathrm{d}t = F(b) - F(a) ,$$

即

$$\int_a^b f(x)\mathrm{d}x = F(b) - F(a) .$$

由上一节定积分的补充规定知道，上述定积分计算公式对 $a > b$ 的情形也成立．此外，为了方便起见，$F(b) - F(a)$ 常记为 $[F(x)]_a^b$ 或 $F(x)\big|_a^b$．于是上述公式也可以写成

$$\int_a^b f(x)\mathrm{d}x = F(x)\big|_a^b \text{ 或 } \int_a^b f(x)\mathrm{d}x = [F(x)]\big|_a^b .$$

我们把上述定积分计算公式称为**牛顿-莱布尼兹公式**（Newton-Leibniz Formula）．它揭示了定积分与原函数之间的内在联系，故也称作**微积分基本公式**（fundamental formula of calculus），它是计算定积分的基本公式．下面举几个应用牛顿-莱布尼兹公式计算定积分的简单例子．

例 7　计算 $\int_{-1}^1 \dfrac{\mathrm{d}x}{1+x^2}$．

解　由于 $\arctan x$ 是 $\dfrac{1}{1+x^2}$ 的一个原函数，所以

$$\int_{-1}^1 \frac{\mathrm{d}x}{1+x^2} = [\arctan x]_{-1}^1 = \arctan 1 - \arctan(-1) = \frac{\pi}{2}.$$

注意：如果函数在所讨论区间上不满足可积条件，则定理 2 不能使用．如 $\int_{-1}^1 \dfrac{\mathrm{d}x}{x^2}$，点 $x = 0$ 是被积函数 $\dfrac{1}{x^2}$ 的无穷间断点，不能使用牛顿-莱布尼兹公式，否则会出错．事实上，该积分为反常积分，我们将在本章第七节讨论．

另外，即使 $f(x)$ 连续但 $f(x)$ 是分段函数，其定积分也不能直接利用牛顿-莱布尼兹公式，而应当依 $f(x)$ 的不同表达式按段分成几个积分之和，再分别利用牛顿-莱布尼兹公式计算．

例 8　计算 $\int_0^\pi \sqrt{1+\cos 2x}\,\mathrm{d}x$．

解　$\displaystyle\int_0^\pi \sqrt{1+\cos 2x}\,\mathrm{d}x = \int_0^\pi \sqrt{2\cos^2 x}\,\mathrm{d}x = \sqrt{2}\int_0^\pi |\cos x|\,\mathrm{d}x$

$$= \sqrt{2}\int_0^{\frac{\pi}{2}} \cos x\,\mathrm{d}x + \sqrt{2}\int_{\frac{\pi}{2}}^\pi (-\cos x)\,\mathrm{d}x$$

$$= \sqrt{2}[\sin x]_0^{\frac{\pi}{2}} - \sqrt{2}[\sin x]_{\frac{\pi}{2}}^\pi$$

$$= 2\sqrt{2}.$$

例 9　设 $f(x) = \begin{cases} 2 - x^2, & 0 \leqslant x \leqslant 1 \\ x, & 1 < x \leqslant 2 \end{cases}$，求 $\int_0^2 f(x)\mathrm{d}x$ 的值.

解　这里被积函数是分段函数，我们须将积分区间分成与此相对应的区间，因此有

$$
\begin{aligned}
\int_0^2 f(x)\mathrm{d}x &= \int_0^1 (2 - x^2)\mathrm{d}x + \int_1^2 x\mathrm{d}x \\
&= \left[2x - \frac{x^3}{3} \right]_0^1 + \left[\frac{x^2}{2} \right]_1^2 \\
&= \frac{5}{3} + \frac{3}{2} \\
&= \frac{19}{6}.
\end{aligned}
$$

例 10（积分中值定理的改进）　设 $f(x)$ 在闭区间 $[a, b]$ 上连续，则在开区间 (a, b) 内至少存在一点 ξ，使

$$
\int_a^b f(x)\mathrm{d}x = f(\xi)(b - a),\ a < \xi < b.
$$

证　令 $F(x) = \int_a^x f(t)\mathrm{d}t\ (a \leqslant x \leqslant b)$，由定理 1 知 $F(x)$ 在 $[a, b]$ 上可导，显然 $F(x)$ 在闭区间 $[a, b]$ 上满足拉格朗日中值定理条件. 因此，按拉格朗日中值定理，在开区间 (a, b) 内至少存在一点 ξ，使得

$$
F(b) - F(a) = F'(\xi)(b - a).
$$

即

$$
\int_a^b f(x)\,\mathrm{d}x = f(\xi)(b - a),\ a < \xi < b.
$$

本例结论是对积分中值定理的改进. 从本例证明中不难看出积分中值定理与微分中值定理的联系.

最后，作为积分上限函数的综合应用，再看一个例子.

例 11　设 $f(x) > 0$ 在区间 $[0, +\infty)$ 上连续，证明函数 $F(x) = \dfrac{\int_0^x tf(t)\,\mathrm{d}t}{\int_0^x f(t)\,\mathrm{d}t}$ 在 $(0, +\infty)$ 内为单调增加函数.

证　首先，根据上一节的例 4，当 $x > 0$ 时，分母 $\int_0^x f(t)\,\mathrm{d}t > 0$，因而 $F(x)$ 在 $(0, +\infty)$ 内有定义. 由定理 1 知，当 $x > 0$ 时

$$
\frac{\mathrm{d}}{\mathrm{d}x} \int_0^x tf(t)\,\mathrm{d}t = xf(x),\quad \frac{\mathrm{d}}{\mathrm{d}x} \int_0^x f(t)\,\mathrm{d}t = f(x).
$$

故

$$
F'(x) = \frac{xf(x)\int_0^x f(t)\,\mathrm{d}t - f(x)\int_0^x tf(t)\,\mathrm{d}t}{\left[\int_0^x f(t)\,\mathrm{d}t \right]^2} = \frac{f(x)\int_0^x (x - t)f(t)\,\mathrm{d}t}{\left[\int_0^x f(t)\,\mathrm{d}t \right]^2}.
$$

根据假设条件，在区间 $[0, x]$ 上，$f(t) > 0$，$(x - t)f(t) \geqslant 0$ 且 $(x - t)f(t) \not\equiv 0$. 由上一节的

例 4 又可知

$$\int_0^x (x-t)f(t)\,\mathrm{d}t > 0,$$

所以，当 $x \in (0,+\infty)$ 时，$F'(x) > 0$，从而 $F(x)$ 在 $(0,+\infty)$ 内为单调增加函数.

习 题 5-2

1. 求下列函数的导数：

（1）$y = \int_0^x \sin(t^2)\,\mathrm{d}t$；

（2）$y = \int_x^3 \dfrac{1}{\sqrt{1+t^2}}\,\mathrm{d}t$；

（3）$y = \int_x^{x^2} t^2 \mathrm{e}^{-t}\,\mathrm{d}t$；

（4）设 $\begin{cases} x = \int_0^t \sin u\,\mathrm{d}u \\ y = \int_0^t \cos u\,\mathrm{d}u \end{cases}$，求 $\dfrac{\mathrm{d}y}{\mathrm{d}x}$.

2. 设函数 $y = y(x)$ 由方程 $\int_0^y \mathrm{e}^{t^2}\,\mathrm{d}t + \int_0^{xy} \tan t\,\mathrm{d}t = 0$ 所确定，求 $\dfrac{\mathrm{d}y}{\mathrm{d}x}$.

3. 求下列极限：

（1）$\lim\limits_{x \to 0} \dfrac{\int_0^x \sin t^2\,\mathrm{d}t}{x^3}$；

（2）$\lim\limits_{x \to 0} \dfrac{\int_0^x \arctan t\,\mathrm{d}t}{x^2}$；

（3）$\lim\limits_{x \to 0} \dfrac{1}{x} \int_0^x \cos t^2\,\mathrm{d}t$；

（4）$\lim\limits_{x \to 0} \dfrac{\left(\int_0^x \mathrm{e}^{t^2}\,\mathrm{d}t \right)^2}{\int_0^x \mathrm{e}^{2t^2}\,\mathrm{d}t}$.

4. 计算下列积分：

（1）$\int_0^1 (2x+3)\,\mathrm{d}x$；

（2）$\int_1^2 \left(x^2 - \dfrac{1}{x^2} \right)\,\mathrm{d}x$；

（3）$\int_0^{\frac{\pi}{2}} (\cos x - \sin x)\,\mathrm{d}x$；

（4）$\int_4^9 \left(\sqrt{x} + \dfrac{1}{\sqrt{x}} \right)\,\mathrm{d}x$；

（5）$\int_0^1 (x-1)^3\,\mathrm{d}x$；

（6）$\int_0^{\frac{\pi}{3}} \tan^2 x\,\mathrm{d}x$；

（7）$\int_{-1}^2 |2x|\,\mathrm{d}x$；

（8）$\int_0^1 \dfrac{1-x^2}{1+x^2}\,\mathrm{d}x$.

5. 计算 $\int_0^2 f(x)\,\mathrm{d}x$，其中 $f(x) = \begin{cases} x, & 0 \leqslant x \leqslant 1 \\ x^2+1, & 1 < x \leqslant 2 \end{cases}$.

6. 设 $f(x) = \begin{cases} x, & 0 \leqslant x \leqslant 1 \\ 2-x, & 1 < x \leqslant 2 \\ 0 & x < 0, x > 2 \end{cases}$，求 $\Phi(x) = \int_0^x f(t)\,\mathrm{d}t$ 在 $(-\infty,+\infty)$ 内的表达式.

7. 已知 $\int_{2x+1}^1 f(t)\,\mathrm{d}t = x^2 + 4x$，求 $f(x)$.

8. 设函数 $f(x)$ 在 $[0,1]$ 上连续且单调增加，证明 $F(x) = \dfrac{1}{x} \int_0^x f(t)\,\mathrm{d}t$ 在（0,1）内也单调增加.

第三节　定积分的换元法与分部积分法

由上一节内容知道，计算连续函数的定积分 $\int_a^b f(x)\,\mathrm{d}x$ 可以将它转化为求被积函数 $f(x)$ 的原函数在区间 $[a,b]$ 上的增量．不定积分的计算方法有换元法和分部积分法两种．因此，在一定条件下我们可以考虑将不定积分的换元法和分部积分法类似地应用于定积分的计算．

以下来讨论定积分的换元法和分部积分法．

一、定积分的换元法

定理 1　若函数 $f(x)$ 在区间 $[a,b]$ 上连续，且函数 $x=\varphi(t)$ 满足下列条件：

（1）$\varphi(\alpha)=a,\varphi(\beta)=b,\varphi([\alpha,\beta])$（或 $\varphi([\beta,\alpha])$）等于 $[a,b]$；

（2）$\varphi'(t)$ 在 $[\alpha,\beta]$（或 $[\beta,\alpha]$）上可积；

则有

$$\int_a^b f(x)\,\mathrm{d}x=\int_\alpha^\beta f[\varphi(t)]\varphi'(t)\,\mathrm{d}t\,.$$

上述公式叫做**定积分的换元积分公式**．

证　由于 $f(x)$ 在 $[a,b]$ 上连续，因此它的原函数存在．设 $F(x)$ 是 $f(x)$ 在 $[a,b]$ 上的一个原函数，则有

$$\int_a^b f(x)\,\mathrm{d}x=F(b)-F(a)\,.$$

另外，由复合函数求导法则，有

$$\frac{\mathrm{d}}{\mathrm{d}t}F[\varphi(t)]=F'[\varphi(t)]\varphi'(t)=f[\varphi(t)]\varphi'(t)\,.$$

可知 $F[\varphi(t)]$ 是 $f[\varphi(t)]\varphi'(t)$ 的一个原函数，所以

$$\int_\alpha^\beta f[\varphi(t)]\varphi'(t)\,\mathrm{d}t=F[\varphi(t)]\big|_\alpha^\beta=F[\varphi(\beta)]-F[\varphi(\alpha)]=F(b)-F(a)\,,$$

故

$$\int_a^b f(x)\,\mathrm{d}x=\int_\alpha^\beta f[\varphi(t)]\varphi'(t)\,\mathrm{d}t\,.$$

显然，当 $a>b$ 时，公式仍然成立．

从以上证明看到，在使用换元法计算定积分时，如果作变量替换 $x=\varphi(t)$，把原来的积分变量 x 换为新变量 t，积分限也要换为相应的新变量的积分限．一旦得到了用新变量表示的原函数后，在后续计算中不必作变量还原，而是以新的上、下限代入原函数并求其差值就可以了．

注意：如果在定理的条件中只假定 $f(x)$ 在 $[a,b]$ 上可积，但还要求 $x=\varphi(t)$ 是单调的，则定理结论仍成立．

例 1　求 $\int_0^{\frac{1}{2}}\sqrt{1-x^2}\,\mathrm{d}x$．

解　令 $x=\sin t$，则 $\mathrm{d}x=\cos t\,\mathrm{d}t$．当 $x=0$ 时，取 $t=0$；当 $x=\dfrac{1}{2}$ 时，取 $t=\dfrac{\pi}{6}$．应用定积分的换元积分公式，并注意到第一象限中 $\cos t\geqslant 0$，则有

$$\int_0^{\frac{1}{2}} \sqrt{1-x^2} \, dx = \int_0^{\frac{\pi}{6}} \cos^2 t \, dt = \int_0^{\frac{\pi}{6}} \frac{1+\cos 2t}{2} \, dt$$

$$= \frac{1}{2} \left[t + \frac{1}{2} \sin 2t \right]_0^{\frac{\pi}{6}}$$

$$= \frac{\pi}{12} + \frac{\sqrt{3}}{8}.$$

例 2 求 $\int_0^4 \dfrac{\mathrm{d}x}{1+\sqrt{x}}$.

解 令 $\sqrt{x} = t$ ，则 $\mathrm{d}x = 2t\mathrm{d}t$ ．当 $x=0$ 时， $t=0$ ；当 $x=4$ 时， $t=2$ ．应用定积分的换元积分公式，则有

$$\int_0^4 \frac{\mathrm{d}x}{1+\sqrt{x}} = \int_0^2 \frac{2t}{1+t} \, \mathrm{d}t = 2\int_0^2 \left(1 - \frac{1}{1+t}\right) \mathrm{d}t$$

$$= 2\left[t - \ln|1+t| \right]_0^2$$

$$= 4 - 2\ln 3$$

例 3 求 $\int_0^{\frac{\pi}{2}} \cos^5 x \sin x \, \mathrm{d}x$.

解 令 $t = \cos x$ ，则 $\mathrm{d}t = -\sin x \mathrm{d}x$ ．当 $x=0$ 时， $t=1$ ；当 $x = \dfrac{\pi}{2}$ 时， $t=0$ ．于是

$$\int_0^{\frac{\pi}{2}} \cos^5 x \sin x \, \mathrm{d}x = -\int_1^0 t^5 \mathrm{d}t = \int_0^1 t^5 \mathrm{d}t = \left[\frac{1}{6} t^6 \right]_0^1 = \frac{1}{6}.$$

在此例中，可类似于不定积分的第一类换元法（凑微分法）直接求得被积函数的原函数，而不必明显地写出新变量 t ，这样定积分的上、下限就不用变更．计算过程如下

$$\int_0^{\frac{\pi}{2}} \cos^5 x \sin x \mathrm{d}x = -\int_0^{\frac{\pi}{2}} \cos^5 x \mathrm{d} \cos x = -\left[\frac{1}{6} \cos^6 x \right]_0^{\frac{\pi}{2}} = \frac{1}{6}.$$

例 4 求 $\int_0^{\pi} \sqrt{\sin^3 x - \sin^5 x} \, \mathrm{d}x$.

解 由 于 $\sqrt{\sin^3 x - \sin^5 x} = \sqrt{\sin^3 x(1-\sin^2 x)} = \sin^{\frac{3}{2}} x |\cos x|$ ．当 $x \in \left[0, \dfrac{\pi}{2}\right]$ 时， $|\cos x| = \cos x$ ；当 $x \in \left[\dfrac{\pi}{2}, \pi\right]$ 时， $|\cos x| = -\cos x$ ，于是

$$\int_0^{\pi} \sqrt{\sin^3 x - \sin^5 x} \, \mathrm{d}x = \int_0^{\pi} \sin^{\frac{3}{2}} x |\cos x| \, \mathrm{d}x$$

$$= \int_0^{\frac{\pi}{2}} \sin^{\frac{3}{2}} x \cos x \mathrm{d}x - \int_{\frac{\pi}{2}}^{\pi} \sin^{\frac{3}{2}} x \cos x \mathrm{d}x$$

$$= \int_0^{\frac{\pi}{2}} \sin^{\frac{3}{2}} x \mathrm{d} \sin x - \int_{\frac{\pi}{2}}^{\pi} \sin^{\frac{3}{2}} x \mathrm{d} \sin x$$

$$= \left[\frac{2}{5} \sin^{\frac{5}{2}} x \right]_0^{\frac{\pi}{2}} - \left[\frac{2}{5} \sin^{\frac{5}{2}} x \right]_{\frac{\pi}{2}}^{\pi}$$

$$= \frac{2}{5} - \left(-\frac{2}{5} \right)$$

$$= \frac{4}{5}.$$

注意：若在本题计算中，忽略 $\cos x$ 在区间 $[0, \pi]$ 上不同区间段的正负取值，则将得到错误结论.

下面我们用定积分换元法证明一些在定积分计算中非常有用的结论.

定理 2　设函数 $f(x)$ 在区间 $[-a, a]$ 上连续，则

（1）若 $f(x)$ 是偶函数，则 $\int_{-a}^{a} f(x)\mathrm{d}x = 2\int_{0}^{a} f(x)\mathrm{d}x$ ；

（2）若 $f(x)$ 是奇函数，则 $\int_{-a}^{a} f(x)\mathrm{d}x = 0$.

证　由于

$$\int_{-a}^{a} f(x)\mathrm{d}x = \int_{-a}^{0} f(x)\mathrm{d}x + \int_{0}^{a} f(x)\mathrm{d}x ,$$

对积分 $\int_{-a}^{0} f(x)\mathrm{d}x$ 作变量代换 $x = -t$ ，于是有

$$\int_{-a}^{0} f(x)\mathrm{d}x = -\int_{a}^{0} f(-t)\mathrm{d}t = \int_{0}^{a} f(-t)\mathrm{d}t = \int_{0}^{a} f(-x)\mathrm{d}x .$$

所以

$$\int_{-a}^{a} f(x)\mathrm{d}x = \int_{0}^{a} f(-x)\mathrm{d}x + \int_{0}^{a} f(x)\mathrm{d}x = \int_{0}^{a} [f(-x) + f(x)]\mathrm{d}x .$$

则

（1）若 $f(x)$ 是偶函数，则 $f(-x) = f(x)$ ，故

$$\int_{-a}^{a} f(x)\mathrm{d}x = 2\int_{0}^{a} f(x)\mathrm{d}x$$

（2）若 $f(x)$ 是奇函数，则 $f(-x) = -f(x)$ ，故

$$\int_{-a}^{a} f(x)\mathrm{d}x = 0 .$$

这个结论称为**定积分运算的对称性**. 利用这个定理的结论，可以简化计算偶函数、奇函数在对称区间上的定积分.

例 5　求 $\int_{-1}^{1} (|x|+1)^2 \mathrm{d}x$.

解　$\int_{-1}^{1} (|x|+1)^2 \mathrm{d}x = 2\int_{0}^{1} (x+1)^2 \mathrm{d}x = 2\int_{0}^{1} (x+1)^2 \mathrm{d}(x+1)$

$$= \frac{2}{3} \left[(x+1)^3 \right]_{0}^{1}$$

$$= \frac{14}{3}.$$

定理 3　设 $f(x)$ 是以 l 为周期的连续函数，则对任意实数 a ，有

$$\int_{a}^{a+l} f(x)\mathrm{d}x = \int_{0}^{l} f(x)\mathrm{d}x .$$

证　$\int_{a}^{a+l} f(x)\mathrm{d}x = \int_{a}^{0} f(x)\mathrm{d}x + \int_{0}^{l} f(x)\mathrm{d}x + \int_{l}^{a+l} f(x)\mathrm{d}x .$

在积分 $\int_l^{a+l} f(x)\mathrm{d}x$ 中，令 $x=l+t$，并因 $f(x)$ 是以 l 为周期，故有

$$\int_l^{a+l} f(x)\mathrm{d}x = \int_0^a f(l+t)\mathrm{d}t = \int_0^a f(t)\mathrm{d}t = -\int_a^0 f(x)\mathrm{d}x .$$

于是

$$\int_a^{a+l} f(x)\mathrm{d}x = \int_a^0 f(x)\mathrm{d}x + \int_0^l f(x)\mathrm{d}x - \int_a^0 f(x)\mathrm{d}x = \int_0^l f(x)\mathrm{d}x .$$

本定理说明周期函数在长度为一个周期的区间上的积分值为定值，与区间的位置无关，这是周期函数定积分的特殊性质.

例 6 计算 $\int_0^{n\pi} |\sin x|\mathrm{d}x$.

解 $\int_0^{n\pi} |\sin x|\mathrm{d}x = \int_0^{\pi} |\sin x|\mathrm{d}x + \int_{\pi}^{2\pi} |\sin x|\mathrm{d}x + \cdots + \int_{(n-1)\pi}^{n\pi} |\sin x|\mathrm{d}x$,

而 $|\sin x|$ 是以 π 为周期的周期函数，所以由定理 3 得

$$\int_0^{n\pi} |\sin x|\mathrm{d}x = n\int_0^{\pi} |\sin x|\mathrm{d}x = n\int_0^{\pi} \sin x\mathrm{d}x = n\cdot\big[-\cos x\big]_0^{\pi} = 2n.$$

定理 4 设函数 $f(x)$ 在区间 $[0,1]$ 上连续，则

（1） $\int_0^{\frac{\pi}{2}} f(\sin x)\mathrm{d}x = \int_0^{\frac{\pi}{2}} f(\cos x)\mathrm{d}x$;

（2） $\int_0^{\pi} xf(\sin x)\mathrm{d}x = \pi\int_0^{\frac{\pi}{2}} f(\sin x)\mathrm{d}x$.

证 （1）令 $x=\frac{\pi}{2}-t$ ，则 $\mathrm{d}x=-\mathrm{d}t$. 当 $x=0$ 时，$t=\frac{\pi}{2}$；当 $x=\frac{\pi}{2}$ 时，$t=0$. 于是

$$\int_0^{\frac{\pi}{2}} f(\sin x)\mathrm{d}x = -\int_{\frac{\pi}{2}}^0 f\left[\sin\left(\frac{\pi}{2}-t\right)\right]\mathrm{d}t = \int_0^{\frac{\pi}{2}} f\left[\sin\left(\frac{\pi}{2}-t\right)\right]\mathrm{d}t = \int_0^{\frac{\pi}{2}} f(\cos t)\mathrm{d}t .$$

即

$$\int_0^{\frac{\pi}{2}} f(\sin x)\mathrm{d}x = \int_0^{\frac{\pi}{2}} f(\cos x)\mathrm{d}x .$$

（2）令 $x=\frac{\pi}{2}+t$ ，则 $\mathrm{d}x=\mathrm{d}t$. 当 $x=0$ 时，$t=-\frac{\pi}{2}$；当 $x=\pi$ 时，$t=\frac{\pi}{2}$. 于是

$$\int_0^{\pi} xf(\sin x)\mathrm{d}x = \int_{-\frac{\pi}{2}}^{\frac{\pi}{2}} \left(\frac{\pi}{2}+t\right)f\left[\sin\left(\frac{\pi}{2}+t\right)\right]\mathrm{d}t$$

$$= \int_{-\frac{\pi}{2}}^{\frac{\pi}{2}} \left(\frac{\pi}{2}+t\right)f(\cos t)\,\mathrm{d}t = \frac{\pi}{2}\int_{-\frac{\pi}{2}}^{\frac{\pi}{2}} f(\cos t)\mathrm{d}t + \int_{-\frac{\pi}{2}}^{\frac{\pi}{2}} tf(\cos t)\mathrm{d}t,$$

由 $f(\cos t)$ 是偶函数，$tf(\cos t)$ 是奇函数，故得所要结论，即

$$\int_0^{\pi} xf(\sin x)\,\mathrm{d}x = \pi\int_0^{\frac{\pi}{2}} f(\sin x)\,\mathrm{d}x .$$

例 7 计算 $\int_0^{\pi} \dfrac{x\sin x\mathrm{d}x}{1+\cos^2 x}$.

解 由定理 4 得

$$\int_0^\pi \frac{x\sin x \mathrm{d}x}{1+\cos^2 x} = \pi\int_0^{\frac{\pi}{2}} \frac{\sin x \mathrm{d}x}{1+\cos^2 x}$$

$$= -\pi\int_0^{\frac{\pi}{2}} \frac{\mathrm{d}(\cos x)}{1+\cos^2 x} = -\pi\big[\arctan(\cos x)\big]_0^{\frac{\pi}{2}} = \frac{\pi^2}{4}$$

例 8　设函数 $f(x)=\begin{cases} x\mathrm{e}^{-x^2}, & x\geqslant 0 \\ \dfrac{1}{1+\cos x}, & -1<x<0 \end{cases}$，计算 $\int_1^4 f(x-2)\mathrm{d}x$．

解　令 $x-2=t$，则 $\mathrm{d}x=\mathrm{d}t$．当 $x=1$ 时，$t=-1$；当 $x=4$ 时，$t=2$．于是

$$\int_1^4 f(x-2)\mathrm{d}x = \int_{-1}^2 f(t)\mathrm{d}t = \int_{-1}^0 \frac{1}{1+\cos t}\mathrm{d}t + \int_0^2 t\mathrm{e}^{-t^2}\mathrm{d}t$$

$$= \left[\tan\frac{t}{2}\right]_{-1}^0 - \left[\frac{1}{2}\mathrm{e}^{-t^2}\right]_0^2 = \tan\frac{1}{2} - \frac{1}{2}\mathrm{e}^{-4} + \frac{1}{2}.$$

二、分部积分法

定理 5　若函数 $u(x)$、$v(x)$ 在区间 $[a,b]$ 上可微，且 $u'(x)$、$v'(x)$ 都在 $[a,b]$ 上可积，则有定积分分部积分公式

$$\int_a^b u(x)v'(x)\mathrm{d}x = [u(x)v(x)]_a^b - \int_a^b u'(x)v(x)\mathrm{d}x.$$

证　因为 uv 是 $uv'+u'v$ 在 $[a,b]$ 上的一个原函数，所以有

$$\int_a^b u(x)v'(x)\mathrm{d}x + \int_a^b u'(x)v(x)\mathrm{d}x = \int_a^b [u(x)v'(x)+u'(x)v(x)]\mathrm{d}x = [u(x)v(x)]_a^b,$$

移项后即为

$$\int_a^b u(x)v'(x)\mathrm{d}x = [u(x)v(x)]_a^b - \int_a^b u'(x)v(x)\mathrm{d}x,$$

为方便起见，定积分分部积分公式还可以写成

$$\int_a^b u(x)\mathrm{d}v(x) = [u(x)v(x)]_a^b - \int_a^b v(x)\mathrm{d}u(x).$$

例 9　求 $\int_1^{\mathrm{e}} x^2\ln x \mathrm{d}x$．

解　设 $u=\ln x, \mathrm{d}v=\mathrm{d}\left(\dfrac{1}{3}x^3\right)$，则

$$\int_1^{\mathrm{e}} x^2\ln x \mathrm{d}x = \frac{1}{3}\int_1^{\mathrm{e}} \ln x \mathrm{d}x^3 = \frac{1}{3}\left([x^3\ln x]_1^{\mathrm{e}} - \int_1^{\mathrm{e}} x^2\mathrm{d}x\right)$$

$$= \frac{1}{3}\mathrm{e}^3 - \left[\frac{1}{9}x^3\right]_1^{\mathrm{e}} = \frac{1}{9}(2\mathrm{e}^3+1).$$

例 10　求 $\int_0^{\frac{1}{2}} \arcsin x \mathrm{d}x$．

解　设 $u=\arcsin x, \mathrm{d}v=\mathrm{d}x$，则

$$\int_0^{\frac{1}{2}} \arcsin x \mathrm{d}x = [x\arcsin x]_0^{\frac{1}{2}} - \int_0^{\frac{1}{2}} x\mathrm{d}\arcsin x$$

$$= \frac{1}{2}\cdot\frac{\pi}{6} - \int_0^{\frac{1}{2}} \frac{x}{\sqrt{1-x^2}}\mathrm{d}x = \frac{\pi}{12} + \frac{1}{2}\int_0^{\frac{1}{2}} \frac{1}{\sqrt{1-x^2}}\mathrm{d}(1-x^2)$$

$$= \frac{\pi}{12} + \left[\sqrt{1-x^2} \right]_0^{\frac{1}{2}} = \frac{\pi}{12} + \frac{\sqrt{3}}{2} - 1.$$

例 11 求 $\int_0^1 e^{\sqrt{x}} dx$.

解 先换元，令 $\sqrt{x} = t$ ，则 $x = t^2, dx = 2t dt$. 当 $x = 0$ 时， $t = 0$ ；当 $x = 1$ 时， $t = 1$ ，则

$$\int_0^1 e^{\sqrt{x}} dx = 2 \int_0^1 e^t t dt .$$

再用分部积分法，得

$$2 \int_0^1 e^t t dt = 2 \int_0^1 t de^t = 2 \left[t e^t \right]_0^1 - 2 \int_0^1 e^t dt = 2e - 2 \left[e^t \right]_0^1 = 2.$$

因此

$$\int_0^1 e^{\sqrt{x}} dx = 2.$$

例 12 证明： $I_n = \int_0^{\frac{\pi}{2}} \sin^n x dx \left(= \int_0^{\frac{\pi}{2}} \cos^n x dx \right)$ ，

（1）当 n 为正偶数时， $I_n = \frac{n-1}{n} \cdot \frac{n-3}{n-2} \cdot \cdots \cdot \frac{3}{4} \cdot \frac{1}{2} \cdot \frac{\pi}{2}$ ；

（2）当 n 为大于 1 的奇数时， $I_n = \frac{n-1}{n} \cdot \frac{n-3}{n-2} \cdot \cdots \cdot \frac{4}{5} \cdot \frac{2}{3}$.

证 $I_n = \int_0^{\frac{\pi}{2}} \sin^n x dx = -\int_0^{\frac{\pi}{2}} \sin^{n-1} x d\cos x$

$$= -\left[\cos x \sin^{n-1} x \right]_0^{\frac{\pi}{2}} + \int_0^{\frac{\pi}{2}} \cos x d\sin^{n-1} x$$

$$= (n-1) \int_0^{\frac{\pi}{2}} \cos^2 x \sin^{n-2} x dx = (n-1) \int_0^{\frac{\pi}{2}} (\sin^{n-2} x - \sin^n x) dx$$

$$= (n-1) \int_0^{\frac{\pi}{2}} \sin^{n-2} x dx - (n-1) \int_0^{\frac{\pi}{2}} \sin^n x dx$$

$$= (n-1) I_{n-2} - (n-1) I_n .$$

由此得到递推公式

$$I_n = \frac{n-1}{n} I_{n-2} .$$

即

$$I_{2m} = \frac{2m-1}{2m} \cdot \frac{2m-3}{2m-2} \cdot \frac{2m-5}{2m-4} \cdot \cdots \cdot \frac{3}{4} \cdot \frac{1}{2} I_0 ,$$

$$I_{2m+1} = \frac{2m}{2m+1} \cdot \frac{2m-2}{2m-1} \cdot \frac{2m-4}{2m-3} \cdot \cdots \cdot \frac{4}{5} \cdot \frac{2}{3} I_1 .$$

因为 $I_0 = \int_0^{\frac{\pi}{2}} dx = \frac{\pi}{2}$ ，所以当 n 为正偶数时，由递推公式得

$$I_n = \frac{n-1}{n} \cdot \frac{n-3}{n-2} \cdot \cdots \cdot \frac{3}{4} \cdot \frac{1}{2} \cdot \frac{\pi}{2} ;$$

又因为 $I_1 = \int_0^{\frac{\pi}{2}} \sin x dx = 1$ ，所以当 n 为大于 1 的奇数时，由递推公式得

$$I_n = \frac{n-1}{n} \cdot \frac{n-3}{n-2} \cdots \cdots \frac{4}{5} \cdot \frac{2}{3}.$$

又由定理 4 可知， $\int_0^{\frac{\pi}{2}} \sin^n x \mathrm{d}x = \int_0^{\frac{\pi}{2}} \cos^n x \mathrm{d}x$.

这个公式在定积分的计算中是很有用的，值得注意. 例如，可直接应用这个公式求得下面的定积分，即

$$\int_{-\frac{\pi}{2}}^{\frac{\pi}{2}} 6\cos^4 \theta \mathrm{d}\theta = 2 \int_0^{\frac{\pi}{2}} 6\cos^4 \theta \mathrm{d}\theta = 12 \times \frac{3}{4} \times \frac{1}{2} \times \frac{\pi}{2} = \frac{9}{4}\pi.$$

习　题　5-3

1．计算下列定积分：

（1） $\int_{\frac{\pi}{6}}^{\frac{\pi}{2}} \sin\left(2x + \frac{\pi}{3}\right) \mathrm{d}x$；

（2） $\int_0^2 \frac{1}{(1+2x)^2} \mathrm{d}x$；

（3） $\int_1^2 \frac{\mathrm{e}^{\frac{1}{x}}}{x^2} \mathrm{d}x$；

（4） $\int_0^{\frac{\pi}{2}} \sin x \cos^2 x \mathrm{d}x$；

（5） $\int_0^{\pi} \sin^3 \theta \mathrm{d}\theta$；

（6） $\int_{\frac{1}{\sqrt{2}}}^1 \frac{\sqrt{1-x^2}}{x^2} \mathrm{d}x$；

（7） $\int_4^9 \frac{\sqrt{x}}{\sqrt{x}-1} \mathrm{d}x$；

（8） $\int_1^{\mathrm{e}^2} \frac{1}{x\sqrt{1+\ln x}} \mathrm{d}x$；

（9） $\int_{\frac{\pi}{2}}^{\pi} \sqrt{\cos x - \cos^3 x} \, \mathrm{d}x$；

（10） $\int_0^1 \frac{1}{\mathrm{e}^x + \mathrm{e}^{-x}} \mathrm{d}x$；

（11） $\int_0^{\pi} x \sin 2x \mathrm{d}x$；

（12） $\int_1^2 x \ln \sqrt{x} \mathrm{d}x$；

（13） $\int_0^1 \ln(1+x^2) \mathrm{d}x$；

（14） $\int_0^{\frac{\pi}{2}} \mathrm{e}^x \sin 2x \mathrm{d}x$；

（15） $\int_0^1 \arctan x \mathrm{d}x$；

（16） $\int_{\frac{1}{\mathrm{e}}}^{\mathrm{e}} |\ln x| \mathrm{d}x$；

（17） $\int_1^{\mathrm{e}} \sin(\ln x) \mathrm{d}x$；

（18） $\int_{\frac{\pi}{4}}^{\frac{\pi}{3}} \frac{x}{\sin^2 x} \mathrm{d}x$；

（19） $\int_{-\pi}^{\pi} x^6 \sin x \mathrm{d}x$；

（20） $\int_{-\frac{1}{2}}^{\frac{1}{2}} \frac{(\arcsin x)^2}{\sqrt{1-x^2}} \mathrm{d}x$；

（21） $\int_{-1}^1 |x| \ln(x + \sqrt{1+x^2}) \mathrm{d}x$；

（22） $\int_{-\pi}^{\pi} \sin^6 \frac{x}{2} \mathrm{d}x$.

2．设 $f(x) = \begin{cases} \dfrac{1}{1+\mathrm{e}^x}, & x < 0 \\[2mm] \dfrac{1}{1+x}, & x \geqslant 0 \end{cases}$，求 $\int_0^2 f(x-1) \mathrm{d}x$.

3．设函数 $f(x)$ 在区间 $[0,\ 1]$ 上连续，证明：

$$\int_0^{\pi} x f(\sin x) \mathrm{d}x = \frac{\pi}{2} \int_0^{\pi} f(\sin x) \mathrm{d}x.$$

4. 设 $f(x)$ 是以 l 为周期的连续函数,证明:对任意实数 a,有

$$\int_a^{a+nl} f(x)\mathrm{d}x = n\int_0^l f(x)\mathrm{d}x\,,$$

并计算

$$\int_0^{n\pi} \sqrt{1+\cos 2x}\mathrm{d}x\,.$$

5. 设 $f(x)$ 为连续函数,

(1)如果 $f(x)$ 是奇函数,证明 $\varPhi(x) = \int_0^x f(t)\mathrm{d}t$ 为偶函数;

(2)如果 $f(x)$ 是偶函数,证明 $\varPhi(x) = \int_0^x f(t)\mathrm{d}t$ 为奇函数.

6. 求 $I_n = \int_0^\pi x\sin^n x\mathrm{d}x \quad (n\in Z^+)$.

7. 设函数 $f(x)$ 在区间 $[0,1]$ 上连续,证明:

$$\int_0^1\left[\int_0^x f(t)\mathrm{d}t\right]\mathrm{d}x = \int_0^1 (1-x)f(x)\mathrm{d}x\,.$$

第四节 定积分的几何应用

在本节以及下一节,我们将应用前面学习的定积分理论来分析和解决一些几何量和物理量,初步了解能用定积分计算的量具有的特性.更重要的是介绍积分思想在解决具体问题时的方法体现——元素法.

一、定积分的元素法

用定积分计算某个量,关键在于把所求量通过定积分表达出来.而要找出积分表达式,在物理和工程科学中常常采用的方法是元素法.下面从本章第一节的求曲边梯形的面积入手,分析导出元素法.我们来回顾一下求曲边梯形面积的过程.

(1)**划分** 将区间 $[a,b]$ 任意分成 n 个小区间 $[x_{i-1},x_i](i=1,2,\cdots,n)$,其中 $x_0=a,x_n=b$.

(2)**近似** 在任意一个小区间 $[x_{i-1},x_i]$ 上任取一点 $\xi_i(x_{i-1}\leqslant\xi_i\leqslant x_i)$,作小曲边梯形面积 $\Delta A_i(i=1,2,\cdots,n)$ 的近似值,

$$\Delta A_i \approx f(\xi_i)\Delta x_i,\quad (i=1,2,\cdots,n)\,.$$

(3)**求和** 求曲边梯形的面积 A,

$$A = \sum_{i=1}^n \Delta A_i \approx \sum_{i=1}^n f(\xi_i)\Delta x_i\,.$$

(4)**取极限** $n\to\infty$,$\lambda=\max\{\Delta x_i\}\to 0$,

$$A = \lim_{\lambda\to 0}\sum_{i=1}^n f(\xi_i)\Delta x_i = \int_a^b f(x)\,\mathrm{d}x\,.$$

由上述讨论过程可以看到以下事实:

(1)所求量 A(即曲边梯形的面积)与区间 $[a,b]$ 有关.

(2)若将 $[a,b]$ 分成部分区间 $[x_{i-1},x_i](i=1,2,\cdots,n)$,则所求量 A 相应地分成部分量 $\Delta A_i(i=1,2,\cdots,n)$,而

$$A = \sum_{i=1}^n \Delta A_i\,.$$

这表明，所求量 A 对于区间 $[a,b]$ 具有**可加性**.

几何学中的面积、体积、弧长，物理学中的功、转动惯量等都具有这种特性，因此都可考虑用定积分来计算. 通过对求曲边梯形面积问题的回顾分析，可以得出用定积分计算某个量的大致步骤：设所求量 U 与某变量 x 的变化区间 $[a,b]$ 有关，且 U 关于区间 $[a,b]$ 具有可加性. 考虑将区间 $[a,b]$ 分成若干小区间，任取一个子区间记作 $[x, x+\mathrm{d}x]$，然后寻求相应于这个小区间的部分量 ΔU 的近似值，如果 ΔU 有形如 $f(x)\mathrm{d}x$ 的近似表达式（其中 $f(x)$ 为 $[a,b]$ 上的一个连续函数在点 x 处的值，$\mathrm{d}x$ 为小区间的长度），那么就把 $f(x)\mathrm{d}x$ 称为量 U 的**元素**并记作 $\mathrm{d}U$，即

$$\mathrm{d}U = f(x)\mathrm{d}x,$$

以 U 的元素 $\mathrm{d}U = f(x)\mathrm{d}x$ 作被积表达式，在区间 $[a,b]$ 上作定积分，得

$$U = \int_a^b f(x)\mathrm{d}x,$$

即所求量 U 的积分表达式.

这个方法叫做**元素法**，也称**微元法**，下面将结合具体例子来介绍元素法的应用.

二、平面图形的面积

1. 直角坐标情形

由元素法知：如果 $f(x)$ 在 $[a,b]$ 上连续且非负，则由曲线 $y = f(x)$、$x = a$、$x = b$ 及 x 轴所围成的平面图形的面积为

$$A = \int_a^b f(x)\,\mathrm{d}x = \int_a^b y\,\mathrm{d}x.$$

如果 $f(x)$ 在 $[a,b]$ 上不都是非负的，则在 $[x,x+\mathrm{d}x]$ 上的面积近似值应为 $\mathrm{d}A = |f(x)|\,\mathrm{d}x$，即面积元素为 $\mathrm{d}A = |f(x)|\mathrm{d}x$，则所围图形的面积为

$$A = \int_a^b |f(x)|\,\mathrm{d}x = \int_a^b |y|\,\mathrm{d}x.$$

运用定积分的元素法，可以计算更加复杂的平面图形的面积.

设曲边形由两条曲线 $y = f_1(x)$、$y = f_2(x)$ （其中 $f_1(x)$、$f_2(x)$ 是 $[a,b]$ 上的连续函数，且 $f_1(x) \leqslant f_2(x)$）及直线 $x = a$、$x = b$ 所围成，考虑曲边形的面积 A，如图 5-6 所示，取 x 为积分变量，它的变化区间为 $[a,b]$. 在 $[a,b]$ 上任取一小区间 $[x, x+\mathrm{d}x]$，与这个小区间对应的窄曲边形的面积可近似地用高为 $f_2(x) - f_1(x)$、底为 $\mathrm{d}x$ 的窄矩形的面积来代替，从而由定积分的元素法可得面积元素为

$$\mathrm{d}A = [f_2(x) - f_1(x)]\mathrm{d}x,$$

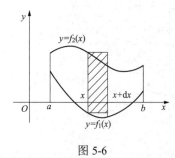

图 5-6

于是所围图形的面积为

$$A = \int_a^b [f_2(x) - f_1(x)]\mathrm{d}x.$$

如果 $f_2(x) - f_1(x)$ 在 $[a,b]$ 上不都是非负的，则在 $[x, x+\mathrm{d}x]$ 上的面积近似值应是 $\mathrm{d}A = |f_2(x) - f_1(x)|\mathrm{d}x$，即面积元素为 $\mathrm{d}A = |f_2(x) - f_1(x)|\mathrm{d}x$，则所围图形的面积为

$$A = \int_a^b |f_2(x) - f_1(x)|\,\mathrm{d}x.$$

同理，如果曲边形是由曲线 $x = g_1(y)$、$x = g_2(y)$ （其中 $g_1(y)$、$g_2(y)$ 是 $[c,d]$ 上的连续函

数，且 $g_2(y) \geqslant g_1(y)$ ）及直线 $y=c$、$y=d$ 所围成，如图 5-7 所示.

取 y 为积分变量，y 的变化区间为 $[c,d]$，则该曲边形的面积公式为

$$A = \int_c^d [g_2(y) - g_1(y)] \, \mathrm{d}y .$$

例 1 计算由抛物线 $y^2 = x$、$y = x^2$ 所围成的图形的面积.

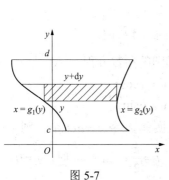
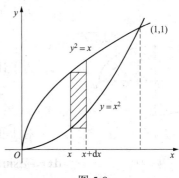

图 5-7　　　　　　　　　　　图 5-8

解 该平面图形如图 5-8 所示. 先求出这两条抛物线的交点为 $(0,0)$、$(1,1)$，从而图形可以看成是介于两条曲线 $y=x^2$ 与 $y=\sqrt{x}$ 及直线 $x=0$、$x=1$ 之间的曲边形. 所以，它的面积

$$A = \int_0^1 (\sqrt{x} - x^2) \, \mathrm{d}x = \left[\frac{2}{3} x^{\frac{2}{3}} - \frac{1}{3} x^3 \right]_0^1 = \frac{1}{3} .$$

例 2 求抛物线 $y^2 = \dfrac{x}{2}$ 与直线 $x-2y=4$ 所围成的图形的面积.

解 该平面图形如图 5-9 所示. 求出抛物线与直线的交点为 $(2,-1)$、$(8,2)$.

解一 取 y 为积分变量，如图 5-9 所示，y 的变化区间为 $[-1,2]$，则所求面积为

$$A = \int_{-1}^2 (2y+4-2y^2) \mathrm{d}y = \left[y^2 + 4y - \frac{2}{3} y^3 \right]_{-1}^2 = 9 .$$

解二 取 x 为积分变量，x 的变化区间为 $[0,8]$，由图 5-10 知，若在此区间上任取子区间，需分成 $[0,2]$、$[2,8]$ 两部分完成，从而得所求面积为

$$A = \int_0^2 2\sqrt{\frac{x}{2}} \mathrm{d}x + \int_2^8 \left(\sqrt{\frac{x}{2}} - \frac{x}{2} + 2 \right) \mathrm{d}x$$

$$= \left[\frac{2\sqrt{2}}{3} x^{\frac{3}{2}} \right]_0^2 + \left[\frac{2\sqrt{2}}{3} x^{\frac{3}{2}} - \frac{x^2}{4} + 2x \right]_2^8 = 9 .$$

图 5-9　　　　　　　　　　　图 5-10

　　显然，解一优于解二．因此，作题时要先画图，然后根据图形选择适当的积分变量，尽量使计算方便．

　　例3　求椭圆 $\dfrac{x^2}{a^2}+\dfrac{y^2}{b^2}=1$ 所围成的图形的面积．

　　解　因为图形关于两个坐标轴对称，如图 5-11 所示，所以，椭圆所围成图形的面积为 $A=4A_1$，其中 A_1 为椭圆在第一象限部分与两坐标轴所围成图形的面积．设 (x,y) 为椭圆弧上任一点，于是

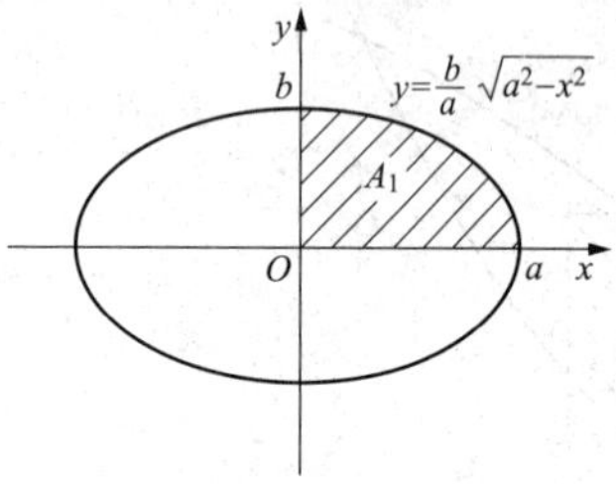

$$A=4A_1=4\int_0^a y\mathrm{d}x.$$

　　为了计算方便，利用椭圆的参数方程

$$\begin{cases} x=a\cos t \\ y=b\sin t \end{cases},$$

　　对上面的定积分进行换元，令 $x=a\cos t$，则 $y=b\sin t$，

图 5-11

$\mathrm{d}x=-a\sin t\mathrm{d}t$；当 $x=0$ 时，$t=\dfrac{\pi}{2}$；当 $x=a$ 时，$t=0$．于是

$$A=4A_1=4\int_0^a y\mathrm{d}x=4\int_{\frac{\pi}{2}}^0 b\sin t(-a\sin t)\mathrm{d}t$$

$$=-4ab\int_{\frac{\pi}{2}}^0 \sin^2 t\mathrm{d}t=2ab\int_0^{\frac{\pi}{2}}(1-\cos 2t)\mathrm{d}t=2ab\frac{\pi}{2}=\pi ab.$$

　　当 $a=b=r$ 时，得到圆的面积公式 $A=\pi r^2$．

　　在直角坐标系下讨论复杂图形的面积时，对某变量的积分若无法用一个积分式表达，则常常将图形分割成几个简单图形分别列式计算各部分的面积，然后相加得到原图形的面积．如前面例 2 中取变量 x 为积分变量的情况．

　　2. **极坐标情形**

　　当一个图形的边界用极坐标方程 $r=r(\theta)$ 来表示，且能在极坐标系中求它的面积时，就不必将其换到直角坐标系中去求面积，为了阐明这种方法的实质，我们从最简单的"曲边扇形"的面积求法说起．

　　由极坐标曲线 $r=r(\theta)$（$r(\theta)$ 在 $[\alpha,\beta]$ 上连续）及射线 $\theta=\alpha$、$\theta=\beta$ 所围成的平面图形称为曲边扇形（见图 5-12）．现在求它的面积．

　　由于当 θ 在 $[\alpha,\beta]$ 上变动时，极径 $r=r(\theta)$ 也随之变动，因此我们不能直接用圆扇形的面积公式 $A=\dfrac{1}{2}R^2\theta$ 来计算曲边扇形的面积．取极角 θ 为积分变量，其变化区间为 $[\alpha,\beta]$，在 $[\alpha,\beta]$ 上任取一小区间 $[\theta,\theta+\mathrm{d}\theta]$，对应的窄曲边扇形的面积可近似地用半径为 $r=r(\theta)$、中心角为 $\mathrm{d}\theta$ 的窄圆边扇形的面积来代替，从而得到曲边扇形的面积元素为

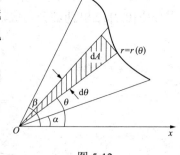

图 5-12

$$\mathrm{d}A=\frac{1}{2}[r(\theta)]^2\mathrm{d}\theta.$$

　　于是曲边扇形的面积为

$$A = \int_{\alpha}^{\beta} \frac{1}{2}[r(\theta)]^2 \, \mathrm{d}\theta .$$

例4 计算如图 5-13 所示的双纽线 $r^2 = a^2 \cos 2\theta$ 所围成的图形的面积.

解 由 $r^2 \geqslant 0$，可得 θ 的取值范围为 $\left[-\frac{\pi}{4}, \frac{\pi}{4}\right]$ 和 $\left[\frac{3\pi}{4}, \frac{5\pi}{4}\right]$.

由于图形关于极轴和极点对称，因此所求面积为 θ 的取值范围

在 $\left[0, \frac{\pi}{4}\right]$ 上图形面积的 4 倍，从而所求面积为

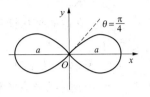

图 5-13

$$A = 4 \int_0^{\frac{\pi}{4}} \frac{1}{2} a^2 \cos 2\theta \, \mathrm{d}\theta = 2a^2 \int_0^{\frac{\pi}{4}} \cos 2\theta \, \mathrm{d}\theta = a^2 .$$

例5 计算如图 5-14 所示的心形线 $r = a(1+\cos\theta)(a>0)$ 所围成的图形的面积.

解 由于心形线关于极轴对称，因此所求面积为 θ 的取值范围在 $[0, \pi]$ 上图形面积的 2 倍，从而所求面积为

$$A = 2 \int_0^{\pi} \frac{1}{2}[a(1+\cos\theta)]^2 \, \mathrm{d}\theta = a^2 \int_0^{\pi} (1+2\cos\theta + \cos^2\theta) \, \mathrm{d}\theta$$

$$= a^2 \int_0^{\pi} \left(\frac{3}{2} + 2\cos\theta + \frac{1}{2}\cos 2\theta\right) \mathrm{d}\theta$$

$$= a^2 \left[\frac{3}{2}\theta + 2\sin\theta + \frac{1}{4}\sin 2\theta\right]_0^{\pi} = \frac{3}{2}\pi a^2 .$$

例6 计算由两条曲线 $r = 3\cos\theta$ 和 $r = 1+\cos\theta$ 所围成的图形的公共部分面积.

解 该平面图形如图 5-15 所示，求得两条曲线的交点为 $\left(\frac{3}{2}, \frac{\pi}{3}\right)$，$\left(\frac{3}{2}, -\frac{\pi}{3}\right)$，考虑到图形的

对称性，得面积为

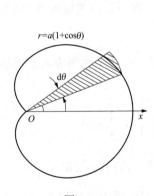

图 5-14

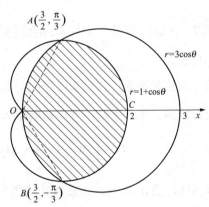

图 5-15

$$A = 2 \int_0^{\frac{\pi}{3}} \frac{1}{2}(1+\cos\theta)^2 \, \mathrm{d}\theta + 2 \int_{\frac{\pi}{3}}^{\frac{\pi}{2}} \frac{1}{2}(3\cos\theta)^2 \, \mathrm{d}\theta$$

$$= \int_0^{\frac{\pi}{3}} (1+2\cos\theta + \cos^2\theta) \, \mathrm{d}\theta + \int_{\frac{\pi}{3}}^{\frac{\pi}{2}} 9\cos^2\theta \, \mathrm{d}\theta$$

$$= \left[\frac{3}{2}\theta + 2\sin\theta + \frac{1}{4}\sin 2\theta \right]_0^{\frac{\pi}{3}} + \left[\frac{9}{2}\theta + \frac{9}{4}\sin 2\theta \right]_{\frac{\pi}{3}}^{\frac{\pi}{2}} = \frac{5\pi}{4}.$$

三、体积

一般立体的体积计算将在以后的重积分中讨论．以下两种比较特殊的立体的体积可以用定积分计算．

1. 旋转体的体积

一平面图形绕该平面内的一条直线旋转一周所形成的立体称为**旋转体**．这条直线称为**旋转轴**．常见的旋转体有圆柱体、圆锥体、圆台体和球体等．我们同样可以用元素法求旋转体的体积．

设一立体是由曲边梯形 $0 \le y \le f(x)$、$a \le x \le b$（其中 $f(x)$ 在 $[a,b]$ 上连续）绕 x 轴旋转一周所形成的旋转体（见图 5-16），下面采用定积分来计算它的体积.

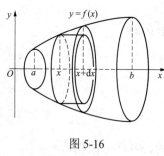

图 5-16

取 x 为积分变量，它的变化区间为 $[a,b]$，对于区间 $[a,b]$ 上的任一子区间 $[x,x+\mathrm{d}x]$，它所对应的窄曲边梯形绕 x 轴旋转而形成的薄片立体的体积近似于以 $f(x)$ 为底半径、$\mathrm{d}x$ 为高的圆柱体体积（见图 5-16），从而得到旋转体的体积元素为

$$\mathrm{d}V = \pi[f(x)]^2 \mathrm{d}x .$$

由定积分的元素法，得到该旋转体的体积为

$$V = \int_a^b \pi[f(x)]^2 \mathrm{d}x .$$

同理，由曲边梯形 $0 \le x \le \varphi(y)$、$c \le y \le d$（其中 $\varphi(y)$ 在 $[c,d]$ 上连续）绕 y 轴旋转一周所形成的旋转体的体积为

$$V = \int_c^d \pi[\varphi(y)]^2 \mathrm{d}y .$$

例 7　计算由椭圆 $\dfrac{x^2}{a^2} + \dfrac{y^2}{b^2} = 1$ 所成的图形绕 x 轴旋转一周所形成的旋转体（称为旋转椭球体）的体积.

解　该旋转椭球体可以看作是由上半个椭圆 $y = \dfrac{b}{a}\sqrt{a^2 - x^2}$ 与 x 轴围成的图形绕 x 轴旋转一周而形成的立体，于是所求旋转椭球体的体积为

$$V = \int_{-a}^a \pi \frac{b^2}{a^2}(a^2 - x^2)\mathrm{d}x = \pi \frac{b^2}{a^2}\left[a^2 x - \frac{1}{3}x^3 \right]_{-a}^a = \frac{4}{3}\pi ab^2 .$$

特别地，当 $a = b$ 时，该旋转体就成为半径为 a 的球体，体积为 $\dfrac{4}{3}\pi a^3$.

例 8　求由抛物线 $y = x^2$、直线 $x = 1$ 和 x 轴所围成的平面图形（见图 5-17）分别绕 x 轴和 y 轴旋转而成的旋转体的体积 [见图 5-18（a）和图 5-18（b）].

解　所给图形绕 x 轴旋转而成的旋转体的体积[见图 5-18(a)]，以 x 为积分变量，$x \in [0,1]$，则有

$$V_x = \int_0^1 \pi (x^2)^2 \mathrm{d}x = \int_0^1 \pi x^4 \mathrm{d}x = \left[\pi \frac{x^5}{5} \right]_0^1 = \frac{\pi}{5} .$$

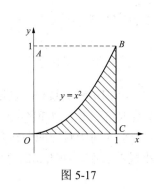

图 5-17

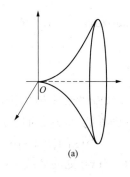

(a)

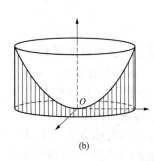

(b)

图 5-18

所给图形绕 y 轴旋转而成的旋转体的体积为平面图形 $OABC$（矩形）和 OAB（矩形去除阴影部分）分别绕 y 轴旋转而成的旋转体的体积之差，如图 5-18（b）所示，即

$$V_y = \int_0^1 \pi 1^2 \mathrm{d}y - \int_0^1 \pi(\sqrt{y})^2 \mathrm{d}y = \int_0^1 \pi(1-y)\mathrm{d}y = \left[\pi\left(y - \frac{y^2}{2}\right)\right]_0^1 = \frac{\pi}{2}.$$

2. 平行截面面积为已知的立体的体积

从计算旋转体体积的过程中可以看出：如果一个空间立体不是旋转体，但是该立体上垂直于一条定轴的截面面积却是已知的，那么这个立体的体积也可以用定积分计算.

如图 5-19 所示，取上述定轴为 x 轴，并设该立体夹在 $x=a$、$x=b$ 两个平面之间，若在任意一点 $x \in [a,b]$ 处作垂直于 x 轴的平面，它截得立体的截面面积显然是 x 的函数，记为 $A(x)$，$x \in [a,b]$ 称为立体的<u>截面面积函数</u>. 设 $A(x)$ 在 $[a,b]$ 上为已知的连续函数，取 x 为积分变量，它的变化区间为 $[a,b]$，在 $[a,b]$ 上任取一小区间 $[x, x+\mathrm{d}x]$，与小区间对应的小立体的体积近似等于底面积为 $A(x)$、高为 $\mathrm{d}x$ 的小柱体体积，即立体的体积元素为

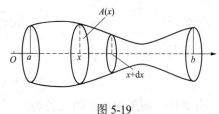

图 5-19

$$\mathrm{d}V = A(x)\mathrm{d}x,$$

于是由元素法，得到该立体的体积公式为

$$V = \int_a^b A(x)\mathrm{d}x.$$

例 9 一平面经过半径为 R 的圆柱体的底圆中心，并与底面交成角 α，计算该平面截圆柱所得立体的体积.

解 取该平面与圆柱体底面的交线为 x 轴，底面上过圆心且垂直于 x 轴的直线为 y 轴，那么底圆的方程为 $x^2 + y^2 = R^2$（见图 5-20）. 立体中过点 x 且垂直于 x 轴的截面是一个直角三角形，它的两条直角边的长度分别为 y 与 $y\tan\alpha$，即 $\sqrt{R^2-x^2}$ 及 $\sqrt{R^2-x^2}\tan\alpha$，因而截面积为

$$A(x) = \frac{1}{2}(R^2 - x^2)\tan\alpha.$$

于是所求的立体体积为

$$V = \int_{-R}^{R} \frac{1}{2}(R^2 - x^2)\tan\alpha\,dx = \frac{1}{2}\tan\alpha\left[R^2 x - \frac{1}{3}x^3\right]_{-R}^{R} = \frac{2}{3}R^3\tan\alpha .$$

四、平面曲线的弧长

1. 直角坐标系情形

设曲线弧由直角坐标方程 $y = f(x)(a \leqslant x \leqslant b)$ 给出，其中 $f(x)$ 在 $[a,b]$ 上具有一阶连续导数，考虑该曲线上相应于 x 从 a 到 b 的一段弧的长度，如图 5-21 所示，取 x 为积分变量，其变化区间为 $[a,b]$. 在 $[a,b]$ 上任取一小区间 $[x, x+dx]$，则与这一小区间所对应的曲线弧段的长度 Δs 近似等于该曲线在点 $M(x, f(x))$ 处的切线上相应的一小段的长度，如图 5-21 所示，而相应切线段的长度为

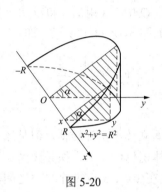

图 5-20　　　　　　　　　　　　　　　　图 5-21

$$\sqrt{(dx)^2 + (dy)^2} = \sqrt{1 + y'^2}\,dx .$$

于是，弧长元素为

$$ds = \sqrt{1 + y'^2}\,dx \quad（即弧微分），$$

由元素法，得所求曲线的弧长为

$$s = \int_a^b \sqrt{1 + y'^2}\,dx \, (a < b) .$$

例 10　计算曲线 $y = \dfrac{2}{3}x^{\frac{3}{2}}$ 上相应于 x 从 1 到 2 的一段弧的长度.

解　因 $y' = x^{\frac{1}{2}}$，从而所求弧长为

$$s = \int_1^2 \sqrt{1 + y'^2}\,dx = \int_1^2 \sqrt{1 + x}\,dx = \left[\frac{2}{3}(1 + x)^{\frac{3}{2}}\right]_1^2 = \frac{2}{3}(3\sqrt{3} - 2\sqrt{2}) .$$

2. 参数方程情形

设曲线弧是由参数方程

$$\begin{cases} x = \varphi(t) \\ y = \psi(t) \end{cases} \quad (\alpha \leqslant t \leqslant \beta) ,$$

给出，其中 $\varphi(t)$、$\psi(t)$ 在 $[\alpha, \beta]$ 上具有连续导数. 现计算该曲线弧的长度.

取参数 t 为积分变量，它的变化区间为 $[\alpha, \beta]$，则弧长元素为

$$ds = \sqrt{(dx)^2 + (dy)^2} = \sqrt{\varphi'^2(t)(dt)^2 + \psi'^2(t)(dt)^2}$$
$$= \sqrt{\varphi'^2(t) + \psi'^2(t)}dt.$$

于是由元素法可得到该曲线的弧长为

$$s = \int_\alpha^\beta \sqrt{\varphi'^2(t) + \psi'^2(t)}dt .$$

例 11 求摆线

$$\begin{cases} x = t - \sin t \\ y = 1 - \cos t \end{cases} \quad (0 \leqslant t \leqslant 2\pi)$$

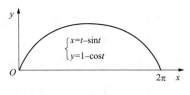

图 5-22

一拱的长度，如图 5-22 所示.

解 因 $x'(t) = 1 - \cos t$ ，$y'(t) = \sin t$. 于是，所求弧长为

$$s = \int_0^{2\pi} \sqrt{x'^2(t) + y'^2(t)}dt = \int_0^{2\pi} \sqrt{(1 - \cos t)^2 + \sin^2 t}dt = \int_0^{2\pi} 2\sin\frac{t}{2}dt$$

$$= 2\left[-2\cos\frac{t}{2}\right]_0^{2\pi} = 8.$$

3. 极坐标情形

设曲线弧由极坐标方程

$$r = r(\theta) \quad (\alpha \leqslant \theta \leqslant \beta)$$

给出，其中 $r(\theta)$ 在 $[\alpha, \beta]$ 上具有连续导数. 现在计算该曲线弧的长度.

由直角坐标与极坐标的关系可得

$$\begin{cases} x = r(\theta)\cos\theta \\ y = r(\theta)\sin\theta \end{cases} \quad (\alpha \leqslant \theta \leqslant \beta) .$$

这就是以极角 θ 为参数的曲线弧的参数方程，于是弧长元素为

$$ds = \sqrt{(dx)^2 + (dy)^2} = \sqrt{x'^2(\theta) + y'^2(\theta)}d\theta$$
$$= \sqrt{[r'(\theta)\cos\theta - r(\theta)\sin\theta]^2(d\theta)^2 + [r'(\theta)\sin\theta + r(\theta)\cos\theta]^2(d\theta)^2}$$
$$= \sqrt{r^2(\theta) + r'^2(\theta)}d\theta,$$

从而由元素法可得到弧长公式为

$$s = \int_\alpha^\beta \sqrt{r^2(\theta) + r'^2(\theta)}d\theta .$$

例 12 计算如图 5-23 所示心形线 $r = a(1 + \cos\theta)$ $(a > 0,$ $0 \leqslant \theta \leqslant 2\pi)$ 的周长.

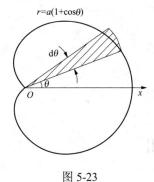

图 5-23

解 由于对称性，要计算的周长为心形线在极轴上方部分弧长度的 2 倍. 又由 $r'(\theta) = -a\sin\theta$ ，于是所求周长为

$$s = 2\int_0^\pi \sqrt{r^2(\theta) + r'^2(\theta)}d\theta = 2\int_0^\pi \sqrt{a^2(1 + \cos\theta)^2 + (-a\sin\theta)^2}d\theta$$

$$= 2\int_0^\pi \sqrt{2a^2(1 + \cos\theta)}d\theta = 2\int_0^\pi \sqrt{4a^2\cos^2\frac{\theta}{2}}d\theta$$

$$= 2\int_0^\pi 2a\left|\cos\frac{\theta}{2}\right|d\theta = 4a\int_0^\pi \cos\frac{\theta}{2}d\theta = 4a\left[2\sin\frac{\theta}{2}\right]_0^\pi = 8a.$$

习　题　　5-4

1．求下面曲线围成的图形的面积：

（1）$xy = 1$，$y = x$，$x = 2$；

（2）$y^2 = x$，$x - 2y - 3 = 0$；

（3）$y = x^2$，$y = 2 - x^2$；

（4）$y^2 = \pi x$，$x^2 + y^2 = 2\pi^2$（两部分都要计算）；

（5）$y = |\ln x|$、$y = 0$ 与直线 $x = \dfrac{1}{10}$、$x = 10$；

（6）$y = \dfrac{x^2}{2}$、$y = \dfrac{1}{1 + x^2}$ 与直线 $x = -\sqrt{3}$、$x = \sqrt{3}$．

2．求下列曲线所围成图形的面积：

（1）$r = 8 \sin 3\theta$；　　　　　　　　　（2）$r^2 = a^2 \sin 2\theta$；

（3）星形线 $\begin{cases} x = a \cos^3 t \\ y = a \sin^3 t \end{cases}$；　　　（4）$\begin{cases} x = a(t - \sin t) \\ y = a(1 - \cos t) \end{cases}$　$(0 \leqslant t \leqslant 2\pi)$ 与 $y = 0$．

3．求抛物线 $y = x^2 - x + 1$ 与该曲线在 $(-1, 3)$ 和 $(1, 1)$ 两点处的切线所围平面图形的面积．

4．求下列曲线所围成的图形的公共部分面积：

（1）$r = 3$ 和 $r = 2(1 + \cos\theta)$；　　　　（2）$r = \sqrt{2}\sin\theta$ 和 $r^2 = \cos 2\theta$．

5．求下列各曲线所围成的图形按照指定的轴旋转所生成的旋转体的体积：

（1）$y = \sin x, 0 \leqslant x \leqslant \pi$ 与 $y = 0$ 绕 x 轴；

（2）$y^2 = 4x$、$x = 1$ 绕 x 轴；

（3）摆线 $x = a(t - \sin t)$，$y = a(1 - \cos t)$ 的一拱，绕 x 轴；

（4）$y = x^2$、$y^2 = x$ 绕 x 轴及 y 轴．

6．求由两个圆柱面 $x^2 + y^2 = a^2$ 与 $z^2 + x^2 = a^2$ 所围立体的体积．

7．证明：由平面图形 $0 \leqslant a \leqslant x \leqslant b$ 和 $0 \leqslant y \leqslant f(x)$ 绕 y 轴旋转所生成的旋转体的体积为

$$V = 2\pi \int_a^b x f(x) \mathrm{d}x \ .$$

8．计算下列弧长：

（1）曲线 $y = \ln x$ 上相应于 $\sqrt{3} \leqslant x \leqslant \sqrt{8}$ 的一段弧；

（2）曲线 $y = \cosh x$ 上相应于 $-1 \leqslant x \leqslant 1$ 的一段弧；

（3）星形线 $\begin{cases} x = a\cos^3 t \\ y = a\sin^3 t \end{cases}$ 的全长；

（4）对数螺线 $r = \mathrm{e}^{2\theta}$ 上 $\theta = 0$ 到 $\theta = 2\pi$ 的一段弧．

＊第五节　定积分在物理学中的某些应用

定积分在物理学中有着广泛的应用，下面介绍几个较有代表性的例子．

一、变力沿直线做功

由物理学知识可知，质点受力 F 的作用沿 x 轴从点 a 移动到点 b，且在质点上力的方向与质点运动的方向一致，若 F 为常力，则力 F 对物体所做的功为

$$W = F \cdot (b-a).$$

如果质点在运动过程中受到的力 F 为变力，它连续依赖于质点所在位置的坐标 x，即 $F = F(x), x \in [a,b]$ 为一连续函数，此时讨论 F 对质点所做的功 W 就是变力做功问题。我们可以用定积分元素法来计算。

以 x 为积分变量，$x \in [a,b]$，在 $[a,b]$ 上任取一小区间 $[x, x+dx]$，则对应于该小区间的变力所做的功可以用 $F(x)dx$ 来近似代替，即功元素为

$$dW = F(x)dx,$$

因此所求的功为

$$W = \int_a^b F(x)dx.$$

例 1 一圆柱形的贮水桶高为 5m 底圆半径为 3m，桶内盛满了水。试问要把桶内的水全部吸出，需做多少功？

解 这是一个克服重力做功问题。思考的方法是：将吸水过程看作是从水的表面到容器底部一层一层地吸出。那么提取每薄层水所需力的大小就是该薄层水的重量。作 x 轴如图 5-24 所示。取深度 x 为积分变量，它的变化区间为 $[0,5]$，相应于 $[0,5]$ 上任一小区间 $[x, x+dx]$ 的一薄层水的高度为 dx。因此，这薄层水的重量为 $\gamma \cdot \pi \cdot 3^2 dx$，其中 γ 为水的容重，$\gamma = 9.8\text{kN}/\text{m}^3$。所以，该薄层水被吸出桶外需做的功的近似值，即功元素为

$$dW = 88.2\pi x dx.$$

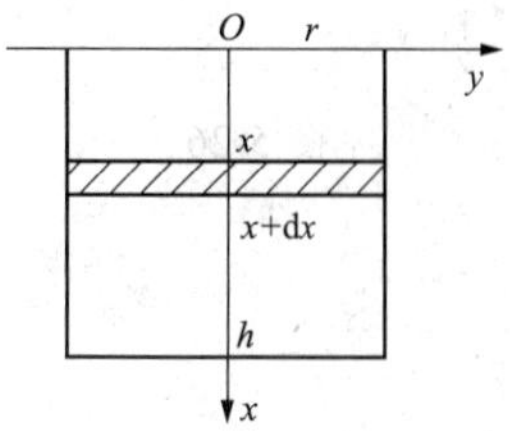

于是所求的功为

$$W = \int_0^5 88.2\pi x dx = 88.2\pi \left[\frac{x^2}{2} \right]_0^5 = 1102.5\pi (\text{kJ}).$$

图 5-24

例 2 在底面积为 S 的圆柱形容器中盛有一定量的气体。在等温条件下，由于气体的膨胀，容器中的一个活塞（面积为 S）被从点 a 处推移到点 b 处。计算在移动过程中气体压力所做的功。

解 取坐标系如图 5-25 所示，活塞的位置可以用坐标 x 来表示。由物理学知识可知，一定量的气体在等温条件下，压强 p 与体积 V 的乘积为常数 k，即

$$pV = k \text{ 或 } p = \frac{k}{V}.$$

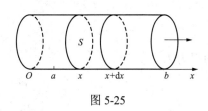

图 5-25

在点 x 处，因为 $V = xS$，所以作用在活塞上的力为

$$F = p \cdot S = \frac{k}{xS} \cdot S = \frac{k}{x}.$$

当活塞从 x 移动到 $x+dx$ 时，变力所做的功的近似值，即功元素为

$$dW = \frac{k}{x}dx.$$

于是所求的功为

$$W = \int_a^b \frac{k}{x}dx = k[\ln x]_a^b = k\ln\frac{b}{a}.$$

二、水的静压力

由物理学知识可知，在水深 h 处的压强 $p = h \cdot \gamma$，其中 γ 为水的容重. 如果在 h 深处水平放置一面积为 A 的平板，那么平板一侧所受的压力为 $F = pA$. 如果平板非水平的放置在水中，那么由于在不同深度处的压强 p 不相等，故平板一侧不同深度处所受的水压力就不能用上述方法计算，这时可以考虑用元素法来讨论. 下面举例说明它的计算方法.

例 3 将直角边分别为 a 和 $2a$ 的直角三角形薄板垂直浸入水中，斜边朝下，边长为 $2a$ 的直角边与水面相齐，求薄板所受的侧压力.

解 建立如图 5-26 所示坐标系，则斜边所在直线方程为

$$y = 2(a-x).$$

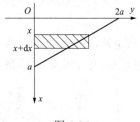

图 5-26

取 x 为积分变量，则它的变化区间为 $[0,a]$，在 $[0,a]$ 上任取小区间 $[x, x+dx]$，相应于该小窄条的面积近似为

$$2(a-x)dx,$$

该小窄条各点的压强近似为 $\gamma \cdot x$. 水的容重为 $\gamma = 9.8 \times 10^3 \, \text{N/m}^3$，因此该小窄条的一侧所受水压力的近似值，即压力元素为

$$dF = 9.8 \times 10^3 \times 2(a-x)xdx = 19600(a-x)xdx,$$

从而得所求的水压力为

$$F = \int_a^b 19600(a-x)xdx$$

$$= 19600\left[\frac{ax^2}{2} - \frac{x^3}{3}\right]_0^a$$

$$= \frac{9800a^3}{3} (\text{N}).$$

三、引力

由物理学可知，质量为 m_1、m_2，相距为 r 的两质点间的引力为

$$F = k\frac{m_1 m_2}{r^2} \quad (k \text{ 为常数}).$$

引力的方向沿着两质点的连线方向. 下面我们用定积分的元素法来计算引力问题.

例 4 设有一条长度为 l、质量为 M 的均匀细棒，另有一质量为 m 的质点位于细棒所在的直线上，且到细棒的近端距离为 a，试求细棒与质点之间的引力.

解 因为我们知道两质点之间的引力公式，所以将细棒分成许多微小的小段，这样可以把每一段近似看成一个质点，而且这许多小段对质量为 m 的质点的引力都在同一个方向上，因此可以相加.

取坐标系如图 5-27 所示，取 x 为积分变量，它的变化区间为 $[0,l]$. 在 $[0,l]$ 的任意子区间

$[x, x+dx]$ 上细棒的相应小段质量为 $\dfrac{M}{l}dx$．该小段与质点距离近似为 $x+a$，于是该小段与质点的引力的近似值，即引力元素为

$$dF = k\frac{m \cdot \dfrac{M}{l}dx}{(x+a)^2}．$$

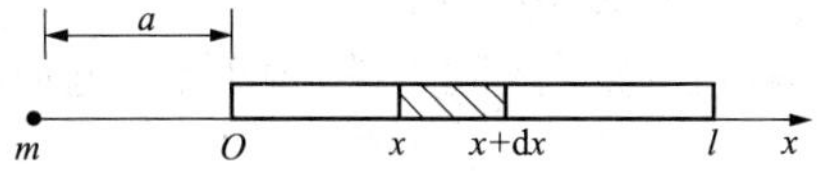

于是所求引力为

图 5-27

$$F = \int_0^l k\frac{m \cdot \dfrac{M}{l}}{(x+a)^2}dx = \frac{kmM}{l}\int_0^l\frac{1}{(x+a)^2}dx$$

$$= \frac{kmM}{a(a+l)}．$$

习　题　5-5

1．设 1N 的力能使得弹簧伸长 1cm，现在要使弹簧伸长 6cm，问需做多少功？

2．已知弹簧自然长度为 0.6m，10N 的力使它伸长到 1m．问使弹簧从 0.9m 伸长到 1.1m 时需要做的功．

3．一个质点按规律 $x=t^3$ 做直线运动，介质的阻力与速度成正比，比例系数为 k，求质点 $x=0$ 移到 $x=1$ 时克服介质阻力所做的功．

4．有一圆台形的水桶盛满了水，桶高 3m，上、下底半径分别为 1m 和 2m．试计算吸尽桶中水所做的功．

5．一个横放着的圆柱形水桶，桶内盛有半桶水．设桶的底半径为 R，水的容重为 $\gamma = 9.8 \times 10^3 \text{N}/\text{m}^3$．计算桶的一个端面上所受的压力．

6．某水库的闸门形状为等腰梯形，它的两条底边各长 10m 和 6m，高为 20m，较长的底边与水面相齐．计算闸门的一侧所受的水压力．

7．设有一条长度为 l、质量为 M 的均匀细棒，另有一质量为 m 的质点位于细棒的中垂线上，且到细棒的距离为 a．试求细棒与质点之间的引力．

*第六节　平　均　值

本节我们将用定积分作为工具，建立连续函数在一个区间上的三种不同的平均值的概念．每种平均值都反映了在一个区间上取值的函数的某种数字特征，并各有其实际应用背景．

一、函数的算术平均值

我们知道：n 个数 $y_1, y_2, \cdots, y_n$ 的算术平均值为

$$\overline{y} = \frac{y_1 + y_2 + \cdots + y_n}{n} = \frac{1}{n}\sum_{i=1}^{n} y_i．$$

那么如何求连续函数 $y = f(x)$ 在 $[a, b]$ 上的平均值呢？

先将区间 $[a, b]$ 分成 n 等份，设分点为

$$a = x_0 < x_1 < x_2 < \cdots < x_n = b，$$

则每个小区间的长度 $\Delta x_i = \dfrac{b-a}{n}(i=1,2,\cdots,n)$. 当 n 很大时，$\Delta x_i = \dfrac{b-a}{n}$ 就很小，又函数 $f(x)$ 在 $[a,b]$ 上连续，则它在每个小区间上的函数值差别就很小，因此可以取 $f(x)$ 在分点处的值作为函数在该子区间上的平均值的近似值，于是函数在 $[a,b]$ 上的平均值近似为

$$\overline{y} = \frac{f(x_1)+f(x_2)+\cdots+f(x_n)}{n} .$$

n 越大，近似值的精确度越高. 因此自然地，就称极限

$$\overline{y} = \lim_{n\to\infty}\frac{f(x_1)+f(x_2)+\cdots+f(x_n)}{n}$$

为函数 $f(x)$ 在区间 $[a,b]$ 上的算术平均值（简称平均值）. 现在

$$\begin{aligned}
\overline{y} &= \lim_{n\to\infty}\frac{f(x_1)+f(x_2)+\cdots+f(x_n)}{n}\\
&= \lim_{n\to\infty}\frac{f(x_1)+f(x_2)+\cdots+f(x_n)}{b-a}\cdot\frac{b-a}{n}\\
&= \lim_{n\to\infty}\frac{1}{b-a}\sum_{i=1}^{n}f(x_i)\Delta x_i = \frac{1}{b-a}\int_a^b f(x)\mathrm{d}x,
\end{aligned}$$

即

$$\overline{y} = \frac{1}{b-a}\int_a^b f(x)\mathrm{d}x .$$

例 求纯电阻电路中正弦交流电 $i(t)=I_\mathrm{m}\sin\omega t$ 在一个周期上功率的平均值（简称平均功率）.

解 设电阻为 R ，则该电路中的电压为

$$u = iR = I_\mathrm{m}R\sin\omega t ,$$

而功率为

$$P = ui = I_\mathrm{m}^2 R\sin^2\omega t ,$$

从而功率在长度为一个周期的区间 $\left[0,\dfrac{2\pi}{\omega}\right]$ 上的平均值为

$$\overline{P} = \frac{1}{\dfrac{2\pi}{\omega}}\int_0^{\frac{2\pi}{\omega}}I_\mathrm{m}^2 R\sin^2\omega t\,\mathrm{d}t = \frac{I_\mathrm{m}^2 R}{2\pi}\int_0^{\frac{2\pi}{\omega}}\sin^2\omega t\,\mathrm{d}(\omega t)$$

$$= \frac{I_\mathrm{m}^2 R}{4\pi}\int_0^{\frac{2\pi}{\omega}}(1-\cos 2\omega t)\mathrm{d}(\omega t) = \frac{I_\mathrm{m}^2 R}{4\pi}\left[\omega t-\frac{1}{2}\sin 2\omega t\right]_0^{\frac{2\pi}{\omega}}$$

$$= \frac{I_\mathrm{m}^2 R}{2} = \frac{I_\mathrm{m}U_\mathrm{m}}{2}\quad (U_\mathrm{m}=I_\mathrm{m}R).$$

上式表明：纯电阻电路中正弦交流电的平均功率等于电流、电压的峰值乘积的一半.

二、函数的加权平均值

下面举一实例来讨论函数的加权平均.

假设某商店销售某种商品，每单位商品售价为 p_1 ，销售了 q_1 个单位商品. 调整价格后以每单位商品售价为 p_2 ，销售了 q_2 个单位商品. 那么，在整个销售过程中，这种商品的平均价

格 $\bar{p} = \dfrac{p_1 q_1 + p_2 q_2}{q_1 + q_2}$ ，这种平均称为加权平均.

一般地，设 $p_i\ (i=1,2,\cdots,n)$ 为实数，$q_i > 0\ (i=1,2,\cdots,n)$ ，称

$$\frac{p_1 q_1 + p_2 q_2 + \cdots + p_n q_n}{q_1 + q_2 + \cdots + q_n}$$

为 $p_i\ (i=1,2,\cdots,n)$ 关于 $q_i > 0\ (i=1,2,\cdots,n)$ 的加权平均，其中 $p_i\ (i=1,2,\cdots,n)$ 称为资料数据，$q_i > 0\ (i=1,2,\cdots,n)$ 称为权数. 当 $q_i = 1\ (i=1,2,\cdots,n)$ 时，加权平均就是算术平均.

现在我们讨论连续变量的情形. 假设某商店销售某种商品，在时间段 $[T_1, T_2]$ 内，该商品的价格与单位时间内的销售量都与时间有关. 这时我们可以用定积分的元素法，分析给出计算这种商品在时间段 $[T_1, T_2]$ 内的平均价格的方法.

假设在时刻 t 时，价格 $p = p(t)$ ，单位时间内的销售量 $q = q(t)$ ，选 t 为积分变量，它的变化区间为 $[T_1, T_2]$ ，在区间 $[T_1, T_2]$ 上任取一小区间 $[t, t+\mathrm{d}t]$. 在对应小区间内，商品的价格近似于 $p(t)$ ，销售量近似于 $q(t)\mathrm{d}t$ ，因此，在 $[t, t+\mathrm{d}t]$ 内，销售这种商品所得到的收益的近似值为

$$p(t)q(t)\mathrm{d}t ,$$

即销售这种商品所得的收益元素为

$$dU = p(t)q(t)\mathrm{d}t .$$

于是，在 $[T_1, T_2]$ 这段时间内销售这种商品的总收益与总销售量分别为

$$U = \int_{T_1}^{T_2} p(t)q(t)\,\mathrm{d}t \ \text{与} \ Q = \int_{T_1}^{T_2} q(t)\,\mathrm{d}t ,$$

从而这段时间内这种商品的平均价格为

$$\bar{p} = \frac{\displaystyle\int_{T_1}^{T_2} p(t)q(t)\,\mathrm{d}t}{\displaystyle\int_{T_1}^{T_2} q(t)\,\mathrm{d}t} .$$

一般地，如果 $f(x)$、$\omega(x)$ 均为 $[a,b]$ 上的连续函数，且 $\omega(x) \geq 0[\omega(x) \not\equiv 0]$ ，那么

$$\bar{f} = \frac{\displaystyle\int_a^b f(x)\omega(x)\,\mathrm{d}x}{\displaystyle\int_a^b \omega(x)\,\mathrm{d}x}$$

称为函数 $f(x)$ 关于权函数 $\omega(x)$ 在区间 $[a,b]$ 上的加权平均值.

三、函数的均方根平均值

非恒定电流（如正弦交流电）是随时间的变化而变化的，那么为什么一般使用的非恒定电流的电器上却标明着确定的电流值呢？原来这些电器上标明的电流值都是一种特定的平均值，习惯上称为有效值.

周期性非恒定电流 $i(t)$ （如正弦交流电）的有效值是如下规定的：如果在一个周期 T 内，$i(t)$ 在负载电阻 R 上消耗的平均功率等于取固定值 I 的恒定电流在 R 上消耗的功率，则称这个 I 值为 $i(t)$ 的有效值. 下面来计算 $i(t)$ 的有效值.

在一个周期 T 内，电流 $i(t)$ 在 R 上消耗的平均功率为 $\dfrac{1}{T}\displaystyle\int_0^T i^2(t)R\mathrm{d}t$ ，而固定值为 I 的电流在电阻 R 上消耗的功率为 $I^2 R$ ，因此，

$$I^2 R = \frac{1}{T} \int_0^T i^2(t) R \mathrm{d}t = \frac{R}{T} \int_0^T i^2(t) \mathrm{d}t ,$$

从而

$$I^2 = \frac{1}{T} \int_0^T i^2(t) \mathrm{d}t ,$$

即

$$I = \sqrt{\frac{1}{T} \int_0^T i^2(t) \mathrm{d}t} .$$

若函数 $f(x)$ 在区间 $[a,b]$ 上连续，在数学中把 $\sqrt{\dfrac{1}{b-a} \displaystyle\int_a^b f^2(x) \mathrm{d}x}$ 称为函数 $f(x)$ 在区间 $[a,b]$ 上的均方根平均值（简称均方根）．因此，周期性电流 $i(t)$ 的有效值就是它在一个周期上的均方根．

例如，正弦交流电 $i(t) = I_\mathrm{m} \sin \omega t$ 的有效值为

$$\sqrt{\frac{\omega}{2\pi} \int_0^{\frac{2\pi}{\omega}} I_\mathrm{m}^2 \sin^2 \omega t \mathrm{d}t} = \sqrt{\frac{I_\mathrm{m}^2}{2\pi} \int_0^{\frac{2\pi}{\omega}} \sin^2 \omega t \mathrm{d}(\omega t)}$$

$$= \sqrt{\frac{I_\mathrm{m}^2}{4\pi} \left[\omega t - \frac{1}{2} \sin 2\omega t \right]_0^{\frac{2\pi}{\omega}}} = \frac{I_\mathrm{m}}{\sqrt{2}} .$$

就是说，正弦交流电的有效值等于它的峰值的 $\dfrac{1}{\sqrt{2}}$ ．

习　题　5-6

1．计算函数 $y = 2x\mathrm{e}^{-x}$ 在 $[a,b]$ 上的平均值．

2．一物体以速度 $v = 3t^2 + 2t(\mathrm{m/s})$ 做直线运动．试计算它在 $t = 0\mathrm{s}$ 到 $t = 3\mathrm{s}$ 这段时间内的平均速度．

3．交流电路中，已知电动势 E 是时间 t 的函数，$E = E_0 \sin \dfrac{2\pi}{T} t$ ，求它在半个周期，即 $\left[0, \dfrac{T}{2} \right]$ 上的平均电动势．

4．计算正弦交流电 $i(t) = I_\mathrm{m} \sin \omega t$ 经半波整流后得到的电流

$$i(t) = \begin{cases} I_\mathrm{m} \sin \omega t, & 0 \leqslant t \leqslant \dfrac{\pi}{\omega} \\ 0, & \dfrac{\pi}{\omega} \leqslant t \leqslant \dfrac{2\pi}{\omega} \end{cases}$$

的有效值．

5．已知函数 $f(x) = 10x - x^2$ ，权函数 $\omega(x) = x$ ，求 $x = 0$ 到 $x = 5$ 时，函数 $f(x)$ 关于权函数 $\omega(x)$ 的加权平均数．

第七节　反　常　积　分

前面讨论的定积分定义中有两个最基本的限制：①积分区间是有限区间；②被积函数在

积分区间上有界. 但实际应用中常会遇到积分区间是无限的, 如 $[a, +\infty)$, 或者被积函数在积分区间上是无界函数的情况. 这些积分已经不属于前面所说的定积分. 因此, 有必要将定积分概念加以推广, 从而得到两种类型的特殊积分, 称为<u>反常积分</u>或<u>广义积分</u>.

一、无穷限的反常积分

例1 在地球表面垂直发射火箭 (见图 5-28), 要使火箭克服地球引力无限远离地球, 试问初速度 v_0 至少要多大?

设地球半径为 R, 火箭质量为 m, 地面上的重力加速度为 g. 按万有引力定律, 在距地心 $x(x \geqslant R)$ 处火箭所受的引力为

$$F = \frac{mgR^2}{x^2}.$$

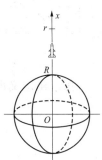

图 5-28

于是火箭从地面上升到距离地心为 $r(r > R)$ 处需做的功为

$$\int_R^r \frac{mgR^2}{x^2} \, \mathrm{d}x = mgR^2 \left(\frac{1}{R} - \frac{1}{r} \right).$$

当 $r \to +\infty$ 时, 其极限 mgR 就是火箭无限远离地球需做的功. 我们很自然地会把该极限写作上限为 $+\infty$ 的 "积分", 即

$$\int_R^{+\infty} \frac{mgR^2}{x^2} \, \mathrm{d}x = \lim_{r \to +\infty} \int_R^r \frac{mgR^2}{x^2} \, \mathrm{d}x = \lim_{r \to +\infty} mgR^2 \left(\frac{1}{R} - \frac{1}{r} \right) = mgR.$$

最后, 由机械能守恒定律可求得初速度 v_0 至少应使

$$\frac{1}{2} mv_0^2 = mgR.$$

将 $g = 9.81 \mathrm{m/s}^2$、$R = 6.371 \times 10^6 \mathrm{m}$ 代入上式, 便得

$$v_0 = \sqrt{2gR} \approx 11.2 (\mathrm{km/s}).$$

相对于以前所讲的定积分 (不妨称之为正常积分) 而言, 例 1 提出了一类特殊的积分, 下面我们来对这个问题进行一般性的讨论.

定义1 设函数 $f(x)$ 在区间 $[a, +\infty)$ 的任何有限子区间上可积, 如果存在极限

$$\lim_{b \to +\infty} \int_a^b f(x) \mathrm{d}x = J,$$

则称该极限 J 为函数 $f(x)$ 在无穷区间 $[a, +\infty)$ 上的<u>无穷限反常积分</u> (improper integral)（简称<u>无穷积分</u>）, 记作

$$J = \int_a^{+\infty} f(x) \mathrm{d}x,$$

即

$$\int_a^{+\infty} f(x) \mathrm{d}x = \lim_{b \to +\infty} \int_a^b f(x) \mathrm{d}x,$$

这时称 $\int_a^{+\infty} f(x) \mathrm{d}x$ **收敛**; 如果上述极限不存在, 则称 $\int_a^{+\infty} f(x) \mathrm{d}x$ **发散**.

类似地, 如果函数 $f(x)$ 在区间 $(-\infty, b]$ 的任何有限子区间上可积, 我们可以定义 $f(x)$ 在无穷区间 $(-\infty, b]$ 上的无穷积分, 即

$$\int_{-\infty}^b f(x) \mathrm{d}x = \lim_{a \to -\infty} \int_a^b f(x) \mathrm{d}x.$$

又若函数 $f(x)$ 在 $(-\infty, +\infty)$ 的任何有限子区间上可积, 则可以用前面两种无穷积分来定义

$f(x)$ 在 $(-\infty, +\infty)$ 上的无穷积分，即

$$\int_{-\infty}^{+\infty} f(x)\mathrm{d}x = \int_{-\infty}^{a} f(x)\mathrm{d}x + \int_{a}^{+\infty} f(x)\mathrm{d}x ,$$

其中 a 为任一实数，当且仅当右边两个无穷积分都收敛时它才是收敛的.

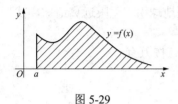

图 5-29

注意 $\int_{a}^{+\infty} f(x)\mathrm{d}x$ 收敛的几何意义是：若 $f(x)$ 在 $[a,+\infty)$ 上为非负连续函数，则图 5-29 中介于曲线 $y = f(x)$、直线 $x = a$ 以及 x 轴之间那一块向右无限延伸的阴影区域有面积 J.

例 2 求 $\int_{\frac{2}{\pi}}^{+\infty} \frac{1}{x^2} \sin \frac{1}{x} \mathrm{d}x$.

解 由定义可得

$$\int_{\frac{2}{\pi}}^{+\infty} \frac{1}{x^2} \sin \frac{1}{x} \mathrm{d}x = \lim_{b \to +\infty} \int_{\frac{2}{\pi}}^{b} \frac{1}{x^2} \sin \frac{1}{x} \mathrm{d}x = -\lim_{b \to +\infty} \int_{\frac{2}{\pi}}^{b} \sin \frac{1}{x} \mathrm{d}\left(\frac{1}{x}\right)$$

$$= \lim_{b \to +\infty} \left[\cos \frac{1}{x}\right]_{\frac{2}{\pi}}^{b} = \lim_{b \to +\infty} \left(\cos \frac{1}{b} - \cos \frac{\pi}{2}\right) = 1.$$

例 3 求 $\int_{-\infty}^{+\infty} \frac{1}{1+x^2} \mathrm{d}x$.

解 由定义可得

$$\int_{-\infty}^{+\infty} \frac{1}{1+x^2} \mathrm{d}x = \int_{-\infty}^{0} \frac{1}{1+x^2} \mathrm{d}x + \int_{0}^{+\infty} \frac{1}{1+x^2} \mathrm{d}x$$

$$= \lim_{a \to -\infty} \int_{a}^{0} \frac{1}{1+x^2} \mathrm{d}x + \lim_{b \to +\infty} \int_{0}^{b} \frac{1}{1+x^2} \mathrm{d}x$$

$$= \lim_{a \to -\infty} [\arctan x]_{a}^{0} + \lim_{b \to +\infty} [\arctan x]_{0}^{b}$$

$$= \lim_{a \to -\infty} (-\arctan a) + \lim_{b \to +\infty} (\arctan b)$$

$$= -\left(-\frac{\pi}{2}\right) + \frac{\pi}{2} = \pi .$$

例 4 证明反常积分 $\int_{a}^{+\infty} \frac{1}{x^p} \mathrm{d}x \,(a > 0)$ 当 $p > 1$ 时收敛，当 $p \leqslant 1$ 时发散.

证 当 $p = 1$ 时，

$$\int_{a}^{+\infty} \frac{1}{x^p} \mathrm{d}x = \int_{a}^{+\infty} \frac{1}{x} \mathrm{d}x = \lim_{b \to +\infty} [\ln x]_{a}^{b} = \lim_{b \to +\infty} (\ln b - \ln a) = +\infty ,$$

当 $p \neq 1$ 时，

$$\int_{a}^{+\infty} \frac{1}{x^p} \mathrm{d}x = \lim_{b \to +\infty} \left[\frac{1}{1-p} x^{1-p}\right]_{a}^{b} = \begin{cases} +\infty, & p < 1, \\ \dfrac{a^{1-p}}{p-1}, & p > 1. \end{cases}$$

综上所述，$\int_{a}^{+\infty} \frac{1}{x^p} \mathrm{d}x \,(a > 0)$ 当 $p > 1$ 时收敛，当 $p \leqslant 1$ 时发散.

二、无界函数的反常积分

现在我们把定积分推广到被积函数为无界函数的情形.

定义 2 设函数 $f(x)$ 在区间 $(a,b]$ 的任一闭子区间上可积，在点 α 的任一右邻域上 $f(x)$

无界，取 $\varepsilon > 0$ ，如果存在极限

$$\lim_{\varepsilon \to 0^+} \int_{a+\varepsilon}^b f(x)\mathrm{d}x = J ,$$

则称此极限 J 为无界函数 $f(x)$ 在区间 $(a,b]$ 上的**反常积分**，记作

$$J = \int_a^b f(x)\mathrm{d}x ,$$

即

$$\int_a^b f(x)\mathrm{d}x = \lim_{\varepsilon \to 0^+} \int_{a+\varepsilon}^b f(x)\mathrm{d}x .$$

这时称反常积分 $\int_a^b f(x)\mathrm{d}x$ **收敛**，如果极限不存在，则称反常积分 $\int_a^b f(x)\mathrm{d}x$ **发散**.

在定义 2 中，被积函数 $f(x)$ 在点 a 的任意邻域内是无界的，这时点 a 称为 $f(x)$ 的<u>瑕点</u>，而无界函数反常积分 $\int_a^b f(x)\mathrm{d}x$ 称为<u>瑕积分</u>.

类似地，可定义瑕点为 b 时的瑕积分

$$\int_a^b f(x)\mathrm{d}x = \lim_{\varepsilon \to 0^+} \int_a^{b-\varepsilon} f(x)\mathrm{d}x .$$

其中 $f(x)$ 在 $[c,b)$ 的任一闭子区间上可积，点 b 为 $f(x)$ 的瑕点.

若 $f(x)$ 的瑕点 $c \in (a,b)$ ，则定义瑕积分

$$\int_a^b f(x)\mathrm{d}x = \int_a^c f(x)\mathrm{d}x + \int_c^b f(x)\mathrm{d}x$$
$$= \lim_{\varepsilon \to 0^+} \int_a^{c-\varepsilon} f(x)\mathrm{d}x + \lim_{\varepsilon' \to 0^+} \int_{c+\varepsilon'}^b f(x)\mathrm{d}x.$$

其中 $f(x)$ 在 $[a,c)$ 和 $(a,b]$ 的任一闭子区间上可积，点 c 为 $f(x)$ 的瑕点. 当且仅当上式右边两个瑕积分都收敛时，左边的瑕积分才是收敛的.

又若 a、b 两点都是 $f(x)$ 的瑕点，而 $f(x)$ 在区间 (a,b) 的任一闭子区间上可积，这时定义瑕积分

$$\int_a^b f(x)\mathrm{d}x = \int_a^c f(x)\mathrm{d}x + \int_c^b f(x)\mathrm{d}x$$
$$= \lim_{\varepsilon \to 0^+} \int_{a+\varepsilon}^c f(x)\mathrm{d}x + \lim_{\varepsilon' \to 0^+} \int_c^{b-\varepsilon'} f(x)\mathrm{d}x,$$

其中 c 为 (a,b) 上任一实数. 同样地，当且仅当上式右边两个瑕积分都收敛时，左边的瑕积分才是收敛的.

例 5 计算反常积分 $\int_0^1 \frac{1}{\sqrt{1-x^2}}\mathrm{d}x$ 的值.

解 被积函数 $f(x) = \frac{1}{\sqrt{1-x^2}}$ 在 $[0,1)$ 上连续，从而在 $[0,1)$ 的任一子区间上可积，$x=1$ 为其瑕点. 由定义得

$$\int_0^1 \frac{1}{\sqrt{1-x^2}}\mathrm{d}x = \lim_{\varepsilon \to 0^+} \int_0^{1-\varepsilon} \frac{1}{\sqrt{1-x^2}}\,\mathrm{d}x = \lim_{\varepsilon \to 0^+}[\arcsin x]_0^{1-\varepsilon}$$

$$= \lim_{\varepsilon \to 0^+}[\arcsin(1-\varepsilon)-0] = \frac{\pi}{2}.$$

例 6 证明反常积分 $\int_0^1 \frac{\mathrm{d}x}{x^q}$ 当 $q<1$ 时收敛，当 $q \geq 1$ 时发散.

证 当 $q=1$ 时，

$$\int_0^1 \frac{1}{x^q}dx = \int_0^1 \frac{1}{x}dx = \lim_{\varepsilon \to 0^+}\int_\varepsilon^1 \frac{1}{x}dx = \lim_{\varepsilon \to 0^+}[\ln x]_\varepsilon^1 = \lim_{\varepsilon \to 0^+}(\ln 1 - \ln \varepsilon) = +\infty ,$$

当 $q \neq 1$ 时，

$$\int_0^1 \frac{1}{x^q}dx = \lim_{\varepsilon \to 0^+}\left[\frac{x^{1-q}}{1-q}\right]_\varepsilon^1 = \begin{cases} \dfrac{1}{1-q}, & q < 1, \\ +\infty, & q > 1. \end{cases}$$

综上所述，$\displaystyle\int_0^1 \frac{dx}{x^q}$ 当 $q<1$ 时收敛，当 $q \geqslant 1$ 时发散.

如果把例 4 和例 6 联系起来，考察反常积分

$$\int_0^{+\infty} \frac{1}{x^p}dx \ (p > 0).$$

我们定义

$$\int_0^{+\infty} \frac{1}{x^p}dx = \int_0^1 \frac{1}{x^p}dx + \int_1^{+\infty} \frac{1}{x^p}dx,$$

它当且仅当右边的瑕积分和无穷积分都收敛时才收敛. 但由例 4 和例 6 的结果可知，这两个反常积分不能同时收敛，故反常积分 $\displaystyle\int_0^{+\infty} \frac{1}{x^p}dx \ (p>0)$ 对任何实数 p 都是发散的.

简单反常积分的敛散性可以通过求被积函数的原函数，由定义取极限，然后根据极限存在与否来判断. 但对于复杂反常积分，有时无法找到其原函数，这就需要寻找不通过被积函数的原函数判定反常积分敛散性的判定方法.

*三、无穷限反常积分的审敛法

以下不加证明给出无穷积分的审敛法.

定理 1　设函数 $f(x)$ 是定义在 $[a,+\infty)$ 上的非负函数，且在任何有限区间 $[a,x]$ 上可积，若函数

$$F(x) = \int_a^x f(t)dt$$

在 $[a,+\infty)$ 上存在上界，则反常积分 $\displaystyle\int_a^{+\infty} f(x)dx$ 收敛.

上述定理给出了非负函数无穷积分收敛的基础理论，由该定理可推导出以下判别法：

定理 2（比较原则）　设定义在 $[a,+\infty)$ 上的两个非负函数 $f(x)$、$g(x)$ 都在任何有限区间 $[a,u]$ 上可积，且满足

$$f(x) \leqslant g(x), x \in [a,+\infty),$$

则当 $\displaystyle\int_a^{+\infty} g(x)dx$ 收敛时，$\displaystyle\int_a^{+\infty} f(x)dx$ 必收敛；或者，当 $\displaystyle\int_a^{+\infty} f(x)dx$ 发散时，$\displaystyle\int_a^{+\infty} g(x)dx$ 必发散.

在定理 2 的基础上，可以得到该定理的极限形式：

推论 1（比较原则极限形式）　设函数 $f(x)$、$g(x)$ 都在 $[a,+\infty)$ 的任何有限子区间 $[a,u]$ 上可积，当 $x \in [a,+\infty)$ 时，$f(x) \geqslant 0, g(x) > 0$，且 $\displaystyle\lim_{x \to +\infty}\frac{f(x)}{g(x)} = l$，则有

（1）当 $0 < l < +\infty$ 时，反常积分 $\displaystyle\int_a^{+\infty} f(x)dx$ 与 $\displaystyle\int_a^{+\infty} g(x)dx$ 同时收敛或发散；

（2）当 $l = 0$ 时，由 $\displaystyle\int_a^{+\infty} g(x)dx$ 收敛可推得 $\displaystyle\int_a^{+\infty} f(x)dx$ 收敛；

（3）当 $l = +\infty$ 时，由 $\displaystyle\int_a^{+\infty} g(x)dx$ 发散可推得 $\displaystyle\int_a^{+\infty} f(x)dx$ 发散.

特别地，如果选用 $\int_1^{+\infty}\dfrac{dx}{x^p}$ 作为比较对象，则有如下两个推论（称为**柯西判别法**）.

推论 2 设函数 $f(x)$ 在区间 $[a,+\infty)$ 的任何有限子区间 $[a,u]$ 上可积，则

（1）当 $0\leqslant f(x)\leqslant\dfrac{1}{x^p}$，$x\in[a,+\infty)$，且 $p>1$ 时，反常积分 $\int_a^{+\infty}f(x)dx$ 收敛；

（2）当 $f(x)\geqslant\dfrac{1}{x^p}$，$x\in[a,\infty)$，且 $p\leqslant1$ 时，反常积分 $\int_a^{+\infty}f(x)dx$ 发散.

推论 3 设定义在 $[a,+\infty)$ 上的非负函数 $f(x)$ 在任何有限子区间 $[a,u]$ 上可积，且
$$\lim_{x\to+\infty}x^pf(x)=l,$$
则有

（1）当 $p>1,0\leqslant l<+\infty$ 时，反常积分 $\int_a^{+\infty}f(x)dx$ 收敛；

（2）当 $p\leqslant1,0<l\leqslant+\infty$ 时，反常积分 $\int_a^{+\infty}f(x)dx$ 发散.

例 7 判断反常积分 $\int_1^{+\infty}\dfrac{2}{\sqrt{1+x^3}}dx$ 的敛散性.

解 由于 $0<\dfrac{2}{\sqrt{1+x^3}}<\dfrac{2}{\sqrt{x^3}}=\dfrac{2}{x^{\frac32}}$，而 $\int_1^{+\infty}\dfrac{1}{x^{\frac32}}dx$ 收敛，由柯西判别法，反常积分 $\int_1^{+\infty}\dfrac{2}{\sqrt{1+x^3}}dx$ 是收敛的.

例 8 判断反常积分 $\int_1^{+\infty}\dfrac{2}{x\sqrt{1+x}}dx$ 的敛散性.

解 由于 $\lim_{x\to+\infty}x^{\frac32}\dfrac{1}{x\sqrt{3+x}}=\lim_{x\to+\infty}\dfrac{1}{\sqrt{1+\frac3x}}=1$，由柯西判别法，反常积分 $\int_1^{+\infty}\dfrac{1}{x\sqrt{3+x}}dx$ 收敛.

如果反常积分的被积函数在讨论区间上不是非负的，则可考虑以下判定定理：

定理 3 设函数 $f(x)$ 在 $[a,+\infty)$ 的任何有限子区间 $[a,u]$ 上可积，且有 $\int_a^{+\infty}|f(x)|dx$ 收敛，则反常积分 $\int_a^{+\infty}f(x)dx$ 也收敛.

通常我们称满足定理 3 条件的反常积分 $\int_a^{+\infty}f(x)dx$ 为**绝对收敛**，称收敛而不绝对收敛者为**条件收敛**.

例 9 讨论 $\int_0^{+\infty}\dfrac{\sin x}{1+x^2}dx$ 的敛散性.

解 由于 $\left|\dfrac{\sin x}{1+x^2}\right|\leqslant\dfrac{1}{1+x^2}$，$x\in[0,+\infty)$，以及 $\int_0^{+\infty}\dfrac{1}{1+x^2}dx=\dfrac{\pi}{2}$ 为收敛的，根据比较原则，$\int_0^{+\infty}\dfrac{\sin x}{1+x^2}dx$ 是收敛的.

* 四、无界函数反常积分的审敛法

对于无界函数的反常积分，也有类似的判别法.

定理 4（比较原则） 设定义在 $(a,b]$ 上的两个非负函数 $f(x)$、$g(x)$ 都在任何 $[u,b]\subset(a,b)$ 上可积，瑕点同为 $x=a$，且满足

$$f(x) \leqslant g(x), x \in (a,b] ,$$

则当 $\int_a^b g(x)\mathrm{d}x$ 收敛时，$\int_a^b f(x)\mathrm{d}x$ 必收敛；或者，当 $\int_a^b f(x)\mathrm{d}x$ 发散时，$\int_a^b g(x)\mathrm{d}x$ 必发散.

推论 1（比较原则极限形式）　又若 $f(x) \geqslant 0, g(x) > 0$，且 $\lim\limits_{x \to a^+} \dfrac{f(x)}{g(x)} = l$，则有

（1）当 $0 < l < +\infty$ 时，反常积分 $\int_a^b f(x)\mathrm{d}x$ 与 $\int_a^b g(x)\mathrm{d}x$ 同时收敛或发散；

（2）当 $l = 0$ 时，由 $\int_a^b g(x)\mathrm{d}x$ 收敛可推得 $\int_a^b f(x)\mathrm{d}x$ 收敛；

（3）当 $l = +\infty$ 时，由 $\int_a^b g(x)\mathrm{d}x$ 发散可推得 $\int_a^b f(x)\mathrm{d}x$ 发散.

类似本节例 6，我们能证明反常积分 $\int_a^b \dfrac{\mathrm{d}x}{(x-a)^q}$ 当 $q < 1$ 时收敛，当 $q \geqslant 1$ 时发散.

如果选用 $\int_a^b \dfrac{\mathrm{d}x}{(x-a)^q}$ 作为比较对象，则有如下两个推论（称为**柯西判别法**）.

推论 2　设函数 $f(x)$ 在区间 $(a、b]$ 的任何有限子区间 $[u, b]$ 上可积，a 为其瑕点，则

（1）当 $0 \leqslant f(x) \leqslant \dfrac{1}{(x-a)^q}$，且 $0 < q < 1$ 时，反常积分 $\int_a^b f(x)\mathrm{d}x$ 收敛；

（2）当 $f(x) \geqslant \dfrac{1}{(x-a)^q}$，且 $q \geqslant 1$ 时，反常积分 $\int_a^b f(x)\mathrm{d}x$ 发散.

推论 3　设定义在 $(a, b]$ 上的非负函数 $f(x)$ 在任何有限子区间 $[u, b] \subset (a, b]$ 上可积，a 为其瑕点，且

$$\lim_{x \to a^+} (x-a)^q f(x) = l ,$$

则有

（1）当 $0 < q < 1, 0 \leqslant l < +\infty$ 时，反常积分 $\int_a^b f(x)\mathrm{d}x$ 收敛；

（2）当 $q \geqslant 1, 0 < l \leqslant +\infty$ 时，反常积分 $\int_a^b f(x)\mathrm{d}x$ 发散.

例 10　判断反常积分 $\int_1^2 \dfrac{\sqrt{x}}{\ln x} \mathrm{d}x$ 的敛散性.

解　这里 $x = 1$ 是瑕点，取 $q = 1$，有

$$\lim_{x \to 1^+} (x-1) \cdot \frac{\sqrt{x}}{\ln x} = \lim_{x \to 1^+} \frac{(x-1)}{\ln x} = 1 ,$$

故由判别法，反常积分 $\int_1^2 \dfrac{\sqrt{x}}{\ln x}\mathrm{d}x$ 发散.

例 11　判断反常积分 $\int_0^\pi \dfrac{\sin x}{x^{3/2}} \mathrm{d}x$ 的敛散性.

解　这里 $x = 0$ 是瑕点，取 $q = \dfrac{1}{2} < 1$，有

$$\lim_{x \to 0^+} x^{1/2} \cdot \frac{\sin x}{x^{3/2}} = \lim_{x \to 0^+} \frac{\sin x}{x} = 1 ,$$

由判别法，反常积分 $\int_0^\pi \dfrac{\sin x}{x^{3/2}}\mathrm{d}x$ 收敛.

如果反常积分的被积函数在讨论区间上取值不是非负的，则可考虑以下判定定理：

定理 5 设函数 $f(x)$ 在 $(a,b]$ 的任一闭子区间 $[u,b]$ 上可积，且有 $\int_a^b |f(x)| \mathrm{d}x$ 收敛，则反常积分 $\int_a^b f(x)\mathrm{d}x$ 也收敛.

通常我们称满足定理 5 条件的反常积分 $\int_a^b f(x)\mathrm{d}x$ 为 **绝对收敛**，称收敛而不绝对收敛的瑕积分为 **条件收敛**.

例 12 判断反常积分 $\int_0^1 \dfrac{\ln x}{\sqrt{x}} \mathrm{d}x$ 的敛散性.

解 这里 $x=0$ 是瑕点，取 $q=\dfrac{3}{4}<1$，有

$$\lim_{x\to 0^+} x^{\frac{3}{4}} \cdot \left| \frac{\ln x}{\sqrt{x}} \right| = -\lim_{x\to 0^+} \frac{\ln x}{x^{-\frac{1}{4}}} = \lim_{x\to 0^+} \left(4x^{\frac{1}{4}} \right) = 0 ,$$

由判别法，反常积分 $\int_0^1 \dfrac{\ln x}{\sqrt{x}} \mathrm{d}x$ 收敛.

习 题 5-7

1. 判断下列反常积分的敛散性，若收敛，计算反常积分的值：

(1) $\displaystyle\int_0^{+\infty} x\mathrm{e}^{-x^2} \mathrm{d}x$；

(2) $\displaystyle\int_1^{+\infty} \frac{1}{x^4} \mathrm{d}x$；

(3) $\displaystyle\int_1^{+\infty} \frac{1}{\sqrt{x}} \mathrm{d}x$；

(4) $\displaystyle\int_{-\infty}^0 x\mathrm{e}^x \mathrm{d}x$；

(5) $\displaystyle\int_{\frac{\pi}{4}}^{\frac{\pi}{2}} \frac{\mathrm{d}x}{\cos^2 x}$；

(6) $\displaystyle\int_0^1 \frac{1}{\sqrt[3]{x}} \mathrm{d}x$；

(7) $\displaystyle\int_0^2 \frac{\mathrm{d}x}{(x-1)^2}$；

(8) $\displaystyle\int_1^2 \frac{x}{\sqrt{x-1}} \mathrm{d}x$.

*2. 判断下列反常积分的敛散性：

(1) $\displaystyle\int_1^{+\infty} \frac{2x^2}{x^4+x} \mathrm{d}x$；

(2) $\displaystyle\int_1^{+\infty} \frac{\mathrm{d}x}{x\sqrt{6+x^2}}$；

(3) $\displaystyle\int_1^{+\infty} \sin\frac{1}{x^2} \mathrm{d}x$；

(4) $\displaystyle\int_1^{+\infty} x^\alpha \mathrm{e}^{-x} \mathrm{d}x$；

(5) $\displaystyle\int_1^2 \frac{\mathrm{d}x}{(\ln x)^3} \mathrm{d}x$；

(6) $\displaystyle\int_0^1 \frac{1}{\sqrt{x}} \sin\frac{1}{x} \mathrm{d}x$.

*3. 设反常积分 $\displaystyle\int_1^{+\infty} f^2(x)\mathrm{d}x$ 收敛，证明反常积分 $\displaystyle\int_1^{+\infty} \frac{f(x)}{x} \mathrm{d}x$ 绝对收敛.

总 习 题 五

一、填空题

1. 函数 $f(x)$ 在 $[a,b]$ 上有界是 $f(x)$ 在 $[a,b]$ 上可积的_____条件.

2. $\left(\int_a^b f(t)\mathrm{d}t\right)' = $ _____；$\left(\int_a^x f(t)\mathrm{d}t\right)' = $ _____.

3. $\int_a^b f(t)\mathrm{d}t - \int_a^b f(x)\mathrm{d}x = $ _____.

4. 已知函数 $f(x)$ 为连续函数，则 $\int_{-a}^a x[f(x)+f(-x)]\mathrm{d}x = $ _____.

5. 曲线 $y = \sin^{\frac{3}{2}}x\,(0 \leqslant x \leqslant \pi)$ 与 x 轴围成的图形绕 x 轴旋转得到的旋转体的体积为_____.

6. 反常积分 $\int_a^{+\infty} \dfrac{1}{x^p}\mathrm{d}x\,(a>0)$ 当_____时收敛，当_____时发散.

7. 反常积分 $\int_0^1 \dfrac{\mathrm{d}x}{x^q}$ 当_____时收敛，当_____时发散.

二、选择题

1. 函数 $f(x)$ 在 $[a,b]$ 上连续是 $f(x)$ 在 $[a,b]$ 上可积的_____条件.

（A）充分而不必要　　　　　　　　（B）必要而不充分

（C）必要且充分　　　　　　　　　（D）既不必要又不充分

2. 函数 $f(x) = \int_0^x \dfrac{2t}{t^2-t+1}\mathrm{d}t$ 在 $[0,1]$ 上的最小值为_____.

（A）0　　　　　（B）2　　　　　（C）$\ln 2$　　　　　（D）$\arctan 2$

3. 设 $f(x) = \begin{cases} \dfrac{1}{x^2}\displaystyle\int_0^x (\mathrm{e}^t-1)\mathrm{d}t, & x > 0 \\ A, & x \leqslant 0 \end{cases}$ 在 $(-\infty,+\infty)$ 连续，则 $A = $ _____.

（A）$\dfrac{1}{2}$　　　　　（B）1　　　　　（C）$\dfrac{1}{4}$　　　　　（D）0

4. $\dfrac{\mathrm{d}}{\mathrm{d}x}\int_a^b \arcsin x\mathrm{d}x = $ _____.

（A）$\arcsin x$　　　　　　　　　（B）$\dfrac{1}{\sqrt{1-x^2}}$

（C）$\arcsin b - \arcsin a$　　　　（D）0

5. 曲边梯形 $0 \leqslant y \leqslant f(x)$，$0 \leqslant a \leqslant x \leqslant b$ 绕 x 轴旋转一周得到的旋转体体积为_____.

（A）$2\pi\int_a^b xf(x)\mathrm{d}x$　　　　　（B）$\int_a^b xf(x)\mathrm{d}x$

（C）$\pi\int_a^b f^2(x)\mathrm{d}x$　　　　　（D）$\int_a^b f^2(x)\mathrm{d}x$

三、计算题

1. 求下列定积分：

（1）$\int_{-1}^1 (x+\sqrt{1-x^2})^2\mathrm{d}x$；　　　（2）$\int_0^\pi \sqrt{\sin\theta - \sin^3\theta}\mathrm{d}\theta$；

（3）$\int_0^\pi \sqrt{1-\sin x}\mathrm{d}x$；　　　　（4）$\int_1^{64} \dfrac{\mathrm{d}x}{\sqrt{x}(1+\sqrt[3]{x})}$；

（5）$\int_1^e \cos(\ln x)\mathrm{d}x$ ；

（6）$\int_0^{\frac{\pi}{2}} \dfrac{\cos\theta}{\sin\theta+\cos\theta}\mathrm{d}\theta$ ；

（7）$\int_{-\infty}^{+\infty} \dfrac{\mathrm{d}x}{x^2+2x+2}$ ；

（8）$\int_1^e \dfrac{\mathrm{d}x}{x\sqrt{1-\ln^2 x}}$ ；

（9）$\int_1^{16} \dfrac{\mathrm{d}x}{2+\sqrt{x}}$ ；

（10）$\int_0^1 x\arctan x\,\mathrm{d}x$ ；

（11）$\int_{-1}^1 (2x+|x|+1)^2\mathrm{d}x$ ；

（12）$\int_{-\pi}^{\pi} (\sqrt{1+\cos 2x}+|x|\sin x)\,\mathrm{d}x$.

2．求下列极限：

（1）$\lim\limits_{x\to 0} \dfrac{\int_0^{x^2} te^{t^2}\mathrm{d}t}{x^2}$ ；

（2）$\lim\limits_{x\to 0} \dfrac{\int_0^{x^2} \sqrt{1+t^2}\mathrm{d}t}{x^2}$ ；

（3）$\lim\limits_{x\to 0} \dfrac{\int_0^x t^2\tan t\,\mathrm{d}t}{x^3}$ ；

（4）$\lim\limits_{x\to 0} \dfrac{\int_0^{x^2} t^{\frac{3}{2}}\mathrm{d}t}{\int_0^x t(t-\sin t)\mathrm{d}t}$.

3．设 $f(x)=\int_0^x \left(\int_1^{\sin t} \sqrt{1+u^4}\,\mathrm{d}u\right)\mathrm{d}t$ ，求 $f''(x)$.

4．设 $f(x)$ 连续，且满足 $f(x)=3x^2-x\int_0^1 f(x)\mathrm{d}x$ ，求 $f(x)$.

5．设 $f(x)=\begin{cases}1+x^2, & x<0 \\ e^{-x}, & x\geqslant 0\end{cases}$ ，求定积分 $\int_1^3 f(x-2)\mathrm{d}x$.

6．设函数 $g(x)$ 连续，$f(x)=\dfrac{1}{2}\int_0^x (x-t)^2 g(t)\mathrm{d}t$ ，求 $f'(x)$.

7．求函数 $f(x)=\int_0^x \dfrac{t+2}{t^2+2t+2}\mathrm{d}t$ 在区间 $[0,1]$ 上的最大值和最小值.

四、证明题

1．证明：$\int_0^1 x^m(1-x)^n\mathrm{d}x=\int_0^1 x^n(1-x)^m\mathrm{d}x$.

2．设 $f(x)$ 在 $(-\infty,+\infty)$ 上连续，且 $F(x)=\int_0^x (2t-x)f(t)\mathrm{d}t$.

证明：（1）若 $f(x)$ 是偶函数，则 $F(x)$ 也是偶函数；

（2）若 $f(x)$ 是单调减少函数，则 $F(x)$ 也是单调减少函数.

3．证明广义积分中值定理：设函数 $f(x)$ 和 $g(x)$ 在 $[a,b]$ 上连续，且 $g(x)$ 不变号，则在 $[a,b]$ 上至少存在一点 ξ ，使得 $\int_a^b f(x)g(x)\mathrm{d}x=f(\xi)\int_a^b g(x)\mathrm{d}x$.

4．设函数 $f(x)$ 在 $[0,1]$ 上连续，在 $(0,1)$ 内可导，且 $3\int_{\frac{2}{3}}^1 f(x)\mathrm{d}x=f(0)$. 证明：在 $(0,1)$ 内存在一点 ξ ，使 $f'(\xi)=0$.

5．设 $f(x)$ 、$g(x)$ 均在 $[a,b]$ 上连续，证明不等式：

（1）$\left[\int_a^b f(x)g(x)\mathrm{d}x\right]^2\leqslant \int_a^b f^2(x)\mathrm{d}x\int_a^b g^2(x)\mathrm{d}x$ ；

（2）$\left(\int_a^b [f(x)+g(x)]^2 \mathrm{d}x\right)^{\frac{1}{2}} \leqslant \left[\int_a^b f^2(x)\mathrm{d}x\right]^{\frac{1}{2}} + \left[\int_a^b g^2(x)\mathrm{d}x\right]^{\frac{1}{2}}$.

五、应用题

1．设函数 $f(x)$ 在 $[a,b]$ 上连续且单调增加．证明：在 (a,b) 内存在点 ξ，使曲线 $y=f(x)$ 与两直线 $y=f(\xi),x=a$ 所围平面图形的面积 A_1 是曲线 $y=f(x)$ 与两直线 $y=f(\xi),x=b$ 所围图形面积 A_2 的 3 倍．

2．过点 $P(1,0)$ 作抛物线 $y=\sqrt{x-2}$ 的切线，该切线与抛物线及 x 轴围成一平面图形，求此平面图形绕 x 轴旋转一周所成旋转体的体积．

3．半径为 R 的球形水池充满了水，要把池内的水全部吸尽，需要做多少功？

4．长方体器皿下半部盛水，上半部盛油，设油和水的体积相等，水的密度是油的 2 倍，此时侧壁压力记为 F_1；若全部盛油，记侧壁压力为 F_2，证明：$\dfrac{F_1}{F_2}=\dfrac{5}{4}$.

拓展阅读

微 积 分 发 展 史

一、萌芽时期

早在希腊时期，人类已经开始讨论"无穷""极限"以及"无穷分割"等概念．这些都是微积分的中心思想，虽然这些讨论从现代的观点看有很多漏洞，有时现代人甚至觉得这些讨论的论证和结论都很荒谬，但无可否认，这些讨论是人类发展微积分的第一步．例如，公元前 5 世纪，希腊的德谟克利特（Democritus）提出原子论：他认为宇宙万物是由极细的原子构成．在中国，《庄子·天下篇》中所言的"一尺之捶，日取其半，万世不竭"，亦指零是无穷小量．这些都是最早期人类对无穷、极限等概念的原始的描述．

其他关于无穷、极限的论述，还包括芝诺（Zeno）几个著名的悖论，其中一个悖论说一个人永远都追不上一只乌龟，因为当那人追到乌龟的出发点时，乌龟已经向前爬行了一小段路，当他再追完这一小段时，乌龟又已经再向前爬行了一小段路．芝诺说这样一追一赶地永远重复下去，任何人都追不上一只最慢的乌龟．当然，从现代的观点看，芝诺说得实在荒谬不过，他混淆了"无限"和"无限可分"的概念．人追乌龟经过的那段路纵然无限可分，其长度却是有限的；所以人仍然可以以有限的时间走完这一段路．然而，这些荒谬的论述开启了人类对无穷、极限等概念的探讨，对后世发展微积分有深远的历史意义．

另外，值得一提的是，希腊时代的阿基米德（Archimedes）已经懂得用无穷分割的方法正确地计算一些面积，这跟现代积分的观念已经很相似．由此可见，在历史上，积分观念的形成比微分还要早．

二、17 世纪的大发展

微积分是继欧几里得（Euclid）几何之后全部数学中的一个最大的创造，虽然在某种程度上，它是已被古希腊人处理过的那些问题的解答，但是，中世纪以后，欧洲数学和科学急速发展，微积分的创立，首先是为了处理 17 世纪主要的科学问题的．

有四种主要类型的问题：第一类是已知物体移动的距离表为时间的函数的公式，求物体在任意时刻的速度和加速度；反过来，已知物体的加速度表为时间的函数的公式，求速度和距离. 这类问题是研究运动时直接出现的. 第二类问题是求曲线的切线. 这个问题的重要性来源于几个方面. 它是纯几何问题，而且对于科学应用具有重要作用. 正如我们知道的那样，光学是 17 世纪的一门重要的科学研究，要研究光线通过透镜的通道，必须知道光线射入透镜的角度，以便应用反射定律. 重要的角是光线同曲线的法线间的夹角. 法线是垂直于切线的，所以问题在于求出法线或者是求出切线. 另一个涉及曲线的切线的科学问题出现于运动的研究中. 运动物体在它的轨迹上任一点处的运动方向，是轨迹的切线方向. 实际上，甚至"切线"本身的意义也是没有解决的问题. 对于圆锥曲线，把切线定义为和曲线只接触于一点而且位于曲线的一边的直线就足够了；但是，对于 17 世纪所用的较复杂的曲线，它就不适用了. 第三类问题是求函数的最大值与最小值. 炮弹从炮筒里射出，它运行的水平距离（即射程）依赖于炮筒对地面的倾斜角，即发射角. 一个实际问题是求能获得最大射程的发射角. 研究行星的运动也涉及最大值和最小值的问题. 第四类问题是求曲线长、曲线围成的图形的面积、曲面围成的图形的体积、物体的重心，以及一个体积相当大的物体作用于另一个物体上的引力.

在积分方面，1615 年，开普勒（Kepler）把酒桶看作一个由无数圆薄片积累而成的物件，从而求出其体积. 而伽利略（Galileo）的学生卡瓦列里（Cavalieri）即认为一条线由无穷多个点构成，一个面由无穷多条线构成，一个立体由无穷多个面构成. 这些想法都是积分法的前驱.

在微分方面，17 世纪人类也有很大的突破. 费马（Fermat）在一封给罗贝瓦（Roberval）的信中，提及计算函数的极大值和极小值的步骤，而这实际上已几乎与现代微积分中的方法相同. 另外，巴罗（Barrow）亦已懂得通过"微分三角形"（相当于以 dx、dy、ds 为边的三角形）求出切线的方程，这和现代微分学中用导数求切线的方法是一样的. 由此可见，人类在 17 世纪已经掌握了微分的要领.

然而，直至 17 世纪中叶，人类仍然认为微分和积分是两个独立的概念. 就在这时，牛顿和莱布尼兹将微分及积分两个貌似不相关的问题，通过"牛顿-莱布尼兹公式"联系起来，说明求积分基本上是求微分之逆，求微分也是求积分之逆. 这是微积分理论的基石，是微积分发展的一个重要里程碑.

微积分诞生以后，逐渐发挥出它非凡的威力. 例如，约翰·伯努利（JohnannBernoulli）于 1696 年提出一个问题：一质点受地心吸力的作用自较高点下滑至较低点，不计摩擦，问沿着什么曲线时间最短？这个问题后来促使了变分学的诞生. 欧拉（Euler）的"引论"、"微分学"、"积分学"亦总结了自 17 世纪微积分的全部成果.

尽管如此，微积分的理论基础问题仍然在当时的数学界引起很多争论. 牛顿的"无穷小量"有时是零，有时又不是零，他的极限理论也是十分模糊的. 莱布尼兹的微积分同样不能自圆其说. 所以，微积分在当时惹来不少反对的声音，当中包括数学家罗尔（Rolle）. 但是，罗尔本身亦曾提出一条与微积分有关的定理，后人将这条定理推广至可微函数，这条定理名为"罗尔定理"，被视为微分学的基本定理之一. 由此可见，在挑战微积分的理论基础的同时，数学家已经就微积分的发展做出了很大的贡献.

三、18 世纪的拓展

17 世纪，牛顿、莱布尼兹的微积分理论使数学迎来了前所未有的大变革，但是当时的微积分基础并不牢靠，理论并不完善.

18 世纪，一批数学家拓展了微积分，并推广其应用产生一系列新的分支，这些分支与微积分自身一起形成了被称为"分析"的广大领域.

中国科学院数学与系统科学研究院研究员胡作玄说："牛顿形成了一个突破，但是突破不一定能形成学科，还有很多遗留问题." 比如，牛顿对无穷小的界定不严格，有时等于零，有时又参与运算，被称为"消逝量的鬼魂"，当时甚至连教会神父都抓住这点攻击牛顿. 另外，由于当时函数有局限，牛顿和莱布尼兹只涉及少量函数及其微积分的求法. 而欧拉极大地推进了微积分，并且发展了很多技巧. 欧拉在其中的贡献是基础性的，被尊为"分析的化身".

莱昂哈德·欧拉（Leonhard Euler）1707 年 4 月 15 日生于瑞士巴塞尔，1783 年 9 月 18 日卒于俄国圣彼得堡. 17 岁获硕士学位，26 岁任数学教授. 约翰·伯努利对欧拉说："我给你上微积分课时，这门课还是个孩子，正是你把它带大成人". 欧拉是一位名副其实的全球科学家. 他是俄国彼得堡科学院教授，柏林科学院领导人. 18 世纪微积分的主要成就几乎全部在欧拉的关于微积分的三部名著中体现出来. 这三部著作分别是：①《无穷小分析引论》，1748，两卷集；②《微分学原理》，1755，两卷集；③《积分学原理》，1768—1770，三卷集. 他在世时出版发表 530 本书和论文，死后遗留的手稿 47 年间被不断发表. 其不朽著作写成了近百册大四开本的《欧拉全集》.

四、19 世纪基础的奠定

微积分的迅速发展，使人们来不及检查和巩固微积分的理论基础. 19 世纪，许多迫切问题基本上已经解决，数学家于是转向微积分理论基础的重建，人类亦终于首次给出极限、微分和积分等概念的严格定义.

1816 年，波尔查诺（Bolzano）首次给出连续函数的近代定义. 继而在 1821 年，柯西（Cauchy）在其《无穷小分析教程概要》一书中，用不等式来刻画整个极限过程，将无穷的运算化为一系列不等式的推算，这就是所谓极限概念的"算术化".

对微积分的发展功不可没的另一位功臣是法国著名数学家奥古斯丁·路易·柯西（Augustin Louis Cauchy，1789—1857 年），他对微积分的建设有以下几个方面：

（1）给出导数定义 $f'(x) = \lim\limits_{\Delta x \to 0} \dfrac{f(x + \Delta x) - f(x)}{\Delta x}$.

（2）给出定积分定义，是历史上首次亮相的积分定义.

（3）微积分基本定理.

柯西是数学分析严格化的开拓者、复变函数论的奠基者，也是弹性力学理论基础的建立者. 他是仅次于欧拉的多产数学家，他的全集包括 789 篇论著，多达 24 卷，其中有大量的开创性工作. 举世公认的事实是，即使经过了将近两个世纪，柯西的工作和现代数学的中心位置仍然相去不远. 他引进的方法以无可比拟的创造力，开创了近代数学严密性的新纪元. 挪威数学家阿贝尔赞叹柯西"是数学史上最懂得怎样对待数学的人".

微积分的历史舞台上还有一位功臣，他就是被誉为"现代分析之父"的德国数学家魏尔斯特拉斯（Weierstrass，1815—1897）. 他是把严格的论证引进分析学的一位大师，为分析严密化作出了不可磨灭的贡献，同时也是分析算术化运动的开创者之一. 他批评柯西等前人采用的"无限地趋近"等说法具有明显的运动学含义，代之以更严密的表述，用这种方式重新定义了极限、连续、导数等分析基本概念，特别是通过引进以往被忽视的一致收敛性而消除了微积分中不断出现的各种异议和混乱. 他证明了：任何有界无穷点集一定存在一个极限点. 早在 1842 年, 魏尔斯特拉斯就有了一致收敛的概念, 并利用这一概念给出了级数逐项积分和在积分号下微分的条件. 1860 年的一次演讲中, 他从自然数导出了有理数, 然后用递增有界数列的极限来定义无理数, 从而得到了整个实数系. 这是一种成功地为微积分奠定理论基础的理论. 为了说明直觉的不可靠, 1872 年 7 月 18 日魏尔斯特拉斯在柏林科学院的一次讲演中, 构造了一个连续函数却处处不可微的例子, 由此一举改变了当时一直存在的 "连续函数必可导" 的重大误解, 震惊了整个数学界. 1885 年, 魏尔斯特拉斯所证明的用多项式任意逼近连续函数的定理, 是 20 世纪的一个广阔研究领域函数构造论, 即函数的逼近与插值理论的出发点之一.

有了极限的严格定义, 数学家便开始尝试严格定义导数和积分. 在柯西之前, 数学家通常以微分为微积分的基本概念, 并把导数视作微分的商. 然而, 微分的概念模糊, 把导数定义作微分的商因此并不严谨. 于是柯西《概要》中直接定义导数为差商的极限, 这就是现代导数的严格定义, 是现代微分学的基础. 在《概要》中, 柯西还给出连续函数的积分的定义, 其跟现代连续函数积分的定义是一致的. 后来, 黎曼 (Riemann) 推广了柯西的定义, 就是现在所用的「黎曼积分」的定义, 至此微积分理论的基础重建已经大致完成.

柯西以后, 微积分逻辑基础发展史上的最重大事件是人类从集合理论出发, 建立了实数理论, 我们说实数理论的建立是微积分理论发展史上的一件大事, 是因为微积分的理论用上了很多实数的性质. 实数理论的建立, 主要功劳归于戴德金 (Dedekind)、康托尔 (Cantor)、外尔斯特拉斯等人. 1872 年, 梅雷 (Méray) 提出的无理数定义, 和同一年康托尔提出用有理 "基本序列" 来定义无理数的实质是相同的. 有了实数理论, 加上集合论和极限理论、微积分, 首次有了巩固的逻辑基础, 而微积分的理论亦终于趋于完备.

第六章 微 分 方 程

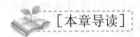
[本章导读]

为了解决实际问题的需要，人们往往希望确定反映客观事物内部联系的数量关系，即确定所讨论的变量之间的函数关系．但是，有些问题由于其复杂性，往往很难直接得到所需要的函数关系，却比较容易建立含有要找的函数及其导数的关系式．这种关系式就是微分方程．通过求解这种方程，同样可以找出所需要的未知函数关系．因此，微分方程是数学联系实际的重要桥梁和工具．微分方程是在微积分的基础上发展起来的一门独立的数学学科，是人们解决各种实际问题的强有力工具，也是对各种客观现象进行数学抽象、建立数学模型的重要方法，在各个领域都有着广泛的应用．

微分方程的基本内容与一元函数的微积分学关系紧密，可以说是对一元函数微积分知识的综合应用．本章介绍微分方程的基本概念、简单微分方程的解法、线性微分方程解的结构，并结合解法介绍如何根据实际问题建立微分方程．本章内容可分为两部分：第一部分为一阶微分方程，以可分离变量的微分方程与一阶线性微分方程为主；第二部分为二阶微分方程，以可降阶的二阶微分方程与二阶常系数线性微分方程为主．

本章作为微分方程的入门篇，主要介绍微分方程的一些基本概念和几种常见微分方程的解法．

第一节　微分方程的基本概念

一、引例

我们先举两个几何、物理学中的具体例子来说明微分方程的概念．

例 1　一条曲线通过点 $(3,6)$，且在该曲线上任一点 $M(x,y)$ 处的切线的斜率等于该点横坐标的平方，求该曲线的方程．

解　设所求曲线的方程为 $y = y(x)$，则根据题意应满足

$$\frac{\mathrm{d}y}{\mathrm{d}x} = x^2 , \tag{1}$$

且满足条件

$$\text{当 } x = 3 \text{ 时，} \quad y = 6 , \tag{2}$$

由式（1）可得 $y = \int x^2 \mathrm{d}x$，即

$$y = \frac{1}{3}x^3 + C , \tag{3}$$

其中 C 是任意常数．

把条件"当 $x = 3$ 时，$y = 6$"代入式（3），得

$$C = -3 .$$

于是得到所求曲线的方程为

$$y = \frac{1}{3}x^3 - 3 . \tag{4}$$

例 2 列车在平直线路上以 20m/s 的速度行驶,制动时加速度为 −0.4 m/s²,问从开始制动到停车,列车能运行多远?

解 设列车在开始制动后 t 秒时行驶了 s 米.根据题意,制动时列车运行规律的函数 $s = s(t)$ 应满足关系式

$$\frac{\mathrm{d}^2 s}{\mathrm{d}t^2} = -0.4 , \tag{5}$$

并且未知函数 $s = s(t)$ 还应满足下列条件:

$$t = 0 \text{ 时}, \quad s(0) = 0 , \quad v = \frac{\mathrm{d}s}{\mathrm{d}t} = 20 . \tag{6}$$

将式(5)两端积分一次,得

$$v = \frac{\mathrm{d}s}{\mathrm{d}t} = -0.4t + C_1 , \tag{7}$$

再积分一次,得

$$s = -0.2t^2 + C_1 t + C_2 , \tag{8}$$

这里 C_1、C_2 为任意常数.

将条件"$t = 0$ 时, $v = 20$"代入式(7),得

$$C_1 = 20 ,$$

把条件"$t = 0$ 时, $s = 0$"代入式(8),得

$$C_2 = 0 .$$

将 C_1、C_2 的值代入式(7)和式(8),得

$$v = -0.4t + 20 , \tag{9}$$

$$s = -0.2t^2 + 20t . \tag{10}$$

在式(9)中,令 $v = 0$,得 $t = \dfrac{20}{0.4} = 50(\text{s})$,即从制动到停车需 50s,再将 $t = 50$ 代入式(10),得 $s = -0.2 \times 50^2 + 20 \times 50 = 500(\text{m})$,即制动后列车运行了 500(m).

二、基本概念

上述两个例子中的等式(1)和式(5)都含有未知函数的导数.一般地,含有未知函数的导数的等式称为<u>微分方程</u>(differential equation).未知函数是一元函数的微分方程称为<u>常微分方程</u>,未知函数是多元函数的微分方程称为偏微分方程.本章只讨论常微分方程.

微分方程中出现的未知函数的导数的最高阶数称为<u>微分方程的阶</u>(order).例如,以上两例中的式(1)为一阶微分方程,式(5)为二阶微分方程;又如方程 $(y''')^4 - 2y'' + \mathrm{e}^{xy} = x$ 为三阶微分方程,方程 $y^{(4)} - 1 = 0$ 为四阶微分方程.

一般地, n 阶微分方程的形式是

$$F(x, y, y', \cdots, y^{(n)}) = 0 . \tag{11}$$

需要指出的是,作为 n 阶微分方程的式(11), $y^{(n)}$ 是必须出现的,而 x、 y、 y'、$\cdots$、 $y^{(n-1)}$

等变量则可以不出现.

如果在区间 I 上有定义的某个函数 $\varphi(x)$ 满足微分方程（11），即将 $\varphi(x)$ 代入微分方程（11）后能使方程成为恒等式

$$F(x,\varphi(x),\varphi'(x),\cdots,\varphi^{(n)}(x))\equiv 0, x\in I ,$$

则称函数 $\varphi(x)$ 是微分方程在区间 I 上的解. 例如，函数（3）和（4）都是微分方程（1）的解，函数（8）和（10）都是微分方程（5）的解.

如果微分方程的解中含有互相独立的任意常数❶，且任意常数的个数与微分方程的阶数相同，则这样的解称为微分方程的通解（general solution）. 例如，函数（3）和（8）分别是微分方程（1）和（5）的通解.

由于通解中含有任意常数，因此它还不能完全确定地反映某一客观事物的规律性. 要完全确定地反映客观事物的规律，必须确定这些常数的值. 为此，要根据问题的实际情况，提出确定这些常数的条件，如例 1 中的条件（2）及例 2 中的条件（6）便是这样的条件.

若微分方程是一阶的，则通常用来确定任意常数的条件是

$$x = x_0 \text{ 时}, \quad y = y_0 \text{ 或写成 } y|_{x=x_0} = y_0 ,$$

其中 x_0、y_0 都是给定的值；若微分方程是二阶的，则通常用来确定任意常数的条件是

$$x = x_0 \text{ 时}, \quad y = y_0, y' = y_0' \text{ 或写成 } y|_{x=x_0} = y_0 , \quad y'|_{x=x_0} = y_0' ,$$

其中 x_0、y_0、y_0' 都是给定的值. 以上这种确定微分方程通解中的任意常数的值的条件称为初值条件（initial condition）. 由初值条件确定了通解中的任意常数的值后所得到的解叫做微分方程的特解（particular solution）. 例如，式（4）是方程（1）满足条件（2）的特解，式（10）是方程（5）满足条件（6）的特解.

求微分方程 $F(x,y,y')=0$ 满足初值条件 $y|_{x=x_0}=y_0$ 的特解这样一个问题，叫做一阶微分方程的初值问题，记作

$$\begin{cases} F(x,y,y')=0, \\ y|_{x=x_0}=y_0. \end{cases} \tag{12}$$

二阶微分方程的初值问题，可记作

$$\begin{cases} F(x,y,y',y'')=0, \\ y|_{x=x_0}=y_0, \quad y'|_{x=x_0}=y_0'. \end{cases} \tag{13}$$

微分方程的解的图形称为微分方程的积分曲线. 通解的图形是一族积分曲线，而特解的图形则是积分曲线族中满足初值条件的某一特定曲线. 一阶微分方程的初值问题（12）的几何意义，就是求微分方程的通过点 (x_0,y_0) 的那条积分曲线；二阶微分方程的初值问题（13）的几何意义，是求微分方程的通过点 (x_0,y_0) 且在该点处的切线斜率为 y_0' 的那条积分曲线.

例 3 验证：函数 $y=(x^2+C)\cos x$（C 为任意常数）是微分方程

$$y' + y\tan x - 2x\cos x = 0$$

的通解，并求满足初值条件 $y|_{x=0}=\pi$ 的特解.

解 所给函数的导数为 $y'=2x\cos x-(x^2+C)\sin x$，将 y' 及函数 y 代入所给微分方程的

---

❶ 这里任意常数是互相独立的，是指它们不能合并而使得任意常数的个数减少（详见本章第六节关于函数的线性相关性）.

左边，得

$$2x\cos x-(x^2+C)\sin x+(x^2+C)\cos x\tan x-2x\cos x\equiv 0 .$$

可以看出，所给函数是微分方程的解且 y 中含有一个任意常数，故 $y=(x^2+C)\cos x$ 是该微分方程的通解.

将初值条件 $y|_{x=0}=\pi$ 代入 $y=(x^2+C)\cos x$，得 $C=\pi$，从而所求特解为 $y=(x^2+\pi)\cos x$.

习 题   6-1

1．指出下列微分方程的阶数：

（1） $xy'''+2y''+x^2y^5=0$ ；
           （2） $(y'')^3+5(y')^4-y^5+x^6=0$ ；

（3） $\sin y^{(4)}+\ln y=x+1$ ；
           （4） $(x^2-y^2)\mathrm{d}x+(x^2+y^2)\mathrm{d}y=0$.

2．验证微分方程后所列的函数是否为微分方程的解，若是解，指出是通解还是特解.

（1） $xy'+y=2x$ ， $y=x$ ；
           （2） $xy'\ln x+y=0$ ， $y=\dfrac{C}{\ln x}$ ；

（3） $y''-y=0$ ， $y=2\sin x$ ；
           （4） $y''-2y'+y=0$ ， $y=C_1\mathrm{e}^x+C_2x\mathrm{e}^x$.

3．验证由方程 $x^2-xy+y^2=C$ 所确定的函数为微分方程 $(x-2y)y'=2x-y$ 的通解，并求满足初始条件 $y|_{x=1}=2$ 的特解.

4．已知 $y=C_1\sin(x-C_2)$ （ C_1 、 C_2 为任意常数）是微分方程 $y''+y=0$ 的通解，求满足初始条件 $y|_{x=\pi}=1$ 、 $y'|_{x=\pi}=0$ 的特解.

5．已知右半平面内的一条曲线通过点 $(1,0)$ ，且在该曲线上任一点 $M(x,y)$ 处的切线的斜率为 $\dfrac{1}{x}$ ，求此曲线的方程.

第二节　可分离变量的微分方程

一般地，一阶微分方程的形式为

$$F(x,y,y')=0 ,$$

如果上式关于 y' 可解出，则方程可写成

$$\frac{\mathrm{d}y}{\mathrm{d}x}=f(x,y) ,$$

有时也写成对称形式

$$P(x,y)\mathrm{d}x+Q(x,y)\mathrm{d}y=0 .$$

由于上述各方程中所涉及的表达式 F 、 f 、 P 、 Q 的多样性与复杂性，使得很难用一个通用公式来表达所有情况下的解，因此本节至第四节，我们将介绍几种特殊类型的一阶微分方程及其解法.

在第一节例 1 中，我们建立了一阶微分方程

$$\frac{\mathrm{d}y}{\mathrm{d}x}=x^2 ,$$

或写成

$$\mathrm{d}y=x^2\mathrm{d}x ,$$

两端积分（左端以 y 为积分变量，右端以 x 为积分变量），就得到了这个方程的通解

$$y = \frac{1}{3}x^3 + C .$$

但对于一阶微分方程

$$\frac{\mathrm{d}y}{\mathrm{d}x} = 3x^2 y^2 ,$$

因为积分 $\int 3x^2 y^2 \mathrm{d}x$ 求不出来，所以就不能像上面那样直接对两端积分的方法求出它的通解，现方程两端同时乘以 $\dfrac{\mathrm{d}x}{y^2}$，使得该微分方程变为

$$\frac{\mathrm{d}y}{y^2} = 3x^2 \mathrm{d}x ,$$

这样变量 x 与 y 已分离在等式的两端，此时可两端积分得

$$-\frac{1}{y} = x^3 + C ,$$

即 $y = -\dfrac{1}{x^3 + C}$，其中 C 为任意常数.

一般地，如果一个一阶微分方程能化为

$$g(y)\mathrm{d}y = f(x)\mathrm{d}x \tag{1}$$

形式，那么原方程称为可分离变量的微分方程. 其中，$f(x)$ 和 $g(y)$ 分别是 x 和 y 的连续函数. 式（1）的特点是一端是只含 y 的函数和 $\mathrm{d}y$，另一端是只含 x 的函数和 $\mathrm{d}x$.

对式（1）两端积分，得到

$$\int g(y)\mathrm{d}y = \int f(x)\mathrm{d}x ,$$

设 $G(y)$ 与 $F(x)$ 分别是 $g(y)$ 与 $f(x)$ 的一个原函数，于是有

$$G(y) = F(x) + C . \tag{2}$$

把式（2）看作 x、y 的二元方程，由它确定的 y 关于 x 的隐函数记作 $y = \Phi(x)$，那么在 $g(y) \neq 0$ 的条件下，由隐函数求导法则，将式（2）两端对 x 求导，可得

$$\Phi'(x) = \frac{\mathrm{d}y}{\mathrm{d}x} = \frac{F'(x)}{G'(y)} = \frac{f(x)}{g(y)} ,$$

即

$$g(y)\mathrm{d}y = f(x)\mathrm{d}x ,$$

这就说明，当 $g(y) \neq 0$ 时，式（2）所确定的隐函数 $y = \Phi(x)$ 是微分方程（1）的解，称为微分方程（1）的隐式解. 又由于关系式（2）中含有任意常数，因此式（2）所确定的隐函数是方程（1）的通解，所以式（2）叫做微分方程（1）的隐式通解〔当 $f(x) \neq 0$ 时，式（2）所确定的隐函数 $x = \Psi(y)$ 也可以认为是方程（1）的解〕.

例 1 求微分方程 $\dfrac{\mathrm{d}y}{\mathrm{d}x} = 2\mathrm{e}^{2x} y$ 的通解.

解 所给方程是可分离变量的，分离变量后得

$$\frac{1}{y}\mathrm{d}y = 2\mathrm{e}^{2x}\mathrm{d}x ,$$

两端积分，有

$$\int \frac{1}{y}\mathrm{d}y = \int 2\mathrm{e}^{2x}\mathrm{d}x,$$

从而得

$$\ln|y| = \mathrm{e}^{2x} + C_1,$$

因此有
$$y = \pm\mathrm{e}^{\mathrm{e}^{2x}+C_1} = \pm\mathrm{e}^{C_1}\cdot\mathrm{e}^{\mathrm{e}^{2x}} = C_2\mathrm{e}^{\mathrm{e}^{2x}}.$$

这里 $C_2 = \pm\mathrm{e}^{C_1}$ 是任意非零常数. 注意到 $y \equiv 0$ 也是方程的解，令 C 为任意常数，则所给方程的通解为

$$y = C\mathrm{e}^{\mathrm{e}^{2x}}.$$

例 2 求微分方程 $x(1+y^2)\mathrm{d}x - (1+x^2)y\mathrm{d}y = 0$ 满足初值条件 $y|_{x=0}=1$ 的特解.

解 分离变量，得

$$\frac{y}{1+y^2}\mathrm{d}y = \frac{x}{1+x^2}\mathrm{d}x,$$

两端积分，得

$$\frac{1}{2}\ln(1+y^2) = \frac{1}{2}\ln(1+x^2) + \frac{1}{2}\ln C,$$

即

$$\ln(1+y^2) = \ln(1+x^2) + \ln C,$$

则所给方程的通解为

$$1+y^2 = C(1+x^2).$$

将初值条件 $y|_{x=0}=1$ 代入上式，得 $C=2$.

因此，所求的特解为

$$1+y^2 = 2(1+x^2),$$

即

$$y^2 = 2x^2 + 1.$$

例 3 放射性元素铀由于不断地有原子放射出微粒子而变成其他元素，铀的含量就不断减少，这种现象叫做衰变. 由原子物理学知道，铀的衰变速度与未衰变原子含量 M 成正比，已知 $M|_{t=0}=M_0$，求衰变过程中铀含量 $M(t)$ 随时间 t 的变化规律.

解 铀的衰变速度就是含量 $M(t)$ 对时间 t 的导数 $\frac{\mathrm{d}M}{\mathrm{d}t}$，根据题意建立微分方程

$$\frac{\mathrm{d}M}{\mathrm{d}t} = -\lambda M, \tag{3}$$

其中 λ 为常数，称为衰变系数，$\lambda > 0$. 因为当 t 增大时 M 减小，即 $\frac{\mathrm{d}M}{\mathrm{d}t} < 0$，所以为了保证 λ 是正的，λ 前置负号.

方程（3）是可分离变量的，分离变量后得

$$\frac{\mathrm{d}M}{M} = -\lambda\mathrm{d}t.$$

两端积分，有

$$\int \frac{\mathrm{d}M}{M} = \int (-\lambda)\mathrm{d}t,$$

以 $\ln C$ 表示任意的常数，又 $M > 0$，得

$$\ln M = -\lambda t + \ln C,$$

即

$$M = Ce^{-\lambda t}.$$

这就是方程（3）的通解．将初值条件 $M|_{t=0} = M_0$ 代入上式，得 $C = M_0$，所以

$$M = M_0 e^{-\lambda t},$$

这就是所求铀的衰变规律．

例4　设降落伞从跳伞塔下落后所受空气阻力与速度成正比，并设降落伞离开跳伞塔（即 $t = 0$）时速度为零，求降落伞下落速度 v 与时间 t 的函数关系．

解　降落伞下落时同时受到重力与阻力的作用，重力的大小为 mg，方向与 v 一致；阻力的大小为 kv（k 为比例系数），方向与 v 相反，从而降落伞所受外力 $F = mg - kv$，又根据牛顿第二运动定律 $F = ma$，其中 a 为加速度，则可建立微分方程

$$m\frac{\mathrm{d}v}{\mathrm{d}t} = mg - kv. \tag{4}$$

由题意，初值条件为 $v|_{t=0} = 0$．

将方程（4）分离变量，得

$$\frac{\mathrm{d}v}{mg - kv} = \frac{\mathrm{d}t}{m},$$

两端积分得

$$-\frac{1}{k}\ln(mg - kv) = \frac{t}{m} + C_1 \quad (mg - kv > 0),$$

即

$$mg - kv = e^{-\frac{k}{m}t - kC_1},$$

或

$$v = \frac{mg}{k} + Ce^{-\frac{k}{m}t} \quad \left(C = -\frac{e^{-kC_1}}{k}\right),$$

这就是微分方程（4）的通解．

根据初值条件 $v|_{t=0} = 0$，可得 $C = -\dfrac{mg}{k}$，于是降落伞下落的速度与时间的关系为

$$v = \frac{mg}{k}\left(1 - e^{-\frac{k}{m}t}\right).$$

习　题　6-2

1. 求下列微分方程的通解：

（1）$y' = 2xy$；

（2）$y' = \sec y \tan x$；

（3） $xy' - y\ln y = 0$ ；

（4） $\sqrt{1-x^2}\,y' = \sqrt{1-y^2}$ ；

（5） $\mathrm{d}x + xy\mathrm{d}y = y^2\mathrm{d}x + y\mathrm{d}y$ ；

（6） $x\mathrm{d}y + \mathrm{d}x = \mathrm{e}^y\mathrm{d}x$ ．

2．求下列初值问题的解：

（1） $y' = \mathrm{e}^{5x-2y}$ ， $y\big|_{x=0} = 0$ ；

（2） $y' = (1+y^2)\ln x$ ， $y\big|_{x=1} = 1$ ；

（3） $y'\sin x = y\ln y$ ， $y\big|_{x=\frac{\pi}{2}} = \mathrm{e}$ ；

（4） $\cos x \sin y\mathrm{d}y = \cos y \sin x\mathrm{d}x$ ， $y\big|_{x=0} = \dfrac{\pi}{4}$ ；

3．一曲线通过点 $(3,5)$ ，且该曲线在两坐标轴间的任一切线线段均被切点所平分，求该曲线方程．

4．质量为 $1\mathrm{g}$ 的质点受外力作用做直线运动，外力与时间成正比，在 $t = 10\mathrm{s}$ 时，速率为 $50\mathrm{cm/s}$ ，外力为 $4\mathrm{g}\cdot\mathrm{cm/s^2}$ ．问从运动开始经过 $1\mathrm{min}$ 后的速率是多少？

5．镭的衰变与它的现存量 R 成正比，经过 1600 年以后，只剩下原始量 R_0 的一半．试求镭的现存量 R 与时间的函数关系．

第三节 一阶线性微分方程

方程

$$\frac{\mathrm{d}y}{\mathrm{d}x} + P(x)y = Q(x) \tag{1}$$

称为一阶线性微分方程（first-order linear differential equation），其特点是它关于未知函数 y 及其导数都是一次的．如果 $Q(x) \neq 0$ ，那么方程（1）称为非齐次的．

设方程（1）为非齐次线性微分方程．为了求出非齐次线性方程（1）的解，我们先把右端 $Q(x)$ 换成零，得到方程

$$\frac{\mathrm{d}y}{\mathrm{d}x} + P(x)y = 0 , \tag{2}$$

方程（2）叫做非齐次线性微分方程（1）所对应的齐次线性微分方程．方程（2）是可分离变量的．分离变量后得

$$\frac{\mathrm{d}y}{y} = -P(x)\mathrm{d}x ,$$

两端积分后得通解为

$$\ln|y| = -\int P(x)\mathrm{d}x + C_1 ,$$

或

$$y = C\mathrm{e}^{-\int P(x)\mathrm{d}x} \quad (C = \pm\mathrm{e}^{C_1}), \tag{3}$$

这就是对应的齐次线性微分方程（2）的通解❶．

一阶非齐次线性方程（1）的通解可使用常数变易法求得．这种方法是把微分方程（2）的通解（3）中的任意常数 C 换成 x 的未知函数 $u(x)$ ，即

---

❶ 这里 $\int P(x)\mathrm{d}x$ 表示 $P(x)$ 的某一确定的原函数，以后本章均这样理解．

$$y = u(x)\mathrm{e}^{-\int P(x)\mathrm{d}x} \tag{4}$$

计算 y 的导数，得

$$\frac{\mathrm{d}y}{\mathrm{d}x} = u'(x)\mathrm{e}^{-\int P(x)\mathrm{d}x} - P(x)u(x)\mathrm{e}^{-\int P(x)\mathrm{d}x}, \tag{5}$$

将式（4）和式（5）代入非齐次方程（1），得

$$u'(x)\mathrm{e}^{-\int P(x)\mathrm{d}x} - P(x)u(x)\mathrm{e}^{-\int P(x)\mathrm{d}x} + P(x)u(x)\mathrm{e}^{-\int P(x)\mathrm{d}x} = Q(x),$$

整理得

$$u'(x) = Q(x)\mathrm{e}^{\int P(x)\mathrm{d}x},$$

两端积分，得

$$u(x) = \int Q(x)\mathrm{e}^{\int P(x)\mathrm{d}x}\mathrm{d}x + C,$$

将上式代入式（4），即得

一阶线性微分方程 $\dfrac{\mathrm{d}y}{\mathrm{d}x} + P(x)y = Q(x)$ 的通解公式为

$$y = \mathrm{e}^{-\int P(x)\mathrm{d}x}\left(\int Q(x)\mathrm{e}^{\int P(x)\mathrm{d}x}\mathrm{d}x + C \right)$$

上面的通解公式可以改写为

$$y = C\mathrm{e}^{-\int P(x)\mathrm{d}x} + \mathrm{e}^{-\int P(x)\mathrm{d}x}\int Q(x)\mathrm{e}^{\int P(x)\mathrm{d}x}\mathrm{d}x.$$

上式右端第一项是对应的齐次线性微分方程（2）的通解，第二项是非齐次线性微分方程（1）的通解中当 $C=0$ 时得出的一个特解．由此可知，**一阶非齐次线性微分方程的通解等于对应的齐次线性微分方程的通解与非齐次线性微分方程的一个特解之和**．以后还将看到，这个结论对于高阶非齐次线性方程也成立．

例 1　求微分方程 $\dfrac{\mathrm{d}y}{\mathrm{d}x} + \dfrac{y}{x} = \dfrac{\cos x}{x}$ 的通解．

解　该方程是一阶非齐次线性微分方程，这里

$$P(x) = \frac{1}{x}, \quad Q(x) = \frac{\cos x}{x}.$$

则原方程的通解为

$$\begin{aligned}
y &= \mathrm{e}^{-\int P(x)\mathrm{d}x}\left[\int Q(x)\mathrm{e}^{\int P(x)\mathrm{d}x}\mathrm{d}x + C \right] \\
&= \mathrm{e}^{-\int \frac{1}{x}\mathrm{d}x}\left[\int \frac{\cos x}{x}\mathrm{e}^{\int \frac{1}{x}\mathrm{d}x}\mathrm{d}x + C \right] \\
&= \frac{1}{x}\left(\int \cos x\,\mathrm{d}x + C \right) \\
&= \frac{1}{x}(\sin x + C).
\end{aligned}$$

例 2　求微分方程 $y\mathrm{d}x + (x - y^3)\mathrm{d}y = 0$ （$y > 0$）的通解．

解　将 y 视为自变量，x 视为因变量，原方程可化为

$$\frac{\mathrm{d}x}{\mathrm{d}y} + \frac{1}{y}x = y^2 ,$$

这里

$$P(y) = \frac{1}{y} , \quad Q(y) = y^2 .$$

于是，原方程的通解为

$$
\begin{aligned}
x &= \mathrm{e}^{-\int P(y)\mathrm{d}y} \left[\int Q(y) \mathrm{e}^{\int P(y)\mathrm{d}y} \mathrm{d}y + C \right] \\
&= \mathrm{e}^{-\int \frac{1}{y}\mathrm{d}y} \left(\int y^2 \mathrm{e}^{\int \frac{1}{y}\mathrm{d}y} \mathrm{d}y + C \right) \\
&= \frac{1}{y} \left(\int y^3 \mathrm{d}y + C \right) \\
&= \frac{1}{y} \left(\frac{1}{4}y^4 + C \right) \\
&= \frac{y^3}{4} + \frac{C}{y} .
\end{aligned}
$$

例 3 设有连接点 $O(0,0)$ 和点 $A(1,1)$ 的一段凸弧 $\overset{\frown}{OA}$，对于 $\overset{\frown}{OA}$ 上的任一点 $P(x,y)$，曲线弧 $\overset{\frown}{OP}$ 与直线 $\overline{OP}$ 所围成的图形的面积为 x^2，求曲线弧 $\overset{\frown}{OA}$ 的方程.

解 设曲线弧 $\overset{\frown}{OA}$ 的方程为 $y = y(x)$ $(0 \leqslant x \leqslant 1)$. 根据条件，有如下等式

$$\int_0^x y \mathrm{d}x - \frac{xy}{2} = x^2 \ (0 \leqslant x \leqslant 1) .$$

等式两端对 x 求导，得微分方程

$$y - \frac{y + xy'}{2} = 2x ,$$

即

$$y' - \frac{y}{x} = -4 ,$$

且满足初值条件 $y\big|_{x=1} = 1$.

于是有

$$
\begin{aligned}
y &= \mathrm{e}^{\int \frac{1}{x}\mathrm{d}x} \left(-\int 4\mathrm{e}^{-\int \frac{1}{x}\mathrm{d}x} \mathrm{d}x + C \right) \\
&= x(-4\ln x + C) \\
&= Cx - 4x\ln x .
\end{aligned}
$$

代入初值条件 $y\big|_{x=1} = 1$，得 $C = 1$，故

$$y = x - 4x\ln x .$$

函数 $y(x) = x - 4x\ln x$ 当 $x = 0$ 时无意义，但当 $x \to 0^+$ 时，$y(x) \to 0$，故可补充定义 $y(0) = 0$. 因此，曲线弧 $\overset{\frown}{OA}$ 的方程为

$$y = \begin{cases} x - 4x\ln x, & 0 < x \leqslant 1 \\ 0, & x = 0 \end{cases}.$$

例4 电路如图 6-1 所示，其中电源电动势 $E = E_\mathrm{m}\sin\omega t$（$E_\mathrm{m}$ 和 ω 为常量），电阻 R 和电感 L 均为常量. 求电流 $i(t)$.

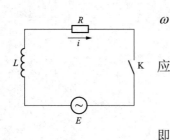

图 6-1

解 （i）**列方程** 由电学知识可知，当电流变化时，L 上有感应电动势 $-L\dfrac{\mathrm{d}i}{\mathrm{d}t}$，由回路电压定律得出

$$E - L\frac{\mathrm{d}i}{\mathrm{d}t} - iR = 0,$$

即

$$\frac{\mathrm{d}i}{\mathrm{d}t} + \frac{R}{L}i = \frac{E}{L},$$

将 $E = E_\mathrm{m}\sin\omega t$ 代入上式，得未知函数 $i(t)$ 应满足的微分方程为

$$\frac{\mathrm{d}i}{\mathrm{d}t} + \frac{R}{L}i = \frac{E_m\sin\omega t}{L}. \tag{6}$$

此外，设开关 K 闭合的时刻为 $t = 0$，则 $i(t)$ 还应满足初值条件 $i|_{t=0} = 0$.

（ii）**解方程** 方程（6）是一阶线性微分方程，可用求解公式来求，即

$$\begin{aligned} i(t) &= \mathrm{e}^{-\int\frac{R}{L}\mathrm{d}t}\left(\int \frac{E_\mathrm{m}\sin\omega t}{L}\cdot \mathrm{e}^{\int\frac{R}{L}\mathrm{d}t}\mathrm{d}t + C\right) \\ &= \mathrm{e}^{-\frac{R}{L}t}\left(\frac{E_\mathrm{m}}{L}\int \mathrm{e}^{\frac{R}{L}t}\sin\omega t\mathrm{d}t + C\right) \\ &= \frac{E_\mathrm{m}}{R^2 + \omega^2 L^2}(R\sin\omega t - \omega L\cos\omega t) + C\mathrm{e}^{-\frac{R}{L}t}, \end{aligned}$$

其中 C 为任意常数.

将初值条件 $i|_{t=0} = 0$ 代入上式，得 $C = \dfrac{\omega L E_\mathrm{m}}{R^2 + \omega^2 L^2}$.

于是，所求的函数 $i(t)$ 为

$$i(t) = \frac{\omega L E_\mathrm{m}}{R^2 + \omega^2 L^2}\mathrm{e}^{-\frac{R}{L}t} + \frac{E_\mathrm{m}}{R^2 + \omega^2 L^2}(R\sin\omega t - \omega L\cos\omega t). \tag{7}$$

为了说明式（7）所反映的物理现象，我们把 $i(t)$ 中第二项的形式稍加改变.

令 $\cos\varphi = \dfrac{R}{\sqrt{R^2 + \omega^2 L^2}}$， $\sin\varphi = \dfrac{\omega L}{\sqrt{R^2 + \omega^2 L^2}}$，

于是式（7）可写成

$$i(t) = \frac{\omega L E_\mathrm{m}}{R^2 + \omega^2 L^2}\mathrm{e}^{-\frac{R}{L}t} + \frac{E_\mathrm{m}}{\sqrt{R^2 + \omega^2 L^2}}\sin(\omega t - \varphi),$$

其中

$$\varphi = \arctan\frac{\omega L}{R}.$$

当 t 增大时，上式右端第一项（称为暂态电流）逐渐衰减而趋于零，第二项（称为稳态

电流）是正弦函数，它的周期和电动势的周期相同，而相角落后 φ .

习 题 6-3

1．求下列微分方程的通解：

（1）$\dfrac{\mathrm{d}y}{\mathrm{d}x} - \dfrac{2y}{x} = x^{\frac{5}{2}}$;

（2）$y' + 2xy = 2\mathrm{e}^{-x^2}$;

（3）$y' + y\cot x = x^2 \csc x$;

（4）$y' = \dfrac{ay + x + 1}{x}$ （a 为常数）;

（5）$y\ln y\,\mathrm{d}x + (x - \ln y)\mathrm{d}y = 0$;

（6）$(y^2 - 6x)\dfrac{\mathrm{d}y}{\mathrm{d}x} + 2y = 0$.

2．求下列初值问题的解：

（1）$xy' + y = x\mathrm{e}^{-x}$ ，$y\big|_{x=1} = 0$;

（2）$\dfrac{\mathrm{d}y}{\mathrm{d}x} + y\cot x = \mathrm{e}^{\cos x}$ ，$y\big|_{x=\frac{\pi}{2}} = -2$;

（3）$\dfrac{\mathrm{d}y}{\mathrm{d}x} + \dfrac{y}{x} = \dfrac{\sin x}{x}$ ，$y\big|_{x=\pi} = 1$;

（4）$\dfrac{\mathrm{d}y}{\mathrm{d}x} + \dfrac{2 - 3x^2}{x^3}y = 1$ ，$y\big|_{x=1} = 0$.

3．求一通过原点的曲线的方程，且曲线上任一点 (x, y) 处的切线斜率为 $2x + y$.

4．求连续函数 $f(x)$ ，使之满足方程

$$f(x) + 2\int_0^x f(t)\,\mathrm{d}t = x^2 .$$

5．将质量为 m 的物体垂直上抛，假设初速度为 v_0，空气阻力与速度成正比（比例系数为 k），试求在物体上升过程中速度与时间的函数关系.

6．设有串联电路，其电阻 $R = 10\,\Omega$、电感 $L = 2\mathrm{H}$、电压 $E = 20\sin 5t\ \mathrm{V}$，开关 K 合上后，电路中有电流通过．求电流 i 与时间 t 的函数关系.

第四节 可用变量代换法求解的一阶微分方程

一、齐次型方程

如果一阶微分方程可化为如下形式

$$\frac{\mathrm{d}y}{\mathrm{d}x} = \varphi\left(\frac{y}{x}\right), \tag{1}$$

那么称这类方程为齐次型方程（homogeneous equation）.

在齐次型方程（1）中，通过变量代换

$$u = \frac{y}{x} \tag{2}$$

可化为可分离变量的微分方程，其中 $u = u(x)$ 是新的未知函数.

由式（2）得，$y = ux$，则有

$$\frac{\mathrm{d}y}{\mathrm{d}x} = u + x\frac{\mathrm{d}u}{\mathrm{d}x} .$$

将其代入式（1），得

$$u + x\frac{\mathrm{d}u}{\mathrm{d}x} = \varphi(u),$$

分离变量，得

$$\frac{\mathrm{d}u}{\varphi(u)-u}=\frac{\mathrm{d}x}{x},$$

两端积分，得

$$\int\frac{\mathrm{d}u}{\varphi(u)-u}=\int\frac{\mathrm{d}x}{x}.$$

求出积分后，再将 $u=\dfrac{y}{x}$ 回代，便得齐次型方程（1）的通解.

例1 解方程

$$\frac{\mathrm{d}y}{\mathrm{d}x}=\frac{y}{x}-\tan\frac{y}{x}.$$

解 该方程是齐次型方程，令 $u=\dfrac{y}{x}$，则

$$y=ux,\quad\frac{\mathrm{d}y}{\mathrm{d}x}=u+x\frac{\mathrm{d}u}{\mathrm{d}x},$$

代入原方程，得

$$u+x\frac{\mathrm{d}u}{\mathrm{d}x}=u-\tan u,$$

分离变量，得

$$\cot u\mathrm{d}u=-\frac{\mathrm{d}x}{x},$$

两端积分，得

$$\ln|\sin u|=-\ln|x|+\ln|C|=\ln\left|\frac{C}{x}\right|,$$

所以

$$\sin u=\frac{C}{x},\quad\text{即 } x\sin u=C.$$

将 $u=\dfrac{y}{x}$ 回代，得原微分方程的通解为

$$x\sin\frac{y}{x}=C.$$

例2 求微分方程 $xy\dfrac{\mathrm{d}y}{\mathrm{d}x}=x^2+y^2$ 满足初值条件 $y\big|_{x=\mathrm{e}}=2\mathrm{e}$ 的特解.

解 原方程可化为

$$\frac{\mathrm{d}y}{\mathrm{d}x}=\frac{x^2+y^2}{xy}=\frac{1+\left(\dfrac{y}{x}\right)^2}{\dfrac{y}{x}}.$$

这是齐次型方程. 令 $u=\dfrac{y}{x}$，则

$$\frac{\mathrm{d}y}{\mathrm{d}x} = u + x\frac{\mathrm{d}u}{\mathrm{d}x},$$

代入原方程，得

$$u + x\frac{\mathrm{d}u}{\mathrm{d}x} = \frac{1+u^2}{u}, \quad 即 \quad x\frac{\mathrm{d}u}{\mathrm{d}x} = \frac{1}{u},$$

分离变量，得

$$u\mathrm{d}u = \frac{1}{x}\mathrm{d}x,$$

两端积分，得

$$\frac{1}{2}u^2 = \ln|x| + C.$$

将 $u = \frac{y}{x}$ 代入上式，得原方程的通解为

$$y^2 = 2x^2(\ln|x| + C).$$

将初值条件 $y|_{x=e} = 2e$ 代入方程的通解，有 $(2e)^2 = 2e^2(\ln e + C)$，则 $C = 1$，从而所求的特解为

$$y^2 = 2x^2(\ln|x| + 1).$$

*二、可化为齐次型的方程

方程

$$\frac{\mathrm{d}y}{\mathrm{d}x} = \frac{a_1 x + b_1 y + c_1}{a_2 x + b_2 y + c_2},$$

其中

$$\frac{a_1}{a_2} \neq \frac{b_1}{b_2}.$$

当 $c_1 = c_2 = 0$ 时上面的方程是齐次型的，否则不是齐次型的. 在非齐次型的情形下，可先求出两条直线 $a_1 x + b_1 y + c_1 = 0$ 和 $a_2 x + b_2 y + c_2 = 0$ 的交点 (x_0, y_0)，然后作平移变换

$$\begin{cases} X = x - x_0 \\ Y = y - y_0 \end{cases},$$

即

$$\begin{cases} x = X + x_0 \\ y = Y + y_0 \end{cases}.$$

此时，原方程可化为齐次型方程

$$\frac{\mathrm{d}Y}{\mathrm{d}X} = \frac{a_1 X + b_1 Y}{a_2 X + b_2 Y}.$$

例 3 解方程 $(x + y - 1)\mathrm{d}x - (x - y + 5)\mathrm{d}y = 0$.

解 原方程变形为

$$\frac{\mathrm{d}y}{\mathrm{d}x} = \frac{x + y - 1}{x - y + 5}.$$

由 $\begin{cases} x + y - 1 = 0 \\ x - y + 5 = 0 \end{cases}$ 得交点 $(-2, 3)$，作变换 $\begin{cases} x = X - 2 \\ y = Y + 3 \end{cases}$ 并将其代入上面的方程，得

$$\frac{\mathrm{d}Y}{\mathrm{d}X} = \frac{X+Y}{X-Y} = \frac{1+\dfrac{Y}{X}}{1-\dfrac{Y}{X}},$$

令 $u = \dfrac{Y}{X}$，则 $Y = uX$，$\dfrac{\mathrm{d}Y}{\mathrm{d}X} = u + X\dfrac{\mathrm{d}u}{\mathrm{d}X}$，代入方程，得

$$u + X\frac{\mathrm{d}u}{\mathrm{d}X} = \frac{1+u}{1-u},$$

分离变量，得

$$\frac{1-u}{1+u^2}\mathrm{d}u = \frac{1}{X}\mathrm{d}X,$$

两端积分，得

$$\arctan u - \frac{1}{2}\ln(1+u^2) = \ln|X| + C,$$

即

$$\arctan u = \ln|X|\sqrt{1+u^2} + C.$$

将 $u = \dfrac{Y}{X}$ 代入上式，得

$$\arctan\frac{Y}{X} = \ln|X|\sqrt{1+\left(\frac{Y}{X}\right)^2} + C,$$

即

$$\arctan\frac{Y}{X} = \ln\sqrt{X^2+Y^2} + C.$$

再将 $\begin{cases} X = x+2 \\ Y = y-3 \end{cases}$ 代入上式，得原方程的通解为

$$\arctan\frac{y-3}{x+2} = \ln\sqrt{(x+2)^2+(y-3)^2} + C.$$

*三、伯努利方程

形如

$$\frac{\mathrm{d}y}{\mathrm{d}x} + P(x)y = Q(x)y^n \tag{3}$$

的微分方程称为伯努利方程，其中 n 为常数，且 $n \neq 0,1$.

伯努利方程是一类非线性微分方程，但是通过适当的变换，就可以把它化为一阶线性微分方程. 事实上，在微分方程（3）的两端除以 y^n，得

$$y^{-n}\frac{\mathrm{d}y}{\mathrm{d}x} + P(x)y^{1-n} = Q(x),$$

即

$$\frac{1}{1-n}\cdot\frac{\mathrm{d}(y^{1-n})}{\mathrm{d}x} + P(x)y^{1-n} = Q(x).$$

于是，令 $z = y^{1-n}$，代入上式就得到关于变量 z 的一阶线性微分方程，即

$$\frac{\mathrm{d}z}{\mathrm{d}x}+(1-n)P(x)z=(1-n)Q(x).$$

利用一阶线性微分方程的求解方法求出通解后，再回代原变量，便可得到伯努利方程（3）的通解，即

$$y^{1-n}=\mathrm{e}^{-\int(1-n)P(x)\mathrm{d}x}\left(\int(1-n)Q(x)\mathrm{e}^{\int(1-n)P(x)\mathrm{d}x}\mathrm{d}x+C\right).$$

例 4　求微分方程 $\dfrac{\mathrm{d}y}{\mathrm{d}x}-3xy=xy^2$ 的通解.

解　方程两端除以 y^2，得

$$\frac{1}{y^2}\frac{\mathrm{d}y}{\mathrm{d}x}-3x\frac{1}{y}=x,$$

即

$$-\frac{\mathrm{d}(y^{-1})}{\mathrm{d}x}-3xy^{-1}=x.$$

令 $z=y^{-1}$，则上述方程变为

$$\frac{\mathrm{d}z}{\mathrm{d}x}+3xz=-x.$$

这是一个一阶线性微分方程，其通解为

$$\begin{aligned}z&=\mathrm{e}^{-\int3x\mathrm{d}x}\left(\int(-x)\cdot\mathrm{e}^{\int3x\mathrm{d}x}\mathrm{d}x+C\right)\\&=\mathrm{e}^{-\frac{3}{2}x^2}\left(-\frac{1}{3}\mathrm{e}^{\frac{3}{2}x^2}+C\right)\\&=C\mathrm{e}^{-\frac{3}{2}x^2}-\frac{1}{3}.\end{aligned}$$

以 y^{-1} 代 z，即得原方程的通解为

$$\frac{1}{y}=C\mathrm{e}^{-\frac{3}{2}x^2}-\frac{1}{3},$$

即

$$y\left(C\mathrm{e}^{-\frac{3}{2}x^2}-\frac{1}{3}\right)=1.$$

习　题　6-4

1．求下列微分方程的通解：

（1）$\dfrac{\mathrm{d}y}{\mathrm{d}x}=\dfrac{y}{x}\ln\dfrac{y}{x}$；

（2）$xy'+y=2\sqrt{xy}$；

（3）$xy'=x\mathrm{e}^{\frac{y}{x}}+y$；

（4）$y^2\mathrm{d}x+(x^2-xy)\mathrm{d}y=0$；

（5）$(x^2 + y^2)\mathrm{d}x - xy\mathrm{d}y = 0$；　　　（6）$\left(x + y\cos\dfrac{y}{x}\right)\mathrm{d}x - x\cos\dfrac{y}{x}\mathrm{d}y = 0$.

2．求下列初值问题的解：

（1）$(y^2 - 3x^2)\mathrm{d}y + 2xy\mathrm{d}x = 0$，$y\big|_{x=0} = 1$；

（2）$y' = \dfrac{x}{y} + \dfrac{y}{x}$，$y\big|_{x=1} = 2$；

（3）$\left(1 + 2\mathrm{e}^{\frac{x}{y}}\right)\mathrm{d}x + 2\mathrm{e}^{\frac{x}{y}}\left(1 - \dfrac{x}{y}\right)\mathrm{d}y = 0$，$y\big|_{x=0} = 1$.

*3．化下列方程化为齐次型方程，并求出通解：

（1）$(2x - 5y + 3)\mathrm{d}x - (2x + 4y - 6)\mathrm{d}y = 0$；

（2）$(3y - 7x + 7)\mathrm{d}x + (7y - 3x + 3)\mathrm{d}y = 0$.

*4．求下列伯努利方程的通解：

（1）$\dfrac{\mathrm{d}y}{\mathrm{d}x} + \dfrac{1}{3}y = \dfrac{1}{3}(1 - 2x)y^4$；　　　（2）$\dfrac{\mathrm{d}y}{\mathrm{d}x} + y = y^2(\cos x - \sin x)$；

（3）$\dfrac{\mathrm{d}y}{\mathrm{d}x} - y = xy^5$；　　　（4）$\dfrac{\mathrm{d}y}{\mathrm{d}x} + \dfrac{y}{x} = y^2\ln x$.

第五节　可降阶的二阶微分方程

对于某些二阶微分方程，可以通过变量代换转化为一阶微分方程来求解，这种类型的微分方程称为可降阶的方程．本节仅就三种容易降阶的二阶微分方程及其求解方法展开讨论.

一、$y'' = f(x)$ 型微分方程

这类微分方程的特点是其右端仅含有自变量 x，在方程 $y'' = f(x)$ 的两端积分，就得到一个一阶的微分方程

$$y' = \int f(x)\mathrm{d}x + C_1,$$

再次积分，得到微分方程的通解

$$y = \int \left[\int f(x)\mathrm{d}x\right]\mathrm{d}x + C_1 x + C_2.$$

例1　求微分方程 $y'' = \sin 2x + 1$ 的通解.

解　对所给方程连续积分两次，得

$$y' = \int(\sin 2x + 1)\mathrm{d}x + C_1$$
$$= -\frac{1}{2}\cos 2x + x + C_1,$$

再次积分，得到微分方程的通解为

$$y = \int\left(-\frac{1}{2}\cos 2x + x + C_1\right)\mathrm{d}x$$
$$= -\frac{1}{4}\sin 2x + \frac{1}{2}x^2 + C_1 x + C_2.$$

二、$y'' = f(x, y')$ 型微分方程

这类微分方程的特点是不显含未知函数 y，为了求出方程 $y'' = f(x, y')$ 的解，令 $y' = p(x)$，则 $y'' = p'(x)$，于是此方程化为以 $p(x)$ 为未知函数的一阶微分方程

$$p' = f(x, p) .$$

如果我们求出它的通解为

$$p = \varphi(x, C_1) ,$$

然后再根据关系式 $y' = p(x)$，又得到一个一阶微分方程

$$y' = \varphi(x, C_1) ,$$

对它进行积分，即可得到原方程的通解

$$y = \int \varphi(x, C_1) \mathrm{d}x + C_2 .$$

例 2　求微分方程 $(1 + x^2)y'' = 2xy'$ 满足初值条件 $y|_{x=0} = 1$、$y'|_{x=0} = 3$ 的特解.

解　令 $y' = p$，则 $y'' = \dfrac{\mathrm{d}y'}{\mathrm{d}x} = \dfrac{\mathrm{d}p}{\mathrm{d}x} = p'$，原方程化为

$$(1 + x^2) \frac{\mathrm{d}p}{\mathrm{d}x} = 2xp ,$$

分离变量，得

$$\frac{\mathrm{d}p}{p} = \frac{2x}{1 + x^2} \mathrm{d}x ,$$

两边积分，得

$$\ln |p| = \ln(1 + x^2) + C ,$$

即

$$p = y' = C_1(1 + x^2) \qquad (C_1 = \pm \mathrm{e}^C) .$$

由 $y'|_{x=0} = 3$，得 $C_1 = 3$，即

$$y' = 3(1 + x^2) ,$$

两边再积分，得

$$y = x^3 + 3x + C_2 ,$$

再由 $y|_{x=0} = 1$，得 $C_2 = 1$，从而所求特解为

$$y = x^3 + 3x + 1 .$$

三、$y'' = f(y, y')$ 型微分方程

这类微分方程的特点是不显含自变量 x，为求解方程 $y'' = f(y, y')$，仍令 $y' = p$，此时 p 看作是 y 的函数. 于是，由复合函数的求导法则有

$$y'' = \frac{\mathrm{d}p}{\mathrm{d}x} = \frac{\mathrm{d}p}{\mathrm{d}y} \cdot \frac{\mathrm{d}y}{\mathrm{d}x} = p \frac{\mathrm{d}p}{\mathrm{d}y} .$$

这样就将原方程就化为一个关于变量 y、p 的一阶微分方程

$$p \frac{\mathrm{d}p}{\mathrm{d}y} = f(y, p) .$$

设它的通解为

$$y' = p = \varphi(y, C_1),$$

这是可分离的变量方程，分离变量并两端积分即得到原方程的通解为

$$\int \frac{\mathrm{d}y}{\varphi(y, C_1)} = x + C_2 .$$

例 3 求微分方程 $yy'' - y'^2 = 0$ 的通解.

解 设 $y' = p$，则 $y'' = p\dfrac{\mathrm{d}p}{\mathrm{d}y}$，方程化为

$$yp\frac{\mathrm{d}p}{\mathrm{d}y} - p^2 = 0 .$$

当 $y \neq 0$、$p \neq 0$ 时，约去 p 并分离变量，得

$$\frac{\mathrm{d}p}{p} = \frac{\mathrm{d}y}{y} .$$

两边积分，得

$$\ln|p| = \ln|y| + \ln|C| ,$$

即

$$y' = p = C_1 y \quad (C_1 = \pm C),$$

再分离变量并积分，得

$$\ln|y| = C_1 x + C' .$$

所以原方程的通解为 $y = C_2 \mathrm{e}^{C_1 x} (C_2 = \pm \mathrm{e}^{C'})$.

注：这里当 $p = 0$ 时，即 $y' = 0$，得 $y = $ 常数（包括零）已包含在上述解中.

习　题　6-5

1. 求下列微分方程的通解：

（1）$y'' = \ln x$；

（2）$y''' = \mathrm{e}^{2x} - \cos x$；

（3）$xy'' + y' = 0$；

（4）$y'' = y' + x$；

（5）$y'' = 1 + y'^2$；

（6）$yy'' - y'^2 = 0$；

（7）$y^3 y'' = 1$；

（8）$y'' = \dfrac{1}{\sqrt{y}}$.

2. 求下列微分方程满足所给初始条件的特解：

（1）$(1 + x^2)y'' = 1$，$y|_{x=0} = y'|_{x=0} = 1$；

（2）$(1 + x)y'' = 2y'$，$y|_{x=0} = 1$，$y'|_{x=0} = 3$；

（3）$y'' = \dfrac{3}{2} y^2$，$y|_{x=3} = y'|_{x=3} = 1$；

（4）$y'' = 2yy'$，$y|_{x=0} = 1$，$y'|_{x=0} = 2$；

（5）$y'' = 3\sqrt{y}$，$y|_{x=0} = 1$，$y'|_{x=0} = 2$.

3. 试求 $y'' = x$ 上经过点 $M(0,1)$ 且在此点与直线 $y = 2x + 1$ 相切的积分曲线.

第六节 线性微分方程解的结构

一、基本概念

线性微分方程是常微分方程中一类很重要的方程，它的理论发展十分完善，应用也非常广泛．

未知函数 y 及其各阶导数 y'、y''、$\cdots$、$y^{(n)}$ 均为一次的 n 阶微分方程，称为 n 阶线性微分方程．它的一般形式是

$$y^{(n)} + a_1(x)y^{(n-1)} + \cdots + a_{n-1}(x)y' + a_n(x)y = f(x) . \tag{1}$$

式中 $a_i(x)$（$i = 1, 2, \cdots, n$）及 $f(x)$ 都是区间 I 上的连续函数．

如果 $f(x) \equiv 0$，则方程（1）变为

$$y^{(n)} + a_1(x)y^{(n-1)} + \cdots + a_{n-1}(x)y' + a_n(x)y = 0 , \tag{2}$$

称为 n 阶齐次线性微分方程；如果 $f(x)$ 不恒等于零，方程（1）相应地称为 n 阶非齐次线性微分方程，并通常把方程（2）叫做对应于非齐次线性方程（1）的齐次线性微分方程．

本节主要讨论在实际问题中应用较多的二阶线性微分方程

$$y'' + P(x)y' + Q(x)y = f(x) , \tag{3}$$

其对应的二阶齐次线性微分方程为

$$y'' + P(x)y' + Q(x)y = 0 . \tag{4}$$

二、线性微分方程的解的结构

下面研究二阶线性微分方程的解的一些性质，这些性质可以推广到 n 阶线性微分方程．为了书写方便，我们将微分方程的解 $y(x)$、$y_1(x)$、$y_2(x)$ 等分别简记为 y、y_1、y_2．

先研究二阶齐次线性微分方程（4），有下述两个定理．

定理 1　如果函数 y_1 与 y_2 是二阶齐次线性微分方程（4）的两个解，那么

$$y = C_1 y_1 + C_2 y_2 \tag{5}$$

也是方程（4）的解，其中 C_1、C_2 是任意常数．

证　因为 y_1 与 y_2 是方程（4）的两个解，则有

$$y_1'' + P(x)y_1' + Q(x)y_1 = 0 ,$$
$$y_2'' + P(x)y_2' + Q(x)y_2 = 0 .$$

现将式（5）代入微分方程（4），可得

$$\begin{aligned}
& (C_1 y_1 + C_2 y_2)'' + P(x)(C_1 y_1 + C_2 y_2)' + Q(x)(C_1 y_1 + C_2 y_2) \\
& = C_1[y_1'' + P(x)y_1' + Q(x)y_1] + C_2[y_2'' + P(x)y_2' + Q(x)y_2] \\
& = 0.
\end{aligned}$$

所以，$y = C_1 y_1 + C_2 y_2$ 是方程（4）的解．

从形式上看，解（5）含有两个任意常数 C_1 和 C_2，但它却不一定是方程（4）的通解．例如，设 y_1 是方程（4）的一个解，则 $y_2 = ky_1$（k 为常数）也是方程（4）的一个解．这时式（5）成为 $y = C_1 y_1 + kC_2 y_1 = Cy_1$（$C = C_1 + kC_2$），只含有一个任意常数，因而不是方程（4）的通解．为此，须引入一个新的概念，即函数的线性相关与线性无关．

设 $y_1(x)$、$y_2(x)$、$\cdots$、$y_n(x)$ 为定义在区间 I 上的 n 个函数．如果存在 n 个不全为零的常

数 k_1、k_2、$\cdots$、k_n，使得在区间 I 内恒有

$$k_1 y_1(x) + k_2 y_2(x) + \cdots + k_n y_n(x) \equiv 0$$

成立，那么称这 n 个函数在区间 I 上<u>线性相关</u>（linearly dependent），否则称为<u>线性无关</u>（linearly independent）.

由定义可知，对于两个函数，要判别它们是否线性相关，只要看它们的比是否为常数，如果比为常数，那么它们就线性相关，否则就线性无关. 事实上，若 y_1、y_2 线性相关，则存在不全为零的 k_1、k_2，使得 $k_1 y_1 + k_2 y_2 = 0$，不妨设 $k_2 \neq 0$，则有 $\dfrac{y_2}{y_1} = -\dfrac{k_1}{k_2}$ 为常数. 反过来，若 $\dfrac{y_2}{y_1} = k$，k 为常数，则 $k y_1 - y_2 = 0$，则 y_1、y_2 线性相关.

定理 2　如果函数 y_1 与 y_2 是二阶齐次线性微分方程（4）的两个线性无关的特解，那么

$$y = C_1 y_1 + C_2 y_2$$

就是方程（4）的通解，其中 C_1、C_2 是任意常数.

例如，对于齐次线性方程 $y'' + y = 0$，容易验证 $y_1 = \cos x$ 与 $y_2 = \sin x$ 是它的两个特解，又由于

$$\frac{y_2}{y_1} = \frac{\sin x}{\cos x} = \tan x \neq 常数,$$

因此 $y_1 = \cos x$ 与 $y_2 = \sin x$ 线性无关，从而

$$y = C_1 \cos x + C_2 \sin x$$

是该方程的通解.

下面研究二阶非齐次线性微分方程（3）. 在一阶线性微分方程的研究中我们已经看到，一阶非齐次线性微分方程的通解可以表示成对应的齐次线性微分方程的通解加上非齐次线性微分方程本身的一个特解. 实际上，不仅一阶非齐次线性微分方程的通解具有这样的结构，而且二阶甚至更高阶的非齐次线性微分方程的通解也具有同样的结构.

定理 3　设 y^* 是二阶非齐次线性方程（3）的一个特解，而 Y 是其对应的齐次方程（4）的通解，则

$$y = Y + y^* \tag{6}$$

就是二阶非齐次线性微分方程（3）的通解.

证　把式（6）代入方程（3）的左端，得

$$\begin{aligned}
&(Y + y^*)'' + P(x)(Y + y^*)' + Q(x)(Y + y^*)\\
&= (Y'' + y^{*\prime\prime}) + P(x)(Y' + y^{*\prime}) + Q(x)(Y + y^*)\\
&= [Y'' + P(x)Y' + Q(x)Y] + [y^{*\prime\prime} + P(x)y^{*\prime} + Q(x)y^*]\\
&= 0 + f(x)\\
&= f(x),
\end{aligned}$$

所以 $y = Y + y^*$ 是方程（3）的解. 由于对应齐次方程（4）的通解 $Y = C_1 y_1 + C_2 y_2$ 中含有两个相互独立的任意常数 C_1 和 C_2，故 $y = Y + y^*$ 中也含有两个相互独立的任意常数，从而它就是二阶非齐次线性微分方程（3）的通解.

例如，二阶非齐次线性微分方程 $y'' + y = x^2$，已知其对应的齐次方程 $y'' + y = 0$ 的通解为

$y = C_1 \cos x + C_2 \sin x$；又容易验证 $y = x^2 - 2$ 是该方程的一个特解，所以

$$y = C_1 \cos x + C_2 \sin x + x^2 - 2$$

是所给非齐次方程的通解.

值得注意的是，若函数 y_1 与 y_2 是二阶非齐次线性方程（3）的两个解，则 $y_1 - y_2$ 是方程（3）所对应的二阶齐次线性微分方程（4）的解.

定理 4　设 y_1^* 与 y_2^* 分别是方程

$$y'' + P(x)y' + Q(x)y = f_1(x)$$

与

$$y'' + P(x)y' + Q(x)y = f_2(x)$$

的特解，则 $y_1^* + y_2^*$ 是方程

$$y'' + P(x)y' + Q(x)y = f_1(x) + f_2(x) \tag{7}$$

的特解.

证　将 $y_1^* + y_2^*$ 代入方程（7）的左端，得

$$(y_1^* + y_2^*)'' + P(x)(y_1^* + y_2^*)' + Q(x)(y_1^* + y_2^*)$$
$$= [y_1^{*''} + P(x)y_1^{*'} + Q(x)y_1^*] + [y_2^{*''} + P(x)y_2^{*'} + Q(x)y_2^*]$$
$$= f_1(x) + f_2(x),$$

所以，$y_1^* + y_2^*$ 是方程（7）的一个特解.

定理 4 通常称为非齐次线性微分方程的**解的叠加原理**. 定理 2、定理 3 和定理 4 也可推广到 n 阶线性微分方程的情形，这里不再叙述.

习　题　6-6

1．判断下列函数组是否线性无关：

（1）x, x^2；
（2）$x, 2x$；
（3）$0, x, \mathrm{e}^x$；
（4）$\mathrm{e}^{-x}, \mathrm{e}^x$；
（5）$x, \ln x$；
（6）$\sin 2x, \cos x \sin x$.

2．验证 $y_1 = \mathrm{e}^{x^2}$、$y_2 = x\mathrm{e}^{x^2}$ 都是微分方程 $y'' - 4xy' + (4x^2 - 2)y = 0$ 的解，并写出该方程的通解.

3．验证 $y = C_1 \cos 3x + C_2 \sin 3x + \dfrac{1}{32}(4x\cos x + \sin x)$（$C_1$、$C_2$ 是任意常数）是微分方程 $y'' + 9y = x\cos x$ 的通解.

4．若 y_1、y_2 是二阶非齐次线性微分方程 $y'' + P(x)y' + Q(x)y = f(x)$ 的两个不同的特解，证明：

（1）y_1、y_2 是线性无关的；
（2）对任意实数 λ，$y = \lambda y_1 + (1 - \lambda)y_2$ 是该微分方程的解.

5．若 y_1、y_2、y_3 是二阶非齐次线性微分方程 $y'' + P(x)y' + Q(x)y = f(x)$ 的线性无关的解，试用 y_1、y_2、y_3 表示该微分方程的通解.

第七节　二阶常系数线性微分方程

一、二阶常系数线性微分方程

二阶常系数齐次线性微分方程的一般形式是

$$y'' + py' + qy = 0 ,\qquad\qquad(1)$$

其中 p、q 为常数. 根据第六节中定理 2 可知，只要求出方程（1）两个线性无关的特解 y_1 与 y_2，就可求出该方程的通解 $y = C_1 y_1 + C_2 y_2$. 下面讨论这两个特解的求法.

由于方程（1）是 y''、y' 和 y 各乘以常数因子后相加等于零，如果能找到一个函数，它和它的各阶导数只相差一个常数因子，这样的函数就有可能是方程（1）的特解. 容易看到，当 r 为常数时，指数函数 $y = e^{rx}$ 满足上述条件. 因此，我们用 $y = e^{rx}$ 来尝试，看能否选取适当的常数 r，使 $y = e^{rx}$ 满足方程（1）.

将 $y = e^{rx}$、$y' = r e^{rx}$、$y'' = r^2 e^{rx}$ 代入方程（1），得

$$(r^2 + pr + q)e^{rx} = 0 .$$

由于 $e^{rx} \neq 0$，故有

$$r^2 + pr + q = 0 .\qquad\qquad(2)$$

由此可见，只要 r 满足代数方程 $r^2 + pr + q = 0$，函数 $y = e^{rx}$ 就是微分方程（1）的解.

这样，微分方程（1）的求解问题就转化为代数方程（2）的求根问题，称方程（2）为微分方程（1）的<u>特征方程</u>，并把特征方程的根称为<u>特征根</u>.

特征方程（2）是一个一元二次方程，它的两个根 r_1、r_2 可用公式

$$r_{1,2} = \frac{-p \pm \sqrt{p^2 - 4q}}{2}$$

求出. 它们有三种不同的情形，即相异实根、重根和共轭复根. 相应地，微分方程（1）的通解也有三种不同的情形，下面分别进行讨论.

（i）特征方程有两个相异的实根：r_1、r_2.

此时 $p^2 - 4q > 0$，$y_1 = e^{r_1 x}$，$y_2 = e^{r_2 x}$ 就是微分方程（1）的两个解. 因为

$$\frac{y_2}{y_1} = \frac{e^{r_2 x}}{e^{r_1 x}} = e^{(r_2 - r_1)x} \neq \text{常数},$$

所以 $y_1 = e^{r_1 x}$、$y_2 = e^{r_2 x}$ 线性无关，从而方程（1）的通解是

$$y = C_1 e^{r_1 x} + C_2 e^{r_2 x} ,$$

其中 C_1、C_2 为任意常数.

（ii）特征方程有两个相等的实根：$r_1 = r_2$.

此时 $p^2 - 4q = 0$，$r_1 = r_2 = -\dfrac{p}{2}$，这样只能得到方程（1）的一个解 $y_1 = e^{r_1 x}$. 为得到该方程的通解，还需找出另一个解 y_2，并使得 y_1、y_2 线性无关，即要求 $\dfrac{y_2}{y_1} \neq$ 常数. 为此可设

$$y_2 = u(x)e^{r_1 x} ,$$

其中 $u(x)$ 为待定函数 ［以下将 $u(x)$、$u'(x)$、$u''(x)$ 分别简记为 u、u'、u''］.

对 y_2 求导，得

$$y_2' = (u' + r_1 u)\mathrm{e}^{r_1 x} ,$$

$$y_2'' = (u'' + 2r_1 u' + r_1^2 u)\mathrm{e}^{r_1 x} .$$

将 y_2、y_2'、y_2'' 代入微分方程（1），得

$$(u'' + 2r_1 u' + r_1^2 u)\mathrm{e}^{r_1 x} + p(u' + r_1 u)\mathrm{e}^{r_1 x} + qu\mathrm{e}^{r_1 x} = 0 ,$$

消去非零因子 $\mathrm{e}^{r_1 x}$，整理得

$$u'' + (2r_1 + p)u' + (r_1^2 + pr_1 + q)u = 0 .$$

由 r_1 是特征方程（2）的二重根知，$r_1^2 + pr_1 + q = 0$ 且 $2r_1 + p = 0$，于是得

$$u'' = 0 .$$

因为这里只要得到一个不为常数的解，所以不妨取这个方程最简单的一个解 $u(x) = x$. 这样就得到了微分方程（1）的另一个解

$$y_2 = x\mathrm{e}^{r_1 x} ,$$

且 y_1、y_2 线性无关，从而方程（1）的通解为

$$y = C_1\mathrm{e}^{r_1 x} + C_2 x\mathrm{e}^{r_1 x} ,$$

即

$$y = (C_1 + C_2 x)\mathrm{e}^{r_1 x} ,$$

其中 C_1、C_2 为任意常数.

（iii）特征方程有一对共轭复根：$r_{1,2} = \alpha \pm i\beta$（$\beta \neq 0$）.

此时 $p^2 - 4q < 0$、$y_1 = \mathrm{e}^{(\alpha + i\beta)x}$、$y_2 = \mathrm{e}^{(\alpha - i\beta)x}$ 是微分方程（1）的两个解，但这种复数形式的解在应用上不方便. 实际问题中常常需要实数形式的解，为此可借助欧拉公式 $\mathrm{e}^{i\theta} = \cos\theta + i\sin\theta$ 将 y_1、y_2 改写成

$$y_1 = \mathrm{e}^{(\alpha + i\beta)\cdot x} = \mathrm{e}^{\alpha x} \cdot \mathrm{e}^{i\beta x} = \mathrm{e}^{\alpha x}(\cos\beta x + i\sin\beta x) ,$$

$$y_2 = \mathrm{e}^{(\alpha - i\beta)\cdot x} = \mathrm{e}^{\alpha x} \cdot \mathrm{e}^{-i\beta x} = \mathrm{e}^{\alpha x}(\cos\beta x - i\sin\beta x) .$$

再根据第六节中定理 1 知，实值函数

$$\tilde{y}_1 = \frac{1}{2}(y_1 + y_2) = \mathrm{e}^{\alpha x}\cos\beta x ,$$

$$\tilde{y}_2 = \frac{1}{2i}(y_1 - y_2) = \mathrm{e}^{\alpha x}\sin\beta x$$

也是方程（1）的解，且由于 $\dfrac{\tilde{y}_2}{\tilde{y}_1} = \dfrac{\mathrm{e}^{\alpha x}\sin\beta x}{\mathrm{e}^{\alpha x}\cos\beta x} = \tan\beta x$ 不是常数，因此 $\tilde{y}_1$、$\tilde{y}_2$ 线性无关，从而微分方程（1）的通解为

$$y = \mathrm{e}^{\alpha x}(C_1\cos\beta x + C_2\sin\beta x) ,$$

其中 C_1、C_2 为任意常数.

综上所述，求二阶常系数齐次线性微分方程（1）的通解，首先要求出其特征方程（2）的根，然后再根据根的不同情况确定方程的通解，现列表总结如下：

特征方程 $r^2 + pr + q = 0$ 的根	微分方程 $y'' + py' + qy = 0$ 的通解
两个相异的实根 r_1, r_2	$y = C_1 e^{r_1 x} + C_2 e^{r_2 x}$
两个相等的实根 $r_1 = r_2$	$y = (C_1 + C_2 x) e^{r_1 x}$
一对共轭复根 $r_{1,2} = \alpha \pm i\beta$	$y = e^{\alpha x}(C_1 \cos \beta x + C_2 \sin \beta x)$

例1 求微分方程 $y'' + 2y' - 8y = 0$ 的通解.

解 所给微分方程的特征方程为

$$r^2 + 2r - 8 = 0 ，即 (r-2)(r+4) = 0 ，$$

它有两个不相等的实根 $r_1 = 2$，$r_2 = -4$，故所求通解为

$$y = C_1 e^{2x} + C_2 e^{-4x} .$$

例2 求微分方程 $y'' - 6y' + 9y = 0$ 的通解.

解 所给微分方程的特征方程为

$$r^2 - 6r + 9 = 0 ，即 (r-3)^2 = 0 ，$$

它有两个相等的实根 $r_1 = r_2 = 3$，故所求通解为

$$y = (C_1 + C_2 x) e^{3x} .$$

例3 求微分方程 $y'' + 2y' + 5y = 0$ 的通解.

解 所给微分方程的特征方程为

$$r^2 + 2r + 5 = 0 ，$$

它有一对共轭复根 $r_{1,2} = -1 \pm 2i$，故所求通解为

$$y = e^{-x}(C_1 \cos 2x + C_2 \sin 2x) .$$

以上关于二阶常系数齐次线性微分方程的解法及通解的形式，可以推广到高阶的情形.

n 阶常系数齐次线性微分方程的一般形式是

$$y^{(n)} + p_1 y^{(n-1)} + \cdots + p_{n-1} y' + p_n y = 0 ，$$

其特征方程为

$$r^n + p_1 r^{n-1} + \cdots + p_{n-1} r + p_n = 0 ，$$

求出其特征方程的根，然后根据根的不同情况确定方程的通解，列表如下：

<table>
<thead>
<tr><th colspan="2">特征方程的根</th><th>微分方程通解中的对应项</th></tr>
</thead>
<tbody>
<tr><td rowspan="2">单根</td><td>实根 r</td><td>给出一项：Ce^{rx}</td></tr>
<tr><td>共轭复根 $r = \alpha \pm i\beta$</td><td>给出两项：$e^{\alpha x}(C_1 \cos \beta x + C_2 \sin \beta x)$</td></tr>
<tr><td rowspan="2">重根</td><td>k 重实根 r</td><td>给出 k 项：$e^{rx}(C_1 + C_2 x + C_3 x^2 + \cdots + C_k x^{k-1})$</td></tr>
<tr><td>k 重共轭复根 $r = \alpha \pm i\beta$</td><td>给出 $2k$ 项：$e^{\alpha x}[(C_1 + C_2 x + \cdots + C_k x^{k-1})\cos \beta x + (D_1 + D_2 x + \cdots + D_k x^{k-1})\sin \beta x]$</td></tr>
</tbody>
</table>

例4 求微分方程 $y^{(4)} + 2y''' + 3y'' = 0$ 的通解.

解 所给方程的特征方程为

$$r^4 + 2r^3 + 3r^2 = 0，即 r^2(r^2 + 2r + 3) = 0，$$

特征根有 $r_1 = r_2 = 0,\ r_{3,4} = -1 \pm \sqrt{2}\,i$，所求通解为

$$y = C_1 + C_2 x + e^{-x}(C_3 \cos\sqrt{2}x + C_4 \sin\sqrt{2}x).$$

二、二阶常系数非齐次线性微分方程

二阶常系数非齐次线性微分方程的一般形式为

$$y'' + py' + qy = f(x). \tag{3}$$

其中 p、q 为常数，$f(x)$ 不恒等于零. 根据第六节中定理 3 可知，要求方程（3）的通解，只要求出它的一个特解 y^* 和其对应的齐次方程的通解 Y，二者之和就是该方程的通解. 对应于（3）的二阶常系数齐次方程的通解 Y 我们已经会求. 因此，现在要解决的问题是如何求得方程（3）的一个特解 y^*.

一般情形下，要求方程（3）的特解比较困难. 下面仅就 $f(x)$ 的两种常见的函数形式介绍特解 y^* 的求法：

（Ⅰ）$f(x) = P_m(x)e^{\lambda x}$，其中 λ 为常数，$P_m(x)$ 是 x 的一个 m 次多项式：

$$P_m(x) = a_0 x^m + a_1 x^{m-1} + \cdots + a_{m-1}x + a_m;$$

（Ⅱ）$f(x) = e^{\lambda x}[P_l(x)\cos\omega x + P_n(x)\sin\omega x]$，其中 λ、ω 为常数，$P_l(x)$、$P_n(x)$ 分别为 x 的 l 次和 n 次多项式.

这里将要介绍的方法的特点是不用积分，而是先确定特解的形式，然后把形式解代入非齐次方程中来确定形式解中包含的一些系数的值，进而求出特解 y^*，故称这种求解方法为<u>待定系数法</u>.

Ⅰ. $f(x) = P_m(x)e^{\lambda x}$ 型

由于方程（3）右端 $f(x) = P_m(x)e^{\lambda x}$ 是多项式与指数函数的乘积，而多项式与指数函数乘积的导数仍然是多项式与指数函数的乘积，所以可以推测方程（3）具有如下形式的特解：

$$y^* = Q(x)e^{\lambda x} \ [其中 Q(x) 为待定多项式]，$$

则 $y^{*\prime} = [\lambda Q(x) + Q'(x)]e^{\lambda x}$，$y^{*\prime\prime} = [\lambda^2 Q(x) + 2\lambda Q'(x) + Q''(x)]e^{\lambda x}$.

将 y^*、$y^{*\prime}$、$y^{*\prime\prime}$ 代入方程（3），并约去非零因子 $e^{\lambda x}$，得

$$Q''(x) + (2\lambda + p)Q'(x) + (\lambda^2 + p\lambda + q)Q(x) = P_m(x). \tag{4}$$

（ⅰ）如果 λ 不是特征方程 $r^2 + pr + q = 0$ 的根，则 $\lambda^2 + p\lambda + q \neq 0$. 要使等式（4）成立，则 $Q(x)$ 应设为另一个 m 次多项式：

$$Q_m(x) = b_0 x^m + b_1 x^{m-1} + \cdots + b_{m-1}x + b_m，$$

将其代入式（4），比较等式两端 x 同次幂的系数，就得到以 b_0、b_1、$\cdots$、b_m 为未知数的 $m+1$ 个方程联立的方程组，从而可确定出这些待定系数 b_0、b_1、$\cdots$、b_m，并得所求特解

$$y^* = Q_m(x)e^{\lambda x}.$$

（ⅱ）如果 λ 是特征方程 $r^2 + pr + q = 0$ 的单根，则 $\lambda^2 + p\lambda + q = 0$，但 $2\lambda + p \neq 0$，要使等式（4）成立，$Q'(x)$ 须为 m 次多项式，可设

$$Q(x) = xQ_m(x)，$$

可用同样的方法确定 $Q_m(x)$ 的待定系数 b_0、b_1、$\cdots$、b_m，并得所求特解

$$y^* = xQ_m(x)e^{\lambda x}.$$

（iii）如果 λ 是特征方程 $r^2 + pr + q = 0$ 的二重根，则 $\lambda^2 + p\lambda + q = 0$ 且 $2\lambda + p = 0$，要使等式（4）成立，$Q''(x)$ 须为 m 次多项式，可设

$$Q(x) = x^2 Q_m(x)，$$

可用同样的方法确定 $Q_m(x)$ 的待定系数 b_0、b_1、$\cdots$、b_m，并得所求特解

$$y^* = x^2 Q_m(x) e^{\lambda x}.$$

综上所述，我们有以下结论：

> 方程
> $$y'' + py' + qy = P_m(x) e^{\lambda x}$$
> 具有形如
> $$y^* = x^k Q_m(x) e^{\lambda x}$$
> 的特解，其中 $Q_m(x)$ 是与 $P_m(x)$ 同次（m 次）的多项式，而 k 按 λ 不是特征方程的根、是特征方程的单根或是特征方程的的重根依次取为 0，1 或 2.

例 5　求微分方程 $y'' - 7y' + 12y = 6x - 5$ 的一个特解.

解　这是二阶常系数非齐次线性微分方程，且函数 $f(x)$ 是 $P_m(x)e^{\lambda x}$ 型，其中 $P_m(x) = 6x - 5$，$\lambda = 0$.

由于其对应的齐次方程的特征方程 $r^2 - 7r + 12 = 0$ 的根为 $r_1 = 3$、$r_2 = 4$，而 $\lambda = 0$ 不是特征方程的根，故应设特解为

$$y^* = b_0 x + b_1.$$

代入所给方程，得

$$12b_0 x + 12b_1 - 7b_0 = 6x - 5.$$

比较同类项系数，得

$$\begin{cases} 12b_0 = 6, \\ 12b_1 - 7b_0 = -5. \end{cases}$$

解得 $b_0 = \dfrac{1}{2}$，$b_1 = -\dfrac{1}{8}$. 于是所给方程的一个特解为

$$y^* = \frac{1}{2}x - \frac{1}{8}.$$

例 6　求微分方程 $y'' - y = 2xe^x$ 的通解.

解　所给方程为二阶常系数非齐次线性微分方程，且函数 $f(x)$ 为 $P_m(x)e^{\lambda x}$ 型，其中 $P_m(x) = 2x$，$\lambda = 1$.

与所给方程所对应的齐次方程为 $y'' - y = 0$，它的特征方程 $r^2 - 1 = 0$ 有两个实根 $r_1 = 1$、$r_2 = -1$，于是所给方程对应齐次方程的通解为

$$Y = C_1 e^x + C_2 e^{-x}.$$

由于 $\lambda = 1$ 是特征方程的单根，因此应设方程的特解为

$$y^* = x(b_0 x + b_1)e^x.$$

将其代入所给方程，得

$$4b_0 x + 2b_0 + 2b_1 = 2x.$$

比较同类项系数，得

$$\begin{cases} 4b_0 = 2, \\ 2b_0 + 2b_1 = 0. \end{cases}$$

解得 $b_0 = \dfrac{1}{2}, b_1 = -\dfrac{1}{2}$. 于是所给方程的一个特解为

$$y^* = \frac{1}{2}x(x-1)e^x,$$

从而，所给方程的通解为

$$y = C_1 e^x + C_2 e^{-x} + \frac{1}{2}x(x-1)e^x.$$

Ⅱ. $f(x) = e^{\lambda x}[P_l(x)\cos\omega x + P_n(x)\sin\omega x]$ 型

如果方程（3）右端 $f(x) = e^{\lambda x}[P_l(x)\cos\omega x + P_n(x)\sin\omega x]$，应用欧拉公式可得

$$\begin{aligned} f(x) &= e^{\lambda x}[P_l(x)\cos\omega x + P_n(x)\sin\omega x] \\ &= e^{\lambda x}\left[P_l(x)\frac{e^{i\omega x} + e^{-i\omega x}}{2} + P_n(x)\frac{e^{i\omega x} - e^{-i\omega x}}{2i}\right] \\ &= \frac{1}{2}[P_l(x) - iP_n(x)]e^{(\lambda+i\omega)x} + \frac{1}{2}[P_l(x) + iP_n(x)]e^{(\lambda-i\omega)x} \\ &= P(x)e^{(\lambda+i\omega)x} + \overline{P}(x)e^{(\lambda-i\omega)x}, \end{aligned}$$

其中 $P(x) = \dfrac{1}{2}[P_l(x) - iP_n(x)]$，$\overline{P}(x) = \dfrac{1}{2}[P_l(x) + iP_n(x)]$ 是互为共轭的 m 次多项式，而 $m = \max\{l, n\}$.

对于 $f(x)$ 的第一项 $P(x)e^{(\lambda+i\omega)x}$，可设方程 $y'' + py' + qy = P(x)e^{(\lambda+i\omega)x}$ 的特解为

$$y_1^* = x^k Q_m(x)e^{(\lambda+i\omega)x},$$

其中 $Q_m(x)$ 是 m 次多项式，而 k 按 $\lambda + i\omega$ 不是特征方程的根或是特征方程的单根依次取 0 或 1. 由于 $f(x)$ 的第二项 $\overline{P}(x)e^{(\lambda-i\omega)x}$ 和第一项 $P(x)e^{(\lambda+i\omega)x}$ 共轭，则

$$y_2^* = \overline{y_1}^* = x^k \overline{Q}_m(x)e^{(\lambda-i\omega)x}$$

必是方程 $y'' + py' + qy = \overline{P}(x)e^{(\lambda-i\omega)x}$ 的特解. 根据解的叠加原理，方程（3）的一个特解为

$$\begin{aligned} y^* &= x^k Q_m(x)e^{(\lambda+i\omega)x} + x^k \overline{Q}_m(x)e^{(\lambda-i\omega)x} \\ &= x^k e^{\lambda x}[Q_m(x)(\cos\omega x + i\sin\omega x) + \overline{Q}_m(x)(\cos\omega x - i\sin\omega x)]. \end{aligned}$$

由于括号内的两项互为共轭，相加后即无虚部，因此可以写成实函数的形式

$$y^* = x^k e^{\lambda x}[R_m^{(1)}(x)\cos\omega x + R_m^{(2)}(x)\sin\omega x].$$

综上所述，我们有以下结论：

方程

$$y'' + py' + qy = e^{\lambda x}[P_l(x)\cos\omega x + P_n(x)\sin\omega x]$$

具有形如

$$y^* = x^k e^{\lambda x}[R_m^{(1)}(x)\cos\omega x + R_m^{(2)}(x)\sin\omega x]$$

的特解，其中 $R_m^{(1)}(x)$、$R_m^{(2)}(x)$ 是 m 次多项式，而 $m = \max\{l, n\}$，而 k 按 $\lambda + i\omega$（或 $\lambda - i\omega$）不是特征方程的根或是特征方程的单根依次取 0 或 1.

例 7 求微分方程 $y'' - y = x\sin 2x$ 的一个特解.

解   所给方程是二阶常系数非齐次线性微分方程，且 $f(x)$ 属于 $\mathrm{e}^{\lambda x}[P_l(x)\cos\omega x + P_n(x)\sin\omega x]$ 型，其中 $\lambda = 0$，$\omega = 2$，$P_l(x) = 0$，$P_n(x) = x$.

所给方程对应的齐次方程为 $y'' - y = 0$，其特征方程 $r^2 - 1 = 0$ 有两个实根 $r_{1,2} = \pm 1$.

由于 $\lambda + i\omega = 2i$ 不是特征方程的根，因此应设特解为

$$y^* = (ax + b)\cos 2x + (cx + d)\sin 2x,$$

代入所给方程，得

$$(-5ax - 5b + 4c)\cos 2x + (-5cx - 5d - 4a)\sin 2x = x\sin 2x,$$

比较同类项系数，得

$$\begin{cases} -5a = 0, \\ -5b + 4c = 0, \\ -5c = 1, \\ -5d - 4a = 0. \end{cases}$$

解得 $a = 0$，$b = -\dfrac{4}{25}$，$c = -\dfrac{1}{5}$，$d = 0$. 于是所给方程的一个特解为

$$y^* = -\frac{4}{25}\cos 2x - \frac{1}{5}x\sin 2x.$$

例 8 求微分方程 $y'' - y = 2x\mathrm{e}^x + x\sin 2x$ 的通解.

解   由例 6 知，所给方程对应齐次方程的通解为

$$Y = C_1\mathrm{e}^x + C_2\mathrm{e}^{-x},$$

且 $y_1^* = \dfrac{1}{2}x(x - 1)\mathrm{e}^x$ 是微分方程 $y'' - y = 2x\mathrm{e}^x$ 的一个特解.

由例 7 知，

$$y_2^* = -\frac{4}{25}\cos 2x - \frac{1}{5}x\sin 2x$$

是微分方程 $y'' - y = x\sin 2x$ 的一个特解.

根据解的叠加原理（第六节定理 4），得

$$y^* = y_1^* + y_2^* = \frac{1}{2}x(x - 1)\mathrm{e}^x - \frac{4}{25}\cos 2x - \frac{1}{5}x\sin 2x$$

是所给方程的一个特解，从而所给方程的通解为

$$y = C_1\mathrm{e}^x + C_2\mathrm{e}^{-x} + \frac{1}{2}x(x - 1)\mathrm{e}^x - \frac{4}{25}\cos 2x - \frac{1}{5}x\sin 2x.$$

*三、欧拉方程

一般情况下，变系数线性微分方程是不容易求解的，但是有些特殊的变系数线性微分方程可以通过变量代换化为常系数线性微分方程，从而求出其解. 欧拉方程就是其中的一种.

形如

$$x^n y^{(n)} + p_1 x^{n-1} y^{(n-1)} + \cdots + p_{n-1} xy' + p_n y = f(x) \tag{5}$$

的方程称为欧拉方程，其中 p_1、p_2、$\cdots$、p_n 为常数. 欧拉方程的特点是：各项未知函数导数的

阶数与其乘积因子自变量的幂次相同.

若 $x > 0$，令 $x = e^t$ 或 $t = \ln x$，则有

$$\frac{dy}{dx} = \frac{dy}{dt}\frac{dt}{dx} = \frac{1}{x}\frac{dy}{dt},$$

$$\frac{d^2y}{dx^2} = \frac{d}{dx}\left(\frac{1}{x}\frac{dy}{dt}\right) = \frac{1}{x}\frac{d^2y}{dt^2}\frac{dt}{dx} - \frac{1}{x^2}\frac{dy}{dt} = \frac{1}{x^2}\left(\frac{d^2y}{dt^2} - \frac{dy}{dt}\right),$$

$$\frac{d^3y}{dx^3} = \frac{1}{x^3}\left(\frac{d^3y}{dt^3} - 3\frac{d^2y}{dt^2} + 2\frac{dy}{dt}\right).$$

现用 D 表示对 t 求导的运算，即 $D = \dfrac{d}{dt}$，则上述结果可以写成

$$xy' = Dy, \quad x^2y'' = D(D-1)y, \quad x^3y''' = D(D-1)(D-2)y.$$

一般地，有

$$x^k y^{(k)} = D(D-1)\cdots(D-k+1)y.$$

将上述结果代入欧拉方程（5），则方程化为自变量为 t 的常系数线性微分方程，求出它的解后，再用 $t = \ln x$ 代入，即得原方程的解.

若 $x < 0$，则令 $x = -e^t$ 或 $t = \ln(-x)$，结果是类似的.

例 9 求欧拉方程 $x^2y'' - xy' + y = 2x$ 的通解.

解 令 $x = e^t$ 或 $t = \ln x$，则原方程变形为

$$D(D-1)y - Dy + y = 2e^t,$$

即

$$\frac{d^2y}{dt^2} - 2\frac{dy}{dt} + y = 2e^t,$$

由于其对应齐次方程的特征方程 $r^2 - 2r + 1 = 0$，特征根为 $r_{1,2} = 1$.

于是对应齐次方程的通解为

$$Y = (C_1 + C_2 t)e^t = x(C_1 + C_2 \ln x).$$

因为 $\lambda = 1$ 是特征方程的二重根，所以应设特解为 $y^* = at^2 e^t = ax(\ln x)^2$，代入原方程比较两端同类项的系数，得 $a = 1$，即特解 $y^* = x(\ln x)^2$，从而得到所求方程的通解为

$$y = x(C_1 + C_2 \ln x) + x(\ln x)^2.$$

习 题 6-7

1. 求下列微分方程的通解：

（1）$y'' + 3y' + 2y = 0$；

（2）$9y'' + 6y' + y = 0$；

（3）$y'' - 4y' + 13y = 0$；

（4）$4\dfrac{d^2x}{dt^2} - 20\dfrac{dx}{dt} + 25x = 0$；

（5）$y'' - 2y' - 3y = 3x + 1$；

（6）$y'' + a^2y = e^x$；

（7）$y'' - 6y' + 9y = (x+1)e^{3x}$；

（8）$y'' + y' - 2y = 8\cos 2x$；

（9）$y'' - 2y' + 5y = e^x \sin 2x$；

（10）$y'' + 4y = x\cos x$；

（11）$y'' + y = e^x + \cos x$；

（12）$y'' - y = 2\sin^2 x$.

2．求下列微分方程满足所给初始条件的特解：

（1）$y'' + 2y' + y = 0$，$y\big|_{x=0} = 4$，$y'\big|_{x=0} = -2$；

（2）$y'' - 3y' - 4y = 0$，$y\big|_{x=0} = 0$，$y'\big|_{x=0} = -5$；

（3）$y'' + 25y = 0$，$y\big|_{x=0} = 2$，$y'\big|_{x=0} = 5$；

（4）$y'' - 3y' + 2y = 5$，$y\big|_{x=0} = 1$，$y'\big|_{x=0} = 2$；

（5）$y'' + y = -\sin x$，$y\big|_{x=\pi} = 1$，$y'\big|_{x=\pi} = 1$；

（6）$y'' - 5y' + 6y = xe^x$，$y\big|_{x=0} = 0$，$y'\big|_{x=0} = -1$.

*3．求下列欧拉方程的通解：

（1）$x^2 y'' + xy' - y = 0$；（2）$x^3 y''' + 3x^2 y'' - 2xy' + 2y = 0$；

（3）$x^2 y'' + xy' - 4y = x^3$；（4）$x^3 y''' + 2xy' - 2y = x^2 \ln x + 3x$.

4．求连续函数 $f(x)$，且满足

$$f(x) = e^x + \int_0^x tf(t)\mathrm{d}t - x\int_0^x f(t)\mathrm{d}t.$$

5．求微分方程 $y''' - y' = 0$ 的一条积分曲线，使此积分曲线在原点处有拐点，且以直线 $y = 2x$ 为切线.

总　习　题　六

一、填空题

1．微分方程 $e^x \mathrm{d}y = \mathrm{d}x$ 的通解为_____.

2．积分曲线族 $y = (C_1 + C_2 e^x)$ 中满足 $y\big|_{x=0} = 0$、$y'\big|_{x=0} = -2$ 的曲线方程为_____.

3．微分方程 $y' = e^{2x-y}$ 满足 $y\big|_{x=0} = 0$ 的特解为_____.

4．微分方程 $(1+x^2)y' + 2xy = 1$ 的通解为_____.

5．以 $y = C_1 e^x + C_2 e^{2x}$ 为通解的微分方程为_____.

6．以 $y = (x+C)^2 + y^2$ 为通解的微分方程为_____.

7．微分方程 $y''' = \sin x + e^{-x}$ 的通解为_____.

8．微分方程 $y'' + 2y' = 2x^2 - 1$ 的通解为_____.

9．微分方程 $y'' + y' - 2y = 0$ 满足初始条件 $y(0) = 4$、$y'(0) = 1$ 的特解为_____.

10．已知 $y=1$、$y=x$、$y=x^2$ 是某二阶非齐次线性微分方程的三个解，则该方程的通解为_____.

二、选择题

1．下列方程中是常微分方程的为（　　）.

（A）$x^2 + y^2 = a^2$（B）$y + \dfrac{\mathrm{d}}{\mathrm{d}x}(e^{\arctan x}) = 0$

（C）$\dfrac{\partial^2 u}{\partial x^2} + \dfrac{\partial^2 u}{\partial y^2} = 0$（D）$\sin x\mathrm{d}y + y^2 \mathrm{d}x = 0$

2．微分方程 $\ln(x^5 + y''') - (y')^2 e^{4x} + x^3 = 0$ 的阶数是（　　）.

（A）一阶   （B）二阶   （C）三阶   （D）四阶

3．微分方程 $x^3\dfrac{\mathrm{d}^3y}{\mathrm{d}x^3}-x^2\left(\dfrac{\mathrm{d}^2y}{\mathrm{d}x^2}\right)^4-x=1$ 的通解，含独立任意常数的个数是（   ）.

（A）1   （B）2   （C）3   （D）4

4．微分方程 $(x+y)\mathrm{d}y-y\mathrm{d}x=0$ 的通解是（   ）.

（A）$y=Ce^{\frac{x}{y}}$ （B）$y=Ce^{\frac{y}{x}}$ （C）$ye^{\frac{y}{x}}=Cx^2$ （D）$ye^{-\frac{y}{x}}=Cx^2$

5．一曲线在其上任意一点处的切线斜率等于 $-\dfrac{2x}{y}$，该曲线是（   ）.

（A）直线   （B）抛物线   （C）圆   （D）椭圆

6．下列函数中线性无关的是（   ）.

（A）$\ln x,\ln\sqrt{x}$ （B）$e^{\alpha x},e^{\beta x}\ (\alpha\neq\beta)$ （C）$e^{2x},3e^{2x}$ （D）$\sin 2x,\sin x\cos x$

7．微分方程 $(x+y)\mathrm{d}x=(x-y)\mathrm{d}y$ 是（   ）方程.

（A）一阶线性   （B）可分离变量   （C）齐次   （D）伯努利

8．微分方程 $\dfrac{\mathrm{d}y}{\mathrm{d}x}=3y^{\frac{2}{3}}$ 的一个特解是（   ）.

（A）$y=x^3+C$ （B）$y=x^3+1$ （C）$y=(x+2)^3$ （D）$y=C(x+2)^3$

9．微分方程 $y''+2y'+y=0$ 的通解是（   ）.

（A）$y=C_1\cos x+C_2\sin x$ （B）$y=C_1e^x+C_2e^{2x}$

（C）$y=(C_1+C_2x)e^{-x}$ （D）$y=C_1e^x+C_2e^{-x}$

10．若 y_1 和 y_2 是二阶齐次线性方程 $y''+P(x)y'+Q(x)y=0$ 的两个特解，C_1、C_2 为任意常数，则 $y=C_1y_1+C_2y_2$（   ）.

（A）一定是该方程的通解   （B）是该方程的特解

（C）是该方程的解   （D）不一定是该方程的解

11．微分方程 $2y''+y'-y=0$ 的通解是（   ）.

（A）$y=C_1e^x+C_2e^{-2x}$；   （B）$y=C_1e^{-x}+C_2e^{\frac{x}{2}}$；

（C）$y=C_1e^x+C_2e^{-\frac{x}{2}}$；   （D）$y=C_1e^{-x}+C_2e^{2x}$．

12．微分方程 $y''-4y'+4y=0$ 满足初始条件 $y(0)=1$，$y'(0)=4$ 的特解为（   ）.

（A）$y=(1+2x)e^x$ （B）$y=(1+x)e^{2x}$

（C）$y=(1+2x)e^{2x}$ （D）$y=(1+x)e^x$

13．微分方程 $y''-2y'=xe^{2x}$ 的特解 y^* 形式为（   ）.

（A）axe^{2x} （B）$(ax+b)e^{2x}$ （C）ax^2e^{2x} （D）$x(ax+b)e^{2x}$

14．微分方程 $y''-y'=x\sin 2x$ 的特解 y^* 形式为（   ）.

（A）$(ax+b)\sin^2 x$

（B）$(ax+b)\sin^2 x+(cx+d)\cos^2 x$

（C）$(ax+b)\sin 2x+(cx+d)\cos 2x$

（D）$(ax+b)\sin 2x+(cx+d)\cos 2x+ex+f$

15. 微分方程 $\dfrac{\mathrm{d}^2 y}{\mathrm{d}x^2}=\mathrm{e}^{-2x}+4\cos 2x$ 的特解 y^* 形式为（　　　）.

（A）$Ax\mathrm{e}^{-2x}+B\cos 2x+C\sin 2x$

（B）$A\mathrm{e}^{-2x}+B\cos 2x+C\sin 2x$

（C）$A\mathrm{e}^{-2x}+Bx\cos 2x+Cx\sin 2x$

（D）$x(A\mathrm{e}^{-2x}+B\cos 2x+C\sin 2x)$

三、计算题

1. 求解下列微分方程：

（1）$\dfrac{\mathrm{d}x}{\mathrm{d}y}=10^{x+y}$；　　　　　　　　（2）$\sin x\cos y\mathrm{d}x+\cos x\sin y\mathrm{d}y=0$；

（3）$\cos y\mathrm{d}x+(1+\mathrm{e}^{-x})\sin y\mathrm{d}y=0$；　$y\big|_{x=0}=\dfrac{\pi}{4}$.

（4）$x\dfrac{\mathrm{d}y}{\mathrm{d}x}=y(\ln y-\ln x)$.

2. 求解下列微分方程的通解：

（1）$xy'+y=x\mathrm{e}^x$；　　　　　　　　　　（2）$y'+y\cos x=\mathrm{e}^{-\sin x}$；

（3）$\dfrac{\mathrm{d}y}{\mathrm{d}x}-\dfrac{2y}{x+1}=(x+1)^{\frac{5}{2}}$；　　　（4）$\mathrm{e}^y\mathrm{d}x+(x\mathrm{e}^y-2y)\mathrm{d}y=0$；

（5）$\dfrac{\mathrm{d}y}{\mathrm{d}x}-3xy=xy^2$；　　　　　　　（6）$xy'+y-y^2\ln x=0$.

3. 设可导函数 $f(x)$ 满足 $\displaystyle\int_0^x tf(t)\mathrm{d}t=f(x)+x^2$，求 $f(x)$.

4. 求解下列微分方程的通解：

（1）$y^3y''-1=0$；　　　　　　　　　（2）$xy''+y'=0$；

（3）$y''-4y'=0$；　　　　　　　　　　（4）$y''+4y'-5y=0$；

（5）$y''-5y'+6y=x\mathrm{e}^{2x}$；　　　　　（6）$y''+y=x\cos 2x$.

5. 求下列微分方程的满足初始条件的特解：

（1）$y^3y''+1=0$，$y\big|_{x=1}=1$，$y'\big|_{x=1}=0$；

（2）$y''+(y')^2=1$，$y\big|_{x=0}=0$，$y'\big|_{x=0}=0$；

（3）$y''+y=-\sin 2x$；$y\big|_{x=\pi}=1$，$y'\big|_{x=\pi}=1$；

（4）$y''-y=4x\mathrm{e}^x$，$y\big|_{x=0}=0$，$y'\big|_{x=0}=1$.

四、解答题

1. 已知高温物体置于低温介质中，任一时刻该物体温度对时间的变化率与该时刻物体和介质的温差成正比，现将一加热到 100℃ 的物体放在 20℃ 恒温室中冷却，经 20min 后测得物体的温度为 60℃. 问要使物体的温度继续降至 30℃，还需要冷却多长时间？

2. 有一盛满水的圆锥形漏斗，高为 10cm，顶角为 60°，漏斗下面有面积为 0.5 cm² 的孔，水从孔口流出. 根据水力学知识，水从孔口流出的流量（即通过孔口横截面的水的体积

V 对时间 t 的变化率）$\dfrac{\mathrm{d}V}{\mathrm{d}t}=0.62S\sqrt{2gh}$，这里 S 为孔口横截面面积，h 为水面高度，g 为重力加速度．求水面高度变化的规律及水流完所需的时间（本题可取 $g=980\text{cm/s}^2$，$\pi=3.14$）．

3．已知养鱼池内的鱼数 $y=y(t)$ 的变化率与鱼数 y 及 $1000-y$ 成正比，且若放养 100 条时，3 个月后即可增至 250 条，求放养 t 个月后养鱼池内的鱼数 $y(t)$．

4．某生物群体的平均出生率为常数 a，平均死亡率与群体的大小成正比，比例系数为 b．设时刻 $t=0$ 时群体总数为 x_0，求时刻 t 群体总数 $x(t)$．（提示：在 t 到 $t+\mathrm{d}t$ 时间段内，出生数为 $a\mathrm{d}t$，死亡数为 $bx\mathrm{d}t$，群体总数变化 $\mathrm{d}x$）．

5．一链条悬挂在光滑的钉子上，起动时，一端离开钉子 8cm，另一端离开钉子 12cm，求整个链条滑过钉子所需要的时间．

 拓展阅读

盘点改变历史面貌的精美方程式

方程是个很奇妙的东西，它以最简洁的方式，把复杂的宇宙现象和规律淋漓尽致地展现出来．数学家伊恩·斯图尔特（Ian Stewart）于 2013 年出版过一本十分优秀而专业的书，名为《改变世界的 17 个方程》（17 Equations That Changed The World），书中诠释了人类历史上最伟大的 17 个方程．斯图尔特说："方程无疑很枯燥，而且似乎看起来也很复杂.但许多人即使不知道如何解方程，也能欣赏方程的简洁、优美和精妙.方程是人类探索与智慧的结晶，也是文化的重要组成部分，其背后的故事——发现和发明方程的人及他们所生活的时代，都是引人入胜的."

正如周培源所说，"科学本身并不是枯燥的公式，而是有着潜在的美和无穷的乐趣，科学探索本身也充满了诗意." 下面我们就一起来欣赏一些宇宙最美的语言.

1．勾股定理

$$a^2+b^2=c^2$$

勾股定理想必大家再熟悉不过了，这是数学里最基本的公式之一，描述的是直角三角形三条边长的关系.该公式是众多几何学的核心，且是三角学的基础.

2．对数恒等式

$$\log(xy)=\log x+\log y$$

该方程是对数函数中至关重要的一个，它实现了"乘法"和"加法"的相互转化.这对物理学、天文学以及工程中运算速度的提升起到了重要作用.

3．万有引力定律

$$F=G\frac{m_1 m_2}{d^2}$$

那个被苹果砸中的男人，一不小心就发现了这个伟大的方程.这可以称得上是 17 世纪最伟大的科学成就，是人类科学史上的一座丰碑.它将地面运动与天体运动做了统一，几乎完美地保持了 200 多年，直到一个叫爱因斯坦的男人提出了广义相对论.

4．虚数

$$\mathrm{i}^2=-1$$

数的范畴在一如既往地扩张，从自然数到负数、分数，再到实数、虚数.虚数这个名词是由 17 世纪著名的数学家笛卡尔创立的，实数与虚数共同引出了复数（$a+bi$）的概念.在数学上，复数可谓精妙绝伦，将微积分扩展到复数范畴时，我们发现了数学惊人的对称性和其他一些性质.如果没有该公式，包括从电灯到数码相机在内的很多现代科技不可能被发明出来，复数的特性在电信号处理中起到了重要作用.

5. 欧拉多面体公式

$$F - E + V = 2$$

这个公式描述的是多面体的一个特性，式中 V 表示多面体的顶点数，E 表示棱数，F 表示面数.该公式最直观的意义就是描述了一个基本的数学规律，更重要的是其引入了一门新的几何学——扑拓学，并成为对现代物理学意义重大的一个数学分支.

6. 波动方程

$$\frac{\partial^2 u}{\partial t^2} = c^2 \frac{\partial^2 u}{\partial x^2}$$

波动方程是由麦克斯韦方程组推出的一个描述波动现象的微分方程.该方程的物理意义巨大，它启发了爱因斯坦提出狭义相对论.

7. 傅里叶变换

$$\hat{f}(\zeta) = \int_{\infty}^{+\infty} f(x) e^{-2\pi i x \zeta} dx$$

对于了解一个更加复杂的波，我们就不得不借助傅里叶变换.傅里叶变换可以将满足某些条件的杂乱的方程分解成若干三角函数或它们的积分的线性组合，起到了大大简化的作用.傅里叶变换是现代信号处理与分析的核心.

8. 麦克斯韦方程组

$$\nabla \cdot E = 0, \nabla \times E = -\frac{1}{c}\frac{\partial H}{\partial t}, \quad \nabla \cdot H = 0, \nabla \times H = -\frac{1}{c}\frac{\partial E}{\partial t}$$

麦克斯韦方程组属于经典电磁学，适用于描述宏观的现象，是 19 世纪最伟大的发现之一，展现了电场与磁场相互转换过程中优美的对称性.该方程组由描述电荷如何产生电场的高斯定律、论述磁单极子不存在的高斯磁定律、描述电流和时变电场怎样产生磁场的麦克斯韦-安培定律、描述时变磁场如何产生电场的法拉第感应定律 4 个方程组成.

9. 热力学第二定律

$$dS \geq 0$$

这是伟大的热力学第二定律.其表现之一就是在一个封闭的系统中，熵只会保持稳定或增加，不可能减少.由此还推出了描述整个宇宙的"热寂论"，表明宇宙随着熵的不断增加，最终会达到一个一片死寂的永恒状态.

10. 质能方程

$$E = mc^2$$

爱因斯坦或许是上帝派来地球的使者，他的理论完全颠覆了人类的世界观，从根本上改变了物理学的走向.质能方程创造性地指出了质量与能量之间的关系，这对原子弹的发展起到了关键性的作用.

11. 薛定谔方程

$$i\hbar \frac{\partial}{\partial t} - \Psi = \hat{H}\Psi$$

薛定谔那只"既死又活的猫"大家都再熟悉不过了. 薛定谔方程是量子力学中的重要公式.广义相对论解释了宇宙中宏观现象,该方程则适用于微观世界,可用于描述原子和亚原子的行为.现代量子力学和广义相对论是历史上最成功的两套理论,它们成功预测了目前我们观察到的所有现象.量子力学是现代技术必不可少的,诸如核能、半导体电脑和激光等都建立在量子现象的基础之上.

12. 信息论

$$H = -\sum p(x)\log p(x)$$

上述方程是由香农提出的信息熵,和热力学的熵一样,这也是一个用于描述无序的量.我们常说信息量很大,但到底有多大? 直到 1948 年,"信息熵"的概念的提出,才解决了对信息的量化的问题,使得可以对信息开展数学研究.我们能在互联网上如此欢快地玩耍还得感谢它.

13. 混沌理论

$$X_{t+1} = kx_t(1-x_t)$$

这是一个 Logistic 差分方程,可估算某个拥有有限资源的跨代种群的变化.更重要的是,这一方程式引出了混沌理论,改变了人们对自然系统工作方式的理解.这个方程描述的是动态系统中,一段时间后某个量的变化结果(x_t+1)与其现在的状态(x_t)有关.其中,k 是特定的常数,对于 k 已确定的情况下,初始值 x 不同,事件的发展也大为不同.相信蝴蝶效应大家都很了解,这就是混沌理论的一种表现.

14. 正态分布函数

$$\varphi(x) = \frac{1}{\sqrt{2\pi}\sigma}e^{-\frac{(x-\mu)^2}{2\sigma^2}}$$

正态分布函数的图像有一个明显的特征——中间高两边低,呈对称分布,就像一座山峰.在统计学中,正态分布函数可谓无处不在,在物理学、生物学和社会科学中应用甚广.该函数如此常用的原因之一是因为它描述的是大量独立过程的行为.

15. 布莱克-斯科尔斯方程

$$\frac{1}{2}\sigma^2 S^2 \frac{\partial^2 V}{\partial S^2} + rS\frac{\partial V}{\partial S} + \frac{\partial V}{\partial t} - rV = 0$$

这又是一个微分方程,用于描述金融专家和交易者如何对衍生性金融产品(诸如股票、债券、货币和商品)进行定价,这对金融从业人士提供了有力的指导与帮助.

最后,再来欣赏史上最美的数学公式:

欧拉(Euler)恒等式 　　　　　　　　$e^{i\pi} + 1 = 0$

要看到这个公式的美,我们必须理解这个公式的元素,至少是大概的理解.欧拉公式包括 5 个基本的数学常数 0、1、i、e、π 以及它们之间的等号、加号和指数,以一种神秘而又有用的方式,组成了一个 7 字符的公式,没有半分多余.

本部分内容参考了"三体迷——魅力科学专栏"和"科普中国——盘点改变历史面貌的方程式".

附录一　常用曲线图

序号	名称	曲线图	序号	名称	曲线图
1	三次抛物线	$y = ax^3$	6	笛卡尔叶形线	$x^3 + y^3 = 3axy$ $x = \dfrac{3at}{1+t^3}$, $y = \dfrac{3at^2}{1+t^3}$
2	半立方抛物线	$y^2 = ax^3$	7	星形线（内摆的一种）	$x^{\frac{2}{3}} + y^{\frac{2}{3}} = a^{\frac{2}{3}}$ $\begin{cases} x = a\cos^3\theta \\ y = a\sin^3\theta \end{cases}$
3	概率曲线	$y = \mathrm{e}^{-x^2}$	8	摆线	$\begin{cases} x = a(\theta - \sin\theta) \\ y = a(1-\cos\theta) \end{cases}$
4	箕舌线	$y = \dfrac{8a^3}{x^2 + 4a^2}$	9	心形线（外摆的一种）	$x^2 + y^2 + ax = a\sqrt{x^2+y^2}$ $r = a(1-\cos\theta)$
5	蔓叶线	$y^2(2a-x) = x^3$	10	阿基米德螺线	$r = a\theta$

续表

序号	名称	曲线图	序号	名称	曲线图
11	对数螺线	$r=e^{a\theta}$	14	三叶玫瑰线	$r=a\cos3\theta$ $r=a\sin3\theta$
12	双曲螺线	$r\theta=a$			
13	伯努利双纽线	$(x^2+y^2)^2=2a^2xy$ $r^2=a^2\sin2\theta$ $(x^2+y^2)^2=a^2(x^2-y^2)$ $r^2=a^2\cos2\theta$	15	四叶玫瑰线	$r=a\sin2\theta$ $r=a\cos2\theta$

附录二　常用积分公式

（一）有理函数的积分

1.　$\displaystyle\int(ax+b)^{\mu}\mathrm{d}x=\frac{(ax+b)^{\mu+1}}{a(\mu+1)}+C(\mu\neq1)$

2.　$\displaystyle\int\frac{1}{ax+b}\mathrm{d}x=\frac{1}{a}\ln|ax+b|+C$

3.　$\displaystyle\int\frac{x}{ax+b}\mathrm{d}x=\frac{1}{a^2}(ax+b-b\ln|ax+b|)+C$

4.　$\displaystyle\int\frac{x^2}{ax+b}\mathrm{d}x=\frac{1}{a^3}\left[\frac{1}{2}(ax+b)^2-2b(ax+b)+b^2\ln|ax+b|\right]+C$

5.　$\displaystyle\int\frac{1}{x(ax+b)}\mathrm{d}x=\frac{-1}{b}+\ln\left|\frac{ax+b}{x}\right|+C$

6.　$\displaystyle\int\frac{1}{x^2(ax+b)}\mathrm{d}x=\frac{-1}{bx}+\frac{a}{b^2}\ln\left|\frac{ax+b}{x}\right|+C$

7.　$\displaystyle\int\frac{1}{a^2x^2+1}\mathrm{d}x=\frac{1}{a}\arctan ax+C(a>0)$

8.　$\displaystyle\int\frac{1}{a^2x^2+b^2}\mathrm{d}x=\frac{1}{ab}\arctan\frac{a}{b}x+C(a,b>0)$

9.　$\displaystyle\int\frac{x}{x^2+a^2}\mathrm{d}x=\frac{1}{2}\ln\left|x^2+a^2\right|+C(a>0)$

10.　$\displaystyle\int\frac{x^2}{x^2+a^2}\mathrm{d}x=x-a\arctan\frac{x}{a}+C(a>0)$

11.　$\displaystyle\int\frac{1}{x(x^2+a^2)}\mathrm{d}x=\frac{1}{2a^2}\ln\frac{x^2}{\left|x^2+a^2\right|}+C$

12.　$\displaystyle\int\frac{1}{x^2-a^2}\mathrm{d}x=\frac{1}{2a}\ln\left|\frac{x-a}{x+a}\right|+C$

13.　$\displaystyle\int\frac{1}{a^2-x^2}\mathrm{d}x=\frac{1}{2a}\ln\left|\frac{x+a}{x-a}\right|+C$

14.　$\displaystyle\int\frac{1}{a^2x^2+bx+c}\mathrm{d}x=\frac{2}{\sqrt{4ac-b^2}}\arctan\frac{2ax+b}{\sqrt{4ac-b^2}}+C(a>0,4ac>b^2)$

（二）无理函数的积分（其中 $a>0$）

15.　$\displaystyle\int\sqrt{ax+b}\,\mathrm{d}x=\frac{2}{3a}\sqrt{(ax+b)^3}+C$

16.　$\displaystyle\int x\sqrt{ax+b}\,\mathrm{d}x=\frac{2}{15a^2}(3ax-2b)\sqrt{(ax+b)^3}+C$

17.　$\displaystyle\int\frac{x}{\sqrt{ax+b}}\mathrm{d}x=\frac{2}{3a^2}(ax-2b)\sqrt{ax+b}+C$

18. $\int \dfrac{1}{x\sqrt{ax+b}}dx = \dfrac{1}{\sqrt{b}}\ln\left|\dfrac{\sqrt{ax+b}-\sqrt{b}}{\sqrt{ax+b}+\sqrt{b}}\right| + C(b>0)$

19. $\int \dfrac{1}{x\sqrt{ax-b}}dx = \dfrac{2}{\sqrt{b}}\arctan\sqrt{\dfrac{ax-b}{b}} + C(b>0)$

20. $\int \dfrac{\sqrt{ax+b}}{x}dx = 2\sqrt{ax+b} + \sqrt{b}\ln\left|\dfrac{\sqrt{ax+b}-\sqrt{b}}{\sqrt{ax+b}+\sqrt{b}}\right| + C$

21. $\int \dfrac{\sqrt{ax+b}}{x^2}dx = -\dfrac{\sqrt{ax+b}}{x} + \dfrac{a}{2\sqrt{b}}\ln\left|\dfrac{\sqrt{ax+b}-\sqrt{b}}{\sqrt{ax+b}+\sqrt{b}}\right| + C$

22. $\int\sqrt{\dfrac{x-a}{x-b}}dx = (x-b)\sqrt{\dfrac{x-a}{x-b}} + (b-a)\ln(\sqrt{|x-a|}+\sqrt{|x-b|}) + C$

23. $\int\sqrt{\dfrac{x-a}{b-x}}dx = (x-b)\sqrt{\dfrac{x-a}{b-x}} + (b-a)\arcsin\sqrt{\dfrac{x-a}{b-a}} + C$

24. $\int \dfrac{1}{\sqrt{(x-a)(b-x)}}dx = 2\arcsin\sqrt{\dfrac{x-a}{b-a}} + C(a<b)$

25. $\int\sqrt{(x-a)(b-x)}dx = \dfrac{2x-a-b}{4}\sqrt{(x-a)(b-x)} + \dfrac{(b-a)^2}{4}\arcsin\sqrt{\dfrac{x-a}{b-a}} + C(a<b)$

26. $\int \dfrac{1}{\sqrt{x^2+a^2}}dx = \ln(x+\sqrt{x^2+a^2}) + C$

27. $\int \dfrac{x}{\sqrt{x^2+a^2}}dx = \sqrt{x^2+a^2} + C$

28. $\int \dfrac{1}{x\sqrt{x^2+a^2}}dx = \dfrac{1}{a}\ln\dfrac{\sqrt{x^2+a^2}-a}{|x|} + C$

29. $\int\sqrt{x^2+a^2}dx = \dfrac{x}{2}\sqrt{x^2+a^2} + \dfrac{a^2}{2}\ln(x+\sqrt{x^2+a^2}) + C$

30. $\int x\sqrt{x^2+a^2}dx = \dfrac{1}{3}\sqrt{(x^2+a^2)^3} + C$

31. $\int \dfrac{\sqrt{x^2+a^2}}{x}dx = \sqrt{x^2+a^2} + a\ln\dfrac{\sqrt{x^2+a^2}-a}{|x|} + C$

32. $\int \dfrac{1}{\sqrt{x^2-a^2}}dx = \ln\left|x+\sqrt{x^2-a^2}\right| + C$

33. $\int \dfrac{x}{\sqrt{x^2-a^2}}dx = \sqrt{x^2-a^2} + C$

34. $\int \dfrac{1}{x\sqrt{x^2-a^2}}dx = \dfrac{1}{a}\arccos\dfrac{a}{|x|} + C$

35. $\int\sqrt{x^2-a^2}dx = \dfrac{x}{2}\sqrt{x^2-a^2} - \dfrac{a^2}{2}\ln\left|x+\sqrt{x^2-a^2}\right| + C$

36. $\int x\sqrt{x^2-a^2}dx = \dfrac{1}{3}\sqrt{(x^2-a^2)^3} + C$

37. $\displaystyle\int\frac{\sqrt{x^2-a^2}}{x}\mathrm{d}x=\sqrt{x^2-a^2}-a\arccos\frac{a}{|x|}+C$

38. $\displaystyle\int\frac{1}{\sqrt{a^2-b^2x^2}}\mathrm{d}x=\frac{1}{b}\arcsin\left(\frac{b}{a}x\right)+C$

39. $\displaystyle\int\frac{x}{\sqrt{a^2-x^2}}\mathrm{d}x=-\sqrt{a^2-x^2}+C$

40. $\displaystyle\int\frac{1}{x\sqrt{a^2-x^2}}\mathrm{d}x=\frac{1}{a}\ln\frac{a-\sqrt{a^2-x^2}}{|x|}+C$

41. $\displaystyle\int\sqrt{a^2-x^2}\mathrm{d}x=\frac{x}{2}\sqrt{a^2-x^2}+\frac{a^2}{2}\arcsin\frac{x}{a}+C$

42. $\displaystyle\int x\sqrt{a^2-x^2}\mathrm{d}x=-\frac{1}{3}\sqrt{(a^2-x^2)^3}+C$

43. $\displaystyle\int\frac{\sqrt{a^2-x^2}}{x}\mathrm{d}x=\sqrt{a^2-x^2}-a\ln\frac{a-\sqrt{a^2-x^2}}{|x|}+C$

44. $\displaystyle\int\frac{1}{\sqrt{ax^2+bx+c}}\mathrm{d}x=\frac{1}{\sqrt{a}}\ln\left|2ax+b+2\sqrt{a}\sqrt{ax^2+bx+c}\right|+C$

（三）含有三角函数的积分

45. $\displaystyle\int\sin^2 x\mathrm{d}x=\frac{x}{2}-\frac{1}{4}\sin 2x+C$

46. $\displaystyle\int\cos^2 x\mathrm{d}x=\frac{x}{2}+\frac{1}{4}\sin 2x+C$

47. $\displaystyle\int\sin^n x\mathrm{d}x=-\frac{1}{n}\sin^{n-1}x\cos x+\frac{n-1}{n}\int\sin^{n-2}x\mathrm{d}x$

48. $\displaystyle\int\cos^n x\mathrm{d}x=-\frac{1}{n}\cos^{n-1}x\sin x+\frac{n-1}{n}\int\cos^{n-2}x\mathrm{d}x$

49. $\displaystyle\int\frac{1}{\sin^n x}\mathrm{d}x=-\frac{1}{n-1}\frac{\cos x}{\sin^{n-1}x}+\frac{n-2}{n-1}\int\frac{1}{\sin^{n-2}x}\mathrm{d}x$

50. $\displaystyle\int\frac{1}{\cos^n x}\mathrm{d}x=-\frac{1}{n-1}\frac{\sin x}{\cos^{n-1}x}+\frac{n-2}{n-1}\int\frac{1}{\cos^{n-2}x}\mathrm{d}x$

51. $\displaystyle\int x\sin ax\mathrm{d}x=\frac{1}{a^2}\sin ax-\frac{1}{a}x\cos ax+C$

52. $\displaystyle\int x\cos ax\mathrm{d}x=\frac{1}{a^2}\cos ax+\frac{1}{a}x\sin ax+C$

53. $\displaystyle\int x^2\sin ax\mathrm{d}x=-\frac{1}{a}x^2\cos ax+\frac{2}{a^2}x^2\sin ax+\frac{2}{a^3}\cos ax+C$

54. $\displaystyle\int x^2\cos ax\mathrm{d}x=\frac{1}{a^2}x^2\sin ax+\frac{2}{a^2}x^2\cos ax-\frac{2}{a^3}\sin ax+C$

（四）含有反三角函数的积分（其中 $a>0$）

55. $\displaystyle\int\arcsin\frac{x}{a}\mathrm{d}x=x\arcsin\frac{x}{a}+\sqrt{a^2-x^2}+C$

56. $\int \arccos \dfrac{x}{a} \mathrm{d}x = x \arccos \dfrac{x}{a} - \sqrt{a^2 - x^2} + C$

57. $\int \arctan \dfrac{x}{a} \mathrm{d}x = x \arctan \dfrac{x}{a} - \dfrac{a}{2} \ln(a^2 + x^2) + C$

58. $\int x \arcsin \dfrac{x}{a} \mathrm{d}x = \left(\dfrac{x^2}{2} - \dfrac{a^2}{4} \right) \arcsin \dfrac{x}{a} + \dfrac{x}{4} \sqrt{a^2 - x^2} + C$

59. $\int x \arccos \dfrac{x}{a} \mathrm{d}x = \left(\dfrac{x^2}{2} - \dfrac{a^2}{4} \right) \arccos \dfrac{x}{a} - \dfrac{x}{4} \sqrt{a^2 - x^2} + C$

60. $\int x \arctan \dfrac{x}{a} \mathrm{d}x = \dfrac{1}{2}(a^2 + x^2) \arctan \dfrac{x}{a} - \dfrac{a}{2} x + C$

61. $\int x^2 \arcsin \dfrac{x}{a} \mathrm{d}x = \dfrac{x^3}{3} \arcsin \dfrac{x}{a} + \dfrac{1}{9}(x^2 + 2a^2)\sqrt{a^2 - x^2} + C$

62. $\int x^2 \arccos \dfrac{x}{a} \mathrm{d}x = \dfrac{x^3}{3} \arccos \dfrac{x}{a} - \dfrac{1}{9}(x^2 + 2a^2)\sqrt{a^2 - x^2} + C$

63. $\int x^2 \arctan \dfrac{x}{a} \mathrm{d}x = \dfrac{x^3}{3} \arctan \dfrac{x}{a} - \dfrac{a}{6} x^2 + \dfrac{a^3}{6} \ln(a^2 + x^2) + C$

（五）含有指数函数的积分

64. $\int x \mathrm{e}^{ax} \mathrm{d}x = \dfrac{1}{a^2}(ax - 1)\mathrm{e}^{ax} + C$

65. $\int x a^x \mathrm{d}x = \dfrac{x}{\ln a} a^x - \dfrac{1}{(\ln a)^2} a^x + C$

66. $\int x^n \mathrm{e}^{ax} \mathrm{d}x = \dfrac{1}{a} x^n \mathrm{e}^{ax} - \dfrac{n}{a} \int x^{n-1} \mathrm{e}^{ax} \mathrm{d}x$

67. $\int x^n a^x \mathrm{d}x = \dfrac{x^n}{\ln a} a^x - \dfrac{n}{\ln a} \int x^{n-1} a^x \mathrm{d}x$

68. $\int \mathrm{e}^{ax} \sin bx \mathrm{d}x = \dfrac{1}{a^2 + b^2} \mathrm{e}^{ax}(a \sin bx - b \cos bx) + C$

69. $\int \mathrm{e}^{ax} \cos bx \mathrm{d}x = \dfrac{1}{a^2 + b^2} \mathrm{e}^{ax}(b \sin bx + a \cos bx) + C$

（六）含有对数函数的积分

70. $\int x^n \ln x \mathrm{d}x = \dfrac{1}{n+1}\left(\ln x - \dfrac{1}{n+1} \right) + C$

71. $\int (\ln x)^n \mathrm{d}x = x(\ln x)^n - n \int (\ln x)^{n-1} \mathrm{d}x$

参 考 答 案

第一章

习题 1-1

1. $A\bigcup B=[-2,5]$；$A\bigcap B=\{5\}$；$A\setminus B=(-2,5)$；$B\setminus A=\{-2\}$.

2. （1）定义域为：$[2,4]$；　　　　　　（2）定义域为：$(1,+\infty)$；
　　（3）定义域为：$(-1,0)\bigcup(0,+\infty)$；　　　（4）定义域为：$[-1,2)$.

3. （1）$f(\cos x)=2\sin^2 x$；（2）$f(x+2)=x^2+6x+11$.

4. $c=5+1.6[x]$，$x\in(0,+\infty)$.

5. （1）不相等；（2）相等；（3）不相等；（4）相等.

6. $f(x)+g(x)=\begin{cases}-x^2+2x-1,x<0\\0,0\leqslant x\leqslant 1\\x^2+\ln(1+x),x>1\end{cases}$；　$f(x)g(x)=\begin{cases}-x^2(2x-1),x<0\\-x^4,0\leqslant x\leqslant 1\\x^2\ln(1+x),x>1\end{cases}$.

7. （1）2π；（2）$\dfrac{\pi}{2}$；（3）2；（4）π.

8. （1）非奇非偶函数；（2）偶函数；（3）奇函数；（4）奇函数.

11. （1）反函数为 $y=3-x^2(x\geqslant 0)$；（2）反函数为 $y=\begin{cases}x,-\infty<x<1\\\sqrt{x},1\leqslant x\leqslant 16\\\log_2 x,16<x<+\infty\end{cases}$.

12. $f\circ g=f[g(x)]=\begin{cases}5x+4,x>-\dfrac{2}{5}\\(5x+3)^2,x\leqslant-\dfrac{2}{5}\end{cases}$；　$g\circ f=g[f(x)]=\begin{cases}5x+8,x>1\\5x^2+3,x\leqslant 1\end{cases}$.

13. （1）$y=\sqrt[3]{u},u=\arcsin v,v=a^x$；　　　　（2）$y=2^u,u=v^2,v=\sin x$；
　　（3）$y=u^3,u=\log_a v,v=x^2-1$；　　　　（4）$y=u^3,u=\tan v,v=\ln x$.

习题 1-2

1. （1）没有极限；　　　　　　（2）极限为 0；　　　　　（3）极限为 1；
　　（4）$\begin{cases}当 0<a<1时，没有极限\\当 a=1时，极限为1\\当 a>1时，极限为0\end{cases}$；　（5）极限为 0；　　　　（6）没有极限.

4. （1）极限为 2；　　　　　　（2）没有极限；　　　　　（3）没有极限；
　　（4）极限为 0；　　　　　　（5）极限为 $\dfrac{\pi}{2}$；　　　　（6）没有极限.

5. $\lim\limits_{x\to 0^-}f(x)=\lim\limits_{x\to 0^-}\dfrac{x}{x}=1$，$\lim\limits_{x\to 0^+}f(x)=\lim\limits_{x\to 0^+}\dfrac{x}{x}=1$，$\lim\limits_{x\to 0^-}f(x)=\lim\limits_{x\to 0^+}f(x)$，故 $\lim\limits_{x\to 0}f(x)$ 存在，且 $\lim\limits_{x\to 0}f(x)=1$.

$\lim\limits_{x\to 0^-}\varphi(x)=\lim\limits_{x\to 0^-}\dfrac{-x}{x}=-1$，$\lim\limits_{x\to 0^+}\varphi(x)=\lim\limits_{x\to 0^+}\dfrac{x}{x}=1$，$\lim\limits_{x\to 0^-}\varphi(x)\ne\lim\limits_{x\to 0^+}\varphi(x)$，故 $\lim\limits_{x\to 0}\varphi(x)$ 不存在.

6. 不对. 例如 $f(x)=\begin{cases}-1,x\leqslant a\\ 1,x>a\end{cases}$，则 $\lim\limits_{x\to a}f(x)$ 不存在，但 $\lim\limits_{x\to a}\left|f(x)\right|=\lim\limits_{x\to a}1=1$.

8. （1） $\lim\limits_{x\to 0^-}f(x)=\lim\limits_{x\to 0^-}\mathrm{e}^{\frac{1}{x}}=0$，$\lim\limits_{x\to 0^+}f(x)=\lim\limits_{x\to 0^+}\mathrm{e}^{\frac{1}{x}}$ 不存在，$\lim\limits_{x\to 0}f(x)$ 不存在.

   （2） $\lim\limits_{x\to 0^-}g(x)=\lim\limits_{x\to 0^-}(x^2+2)=2$，$\lim\limits_{x\to 0^+}g(x)=\lim\limits_{x\to 0^+}2^x=1$，$\lim\limits_{x\to 0}g(x)$ 不存在.

   （3） $\lim\limits_{x\to-\infty}\arctan x=-\dfrac{\pi}{2}$，$\lim\limits_{x\to+\infty}\arctan x=\dfrac{\pi}{2}$，$\lim\limits_{x\to\infty}\arctan x$ 不存在.

9. $\lim\limits_{x\to 0^-}f(x)=\lim\limits_{x\to 0^-}2^{\frac{1}{x}}=0$，$\lim\limits_{x\to 0^+}f(x)=\lim\limits_{x\to 0^+}\sqrt[3]{ax+b}=\sqrt[3]{b}$. 由于 $\lim\limits_{x\to 0}f(x)$ 存在，因此有 $\lim\limits_{x\to 0^-}f(x)=\lim\limits_{x\to 0^+}f(x)$，即 $0=\sqrt[3]{b}$，得 $b=0$，a 为任意实数.

10. $a=-1,b=0$.

习题 1-3

1. （1）有界，2；   （2）无界.

2. （1）∞；   （2）0；   （3）0.

3. （1）$y=2+\dfrac{15}{x^2-3}$；   （2）$y=\dfrac{2}{3}-\dfrac{7}{3(3x+2)}$.

习题 1-4

1. （1）不存在；（2）不一定，例如 $\lim\limits_{x\to 0}x=0,\lim\limits_{x\to 0}\sin\dfrac{1}{x}$ 不存在，$\lim\limits_{x\to 0}x\sin\dfrac{1}{x}=0$.

2. 不一定，例如 $\lim\limits_{x\to 1}\dfrac{1}{x-1}$ 与 $\lim\limits_{x\to 1}\dfrac{2}{1-x^2}$ 都不存在，但 $\lim\limits_{x\to 1}\left(\dfrac{1}{x-1}+\dfrac{2}{1-x^2}\right)=\dfrac{1}{2}$.

3. （1）$-\dfrac{1}{2}$；（2）$\dfrac{1}{2}$；（3）1；（4）$\dfrac{1}{2}$.

4. （1）-3；（2）0；（3）0；（4）$\dfrac{4}{3}$；（5）1；（6）$\dfrac{n}{m}$；（7）1；（8）1.

6. $\dfrac{3}{4}$.

习题 1-5

1. （1）1；（2）0.

2. $\lim\limits_{n\to\infty}x_n=1$.

3. （1）$\dfrac{1}{3}$；（2）0；（3）3；（4）8；（5）$\sin 2a$；（6）$\mathrm{e}^{\frac{1}{2}}$；（7）e；（8）e^2.

习题 1-6

2．（1）$-\dfrac{2}{3}$；（2）$\dfrac{1}{2}$；（3）1；（4）1；（5）$\begin{cases} \infty, n < m \\ 1, n = m \\ 0, n > m \end{cases}$；（6）$\dfrac{1}{2}$．

3．（1）（2）（4）（5）（3）．

习题 1-7

1．$k = 2$．

2．（1）$x = 0$ 为 $f(x)$ 的第一类可去间断点，$x = k\pi(k \in \mathbf{Z} \setminus \{0\})$ 为 $f(x)$ 的第二类间断点；

（2）$x = 0$ 为 $f(x)$ 的第一类跳跃间断点；

（3）$x = 0$ 为 $f(x)$ 的第二类间断点；

（4）$x = -1$ 为 $f(x)$ 的第一类跳跃间断点．

3．（1）$\dfrac{3}{2}$；（2）6．

总习题一

一、1．$[1,3]$；2．$g(x) = \dfrac{x+1}{x-1}$；3．$a = \ln 2$；4．$a = -4$；5．$a = b$．

二、1．B；2．C；3．D；4．C；5．B．

四、1．0；2．$\dfrac{1}{4\sqrt{2}}$；3．e^6；4．$e^{-\frac{1}{2}}$；5．π；6．1；7．$\dfrac{1}{2}$；8．$\dfrac{3}{2}$．

五、$\lim\limits_{n \to \infty} x_n = 0$．

六、$f(x)$ 在 **R** 上连续．

七、$f(x) = \begin{cases} 0, x \leqslant -1 \\ 1 + x, -1 < x < 1 \\ 1, x = 1 \\ 0, x > 1 \end{cases}$，$x = 1$ 为 $f(x)$ 的第一类跳跃间断点．

第二章

习题 2-1

1．（1）$2t + 3$；　　　（2）$7(\text{m/s})$．

2．$Q(T) = \lim\limits_{\Delta T \to 0} \dfrac{\Delta Q}{\Delta T}$

3．（1）$3e^{3x}$；　　　（2）$\dfrac{4}{3} x^{\frac{1}{3}}$；　　　（3）$\dfrac{5}{6} x^{-\frac{1}{6}}$；　　　（4）$-\dfrac{1}{x^2}$．

4．$y'\Big|_{x=\frac{\pi}{4}} = \dfrac{\sqrt{2}}{2}$；$y'\Big|_{x=\frac{2\pi}{3}} = -\dfrac{1}{2}$．

5．（1）$-\dfrac{\sqrt{2}}{2}$；　　　（2）$\ln 4$．

6. （1）连续不可导；　　　　　（2）连续且可导.

7. $f'(x) = \begin{cases} -\sin x, & x < 0 \\ 2x, & x \geqslant 0 \end{cases}$.

8. $\begin{cases} a = 1 \\ b = -1 \end{cases}$.

9. （1）$k = -1$；　　　　　（2）$k = 2$.

<h3 align="center">习题 2-2</h3>

1. （1）$3x^2 + 8x + 8$；　　（2）$\dfrac{x\cos x - \sin x}{x^2}$；　　　　（3）$\sec^2 x + \sec x \tan x$；

　（4）$2^x \ln 2 + 2x$；　　（5）$x^3(4\cos x - x\sin x) - \sin x$；　（6）$\dfrac{-5}{(x+2)^2}$；

　（7）$e^x - \dfrac{3}{x^4}$；　　　（8）$2xe^x + x^2 e^x$.

2. （1）$-24(2-x)^2$；（2）$-3e^{-3x}$；（3）$e^{ax}(a\sin bx + b\cos bx)$；（4）$-\dfrac{1}{2\sqrt{x}(1+x)}e^{-\arctan\sqrt{x}}$；

　（5）$-\dfrac{\sin\ln x}{x}$；（6）$2x\sin 2x^2$；（7）$\dfrac{6x}{\sqrt{1-9x^4}}$；（8）$2x\sec^2(x^2+1)$；

　（9）$6\cos^2(1-2x)\cdot\sin(1-2x)$；（10）$\dfrac{1}{x\cdot\ln x\cdot\ln(\ln x)}$.

3. （1）$f'(0) = 2$；（2）$f'\left(\dfrac{\pi}{4}\right) = 0$，$f'\left(\dfrac{\pi}{3}\right) = -\dfrac{1}{2}$；（3）$f'(0) = -6$；（4）$f'(1) = \dfrac{1}{\sqrt{2}}$.

4. $f'(x) = 2x + 2$.

5. $y = 2x - e$.

6. $a = -2$，$b = 4$.

7. （1）$3x^2 f'(x^3)$；（2）$\dfrac{1}{\sqrt{1 - f^2(x)}}\cdot f'(x)$.

<h3 align="center">习题 2-3</h3>

1. （1）$24x + 10$；　　　　（2）$4e^{2x} - \dfrac{1}{x^2} - \dfrac{1}{4\sqrt{x^3}}$；　　（3）$2\ln(x+1) + \dfrac{3x^2 + 4x}{(x+1)^2}$；

　（4）$e^{x^2}(4x^3 + 6x)$；　　（5）$\dfrac{2\sqrt{1-x^2} - 2x\arcsin x}{\sqrt{(1-x^2)^3}}$；

　（6）$f''(\sin x)\cos^2 x - f'(\sin x)\sin x$；（7）$\dfrac{f''(x)\cdot[1 + f^2(x)] - 2f(x)\cdot[f'(x)]^2}{[1 + f^2(x)]^2}$；

　（8）$y'' = e^{-x}(4\sin 2x - 3\cos 2x)$.

2. （1）$f''(1) = \cos 1 - 4\sin 1$；（2）$f''(e) = -\dfrac{2}{e^2}$.

3. （1）$y'''\big|_{x=0} = 2$；（2）$\dfrac{6\cdot 16!}{x^{17}}$.

4. （1）$\dfrac{n!}{(1-x)^{n+1}}$；（2）$-2^{n-1}\cos\left(2x+\dfrac{n\pi}{2}\right)$；（3）$(-1)^{n-1}(n-1)!\left[\dfrac{1}{(x+1)^n}-\dfrac{1}{(x-1)^n}\right]$；（4）$2^n\mathrm{e}^{2x}$.

5. $9\mathrm{m/s}$，$12\mathrm{m/s}^2$.

习题 2-4

1. （1）$-\dfrac{x^2}{y^2}$；（2）$-\dfrac{y}{\mathrm{e}^y+x}$；（3）$\dfrac{\mathrm{e}^{x+y}-y}{x-\mathrm{e}^{x+y}}$；（4）$\dfrac{1-3x^2-y}{x+3y^2-1}$；（5）$\dfrac{y}{y-1}$；

   （6）$\dfrac{1-y\cos(xy)}{x\cos(xy)-1}$；（7）$\dfrac{y\mathrm{e}^{xy}-y^2}{2xy-x\mathrm{e}^{xy}}$；（8）$-\dfrac{\mathrm{e}^y}{1+x\mathrm{e}^y}$.

2. （1）$\dfrac{\sin\theta}{1-\cos\theta}$；   （2）$2t$；   （3）$\dfrac{1}{2(t+1)^2}$；   （4）$-\dfrac{1}{2\mathrm{e}^{2t}}$.

3. （1）$\dfrac{2y(\mathrm{e}^y-x)-y^2\mathrm{e}^y}{(\mathrm{e}^y-x)^3}$； （2）$\dfrac{2\mathrm{e}^{2y}+x\mathrm{e}^{3y}}{(1+x\mathrm{e}^y)^3}$；   （3）$-\dfrac{3t^2+1}{4t^3}$；   （4）$\dfrac{t^2+1}{4t}$.

4. （1）$y\ln(\sin x)+xy\cot x$；（2）$(y-x^2)(\ln x+1)+2x$；（3）$y\ln\left(1+\dfrac{1}{x}\right)-\dfrac{y}{x+1}$；

   （4）$\dfrac{y(x\ln y-y)}{x(y\ln x-x)}$；（5）$\dfrac{y}{3}\left(\dfrac{1}{x}+\dfrac{2x}{x^2+1}-\dfrac{4x}{x^2-1}\right)$；（6）$\dfrac{y}{3}\left(\dfrac{1}{x+1}+\dfrac{2x}{x^2-2}-\dfrac{1}{x+4}-\dfrac{2x}{x^2+5}\right)$.

5. 曲线在点 M 处的切线方程为 $x+y-\mathrm{e}^{\frac{\pi}{2}}=0$，法线方程为：$-x+y+\mathrm{e}^{\frac{\pi}{2}}=0$.

6. a.

7. $144\pi\,\mathrm{m}^2/\mathrm{s}$.

8. $0.14\mathrm{rad/min}$.

习题 2-5

1. $\Delta y\big|_{\Delta x=0.1}^{x=2}=1.161$，$\mathrm{d}y\big|_{\Delta x=0.1}^{x=2}=1.1$；$\Delta y\big|_{\Delta x=0.01}^{x=2}=0.1106$，$\mathrm{d}y\big|_{\Delta x=0.01}^{x=2}=0.11$.

2. $\dfrac{1}{\sqrt{2}}\Delta x$.

3. （1）$12x(2x^2-1)^2\mathrm{d}x$；（2）$\ln x\,\mathrm{d}x$；（3）$(\cos x-x\sin x)\mathrm{d}x$；（4）$\mathrm{e}^x(\sin x+\cos x)\mathrm{d}x$；

   （5）$2x\sec^2(1+x^2)\mathrm{d}x$；（6）$\dfrac{2\ln(1-x)}{x-1}\mathrm{d}x$；（7）$\dfrac{\mathrm{e}^x}{1+\mathrm{e}^{2x}}\mathrm{d}x$；（8）$\dfrac{y}{\mathrm{e}^y-x}\mathrm{d}x$.

4. （1）x^3+C；（2）$\dfrac{1}{2}x^2+C$；（3）$\sin x+C$；（4）$\ln(1+x)+C$；（5）$\sqrt{x}+C$；（6）$-\dfrac{1}{x}+C$；

   （7）$\dfrac{1}{\omega}\cos\omega t+C$；（8）$-\dfrac{1}{2}\mathrm{e}^{-2x}+C$；（9）$\dfrac{1}{2}\tan 2x+C$；（10）$\operatorname{arccot}x+C$.

5. （1）0.4924；（2）1.0067；（3）1.01；（4）0.01.

6. 1.16g.

7. $1.32\mathrm{m}^2$.

总习题二

一、1. 充分，必要，充分必要；2. $-\dfrac{2}{3}$；3. $\dfrac{1}{2}$；4. $\ln x+2\mathrm{e}^{2x}+1$；5. 0

6. -2；7. $(3\ln a)^n a^{3x}$；8. $\dfrac{(-1)^n 2^n n!}{3^{n+1}}$；9. $f'(e^x)\cdot e^x \cdot e^{f(x)} + f(e^x)\cdot e^{f(x)}\cdot f'(x)$；

10. $2e^2 dx$；11. $x - \dfrac{2}{\pi}y + 1 = 0$；12. $x + y - \dfrac{\pi}{4} - \ln\sqrt{2} = 0$；13. $x - y + 1 = 0$；

14. $4x + y - 2 = 0$；15. $\sqrt{2}$；16. 1；17. $\dfrac{1}{e}$；18. 1；19. $a = \dfrac{1}{2}, b = \ln 2 - 1$；20. dx.

二、1. B；2. C；3. B；4. C；5. A；6. D；7. C；8. C；9. C；10. D；11. A；

12. A.

三、1.

（1）$\arctan x$；（2）$\dfrac{x\cos\ln 2x}{\sqrt{1+x^2}} - \dfrac{\sqrt{1+x^2}}{x}\sin\ln 2x$；（3）$\dfrac{1}{\sqrt{1+x^2}}$；（4）$\dfrac{-x^2}{\sqrt{a^2 - x^2}}$；

（5）$\cos f(\sin x)\cdot f'(\sin x)\cdot \cos x$；（6）$\dfrac{1}{2\sqrt{x + \sqrt{x + \sqrt{x}}}}\left(1 + \dfrac{1}{2\sqrt{x + \sqrt{x}}}\cdot\left(1 + \dfrac{1}{2\sqrt{x}}\right)\right)$；

（7）$a^{\arctan x^2}\cdot \ln a\cdot \dfrac{2x}{1+x^4} + x^{\sin x}\left(\cos x\ln x + \dfrac{\sin x}{x}\right)$；（8）$\left(\dfrac{a}{b}\right)^x\left(\dfrac{b}{x}\right)^a\left(\dfrac{x}{a}\right)^b\left[\ln\dfrac{a}{b} - \dfrac{a}{x} + \dfrac{b}{x}\right]$.

2. $e^{2t}(1 + 2t)$.

3. $\dfrac{\sqrt{3}}{2}x - y + \dfrac{\sqrt{3}}{2} + 1 = 0$.

4. 切线的直角坐标方程为 $x - y - \dfrac{3}{4}\sqrt{3} + \dfrac{5}{4} = 0$，法线方程为 $x + y - \dfrac{\sqrt{3}}{4} + \dfrac{1}{4} = 0$.

5. $\dfrac{2\cos 2x + y^2\sin x}{2y\cos x - \dfrac{1}{2\sqrt{1+y}}}$.

6. $\dfrac{dy}{dx}\bigg|_{x=0} = -2$.

7. $-\tan t$，$\dfrac{1}{3a\cos^4 t\sin t}$.

8. $-\dfrac{1}{2 + \sin y}$，$-\dfrac{\cos y}{\left(2 + \sin y\right)^3}$.

第三章

习题 3-1

1. $\xi = \pm\dfrac{1}{\sqrt{3}} \approx 0.5774$.

2. $\xi = \dfrac{9}{4} = 2.25$.

3. $\xi = \arccos\dfrac{2}{\pi} \approx 0.8807$.

4.　$\xi = \dfrac{14}{9} = 1.5556$.

<h2 style="text-align:center">习题 3-2</h2>

1.（1）$\dfrac{2}{3}$；　　　　　　（2）1；　　　　　　（3）2；

（4）1；　　　　　　（5）$\cos a$；　　　　　（6）$\dfrac{m}{n}a^{m-n}$；

（7）$\dfrac{3}{5}$；　　　　　　（8）3；　　　　　　（9）2；

（10）n；　　　　　　（11）1；　　　　　　（12）$\dfrac{\sqrt{2}}{4}$；

（13）1；　　　　　　（14）0；　　　　　　（15）2；

（16）1；　　　　　　（17）$\ln\dfrac{a}{b}$；　　　　（18）$\dfrac{1}{2}$；

（19）e；　　　　　　（20）e.

3.　1.

<h2 style="text-align:center">习题 3-3</h2>

1.（1）$\dfrac{1}{x} = -1 - (x+1) - (x+1)^2 - (x+1)^3 + o[(x+1)^3]$；

（2）$\sin x = \dfrac{\sqrt{2}}{2}\left[1 + \left(x-\dfrac{\pi}{4}\right) - \dfrac{1}{2}\left(x-\dfrac{\pi}{4}\right)^2 - \dfrac{1}{6}\left(x-\dfrac{\pi}{4}\right)^3\right] + o\left[\left(x-\dfrac{\pi}{4}\right)^3\right]$.

2.（1）$f(x) = x + x^2 + \dfrac{1}{2!}x^3 + \cdots + \dfrac{1}{(n-1)!}x^n + \dfrac{1}{(n+1)!}(\theta x + n + 1)\mathrm{e}^{\theta x}x^{n+1}$　$(0 < \theta < 1)$；

（2）$f(x) = 1 - x + x^2 + \cdots + (-1)^n x^n + \dfrac{(-1)^{n+1}}{(1+\theta x)^{n+2}}x^{n+1}$　$(0 < \theta < 1)$.

3.　$\ln x = \ln 2 + \dfrac{1}{2}(x-2) - \dfrac{1}{2\cdot 2^2}(x-2)^2 + \cdots + (-1)^{n-1}\dfrac{1}{n\cdot 2^n}(x-2)^n + o\left[\left(\dfrac{x-2}{2}\right)^n\right]$.

4.（1）$\sqrt[3]{30} \approx 3.10725, |R_3| < 1.88\times 10^{-5}$；

（2）$\ln 1.2 \approx 0.1827, |R_3| < 4\times 10^{-4}$.

5.（1）$\dfrac{1}{3}$；　　　　　　（2）$\dfrac{1}{3}$；　　　　　　（3）$\dfrac{1}{8}$.

<h2 style="text-align:center">习题 3-4</h2>

1.（1）单调增加；（2）单调增加；（3）单调增加；（4）单调减少.

2.（1）在 $(-\infty,-2]$ 及 $[0,2]$ 上单调减少，在 $[-2,0]$ 及 $[2,+\infty)$ 上单调增加；

（2）在 $(-\infty,0]$ 上单调减少，在 $[0,+\infty)$ 上单调增加；

（3）在 $\left(-\infty,\dfrac{1}{2}\right]$ 上单调减少，在 $\left[\dfrac{1}{2},+\infty\right)$ 上单调增加；

（4）在 $\left[\dfrac{3}{4},1\right]$ 上单调减少，在 $\left(-\infty,\dfrac{3}{4}\right]$ 上单调增加；

（5）在 $[0,2]$ 上单调减少，在 $(-\infty,0]$ 及 $[2,+\infty)$ 上单调增加；

（6）在 $\left(0,\dfrac{1}{2}\right]$ 上单调减少，在 $\left[\dfrac{1}{2},+\infty\right)$ 上单调增加.

6. （1）极大值 $y(0)=1$，极小值 $y(1)=0$；

（2）极大值 $y\left(\dfrac{3}{4}\right)=\dfrac{5}{4}$；

（3）极小值 $y(0)=0$；

（4）极大值 $y(-1)=0$，极小值 $y(1)=-3\sqrt[3]{4}$；

（5）极小值 $y(0)=0$，极大值 $y(2)=4\mathrm{e}^{-2}$；

（6）极小值 $y\left(\sqrt{\dfrac{b}{a}}\right)=2\sqrt{ab}+c$.

7. （1）极大值 $f(-4)=60$，极小值 $f(2)=-48$；

（2）极小值 $f(-1)=1$，极小值 $f(1)=1$；

（3）极小值 $f(1)=2-4\ln 2$；

（4）极大值 $f(2)=20$.

8. $a=2$，极大值 $y\left(\dfrac{\pi}{3}\right)=\sqrt{3}$.

9. $a=-\dfrac{2}{3}$，$b=-\dfrac{1}{6}$，极小值 $y(1)=\dfrac{5}{6}$，极大值 $y(2)=-\dfrac{2}{3}\ln 2+\dfrac{4}{3}$.

习题 3-5

1. （1）在 $(0,+\infty)$ 内是凸的；

（2）在 $(-\infty,+\infty)$ 内是凹的；

（3）在 $(-\infty,0)$ 内是凸的，在 $(0,+\infty)$ 内是凹的；

（4）在 $(-\infty,+\infty)$ 内是凹的.

2. （1）在 $\left(-\infty,-\dfrac{1}{2}\right)$ 内是凸的，在 $\left(-\dfrac{1}{2},+\infty\right)$ 内是凹的，拐点 $\left(-\dfrac{1}{2},20\dfrac{1}{2}\right)$；

（2）在 $(-\infty,-1)$、$(1,+\infty)$ 内是凸的，在 $(-1,1)$ 内是凹的，拐点 $(-1,\ln 2)$、$(1,\ln 2)$；

（3）在 $(-\infty,2)$ 内是凸的，在 $(2,+\infty)$ 内是凹的，拐点 $(2,2\mathrm{e}^{-2})$；

（4）在 $(-1,0)$ 内是凸的，在 $(-\infty,-1)$、$(0,+\infty)$ 内是凹的，拐点 $(-1,0)$；

（5）在 $(-\infty,1)$ 上是凸的，在 $(1,+\infty)$ 上是凹的，无拐点；

（6）在 $\left(-\infty,-\dfrac{1}{2}\right)$ 内是凸的，在 $\left(-\dfrac{1}{2},0\right)$、$(0,+\infty)$ 内是凹的，拐点 $\left(-\dfrac{1}{2},-3\sqrt[3]{2}\right)$.

3. $a=-\dfrac{3}{2}$，$b=\dfrac{9}{2}$.

4. $m=-3,n=0,p=1$.

5. $a=-3$，在 $(-\infty,1)$ 内是凸的，在 $(1,+\infty)$ 内是凹的，拐点 $(1,-7)$.

习题 3-6

1. （1）最小值 $f(0)=0$ ，最大值 $f(4)=8$ ；

   （2）最小值 $f(1)=7$ ，最大值 $f(4)=142$ ；

   （3）最小值 $f(0)=3$ ，最大值 $f(-1)=\mathrm{e}^2+2\mathrm{e}^{-1}$ ；

   （4）最小值 $f(0)=f(2)=0$ ，最大值 $f(3)=\sqrt[3]{9}$ ；

   （5）最小值 $f\left(\dfrac{1}{3}\right)=9$ ，无最大值.

2. 在 $x=-3$ 处取得最小值 $f(-3)=27$.

3. 在 $x=1$ 处取得最大值 $f(1)=\dfrac{1}{2}$.

5. 最大值为 $m^m n^n\left(\dfrac{a}{m+n}\right)^{m+n}$.

6. $h=4r$ ，最小体积为 $\dfrac{8}{3}\pi r^3$.

7. $x=10$ 总利润最大.

8. $r:h=1:1$.

9. 房租为 350 元时，可获得最大收入 10890 元.

10. $a<\dfrac{1}{\mathrm{e}}$ 时有两个实根， $a>\dfrac{1}{\mathrm{e}}$ 时无实根， $a=\dfrac{1}{\mathrm{e}}$ 时有唯一实根.

习题 3-7

1. （1） $K=1,\rho=1$ ；（2） $K=\dfrac{\sqrt{5}}{25},\rho=5\sqrt{5}$ ；（3） $K=\dfrac{2}{3},\rho=\dfrac{3}{2}$ ；

   （4） $K=\dfrac{2+\dfrac{\pi^2}{4}}{a\left(1+\dfrac{\pi^2}{4}\right)^{\frac{3}{2}}},\rho=\dfrac{a\left(1+\dfrac{\pi^2}{4}\right)^{\frac{3}{2}}}{2+\dfrac{\pi^2}{4}}$.

2. $K=2$.

3. $K=\dfrac{24}{125}$.

4. 在点 $\left(\dfrac{\sqrt{2}}{2},-\dfrac{\ln 2}{2}\right)$ 处曲率半径有最小值 $\dfrac{3\sqrt{3}}{2}$.

5. 切线方程为 $y=\sqrt{3}x+1-\sqrt{3}$ ，法线方程为 $y=-\dfrac{\sqrt{3}}{3}x+1+\dfrac{\sqrt{3}}{3}$.

总习题三

一、填空题

1. 2 . 2. $\sqrt{\dfrac{4-\pi}{\pi}}$. 3. $-\dfrac{1}{\ln 2}$. 4. $(-\infty,-2),(0,+\infty)$ ；$(0,2)$ ；$x=-2$ ；$-\dfrac{1}{4}$.

5. $(-\infty,-1)$；$(1,+\infty)$；$(-1,-e^{-2})$. 6. 2；6. 7. 2. 8. $-\dfrac{1}{6}$. 9. $\dfrac{1}{6}$. 10. e.

二、选择题

1. D；2. C；3. B；4. C；5. C；6. D；7. D；8. C；9. C；10. D；

11. A；12. C；13. C；14. D；15. D.

三、计算题

1. 在 $(0,e^{-2}]$ 上单调减少，在 $[e^{-2},+\infty)$ 上单调增加，极小值 $f(e^{-2})=-\dfrac{2}{e}$.

2. 在 $(-\infty,+\infty)$ 内凹.

3. 最大值 $y(-2)=y(2)=5$，最小值 $y\left(-\sqrt{\dfrac{3}{2}}\right)=y\left(\sqrt{\dfrac{3}{2}}\right)=-\dfrac{5}{4}$.

4. $\sqrt[3]{3}$.

5. 当 $k\leq 1$ 时有唯一实根，当 $k>1$ 时有三个实根.

6. （1）$\dfrac{1}{4}$；（2）$-\dfrac{e}{2}$；（3）$\dfrac{1}{2}$；（4）1；（5）$e^{-\frac{1}{2}}$；（6）$\dfrac{1}{6}$；（7）$\dfrac{1}{\sqrt{e}}$.

五、应用题

1. $\left(\dfrac{1}{\sqrt{3}},\dfrac{2}{3}\right)$.

2. $\dfrac{4a}{4+\pi}$，$\dfrac{a\pi}{4+\pi}$.

3. （1）$P(x)=\begin{cases}900, & 0\leq x\leq 30\\ 900-10(x-30), & 30<x\leq 75\end{cases}$；（2）60.

第四章

习题 4-1

1. $\dfrac{1}{2}\sin^2 x$ 和 $-\dfrac{1}{4}\cos 2x$ 是同一函数的原函数.

2. （1）$2^x\ln 2$；（2）$y=\arcsin x+C$.

3. （1）$x-x^3+C$；（2）$-\dfrac{1}{x}+C$；（3）$\dfrac{2}{5}x^{\frac{5}{2}}+C$；（4）$\dfrac{m}{m+n}x^{\frac{m+n}{m}}+C$；（5）$\dfrac{2^x}{\ln 2}+\dfrac{1}{3}x^3+C$；

（6）$\dfrac{x^3}{3}-\dfrac{3}{2}x^2+2x+C$；（7）$\dfrac{x^5}{5}+\dfrac{2}{3}x^3+x+C$；（8）$\dfrac{1}{2}x^2+9x+27\ln|x|-\dfrac{27}{x}+C$；

（9）$\dfrac{2}{5}x^{\frac{5}{2}}+\dfrac{x^2}{2}+6x^{\frac{1}{2}}+C$；（10）$x-\arctan x+C$；（11）$\dfrac{1}{2}t^2+3t+3\ln|t|-\dfrac{1}{t}+C$；

（12）$\dfrac{8}{15}x^{\frac{15}{8}}+C$；（13）$\sqrt{\dfrac{2h}{g}}+C$；（14）$e^t-t+C$；（15）$2x-\dfrac{5}{\ln 2-\ln 3}\left(\dfrac{2}{3}\right)^x+C$；

（16）$\arctan x-\dfrac{1}{x}+C$；（17）$-\dfrac{1}{x}-\arctan x+C$；（18）$\dfrac{x^3}{3}+2x-\arctan x+C$；

（19）$e^x - 2\sqrt{x} + C$；（20）$\sin x + \cos x + C$；（21）$\dfrac{u}{2} - \dfrac{\sin u}{2} + C$；（22）$-\cot x - x + C$；

（23）$\tan x - \dfrac{x}{2} + C$；（24）$\dfrac{1}{2}\tan x + C$；（25）$\tan x - \cot x + C$；（26）$\cot x - 2\cos x + C$；

（27）$\tan x - \sec x + C$；（28）$x - \cos x + C$.

4. $\dfrac{1}{4}kt^4 - t^2 + 3t + C$.

习题 4-2

1. $\dfrac{1}{a}e^{ax+b} + C$. 2. $-\dfrac{2}{7}(2-x)^{\frac{7}{2}} + C$. 3. $\dfrac{1}{2}\ln|2x-3| + C$. 4. $\dfrac{1}{24}(2x^2-5)^6 + C$.

5. $\dfrac{2}{3}(2x+1)^{\frac{3}{2}} + C$. 6. $-\dfrac{3}{4}\ln(1-x^4) + C$. 7. $\cos\dfrac{1}{x} + C$. 8. $\dfrac{1}{3}\sin\left(3x-\dfrac{\pi}{4}\right) + C$.

9. $e^{x+\frac{1}{x}} + C$. 10. $2\sin\sqrt{x} + c$；11. $\dfrac{1}{3}(\ln|x|)^3 + C$. 12. $e^{e^x} + C$.

13. $\ln(e^x+1) + C$. 14. $\arctan e^x + C$. 15. $\ln|\ln\ln x| + C$.

16. $x - \dfrac{1}{2}\ln(1+e^{2x}) + C$. 17. $-\dfrac{1}{x\ln x} + C$. 18. $-e^{\cos x} + C$.

19. $-\dfrac{1}{3}\sqrt{2-3x^2} + C$. 20. $\dfrac{1}{3}\tan^3 x - \tan x + x + C$.

21. $\dfrac{3}{2}(\sin x - \cos x)^{\frac{2}{3}} + C$. 22. $\sin x - \dfrac{1}{3}\sin^3 x + C$.

23. $\dfrac{3}{8}x - \dfrac{1}{4}\sin 2x + \dfrac{1}{32}\sin 4x + C$

24. $\dfrac{1}{3}\sin^3 x - \dfrac{2}{5}\sin^5 x + \dfrac{1}{7}\sin^7 x + C$. 25. $\dfrac{1}{7}\sec^7 x - \dfrac{2}{5}\sec^5 x + \dfrac{1}{3}\sec^3 x + C$.

26. $\dfrac{1}{2}\arctan(\sin^2 x) + C$. 27. $-\dfrac{1}{10}\cos 5x - \dfrac{1}{2}\cos x + C$. 28. $\dfrac{1}{11}\tan^{11} x + C$.

29. $-\dfrac{1}{\arcsin x} + C$. 30. $(\arctan\sqrt{x})^2 + C$.

二、1. $\dfrac{1}{6}\arctan\dfrac{3}{2}x + C$. 2. $\dfrac{1}{12}\ln\left|\dfrac{2+3x}{2-3x}\right| + C$.

3. $\dfrac{1}{3}\arcsin\dfrac{3x}{2} + C$. 4. $\dfrac{1}{2\sqrt{2}}\ln\left|\dfrac{\sqrt{2}x-1}{\sqrt{2}x+1}\right| + C$. 5. $\arcsin\dfrac{x+1}{\sqrt{6}} + C$.

6. $\dfrac{2}{\sqrt{3}}\arctan\dfrac{2x+1}{\sqrt{3}} + C$. 7. $\dfrac{1}{2}\arccos\dfrac{2}{x} + C$.

8. $\dfrac{x}{2\sqrt{2-x^2}} + C$. 9. $\sqrt{x^2-9} - 3\arccos\dfrac{3}{|x|} + C$. 10. $-\dfrac{\sqrt{x^2+3}}{3x} + C$.

11. $\dfrac{2}{3}(e^x+1)^{\frac{3}{2}} - 2(e^x+1)^{\frac{1}{2}} + C$.

12. $\ln\left|\dfrac{\sqrt{1-x}-1}{\sqrt{1-x}+1}\right|-\sqrt{2}\ln\left|\dfrac{\sqrt{1-x}-\sqrt{2}}{\sqrt{1-x}+\sqrt{2}}\right|+C$.

13. $\dfrac{4}{3}\sqrt[4]{x^3}-\dfrac{4}{3}\ln(1+\sqrt[4]{x^3})+C$. 14. $\dfrac{2}{3}(x+6)\sqrt{x-3}+C$

习题 4-3

1. （1） $-\mathrm{e}^{-x}(x+1)+C$ ；（2） $x\arcsin x+\sqrt{1-x^2}+C$ ；（3） $-x\cos x+\sin x+C$ ；

（4） $x\ln(x^2+1)-2x+2\arctan x+C$ ；（5） $x\arctan x-\dfrac{1}{2}\ln(1+x^2)+C$ ；

（6） $x\ln^2 x-2x\ln x+2x+C$ ；（7） $\dfrac{1}{2}x^2\ln x-\dfrac{1}{4}x^2+C$ ；

（8） $\dfrac{1}{2}\mathrm{e}^x(\sin x+\cos x)+C$ ；（9） $\dfrac{x^3}{6}-\dfrac{1}{4}x^2\cdot\sin 2x-\dfrac{1}{4}x\cdot\cos 2x+\dfrac{1}{8}\sin 2x+C$ ；

（10） $-\mathrm{e}^{-x}(x^2+5)+C$ ；（11） $-\dfrac{2}{17}\mathrm{e}^{-2x}\left(\cos\dfrac{x}{2}+4\sin\dfrac{x}{2}\right)+C$ ；

（12） $\dfrac{x}{2}(\sin\ln x-\cos\ln x)+C$ ；（13） $\dfrac{1}{8}x^4\left(2\ln^2 x-\ln x+\dfrac{1}{4}\right)+C$ ；

（14） $-\mathrm{e}^{-x}(x^2+2x+2)+C$ ；（15） $3x^{\frac{2}{3}}\mathrm{e}^{\sqrt[3]{x}}-6\sqrt[3]{x}\mathrm{e}^{\sqrt[3]{x}}+6\mathrm{e}^{\sqrt[3]{x}}+C$ ；

（16） $x\ln(x+\sqrt{1+x^2})-\sqrt{1+x^2}+C$.

2. $xf(x)-\dfrac{\sin x}{x}+C$.

习题 4-4

1. $-\dfrac{x}{(x-1)^2}+C$. 2. $\dfrac{1}{7}\ln\left|\dfrac{x-5}{x+2}\right|+C$. 3. $\dfrac{1}{3}x^3-\dfrac{3}{2}x^2+9x-27\ln|x+3|+C$.

4. $\dfrac{1}{x+1}+\dfrac{1}{2}\ln|x^2-1|+C$. 5. $\ln|x+1|+2\ln|x|+C$.

6. $\dfrac{1}{2}\ln|x-1|-\dfrac{1}{4}\ln(x^2+1)+\dfrac{1}{2}\arctan x+C$. 7. $\dfrac{1}{4}\ln\left|\dfrac{2+\tan\dfrac{x}{2}}{2-\tan\dfrac{x}{2}}\right|+C$.

8. $\dfrac{1}{2}\ln\left|\tan\dfrac{x}{2}\right|+\dfrac{1}{4}\cot^2\dfrac{x}{2}+C$.

总习题四

一、1. $\dfrac{1}{2}f(2x)+C$. 2. $-2x\mathrm{e}^{-x^2}-\mathrm{e}^{-x^2}+C$. 3. $-\dfrac{x}{(x^2-a^2)^{\frac{3}{2}}}$. 4. $\dfrac{\sin x}{x}\mathrm{d}x,\dfrac{\sin x}{x}+C$.

5. $x-\dfrac{x^2}{2}+C$. 6. $-\cot x\ln\sin x-\cot x-x+C$. 7. $\ln|x+\sin x|+C$. 8. $\dfrac{1}{2}\mathrm{e}^{x^2}+C$.

9. $x^2+\dfrac{1}{2}x^4-\dfrac{1}{3}x^6+C$. 10. $xf(x)+C$. 11. $\dfrac{1}{4}f^2(x^2)+C$.

二、1. C. 2. D. 3. C. 4. A. 5. D. 6. B. 7. C. 8. A. 9. B. 10. A. 11. A. 12. B. 13. D.

三、1.（1）$\dfrac{1}{\ln\frac{3}{2}}\arctan\left(\dfrac{3}{2}\right)^{x}+C$；（2）$\dfrac{2}{3}x^3+\arctan x+C$；（3）$4x^{\frac{1}{4}}+\dfrac{8}{5}x^{\frac{5}{8}}+\dfrac{4}{9}x^{\frac{9}{4}}+C$；

（4）$-\dfrac{1}{x}+\arctan x+C$；　（5）$3\tan x-x+C$.

2.（1）$-\dfrac{1}{2}\cos 2x-3\mathrm{e}^{\frac{x}{3}}+C$；（2）$\dfrac{1}{200}(2x+3)^{100}+C$；（3）$\arcsin\dfrac{x}{3}+\sqrt{9-x^2}+C$；

（4）$-\sin\mathrm{e}^{-x}+C$；（5）$\dfrac{3}{8}(2x^2+1)^{\frac{2}{3}}+C$；（6）$-\dfrac{1}{9}\mathrm{e}^{-3x^3+5}+C$；（7）$-2\ln\left|\cos\sqrt{x}\right|+C$；

（8）$-4\sqrt{1-\sqrt{x}}+C$；（9）$\dfrac{1}{2}\ln\left|\ln^2 x-1\right|+C$；（10）$-\dfrac{1}{2}\cot(x^2+1)+C$；

（11）$\ln(\mathrm{e}^x+1)+C$；（12）$\dfrac{1}{2}\ln\left|\dfrac{\mathrm{e}^x-1}{\mathrm{e}^x+1}\right|+C$；（13）$\dfrac{1}{7}\sec^7 x-\dfrac{2}{5}\sec^5 x+\dfrac{1}{3}\sec^3 x+C$；

（14）$\tan x-\sec x+C$；（15）$\ln\left|\dfrac{x+2}{x+3}\right|+C$；（16）$\dfrac{1}{2}\ln\left|x^2+3x+2\right|-\dfrac{3}{2}\ln\left|\dfrac{x+1}{x+2}\right|+C$；

（17）$\dfrac{1}{\sqrt{2}}\arctan\dfrac{x+1}{\sqrt{2}}+C$；（18）$\arcsin\dfrac{2x-1}{\sqrt{5}}+C$.

3.（1）$\sqrt{2x+1}-\ln(1+\sqrt{2x+1})+C$；　　　　（2）$4(\sqrt[4]{x}-\arctan\sqrt[4]{x})+C$；

（3）$2\sqrt{x}-4\sqrt[4]{x}+4\ln\left|\sqrt[4]{x}+1\right|+C$；　　　（4）$\arcsin x+\sqrt{1-x^2}+C$；

（5）$\dfrac{a^2}{2}\left(\arcsin\dfrac{x}{a}-\dfrac{x}{a^2}\sqrt{a^2-x^2}\right)+C$；　　（6）$-\dfrac{(a^2-x^2)^{\frac{3}{2}}}{3a^2x^3}+C$；

（7）$\dfrac{1}{408}(2x+1)^{102}-\dfrac{1}{404}(2x+1)^{101}+C$.

4.（1）$-x^2\cos x+2x\sin x+2\cos x+C$；　　　　（2）$\dfrac{1}{2}(x\ln x)^2-\dfrac{1}{2}x^2\ln x+\dfrac{1}{4}x^2+C$；

（3）$-\dfrac{1}{4}x\cos 2x+\dfrac{1}{8}\sin 2x+C$；

（4）$-\dfrac{1}{4}[\csc x\cot x+\ln|\csc x-\cot x|-\cot^2 x]+C$ 或

$\dfrac{1}{8}\left[\ln(1-\cos x)-\ln(1+\cos x)+\dfrac{2}{1+\cos x}\right]+C$

（5）$2\sqrt{x}\sin\sqrt{x}+2\cos\sqrt{x}+C$；　　　　（6）$\dfrac{1}{2}x(\sin\ln x+\cos\ln x)+C$；

（7）$x\tan x+\ln|\cos x|-\dfrac{1}{2}x^2+C$；　　　　（8）$\dfrac{2}{3}x\sqrt{x}\arctan\sqrt{x}-\dfrac{1}{3}x+\dfrac{1}{3}\ln(1+x)+C$.

四、1. $y=\ln x+1$. 2. $y=x^3+\dfrac{2}{3}x-2$. 3. $Q(x)=\sqrt{0.01x+1}-1$. 4. 1.

五、1. $-x^2-\ln\left|1-x\right|+C$. 2. $2\ln(x-1)+x+C$.

3. $f(x) = \dfrac{\sin^2 2x}{\sqrt{x - \dfrac{1}{4}\sin 4x + 1}}$.

第五章

习题 5-1

1. $\theta = \displaystyle\int_{t_1}^{t_2} \omega(t)\, \mathrm{d}t$.

2. $A = \displaystyle\int_{-1}^{0} x^2 \mathrm{d}x + \int_{0}^{3} x^2 \mathrm{d}x = \int_{-1}^{3} x^2 \mathrm{d}x$.

3. （1）2π ; 　　（2）1; 　　（3）0; 　　（4）$\dfrac{5}{2}$.

4. （1）$\displaystyle\int_{0}^{1} x\mathrm{d}x$ 较大; 　（2）$\displaystyle\int_{1}^{2} x^3 \mathrm{d}x$ 较大; 　（3）$\displaystyle\int_{1}^{e} \ln x\mathrm{d}x$ 较大; 　（4）$\displaystyle\int_{0}^{1} x\mathrm{d}x$ 较大.

习题 5-2

1. （1）$\sin(x^2)$; 　（2）$-\dfrac{1}{\sqrt{1+x^2}}$; 　（3）$2x^5 \mathrm{e}^{-x^2} - x^2 \mathrm{e}^{-x}$; 　（4）$\cot t$.

2. $\dfrac{\mathrm{d}y}{\mathrm{d}x} = -\dfrac{y\tan xy}{\mathrm{e}^{y^2} + x\tan xy}$ 　$(\mathrm{e}^{y^2} + x\tan xy \neq 0)$.

3. （1）$\dfrac{1}{3}$; 　　（2）$\dfrac{1}{2}$; 　　（3）1; 　　（4）0.

4. （1）4; 　　　（2）$\dfrac{11}{6}$; 　　（3）0; 　　　（4）$\dfrac{44}{3}$;

　（5）$-\dfrac{1}{4}$; 　（6）$\sqrt{3} - \dfrac{\pi}{3}$; 　　（7）5; 　　　（8）$\dfrac{\pi}{2} - 1$.

5. $\dfrac{23}{6}$.

6. $\varPhi(x) = \begin{cases} 0 & \text{当} x < 0 \text{时} \\ \dfrac{1}{2}x^2 & \text{当} 0 \leqslant x \leqslant 1 \text{时} \\ -\dfrac{1}{2}x^2 + 2x + 1 & \text{当} 1 < x \leqslant 2 \text{时} \\ 1 & \text{当} x > 2 \text{时} \end{cases}$.

7. $f(x) = -\dfrac{1}{2}x - \dfrac{3}{2}$.

习题 5-3

1. （1）0; 　　（2）$\dfrac{2}{5}$; 　　（3）$\mathrm{e} - \mathrm{e}^{\frac{1}{2}}$; 　　（4）$\dfrac{1}{3}$;

　（5）$\dfrac{4}{3}$; 　（6）$1 - \dfrac{\pi}{4}$; 　　（7）$7 + 2\ln 2$; 　（8）$2(\sqrt{3} - 1)$;

（9） $\dfrac{4}{3}$; （10） $\arctan e - \dfrac{\pi}{4}$; （11） $-\dfrac{\pi}{2}$; （12） $\ln 2 - \dfrac{3}{8}$;

（13） $\ln 2 - 2 - \dfrac{\pi}{2}$; （14） $\dfrac{1}{5}(2e^{\frac{\pi}{2}} + 2)$; （15） $\dfrac{\pi}{4} - \dfrac{1}{2}\ln 2$; （16） $2 - 2e^{-1}$;

（17） $\dfrac{1}{2}e(\sin 1 - \cos 1) + \dfrac{1}{2}$; （18） $\dfrac{\sqrt{3}}{3}\pi - \dfrac{1}{4}\pi + \dfrac{1}{2}\ln 2$; （19） 0 ; （20） $\dfrac{\pi^3}{324}$;

（21） 0 ; （22） $\dfrac{5\pi}{8}$;

2. $1 + \ln(1 + e^{-1})$.

4. $2\sqrt{2}n$.

6. $I_n = \begin{cases} \dfrac{n-1}{n} \cdot \dfrac{n-3}{n-2} \cdot \cdots \cdot \dfrac{1}{2} \cdot \dfrac{\pi}{2} & \text{当} n \text{为正偶数时} \\[2mm] \dfrac{n-1}{n} \cdot \dfrac{n-3}{n-2} \cdot \cdots \cdot \dfrac{2}{3} & \text{当} n \text{为大于1的奇数时} \end{cases}$.

习题 5-4

1. （1） $\dfrac{3}{2} - \ln 2$; （2） $\dfrac{32}{3}$; （3） $\dfrac{8}{3}$; （4） $\dfrac{3\pi^3}{2} - \dfrac{\pi^2}{3}$;

（5） $\dfrac{1}{10}(99\ln 10 - 81)$; （6） $\dfrac{\pi}{3} - \dfrac{\sqrt{2}}{3} + \sqrt{3}$.

2. （1） 16π ; （2） a^2 ; （3） $\dfrac{3}{8}\pi a^2$; （4） $3\pi a^2$.

3. $\dfrac{2}{3}$.

4. （1） $7\pi - \dfrac{9}{2}\sqrt{3}$; （2） $\dfrac{\pi}{6} + \dfrac{1}{2} - \dfrac{\sqrt{3}}{2}$.

5. （1） $\dfrac{\pi^2}{2}$; （2） 2π ; （3） $5a^3\pi^2$; （4） $\dfrac{3\pi}{10}$, $\dfrac{3\pi}{10}$.

6. $\dfrac{16}{3}a^3$.

8. （1） $1 + \dfrac{1}{2}\ln\dfrac{3}{2}$; （2） $2\sinh 1$; （3） 6 ; （4） $\dfrac{\sqrt{5}}{2}(e^{4\pi} - 1)$.

*习题 5-5

1. 0.18 （J）.

2. 2 （J）.

3. $\dfrac{9}{5}k$.

4. 8250π （kg·m）.

5. $\dfrac{R^3}{3}$ （N）.

6. $14373(kN)$.

7. $-\dfrac{2kmM}{a\sqrt{4a^2+l^2}}$.

* 习题 5-6

1. $1-3\mathrm{e}^{-2}$.

2. $12(\mathrm{m/s})$.

3. $\dfrac{2E_0}{\pi}$.

4. $\dfrac{I_\mathrm{m}}{2}$.

5. $\dfrac{125}{6}$.

习题 5-7

1. （1） $\dfrac{1}{2}$;　　　（2） $\dfrac{1}{3}$;　　　（3）发散;　　　（4） -1 ;

（5）发散;　　（6） $\dfrac{3}{2}$;　　　（7）发散;　　　（8） $\dfrac{8}{3}$.

* 2. （1）收敛;（2）收敛;（3）收敛;（4）收敛;（5）发散;（6）收敛.

总习题五

一、1. 必要. 2. 0; $f(x)$. 3. 0. 4. 0.

5. $\dfrac{4}{3}\pi$. 6. $p>1$; $p\leqslant1$. 7. $q<1$; $q\geqslant1$.

二、1. A; 2. A; 3. A; 4. D; 5. C.

三、1. （1）2; （2） $\dfrac{4}{3}$; （3） $4\sqrt{2}-4$; （4） $6-6\arctan2+\dfrac{3}{2}\pi$;

（5） $\dfrac{1}{2}(\mathrm{e}\cos1+\mathrm{e}\sin1-1)$; （6） $\dfrac{\pi}{4}$; （7） π ; （8） $\dfrac{\pi}{2}$;

（9） $6-4\ln2$; （10） $\dfrac{\pi}{4}-\dfrac{1}{2}$; （11） $\dfrac{68}{9}$; （12） $4\sqrt{2}$.

2. （1）1; （2）1; （3）0; （4）-6 .

3. $\sqrt{1+\sin x^4}\cdot\cos x$.

4. $f(x)=3x^2-\dfrac{2}{3}x$.

5. $\mathrm{e}^{-1}-\dfrac{7}{3}$.

6. $\displaystyle\int_0^x(x-t)g(t)\mathrm{d}t$.

7. 最大值为 $f(1)=\dfrac{1}{2}\ln\dfrac{5}{2}+\arctan2-\dfrac{\pi}{4}$,最小值为 $f(0)=0$.

五、2. $\dfrac{\pi}{6}$.

3. $\dfrac{392}{30}\pi R^4 (\mathrm{kJ})$.

第六章

习题 6-1

1. （1）三阶；　　　　（2）二阶；　　　　（3）四阶；　　　　（4）一阶.
2. （1）是，特解；　　（2）是，通解；　　（3）不是；　　　　（4）是，通解.
3. $x^2 - xy + y^2 = 3$.
4. $y = -\cos x$.
5. $y = \ln x$.

习题 6-2

1. （1）$y = Ce^{x^2}$；　　　　　　　　　（2）$\sin y + \ln|\cos x| = C$；
　（3）$y = e^{Cx}$；　　　　　　　　　　（4）$y = \sin(\arcsin x + C)$；
　（5）$y^2 = C(x-1)^2$；　　　　　　　（6）$e^{-y} = 1 - Cx$.
2. （1）$y = \dfrac{1}{2}\ln\left(\dfrac{2}{5}e^{5x} + \dfrac{3}{5}\right)$；　　　　（2）$\arctan y = x\ln x - x + 1 + \dfrac{\pi}{4}$；
　（3）$y = e^{\tan\frac{x}{2}}$；　　　　　　　　（4）$\cos x - \sqrt{2}\cos y = 0$.
3. $xy = 15$.
4. 7.5（m/s）.
5. $R = R_0 e^{-0.000433t}$（年）.

习题 6-3

1. （1）$y = x^2\left(\dfrac{2}{3}x^{\frac{3}{2}} + C\right)$；　　　　（2）$y = e^{-x^2}(2x + C)$；　　　　（3）$y = \csc x\left(\dfrac{1}{3}x^3 + C\right)$；
　（4）$a = 0$ 时，$y = x + \ln|x| + C$；$a = 1$ 时，$y = Cx + x\ln|x| - 1$；$a \neq 0$ 且 $a \neq 1$ 时，
$y = Cx^a + \dfrac{x}{1-a} - \dfrac{1}{a}$.
　（5）$2x\ln y = \ln^2 y + C$；　　　　（6）$x = Cy^3 + \dfrac{1}{2}y^2$.
2. （1）$y = -\dfrac{1}{x}(x+1)e^{-x} + \dfrac{2}{xe}$；　　（2）$y = -\csc x(e^{\cos x} + 1)$；
　（3）$y = \dfrac{\pi - 1 - \cos x}{x}$；　　　　（4）$2y = x^3 - x^3 e^{x-2-1}$.
3. $y = 2(e^x - x - 1)$.
4. $f(x) = x - \dfrac{1}{2} + \dfrac{1}{2}e^{-2x}$.
5. $v = \dfrac{mg}{k}\left(e^{-\frac{k}{m}t} - 1\right) + v_0 e^{-\frac{k}{m}t}$.

6. $i = e^{-5t} + \sqrt{2}\sin\left(5t - \dfrac{\pi}{4}\right)$ （A）．

习题 6-4

1. （1） $y = xe^{cx+1}$ ；

（2） $x - \sqrt{xy} = C$ ；

（3） $y = -x\ln(-\ln|x| + C)$ ；

（4） $\ln|y| = \dfrac{y}{x} + C$ ；

（5） $y^2 = x^2\ln(Cx^2)$ ；

（6） $\sin\dfrac{y}{x} = \ln|Cx|$ ．

2. （1） $y^3 = y^2 - x^2$ ；

（2） $y^2 = 2x^2(\ln x + 2)$ ；

（3） $x + 2ye^{\frac{x}{y}} = 2$ ．

3. （1） $(4y - x - 3)(y + 2x - 3)^2 = C$ ；

（2） $(y - x + 1)^2(y + x - 1)^5 = C$ ．

4. （1） $y^3(Ce^x - 2x - 1) = 1$ ；

（2） $y(Ce^x - \sin x) = 1$ ；

（3） $y^4\left(Ce^{-4x} - x + \dfrac{1}{4}\right) = 1$ ；

（4） $yx\left[C - \dfrac{1}{2}(\ln x)^2\right] = 1$ ．

习题 6-5

1. （1） $y = \dfrac{1}{2}x^2\ln x - \dfrac{3}{4}x^2 + C_1x + C_2$ ；

（2） $y = \dfrac{1}{8}e^{2x} + \sin x + C_1x^2 + C_2x + C_3$ ；

（3） $y = C_1\ln x + C_2$ ；

（4） $y = C_1e^x - \dfrac{1}{2}x^2 - x + C_2$ ；

（5） $y = -\ln|\cos(x + C_1)| + C_2$ ；

（6） $y = C_2e^{C_1x}$ ；

（7） $C_1y^2 - 1 = (C_1x + C_2)^2$ ；

（8） $x + C_2 = \pm\left[\dfrac{2}{3}(\sqrt{y} + C_1)^{\frac{3}{2}} - 2C_1\sqrt{\sqrt{y} + C_1}\right]$ ．

2. （1） $y = x\arctan x - \ln\sqrt{1 + x^2} + x + 1$ ；

（2） $y = (1 + x)^3$ ；

（3） $y = \dfrac{4}{(x - 5)^2}$ ；

（4） $y = \left(\tan x + \dfrac{\pi}{4}\right)$ ；

（5） $y = \left(\dfrac{1}{2}x + 1\right)^4$ ．

3. $y = \dfrac{1}{6}x^3 + 2x + 1$ ．

习题 6-6

1. （1）线性无关；　　　（2）线性相关；　　　（3）线性相关；

（4）线性无关；　　　（5）线性无关；　　　（6）线性相关．

2. $y = C_1e^{x^2} + C_2xe^{x^2}$ ．

习题 6-7

1. （1） $y = C_1e^{-x} + C_2e^{-2x}$ ；

（2） $y = e^{-x/3}(C_1 + C_2x)$ ；

（3）$y = e^{2x}(C_1 \cos 3x + C_2 \sin 3x)$；

（4）$x = e^{\frac{5}{2}t}(C_1 + C_2 t)$；

（5）$y = C_1 e^{-x} + C_2 e^{3x} - x + \dfrac{1}{3}$；

（6）$y = C_1 \cos ax + C_2 \sin ax + \dfrac{e^x}{1+a^2}$；

（7）$y = e^{3x}\left(C_1 + C_2 x + \dfrac{1}{2}x^2 + \dfrac{1}{6}x^3\right)$；

（8）$y = C_1 e^x + C_2 e^{-2x} - \dfrac{6}{5}\cos 2x + \dfrac{2}{5}\sin 2x$；

（9）$y = e^x(C_1 \cos 2x + C_2 \sin 2x) - \dfrac{1}{4}x e^x \cos 2x$；

（10）$y = C_1 \cos 2x + C_2 \sin x + \dfrac{1}{3}x \cos x + \dfrac{2}{9}\sin x$；

（11）$y = C_1 \cos x + C_2 \sin x + \dfrac{1}{2}e^x + \dfrac{x}{2}\sin x$；

（12）$y = C_1 e^{-x} + C_2 e^x + \dfrac{1}{5}\cos 2x - 1$.

2. （1）$y = (4 + 2x)e^{-x}$；

（2）$y = e^{-x} - e^{4x}$；

（3）$y = 2\cos 5x + \sin 5x$；

（4）$y = -5e^x + \dfrac{7}{2}e^{2x} + \dfrac{5}{2}$；

（5）$y = -\cos x - \dfrac{1}{3}\sin x + \dfrac{1}{3}\sin 2x$；

（6）$y = -\dfrac{3}{4}e^{3x} + \left(\dfrac{1}{2}x + \dfrac{3}{4}\right)e^x$.

3. （1）$y = C_1 x + \dfrac{C_2}{x}$；

（2）$y = C_1 x + C_2 x \ln|x| + C_3 x^{-2}$；

（3）$y = C_1 x^2 + C_2 x^{-2} + \dfrac{1}{5}x^3$；

（4）$y = C_1 x + x[C_2 \cos(\ln x) + C_3 \sin(\ln x)] + \dfrac{1}{2}x^2(\ln x - 2) + 3x \ln x$.

4. $f(x) = \dfrac{1}{2}(\cos x + \sin x + e^x)$.

5. $y = e^x - e^{-x}$.

总习题六

一、1. $y = e^{-x} + C$；

2. $y = 2 - 2e^x$；

3. $2e^y = e^{2x} + 1$；

4. $\dfrac{1}{1+x^2} = (x + C)$；

5. $y'' - 3y' + 2y = 0$；

6. $(1 - 2y)y' = 2\sqrt{y - y^2}$；

7. $\cos x - e^{-x} + C_1 x^2 + C_2 x + C_3$；

8. $\dfrac{1}{3}x^3 - \dfrac{1}{2}x^2 - 1$；

9. $3e - 2x + e^x$；

10. $C_1 x + C_2 x^2 + 1$.

二、1. D；2. C；3. C；4. A；5. D；6. B；7. C；8. C；9. C；10. C；11. B；12. C；13. B；14. C；15. B.

三、1. （1）$10^{-x} + 10^y = C$；

（2）$\cos x \cdot \cos y = C$；

（3）$(1 + e^x)\sec y = 2\sqrt{2}$.

（4）$\ln\dfrac{y}{x} = Cx + 1$；

2.（1）$y = e^x - \dfrac{e^x}{x} + C$；   （2）$y = e^{\sin x}(x + C)$；

  （3）$y = (x+1)^2 \left[\dfrac{2}{3}(x+1)^{\frac{3}{2}} + C \right]$；   （4）$x = e^{-y}(y^2 + C)$；

  （5）$\dfrac{3}{2}x^2 + \ln\left| 1 + \dfrac{3}{y} \right| = C$；   （6）$y = \dfrac{1}{\ln x + Cx + 1}$．

3. $f(x) = -2e^{\frac{1}{2}x^2} + 2$．

4.（1）$C_1 y^2 - 1 = (C_1 x + C_2)^2$；   （2）$y = C_1 \ln|x| + C_2$；

  （3）$y = C_1 + C_2 e^{4x}$；   （4）$y = C_1 e^{-5x} + C_2 e^x$；

  （5）$y = C_1 e^{2x} + C_2 e^{3x} - \dfrac{1}{2}(x^2 + 2x)e^{2x}$；

  （6）$y = C_1 \cos x + C_2 \sin x - \dfrac{1}{3}x\cos 2x + \dfrac{4}{9}\sin 2x$．

5.（1）$y = \sqrt{2x - x^2}$；   （2）$y = \ln(e^x + e^{-x}) - \ln 2$；

  （3）$y = -\cos x - \dfrac{1}{3}\sin x + \dfrac{1}{3}\sin 2x$；   （4）$y = e^x + e^{-x} + e^x(x^2 - x)$．

四、1. $40\,\text{min}$．

2. $t = -0.0305 h^{\frac{5}{2}} + 9.645$；约为 $10\,\text{s}$．

3. $y = \dfrac{1000}{9 + 3^{\frac{t}{3}}} \cdot 3^{\frac{t}{3}}$．

4. $x = \dfrac{a}{b} + \left(x_0 - \dfrac{a}{b}\right)e^{-bt}$．

5. $t = \sqrt{\dfrac{10}{g}}\ln(5 + 2\sqrt{6})$（s）．

参 考 文 献

[1] 宣立新. 应用数学基础——微积分（上、下）[M]. 北京：高等教育出版社，2004.

[2] 傅英定，谢云荪. 微积分（上、下）[M]. 北京：高等教育出版社，2003.

[3] 同济大学数学系. 微积分（上、下）[M]. 3版. 北京：高等教育出版社，2010.

[4] 同济大学数学系. 高等数学（上、下）[M]. 北京：人民邮电出版社，2017.

[5] 莫里斯·克莱因. 古今数学思想：第二册. 朱学贤，等译. 上海：上海科学技术出版社，2002.